岩波現代文庫／社会 280

チェンジング・ブルー

気候変動の謎に迫る

大河内直彦

岩波書店

「自然」がもっとも老練な証人であることを
忘れてはならない。

アーサー・ホームズ

はじめに

ブルー、わたしの好きな色だ。薄い水色から濃い藍色、赤を含んだ紫、緑に近いエメラルドブルー、その表情も豊かだ。聞くところによると、世の中には青色の好きな人が圧倒的に多いという。きっとそれにはわけがあろう。よく晴れた空、サンゴ礁の海、青白く映る氷河。生命の源や自然を象徴する色は、みなブルーだ。ブルーは母なる地球を表す色なのだ。

しかし、いま、このブルー(地球)が、少しずつだが着実に変わりつつある。今日、大気中の二酸化炭素濃度は四〇〇ｐｐｍの大台に年々近づいている。毎年のように、猛暑日の日数や冬の暖かさが記録を塗り替え、気候が温暖化しつつあることは誰の目にも明らかだ。

地球温暖化に関しては、一九八〇年代の後半以来、さまざまな場で議論されてきた。いまや地球温暖化について語ることに、わたしたちは何の違和感も覚えなくなっている。実際、インターネットで「地球温暖化」をキーワードに検索してみれば、そこは膨大な量の情報であふれかえっている。しかし、そこで得られる情報は、通り一遍の内容であったり、問題の一部だけをセンセーショナルに取り上げたバランスに欠けるものであることが少なくない。また、地球温暖化をめぐる問題は、ともすると政治・経済的な問題にすり替わる傾向がある。このような情報の渦の中で、わたしたちは、いったい何を判断の拠り所とすればよいのだろうか。何を主張し、どう行動すればよいのだろうか。その問いに答えるには、問題の根源に立ち返って考えるのがもっとも早道だ。

本書では、現在だけでなく、過去数万年の間に起こった気候変動を、おもな題材にしている。「過去数万年の気候変動なんて長すぎて、今起きつつある気候変動には役に立たないさ」という意見をしばしば耳にする。そう考えるのも無理はないかもしれない。太古の昔に起きた気候変動なんか、記録の質は悪いし、そもそも古臭い。しかし、本書で解説するように、気候変動のからくりを理解するために、かつて起きた気候変動に関する知識が大いに役に立ってきたのはまぎれもない事実だ。気候変動のからくりの理解なしには、いくら高速のコンピューターを使ってシミュレーションしたところで、数字合わせが関の山だ。残念なことだが、このことは一般にあまり理解されていないようだ。

過去に起こった気候変動がどのようなものであったのかを明らかにするのは、地質学者の仕事だ。歴史学者の仕事が年表の空白をひとつひとつ埋めていくことではないように、地質学者の仕事も、たんに地球の年表を埋めていくことではない。年表に記される出来事の背後にある物理的、化学的、生物学的なしくみを明らかにし、「地球のからくり」を読み解くことが本当の仕事だ。それはあたかも、歴史作家が歴史上の出来事の裏にある、密約、陰謀、さらには人間の深層心理を読み解き、そこに人間の性《さが》を浮き彫りにすることと似ている。

歴史小説は、先の見えない時代ほどよく売れるという。それは人びとが、歴史の中に、いまを読み解く何かがあると感じるからなのだろう。そして、わたしたちはまさにいま、予測の難しい地球環境の変化に直面している。この事実を前に地質学者は、人びとに何を語り伝えられるのだろうか。本書では地球の歴史に目を向け、その歴史を動かしてきた「からくり」について、サイエンスの視点から考えてみたいと思う。

世の中では一般に、サイエンスといえば「きれいでスマートなもの」ととらえられがちだ。教科書が複雑に絡み合った研究成果をきれいな形に整理してしまっているからかもしれないし、マスメディアが研究成果のおいしいところしか報道しないからかもしれない。とはいえ、サイエンスも、喜怒哀楽をもった人間の日々の行いの集積だ。美しい結果や成功譚ばかりではない。最先端の研究の現場は、誤解から生まれた誹謗中傷や、研究者生命を賭けた利己的な戦いに満ちている。

こういったことは研究者の世界ではしばしば語られることだが、研究者以外の人たちにはなかなか聞こえてこない。しかし、これから研究者を志そうと考えている若い読者の方にはとくに、そうした研究現場の雰囲気、研究者たちの葛藤を知っていただくことも大切だと思う。そこで本書では、あえて物語風にまとめてみた。気候変動の科学が発展していく過程や人間ドラマもブレンドして、より親しみやすく、より理解しやすくしたつもりである。ただ正直に言って、「気候変動」という広範囲の知識が必要なテーマの全貌を、わたし一人の力で描き出すのは容易なことではなかった。それでも、少なくとも、地球温暖化問題の根源にある、気候変動の科学的な側面を浮かび上がらせることはできたのではないかと思う。

この本を読んで、気候変動の科学に少しでも興味をもっていただければ、著者としてそれ以上の幸せはない。

二〇〇八年四月一八日

大河内直彦

目　次

巻頭地図製作　鳥元真生

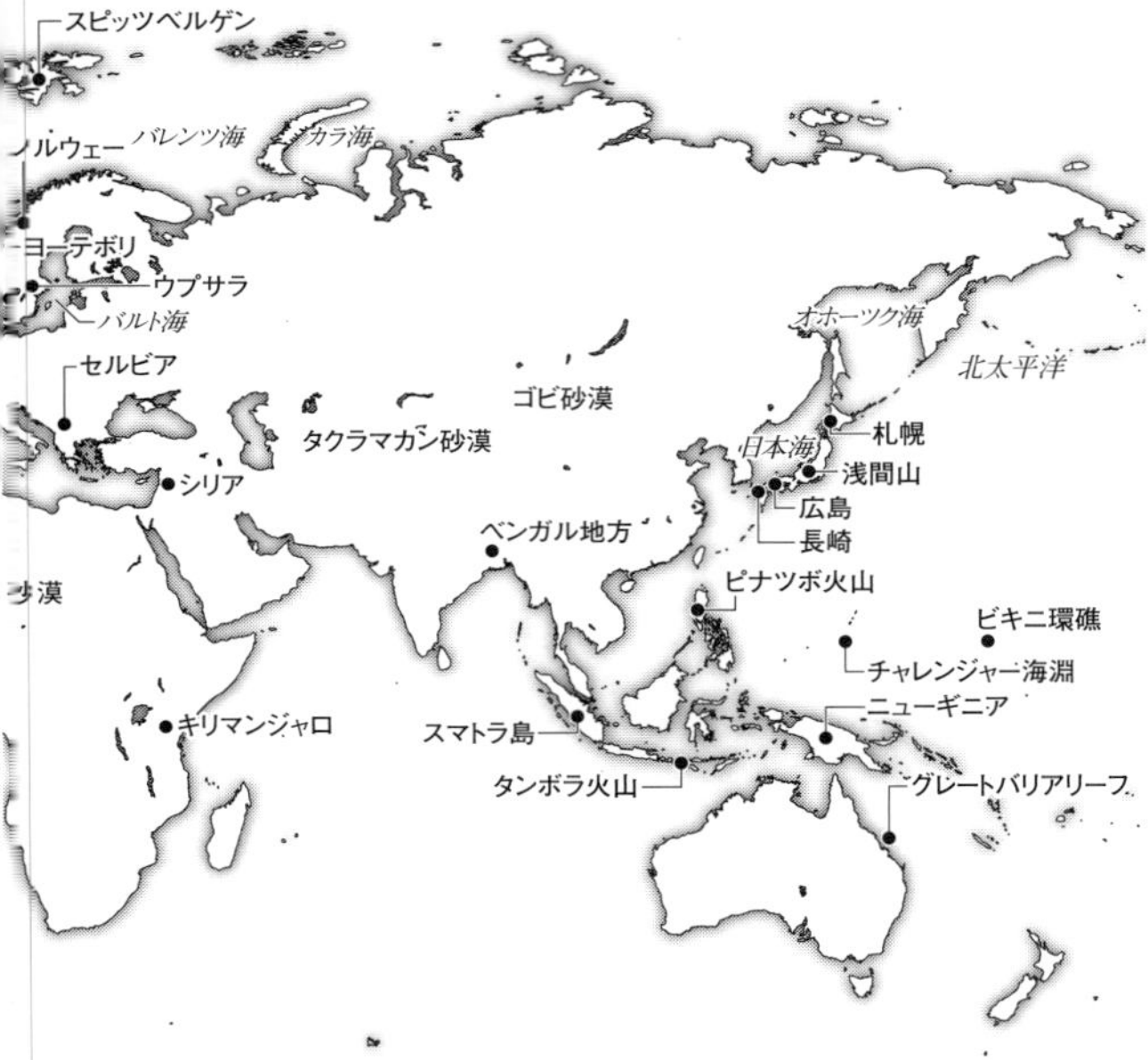

本書の舞台となる世界の各地

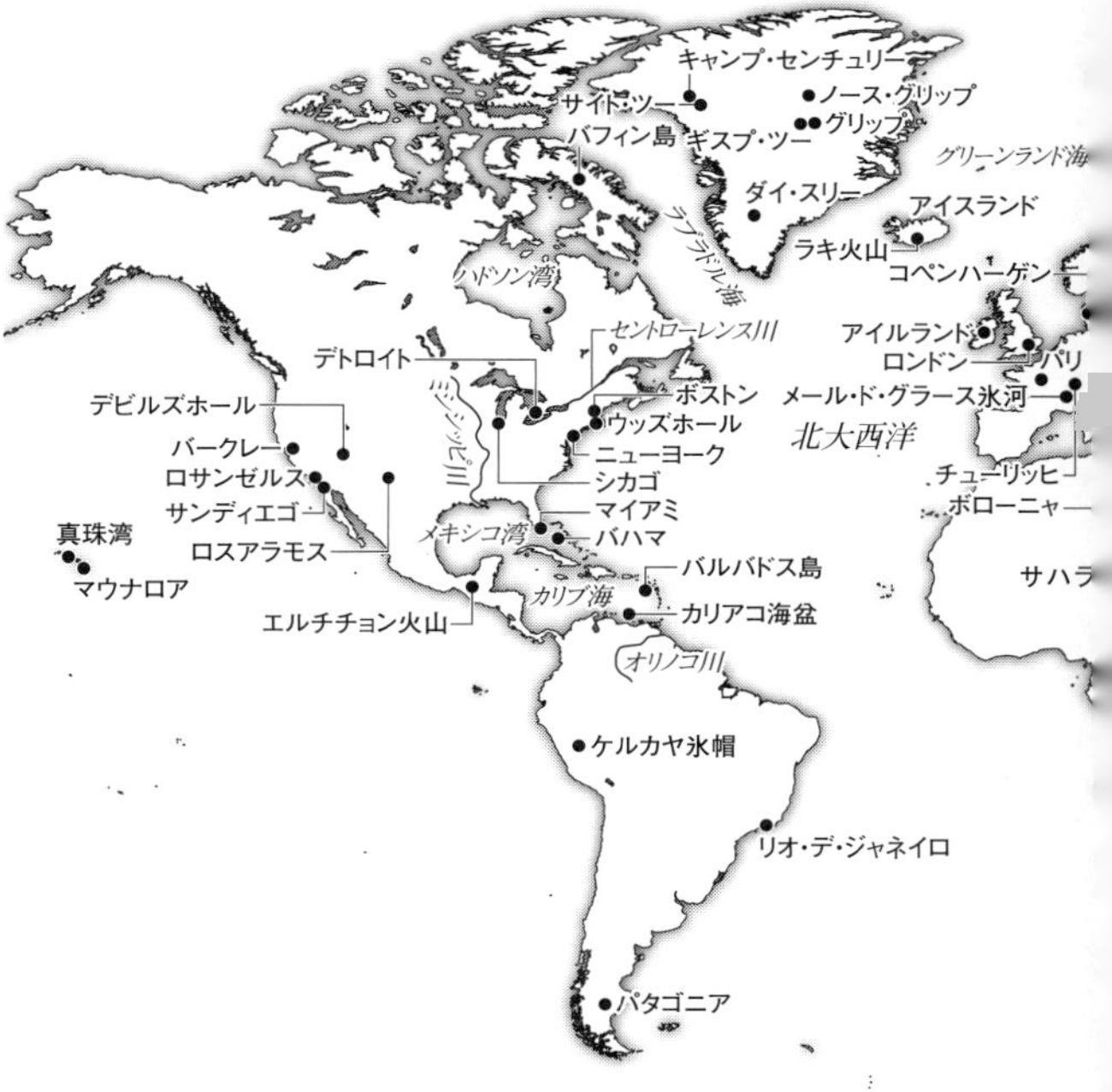
キャンプ・センチュリー
サイト・ツー
ノース・グリップ
グリップ
バフィン島
ギスプ・ツー
グリーンランド海
ダイ・スリー
アイスランド
ラブラドル海
ラキ火山
コペンハーゲン
ハドソン湾
セントローレンス川
アイルランド
デトロイト
ロンドン
パリ
ボストン
メール・ド・グラース氷河
デビルズホール
ミシシッピ川
ウッズホール
北大西洋
バークレー
ニューヨーク
ロサンゼルス
シカゴ
チューリッヒ
サンディエゴ
マイアミ
ボローニャ
真珠湾
メキシコ湾
バハマ
ロスアラモス
バルバドス島
サハラ
マウナロア
カリブ海
エルチチョン火山
カリアコ海盆
オリノコ川
ケルカヤ氷帽
リオ・デ・ジャネイロ
パタゴニア

1　プロローグ

故《ふる》きを温《たず》ね新しきを知る、以て師と為《な》す可し。

孔子

一九七四年の冬、アメリカ北東部ではとりわけ寒さが厳しかった。五大湖のエリー湖とヒューロン湖にはさまれた街デトロイトでは、サンクスギビングの週末だった一二月一日の夜半に通過した低気圧によって、一九・二インチ(約四九センチメートル)もの積雪を記録した。これは一八八六年以来の大雪であった。おかげで、サンクスギビングの帰省から帰途についていた多くの人々は空港で足止めを食らい、ロビーで寝泊りするはめになった。同じ年のクリスマスには、ボストンも大雪に見舞われた。その日の積雪量は、一八七一年に記録をとりはじめて以来、最大の三・五インチ(約九センチメートル)を記録した。

「今年はいつもより少々寒いだけさ」と気楽に考えていた人も多かったが、一部の人は不吉な予感を感じていた。そして、その冬が明けた翌年四月二八日号のニューズウィーク誌には、「寒冷化しつつある地球(The Cooling World)」というタイトルの記事が掲載された(1)。その一部を抜粋してみよう。

地球の気候が大きく変わりはじめ、それが食料生産を大きく減少させる(これは地球上のほとんどの国において政治的に深刻な意味をもっている)前触れだという不吉な兆候がある。食料生産の減少は近々、おそらく、いまから一〇年も経たないうちに始まる可能性がある。その影響を受ける地域は、北は小麦生産地帯のカナダやソ連、生産性が低く自給自足にある多くの熱帯域、すなわちモンスーンによってもたらされる雨が木々の成長を支えているインドの一部、パキスタン、バングラデシュ、インドシナやインドネシアなどである。……

こういった文章につづいて、何人もの科学者のコメントを添えて、過去一〇年間に気温が低下したり、氷河が前進したなど、寒冷化を示す多くの証拠が並べられている。この寒冷化には、いくつもの科学的な裏づけがあるというのである。

一方、それよりも一年近く前、一九七四年六月二四日号のタイム誌は、「次の氷河時代がやってくる?(Another Ice Age?)」というタイトルの記事を掲載していた(2)。その中では、次のように述べられている。

過去数年間の奇妙で予測不能な気象パターンを振り返るにつれて、この一見常識では考えられない数多くの気象の変動は、世界的な気候の激変の始まりではないかと疑う研究者の数が増えている。気象条件は場所と時に応じて大きく変化するものではあるが、気象学者は過去三〇年にわたって地球上のあらゆる場所で気温が徐々に低下してきたことを見出してきた。

さらにタイム誌は、研究者のコメントを引用しつつ、北半球において氷と雪によって覆われる地域が一九七一年に突然一二パーセントも上昇したことや、カナダ北部のバフィン島が一年を通して雪に覆われているという、これまでに見られなかった気象学的な事実を例として指摘している。

しかし、多くの人が知っているとおり、現在ではこういった記事はいずれも顧みられることはない。これらの記事の論調はともかくとして、取り上げられた「気象学的な事実」はいったいどこへ行ってしまったのだろうか？

まず、何はともあれ、図0-1を見てみよう。これは過去一三〇〇年について、北半球の平均気温を復元したグラフである。二〇〇七年に発表された「気候変動に関する政府間パネル（IPCC）」[3]の第四次報告書にまとめられた研究成果だ[4]。世界中で行われて

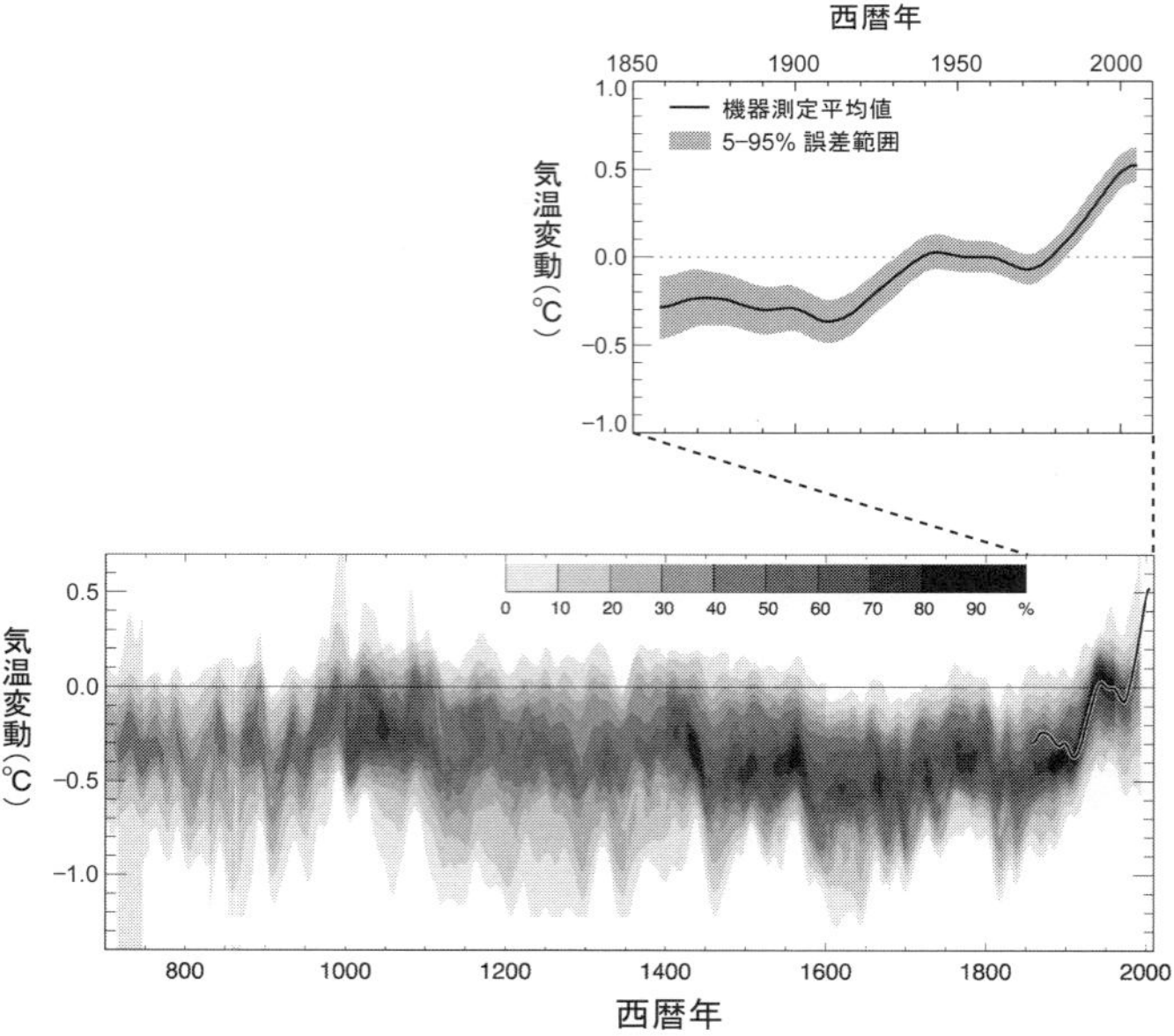

図 0–1　上図：過去約 150 年にわたる北半球の平均気温の変化．陸地および海域における機器測定の結果をまとめたもの．フィルターをかけて細かい変動は取り除いてある．下図：過去約 1300 年にわたる北半球の平均気温の変化．数多くの地質学的記録や古文書記録をもとに復元されたものを重ね合わせ，重なりの度合い(%)として示してある．いずれの図も，1961〜90 年の平均気温を基準にしている．IPCC(2007)を改変．

きた気象観測の結果をまとめ、それに古文書や地質学的な記録を「気温」に読み替えたうえで重ね合わせている。西暦一二〇〇年から一九〇〇年ごろにいたる七〇〇年間は、北半球の平均気温は多少のゆらぎはあるものの、比較的安定していたといっていいだろう。そして、一九〇〇年ごろを境に上昇傾向にあることがわかる。二〇世紀全体としては温暖化傾向にあるものの、細かく見ると、確かに一九四〇年代半ばからさきの記事が掲載された一九七〇年代半ばにかけて、北半球の平均気温は全体としてゆるやかな低下傾向にある。タイム誌やニューズウィーク誌が取り上げた内容は、あながち科学的に誤った根拠にもとづくものではなかったわけだ。

ただし、そんな記事が有名誌を賑わせたからといって、専門の研究者までもが地球温暖化に無知だったわけではもちろんない。こういった記事が書かれるずっと前から、地球温暖化は一部の研究者によって集中的に研究され、何度も警告が発せられていた。カリフォルニア州サンディエゴ郊外にあるスクリップス海洋研究所のロジャー・レベルとハンス・スースはかつて、温暖化を危惧して、海洋における二酸化炭素のゆくえを予測した。また、チャールズ・キーリングが大気中の二酸化炭素濃度を測定しはじめたのは、これらの記事が出される二〇年近くも前のことである。ところが、いかんせん、当時はまだ温暖化を裏づける証拠に欠けていた。

とはいえ、ターニングポイントは間もなくやってくる。コロンビア大学のウォレス・

ブロッカーが断片的な証拠を線でつなぎ、雄弁なストーリーに載せて語った論文「気候変動――われわれは地球温暖化の崖っぷちにいるのか？」をサイエンス誌に発表したのは、一九七五年八月のことだ。[5] タイム誌やニューズウィーク誌の記事から一年もたっていない。ブロッカーはその中で次のように述べている。

> もし人類が放出する塵が気候変動の重要な要因でないなら、現在の寒冷化は今後一〇年程度で、二酸化炭素によって引き起こされる顕著な温暖化にとって代わられるだろう。（中略）いったん温暖化したら、大気中の二酸化炭素濃度の指数関数的な上昇はその重要な要因になっていくだろう。そして、次の世紀の始めごろまでに、地球の平均気温は過去一〇〇〇年間に経験した値を超える高さへと押し上げられるだろう。

いまになって読み返すと、すばらしく洞察力に満ちたフレーズだ。このブロッカーの論文とそれにつづく研究が、「寒冷化する地球」といったキャッチフレーズを吹き飛ばしてしまった。なぜだろうか？　その理由は、図0-1に示した地球の平均気温の変動のつづきを見ればわかる。ちょうどブロッカーの論文が発表された一九七〇年代半ばを境に、地球の気温が実際に急速な温暖化に転じたのだ。それ以降、現在にいたるまでの三〇年間、地球の平均気温は確実に上昇しつづけている。その上昇幅は、自然のもつ気候のゆらぎの幅を逸脱しつつあるように見える。

こういった経緯は、わたしたちに二つの教訓を与えてくれる。それはまず、今後数十年から数百年にわたる気候変動を知るためには、二〇年や三〇年といった短い期間の過去の経緯を知るだけでは不十分だということ。そして、もう一つのさらに重要な教訓は、気候の「屋台」を支えている骨組みに関する深い洞察なしに、気候変動は予測しえないということである。つまり、地球温暖化という現象を理解するためには、表面的な現象を背後でコントロールしている「怪物」、すなわち「気候システム」についての深い見識が必要なのだ。

本書では、数万年前から現在にいたるまでに起きた気候変動の詳細と、それがもつ多様な側面に焦点を当てる。過去に起きた気候変動は、どのようなものであったか。それを知ることは、世界最速のスーパー・コンピューターが将来予測に用いられるようになった今日でも、重要な意味をもっている。なぜなら、それが気候変動の謎に迫ることになるからだ。過去の気候変動の記録は、気候というものが、そもそもどのような性質をもっていて、どの程度の時空間スケールで変動するかといった、独特のクセを教えてくれる。そのクセを丹念に洗い出し、気候変動のからくりを明らかにするのが地質学者の仕事だ。

気候がもつ独特のクセは、現在の気候変動を大局的な見地から解釈するのにも役立つ。そして、それは、今後の変動を予測する際の道しるべにもなる。つまり、過去の気候についての理解が、将来予測の礎を築いているのだ。

将来予測に関する研究は、大気中の温室効果ガスのモニタリングや気候シミュレーションはもちろんのこと、海洋や陸上生態系における二酸化炭素収支の評価、衛星観測データの解析法の確立、さらには地球温暖化を抑制するための技術開発といったことにいたるまで、数多くの分野が互いにからみ合って成り立っている。まさしく、究極のハイブリッド応用科学と呼ぶにふさわしいものである。多くの歯車が上手にかみ合って初めて、将来の気候変動にたいして、より的確な判断が下せるようになる。

過去に起きた気候変動を知らずして気候を理解しようとすることは、あたかも国の歴史を知らずにその国を理解しようとするものだ。一時的な政情や経済事情だけで国を理解しようとしても、それには限界がある。本書では、気候変動の研究に生涯を捧げた研究者たちのくり広げたクロニクルとともに、「気候」という怪物のベールを剝いで、その素顔を垣間見ることにしよう。

第1章　海をめざせ！

過去をより遠くまで振り返ることができれば、
未来をより遠くまで見渡せるだろう。
ウィンストン・チャーチル

海の中を降る雪

世界でもっとも深い海は、東京から南におよそ二五〇〇キロメートル、フィリピンの東方一五〇〇キロメートルのところにある。マリアナ海溝チャレンジャー海淵[1]である（巻頭地図を参照）。この海淵の水深は約一万一〇〇〇メートル近くもあるから、エベレスト山をそこに沈めてもまだ二〇〇〇メートルほどの水深がある。そう考えると、きわめて深いものだ。

しかし、人間がもし垂直方向に歩けるとしたら、大人の足で二時間も歩けば海底にまで到着してしまう程度の距離だ。地球を歩いて一周しようと思う人はあまりいないだろうが、歩いて二時間で行けるところなら一度は行ってみてもいいと思う人も多いだろう。

こう考えると、たいした深さではない。ちなみに、世界の海の深さを平均するとおよそ三八〇〇メートルになる。これは富士山を沈めたら、その頂上がちょうど海面すれすれにくるくらいの深さである。

　これだけの深さにたいして、太陽の光が到達するのは、水深がせいぜい二〇〇メートルより浅い部分だけだ。海の中に射し込んでくる太陽光は、散乱したり吸収されてしまい、それより深いところには届かない。光が射し込むのは、海洋の表層わずか五パーセント足らず。その下にある九五パーセント以上の部分は、まさしく暗黒の世界だ[2]。

　リュック・ベッソン監督の映画「グラン・ブルー」[3]をご覧になられただろうか？　主人公のジャックとエンゾの素潜り競争をドラマチックに仕立てた名作である。秀逸な人間ドラマもさることながら、スクリーンいっぱいに広がる地中海のコバルトブルーは、ため息が出るほど美しい。主人公たちが挑む水深一〇〇メートルの海が、薄暗く、冷たい、気味悪さすら覚える、茫漠とした世界に見えるのと対照的である。

　しかし、「茫漠とした世界」とは、わたしたちの受ける印象にすぎない。映像からはとても想像できないが、薄暗い海の中には、じつは生命に満ち溢れた世界が広がっている。光合成をする生物は、ジャックとエンゾが潜った深さよりもさらに深く、さらに暗い海にまで棲んでいる。植物プランクトンと呼ばれる、それら微小な浮遊生物たちは、太陽から届くほんのわずかの光エネルギーをもとに生きている。それだけではない。植物プランクトンを食べる動物プランクトン、さらには動物プランクトンを食べる魚、プランクトンが出す排泄物や遺骸を食べて暮らすバクテリアなども、数多く生息しているのだ。

わたしたちが海水浴や潮干狩りをする海辺にも、プランクトンは生きている。両手で海水をすくってみよう。プランクトンは非常に小さいので、肉眼ではその中にはほとんど何も見えない。しかし、その両手の中にはじつは、数千から数万個体ものプランクトンと、さらには数百万個体ものバクテリアがいる。両手ですくっただけで、これほどの数だ。海がいかに生命に満ち溢れた場であるかが想像できるだろう。

こうしたプランクトンの中には、形容しがたいほど美しい形をした二酸化珪素や炭酸カルシウムの結晶を作るものも多い。個々のプランクトンは、数日から数カ月というはかない寿命のもとで、子孫を作っては息絶えるというライフサイクルを営んでいる。彼らはそうしたライフサイクルを、じつに何億年にもわたって連綿とくり返してきた。

息絶えた植物プランクトンの遺骸は、動物プランクトンや魚の餌になるか、あるいは海水中で凝集して、重力によりゆっくりと海底へ沈んでいく。深い海の底にビデオカメラを設置して、周囲をサーチライトで照らしてみよう。深海の天気は、いつも雪模様だ。キラキラ光りながらゆっくり落下してくる「マリンスノー」が観察できる。海の中を、何千メートルにもわたって、ゆっくりと時間をかけて沈んでいるのだ。

陸地から一〇〇〇キロメートル以上も離れた遠洋の海底には、このマリンスノーが分厚く積もっている。マリンスノーが降り積もる速さは、平均すると一年にわずか数十マイクロメートル程度だ。ということは、卑弥呼の時代から、わずか数センチメートルしか積もっていないことになる。しかし、わずかずつとはいえ、海底にはプランクトンの遺骸が悠久の時をこえて降り注ぎ、泥となって積み重なっている。(4)これは逆に考えると、そうした海底の泥を掘りかえせば掘りかえすほど、古い時代に降り積もったプランクトンの遺骸が見つかる、ということだ。

たとえば、海底にこの泥が一キロメートルの厚さで積もっていたとしよう。すると、過去五〇〇〇万年分のプランクトンの遺骸が積み重なっていることになる。五〇〇〇万年にわたる海の歴史が、そっくりそのまま、泥の中に保存されているわけだ。海底調査の結果によると、地球上の海底の多くには、一キロメートルを超える泥が積もっている。その泥が記録している海の歴史は、一億年を超えることもある。これを、地球の歴史を解読することに情熱を燃やす、地質学者たちが放っておくわけがない。実際、海底に積もった泥は、過去半世紀以上にわたって、彼らの格好の研究材料になってきたのである。

海の底を突き刺せ!

では、深さ数千メートルの海底にたまっている泥を、いったいどうやって取ってくればよいのだろうか。なんとも荒っぽいようだが、地質学者たちは、重さ数百キログラムの重りを頭に付けた金属製の長い筒を海底に突き刺すのだ。それは、「コアラー」と呼ばれる、見るからに無骨な道具だ。この道具を用いて、彼らは海底の泥を採取してきた。

コアラーの仕組みは、いたって単純だ。図1-1を見てみよう。全体は、こんな具合に、長さが数メートルある巨大な天秤になっている。天秤の片方には、長い筒のコアラーをぶら下げる。もう片方には、「トリガー」と呼ばれる小さな鉄の重りをぶら下げる。トリガーの重さはコアラーよりもずっと軽い。しかし、テコの原理で、天秤はトリガー側に傾くように調整されている。さらには、トリガーをぶら下げているワイヤーの長さを調節することで、トリガーの下端がコアラーの下端よりも数メートル下に来るようにセットしてある。

これでひとまず準備完了である。こうセットしておいて今度は、天秤ごとワイヤーで吊り下げ、船の上からそろりと海の中へ降ろす。そして、トリガー側に傾いた状態を保ちながら、ゆっくりと海底まで降ろしていくのである。

船の上から降ろし始めて数時間後、天秤は数千メートルの海底近くにまで達する。そして間もなく、トリガーが海底に着地する。すると、天秤のバランスがくずれ、天秤はコアラー側に傾くと同時に、コアラーを天秤に固定していた止め金がはずれる。この時点で、コアラーと海底との間には、まだ数メートルの距離がある。そのため、止め金が

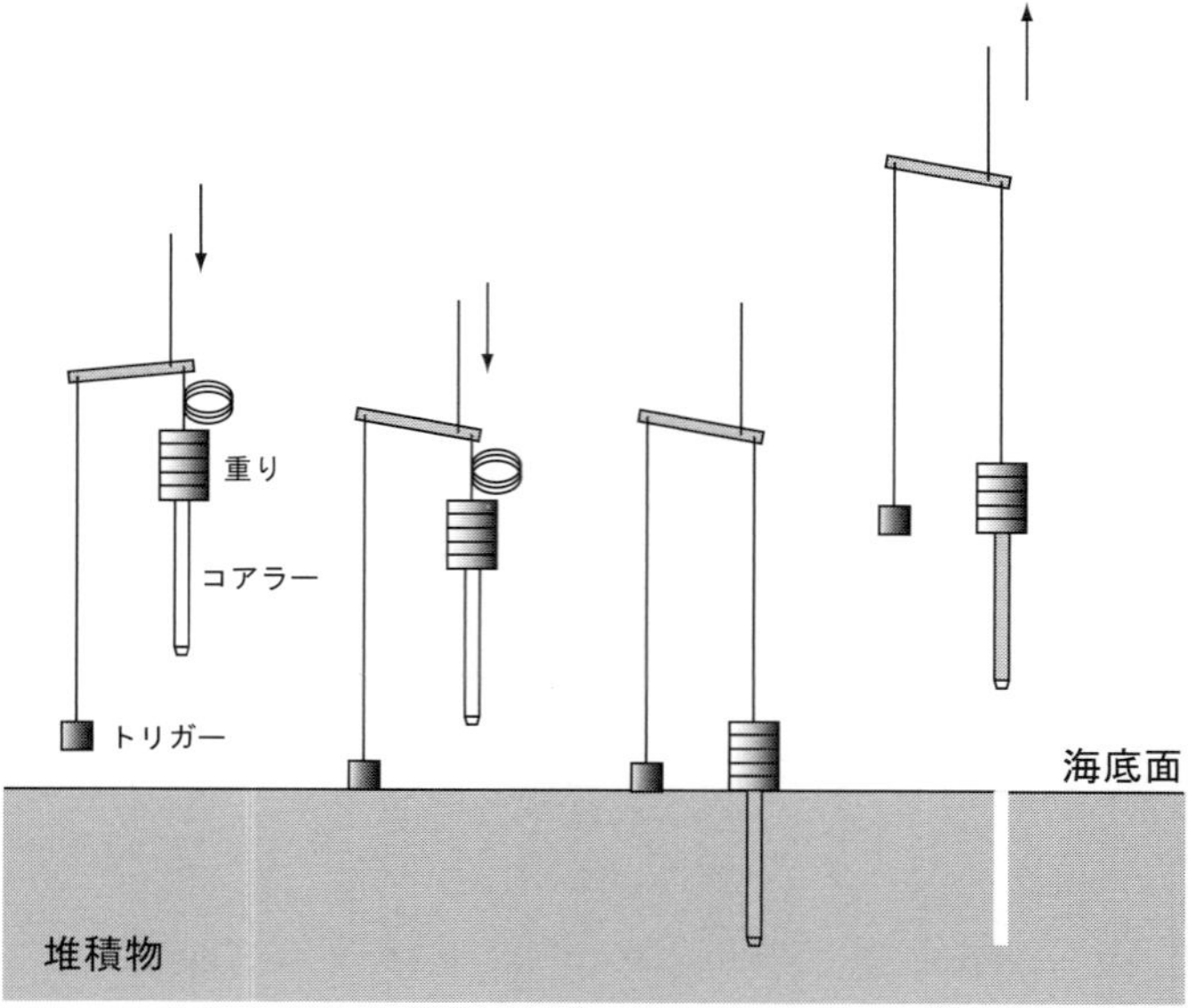

図 1-1　コアラーを用いた海底堆積物の採取方法．片方にコアラー，もう片方にはトリガーを吊り下げた大きな天秤を，船上からワイヤーで海底へ降ろしていく．コアラーの先端より少し下に位置するトリガーが海底に着地すると，天秤のバランスがくずれて止め金がはずれ，コアラーが重力落下して海底に突き刺さる仕組みになっている．引き上げる際は，中にあるピストンにより陰圧がかかり，採取した堆積物が抜け落ちないようになっている．この巧妙なシステムは，1947〜48 年にかけて行なわれたスウェーデン海軍アルバトロス号の航海の前に，ヨーテボリ大学のベルエ・クーレンベルグによって発明された．

はずれたコアラーは、数百キログラムの重りもろとも、重力落下して海底に突き刺さる。

コアラーが海底にうまく突き刺されば、あとは船上でワイヤーを巻き取り、回収するだけだ。コアラーの筒の中には、お目当ての泥が詰まっている。しかし、コアラーの中に詰まった泥は、かなりの重さになる。運悪くすれば、引き上げてくる途中ですっぽりと筒の底から抜け落ちてしまう。そうならないように、筒の内部にはピストンが仕掛けられていて、その陰圧で抜け落ちにくい仕組みになっている。こういった仕掛けをもつものは、「ピストンコアラー」と呼ばれるものである。

この無骨な道具を使えば、一〇メートル程度の厚さの泥なら比較的簡単に採取することができる。一〇メートルといえば、ビルの三階分に匹敵する長さである。それほど長い筒が、数秒のうちにグサッと一気に突き刺さるわけだから、海底に積もった泥が、いかにふわふわした締まりのないものであるか、想像がつくだろう。最新式の「ジャイアント・ピストンコアラー」という装置を使うと、なんと五〇メートル(一五階建てのビルに匹敵)もの長さの泥が採取できる。

海底から引き上げられた筒状の泥は、「柱状コア」と呼ばれる。柱状コアは、厚さ数ミリメートルから数センチメートルずつにスライスされる。そして、顕微鏡観察や物性の測定、あるいはさまざまな化学分析に供される。世界でもいくつかの大学や海洋研究所は、すでに二〇世紀前半から、こうした柱状コアを積極的に採取し、分析してきた。

いまでは世界中で一〇〇を超える研究機関が、世界中の海底で柱状コアを採取し、研究している。(5)

たとえば、一年間に〇・〇五ミリメートル(五〇マイクロメートル)ずつ泥が積もっていく海底で、二〇メートルの長さのコアを採取したとしよう。すると、そのコアには、過去四〇万年間の歴史が記録されていることになる。幸運なことに、その「四〇万年」という時間幅は、氷河時代の気候変動の研究をするのにもっとも適している。四〇万年とは、なんとも気が遠くなる時間に思われるかもしれない。しかし、海底にはもっと分厚い泥が積もっているのだから、長さ二〇メートルのコアなど、そのほんの表面をかすめ取ったことにしかならない。海底の泥が記録している歴史をすべて知るには、全長一キロメートルにもわたる長大なコアを取ってこなくてはならないのだ。

それほどの長さのコアを採取するには、海底掘削船を用いなければならない。船体の中央に高い櫓《やぐら》が組まれた特殊な船だ。船上から何千メートルにもわたってパイプをつなぎ合わせ、海底を掘り進んでいく。一九六八年にアメリカで始まった深海掘削計画(DSDP)では、グローマー・チャレンジャー号が建造され、世界中の海底から泥や岩石が採取された。一九八五年には、ジョイデス・レゾリューション号がグローマー・チャレンジャー号の後継船になり、アメリカが主導する国際深海掘削計画(ODP)が開始された。その後、深海底の科学掘削は、日本とアメリカが主導する統合国際深海掘削計画

図 1-2　地球深部探査船「ちきゅう」号.
写真提供）海洋研究開発機構

（IODP）に引き継がれ現在に至っている。海底掘削船は海底にたまった堆積物を回収するだけでない。海底下に地震計を設置して地殻変動をモニターしたり、海底下に生息する有用微生物の調査や、海底下に眠る資源を回収する方法の研究など、多種多様な科学計画に利用されている。二〇〇五年に完成した日本が誇る高性能海底掘削船「ちきゅう」号（図1-2）は、二〇〇七年以降、南海トラフで掘削を開始し、マグニチュード八レベルの巨大地震を引き起こすメカニズムの研究に大きく貢献しはじめている。(6)

泥に刻まれた暗号

ところで、海底に積もっている泥とは、そもそもどんなものなのだろうか？　水深が三〇〇〇メートルも四〇〇〇メートルもある深い海の底から引き上げられた泥なんて、そうは滅多にお目にかかれるものではない。そこで、海洋地質学者の本格的な出番となる。

地質学者は、その泥のことを「海底堆積物」と呼んでいる。それはひと言でいうと、生物の遺骸や殻、陸上から運ばれてくる泥などが混じり合って、海底に降り積もったものだ。海岸から数百キロメートルも沖合へ行くと、海底では、陸上から運ばれてくる泥の占める割合はぐっと減り、海の中で形づくられた粒子ががぜん多くなる。たとえば、プランクトンの死骸や、プランクトンが海水から沈殿させてつくった鉱物粒子などである。陸上から運ばれてくる粒子も含まれてはいるが、風によって大気中を飛んでくるごく細かい粒子が目立つようになる。時として、宇宙から飛んでくる小さな粒子が含まれていることもある。それぞれの割合は、場所によって大きく異なるが、多くの場合、海洋表層で形成されたプランクトン由来の物質が過半数を占めている。

図1-3は、世界中の海洋で採取した海底堆積物を並べたものである。白色、黒色、オリーブ色など、場所によっていろいろな色合いを帯びている。少し取って、顕微鏡で覗いてみよう。遠目に見たその地味な色合いとは対照的に、そこには驚くほど美しい世界が広がっている。となりの図1-4を見てほしい。海に生息するさまざまな生物が作り出す殻は、芸術的ともいえるほど美しい形をしている。小さな巻貝のような有孔虫、放射状に広がった形状をもつ放散虫、小さな孔がきれいに整列して並んだ弁当箱のような珪藻……。何時間見ていても飽きないこの世界に思わずのめりこんで、海洋地質学者になった研究者も決して少なくはない。ただし、このような美しい殻を彼らがどのようにして作っているのか、その生化学的なメカニズムはいまだによくわかっていないのだが。

海底堆積物の中には、それが形成された当時の、海の環境情報がさまざまな形で記録されている。「古海洋学者」と呼ばれる、大昔の海洋環境を復元する研究者たちの仕事は、その情報を読み解くルールを見出すこと、そして、そのルールを用いて過去の気候

図 1-3　さまざまな海域で採取された海底堆積物．1 と 2 は富山湾，3 は沖縄トラフ，4 は南極海の珪質軟泥，5 と 7 はアラビア海の石灰質軟泥，6 はスル海の石灰質軟泥．
写真提供）高知大学海洋コア総合研究センター池原実准教授

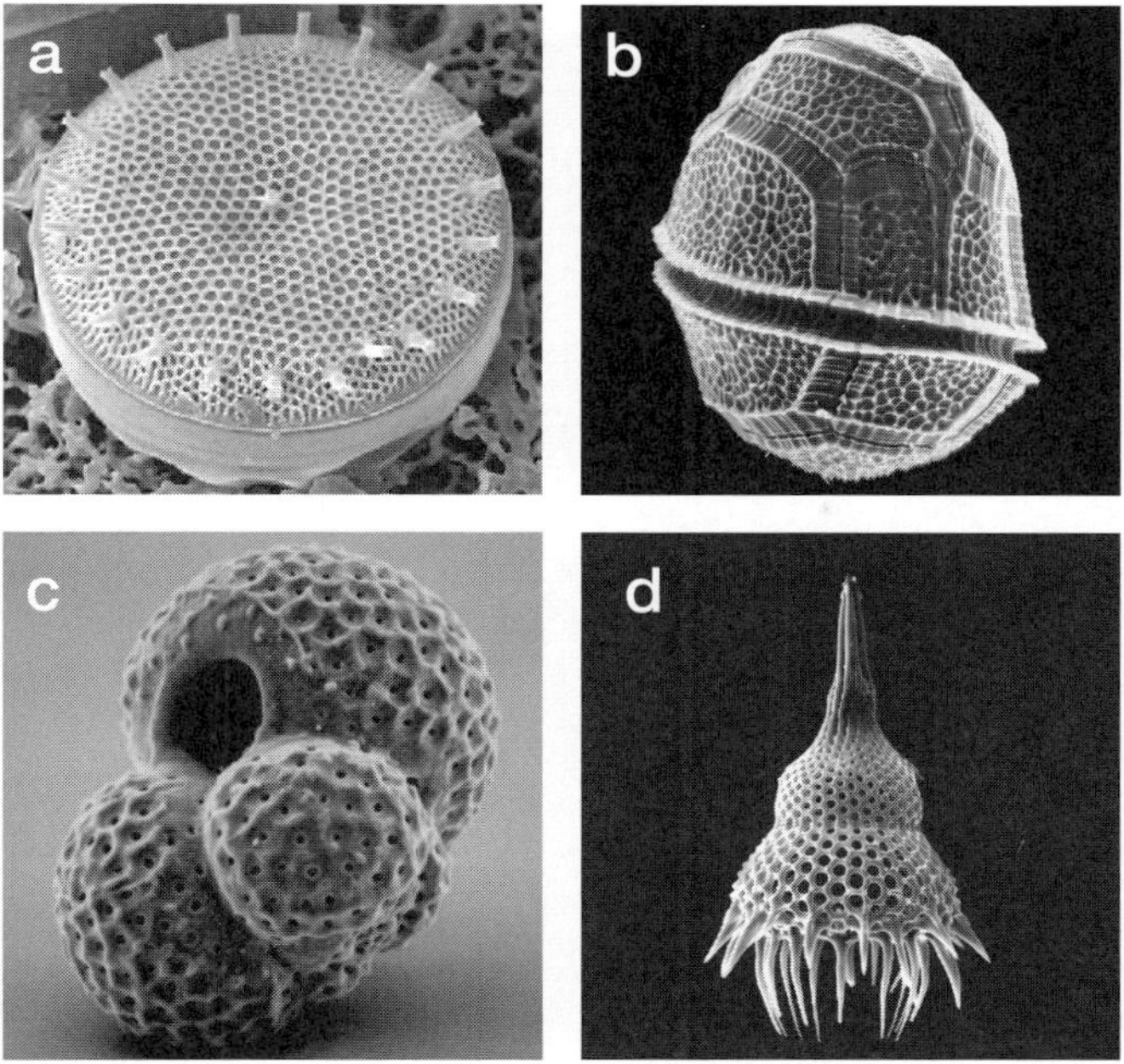

図 1-4　海洋表層に生息する(浮遊性)生物の顕微鏡写真．a)珪藻 ***Thalassiosira nordenskioeldii*.** 細胞は二酸化珪素の殻によって被われている．写真提供：日本歯科大学南雲保教授．b)渦鞭毛藻 ***Peridinium sp*.** 写真提供：筑波大学井上勲教授．c)有孔虫 ***Globigerinoides sacculifer*.** 細胞は炭酸カルシウムの殻によって被われている．d)放散虫 ***Lamprocyclas maritalis*.** 写真提供：Natural History Museum, Universitetet I Oslo Kjell R. Bjørklund. a と b は植物プランクトンで，c と d は動物プランクトン．

変動の歴史を読み解いていくことである。それはあたかも、第二次大戦中に敵国の暗号を解読するため情報局に雇われた数学者や、古文書に記された見たこともない文字を読み解く考古学者の仕事に似ている。違うのは、その暗号が人間の作り出したものではなく、自然の産物という点だ。自然の産物である以上、物理学、化学、生物学といった基礎科学が武器になる。海底堆積物の中に暗号として刻印された情報は、過去の気候を読み解くカギになる。その研究は、数多くの基礎研究分野をまたぐ応用科学だ。次の章では、その暗号を読み解く、謎解きの物語について話そう。

第2章　暗号の解読

秘密を暴きたいという強い衝動は、
人間の本性に深く根ざしたものである。
ジョン・チャドウィック
『線文字Bの解読』

古水温計を求めて

地質学の分野には、「古水温計」というものがある。その名のとおり、昔の水温を測定するための温度計である。とはいえ、計測機器のことではない。「昔の海水の温度なんて、タイムマシンにでも乗って過去に行かないかぎり、測れっこないじゃないか」と思う人もいるだろう。しかし、必ずしもそうではない。海洋地質学者は、堆積物の中から過去の水温の情報をもっている物質を探し出し、分析し、その結果をもとに、昔の水温を推定するからくりを編み出してきた。

大昔に起きた出来事、たとえば、日本での稲作の始まり、エジプトや中国での古代文明の勃興、ネアンデルタール人の絶滅とホモサピエンスの隆盛といった出来事と、気候変動はなにか関係があるのだろうか？　多くの人が抱く、こうした知的好奇心に確信をもって答えられるとすれば、それは、わたしのように過去の気候を研究する者にとって至上の喜びである。ただし、こういった大昔の環境や出来事にたいする疑問に答えるときには、重要なポイントがある。定量的に数字で示すことだ。たとえば、「その夏の平均気温は二三℃だった」とか、「当時は、年平均雨量が現在よりも三〇〇ミリメートル少なかった」という具合にである。なぜなら、最新の地球科学では、そうした物理量を境界条件として気候モデルに入力してシミュレーションしたり、シミュレーションの結果と比較して吟味する必要があるからだ。

それにしても、「気候」とは、そもそも曖昧な言葉である。日常のさまざまな文脈で使われているように、この言葉のもつ意味合いはケース・バイ・ケースだ。強いて定義するなら、「その地域の気温、降水量、湿度、植生、季節性などで示される、あらゆる自然現象、あるいは環境の総体」というものだろうか。とくに、わたしたちが生活する陸上の気候にとって、もっとも重要な指標は、「気温」と「降水量」だ。それは、毎日の生活感覚からしても容易に想像できるだろう。そしてこれは、何も人間に限った話ではない。他の動物や植物、バクテリアなどの微生物にいたるまで、その活動は気温と降水量に大きく支配されている。これはつまり、気温や降水量といった指標は、陸上生物の生息環境、生息条件を知るための「ものさし」になる、ということだ。

海ではどうだろうか？　海では海水温が、とくに生物の多くが生息する海洋表層での水温（水深およそ一〇〇メートルまでの平均海水温）が、もっとも重要なものさしになる。この「ものさし」を武器に、初めて過去の気候変動について定量的に論じたのが、この章の主人公、チェザーレ・エミリアーニである。

古海洋学事始め

イタリア北部にある中世の名残を残す都市ボローニャには、世界でもっとも古い大学がある。そのボローニャ大学で一人の青年が、有孔虫という海に生息する微小な動物プランクトンの研究により、博士号を授与された。第二次大戦が終わった一九四五年のことだ。その青年の名前は、チェザーレ・エミリアーニという（図2-1）。

有孔虫とは、一風変わった海洋の浮遊生物である。わずか一つの細胞からなる単細胞動物でありながら、その細胞の周りに何十倍もの大きさの（とはいえ、直径は一ミリメートルにも満たないが）、美しい模様をもつ炭酸カルシウムの殻を作る（図1-4c参照）。その有孔虫の研究で博士号を取ると間もなく、エミリアーニはイタリアの石油会社に就職した。しかし、研究への夢を断ち切れず、第二次大戦の戦勝国であるアメリカからの奨学金に応募した。運良くその奨学金を得たエミリアーニが、ミシガン湖に面し

図 2-1　チェザーレ・エミリアーニ(Cesare Emiliani, 1922–1995). 元マイアミ大学教授. イタリア生まれの古気候学者. シカゴ大学のハロルド・ユーリーの研究室で, 堆積物中に含まれる有孔虫の酸素同位体比を初めて測定し, 第四紀に氷期と間氷期が何度もくり返していたことを明らかにした. 堆積物の分析から過去の海洋環境を復元する, 「古海洋学」という分野の開拓者でもある.
写真提供) University of Miami Rosenstiel School of Marine & Atmospheric Science. History Photo Archive

た大都市シカゴに渡ったのは、一九四八年のことである。その二年後の一九五〇年には、シカゴ大学地質学科で、有孔虫の研究により再び博士号を得た。そして、間もなく、シカゴ大学核科学研究所のハロルド・ユーリーの研究室の助手に採用されることになる。海底堆積物に刻まれた暗号を読み解く、この章での物語は、ちょうどその少し前から始まる。

研究室の主、ハロルド・ユーリーは、重水素と呼ばれる重い水素原子[1]の発見でノーベル化学賞を受賞した、高名な研究者である(図2-2)。彼のもとには、当時、数多くの研究員や大学院生が集まり、研究室は活気にあふれていた。彼らの多くは、さまざまな天然物中に含まれる酸素、炭素、水素といった元素の「同位体比」(ボックス1を参照)の精密測定法の開発と、その応用に関する研究にいそしんでいた。エミリアーニがユーリーの研究室で与えられた研究テーマは、有孔虫が作る炭酸カルシウムの殻化石を海底堆積物の中から拾い出し、酸素の同位体比を詳細に分析することだった。

そもそも事の発端は、一九四六年一二月にまでさかのぼる。エミリアーニが、アメリカに渡る少し前のことだ。当時、シカゴ大学の教授であったユーリーは、チューリッヒにあるスイス連邦工科大学に招かれた。そこで彼は、酸素原子の安定同位体の理論的な挙動と、その天然における分布に関する講義を行なった。ユーリーはその講義の中で、水が蒸発してできる水蒸気と、元の水との間にある酸素同位体組成の関係を、統計熱力

図 2-2　ハロルド・ユーリー(Harold Urey, 1893-1981)．元シカゴ大学およびカリフォルニア大学サンディエゴ校教授．重水素の発見により，1934 年にノーベル化学賞を受賞した．同位体の研究以外にも，惑星の起源や，生命の起源に関する研究など幅広い分野で活躍し，1960 年代にはアポロ計画にも深く関与した．
写真提供）ⓒ Granger/PPS 通信社

学を用いて解説した。そして、海水は、淡水(海水から蒸発した水蒸気が凝結したもの)に比べて、酸素同位体比が少々低いだろうという予測について語った。

科学上の発見とは、えてしてそういうものだが、きっかけはごく些細なやりとりからだった。その講義を聴いていた著名な鉱物学者ポール・ニグリ[2]が、「それならば、海水から沈殿してできた大理石(炭酸カルシウムでできた岩石)に、その酸素同位体比は記録されるのではないか」とコメントしたのである。もしニグリのコメントが正しいなら、大理石の酸素同位体比を分析すれば、それが海水から沈殿したものか、あるいは淡水から沈殿したものかを見分けられるはずだ。ニグリのコメントに触発されたユーリーは、シカゴにもどるや、さっそく酸素同位体比の関係を計算してみた。

ユーリーが思わぬ「発見」に遭遇したのは、その計算をしている最中のことだった。炭酸カルシウムの酸素同位体比は、その起源の水だけでなく、それが沈殿したときの水温も明らかにすることに気づいたのだ。[3]ユーリーは後に、そのときのことを振り返って、「わたしは突然、古水温計を手にしていることに気づいた」と述べている。その理屈については後で解説することにして、ここでは話を少し先に進めよう。

ユーリーは「古水温計」を手に入れると、恐竜が絶滅した白亜紀／第三紀境界の気候変動の解明に応用することを、まずは考えた。モンタナ大学で動物学を専攻した経歴をもつユーリーは、生物学的な現象にも興味があったのである。ところが、研究室のある大学院生が、氷河期の気候変動を明らかにするために、堆積物中に含まれる有孔虫の殻化石の酸素同位体比を測ったらどうかというアイデアを提案した。そこでこの研究を行なうために、シカゴ大学地質学科で二度目の学位を得たばかりの、有孔虫にくわしいエミリアーニに白羽の矢が立った[4]。

ユーリーの研究室に引越したエミリアーニは、早速、有孔虫を多く含んだ第四紀の堆積物を探しはじめた[5]。ちょうどそのころ折よく、スウェーデン・ヨーテボリ大学海洋研究所の所長ハンス・ペターソンが、シカゴ大学を訪問して講演を行なった。彼は、スウェーデン海軍のアルバトロス号で世界中の海を駆け巡り、海水や底質を調査する航海を終えたばかりだった。ペターソンはその講演の中で、航海中に世界各地の海底から採取した、計三〇〇本にも及ぶ柱状コアの観察結果について解説した。エミリアーニにとって幸運なことに、その中に有孔虫がたくさん含まれている堆積物が数多くあった。彼は講演が終わるやペターソンに、その堆積物の一部を譲ってもらえないだろうかと申し出た。

一九五二年の夏には、エミリアーニみずからヨーテボリ大学のペターソンを訪れ、大西洋と太平洋の両方で採取された数本の堆積物コアのサンプリングを行なった。シカゴにサンプルが届くと、エミリアーニはすぐに顕微鏡を覗き込み、その中から有孔虫を拾い集めはじめた。そして、研究室の先輩のサミュエル・エプスタイン[6]や、実験助手のトシコ・マエダらとともに、その有孔虫の酸素同位体比を測定していった。エミリアーニが手にした最初のデータは驚くべきことを示していた。

酸素同位体温度計

ここで、炭酸カルシウムの酸素同位体比がなぜ古水温計になるのか、その原理について解説しておこう。そのためには、ミクロの視点から、水の中の酸素原子の動きについて考える必要がある。

水分子は化学式で書くとH_2O、すなわち水素原子二個と酸素原子一個からできている。このうち、酸素原子に着目してみよう。自然界に存在するほとんどの酸素原子は、八個の陽子と八個の中性子、それに八個の電子によって構成されている。したがって、酸素原子の質量数は、陽子数と中性子数の和の一六だ。

しかし、非常にわずかではあるけれども、自然界の中の酸素原子には、中性子が一個多い質量数一七のもの(^{17}O)と、中性子が二個多い質量数一八のもの(^{18}O)という「兄弟」が含まれている(図2-3)。これらはいずれも陽子の数が同じ八個なので(電子の数も同じく八個)、その化学的な性質はそっくりだ。このような原子の兄弟のことを「同位体」と呼んでいる。現在の海水中には^{18}Oが、平均すると〇・二パーセントというごくわずかな割合で含まれている。天然中に存在する水分子の、五〇〇個につき一個が^{18}Oによっ

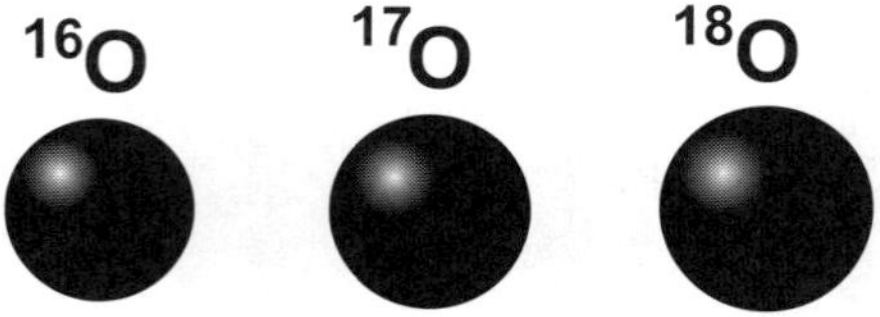

質量数	16	17	18
陽子数	8	8	8
中性子数	8	9	10
電子数	8	8	8
存在度(%)	99.762	0.038	0.200

図 2-3　3 種類の酸素同位体．これらは最外殻電子の数が等しいので，化学的には非常に似た挙動を示すが，物理的には異なった挙動を示す．

$$Ca^{2+} + CO_3^{2-} \rightarrow CaCO_3$$

て構成されているというわけだ。

さて、海洋の表層水中に生息している有孔虫の殻は、炭酸カルシウム（$CaCO_3$）という鉱物でできており、海水中に溶けているカルシウムイオンと炭酸イオンが反応してできる。その反応を化学式で表すと、上のようになる。

電気的には、海水に溶けているカルシウムイオンは電子が二個足りず、炭酸イオンは電子が二個余分だ。だから、両者がくっつくと電子の過不足がなくなり、両者ともハッピーというわけだ。そうしてくっついた結果が、矢印の右側にある炭酸カルシウムだ。この炭酸カルシウム一分子の中には、三個の酸素原子が含まれている。エミリアーニが測定したのは、その酸素に含まれる^{18}Oの濃度だった。

炭酸カルシウム中に含まれる^{18}Oの濃度が水温計になることを理解するには、海水中に溶けている二酸化炭素（CO_2）の挙動を知る必要がある。二酸化炭素は水によく溶ける気体で、一気圧、〇℃の海水一リットル中に、なんと一・四リットルも溶ける。ただし、水に溶けた二酸化炭素は、決して「二酸化炭素」という形のままで留まってはいない。

まず二酸化炭素は、水と反応して炭酸（H_2CO_3）になる。口に含むと酸っぱい味がする、いわゆる炭酸飲料の「炭酸」だ。この炭酸も、決してそのままで

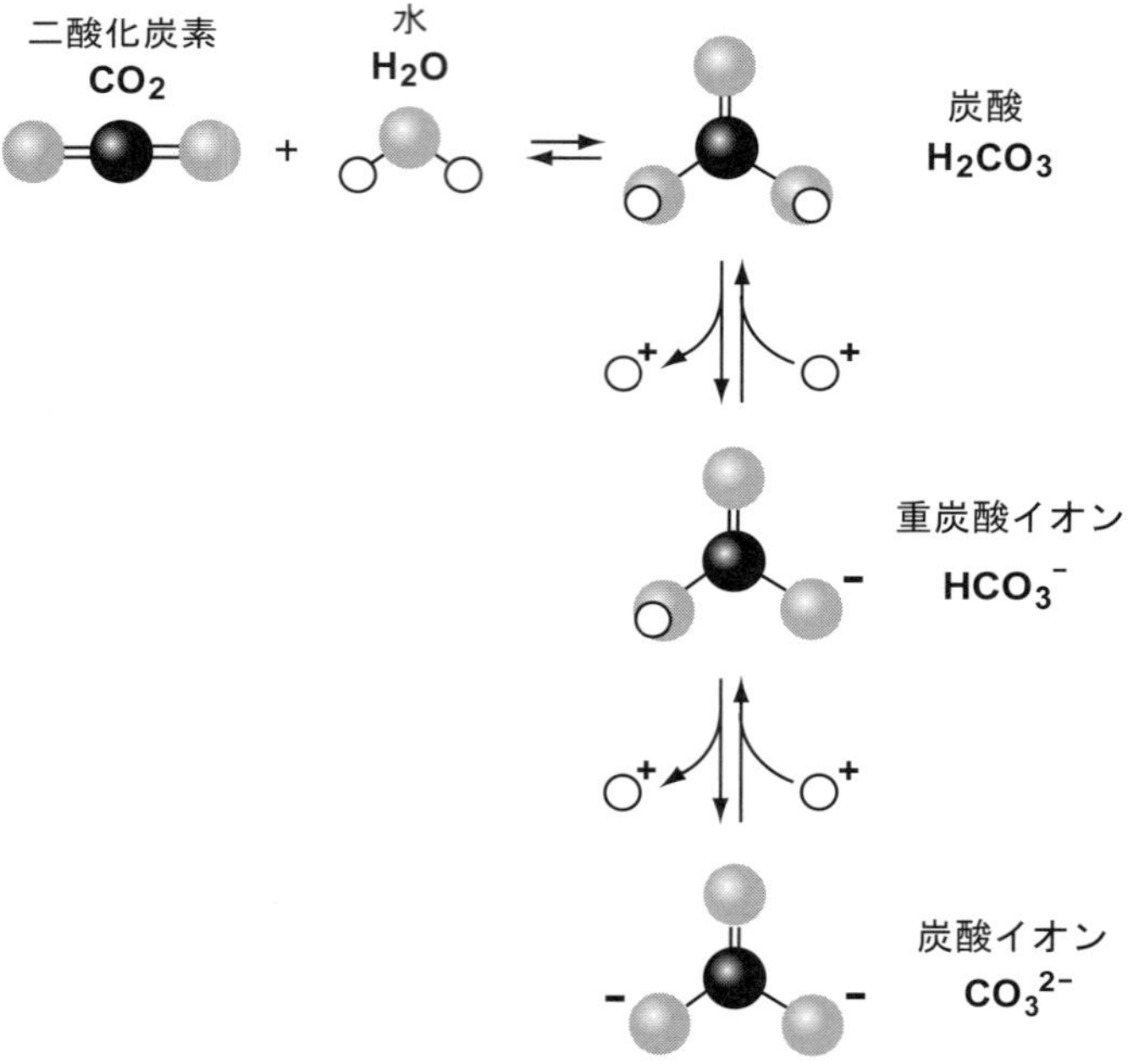

図 2-4　炭酸のはしご．海水中で二酸化炭素は水と反応して炭酸を生成する．この図では，黒は炭素原子，灰色は酸素原子，白は水素原子を表している．右辺の炭酸の水素原子は，紙面の手前方向に結合している．炭酸中にみられる炭素-酸素原子間の二重結合は，つねに 3 つの酸素原子の間を移動しつづけている．したがって，炭酸分子中の炭素原子を取り囲む 3 つの酸素原子は等価である．

$$CO_2 + H_2O \leftrightarrow H_2CO_3$$

$$H_2CO_3 \leftrightarrow H^+ + HCO_3^-$$

$$HCO_3^- \leftrightarrow H^+ + CO_3^{2-}$$

はいない。すぐにまた二酸化炭素にもどるか、水素イオンを手放して重炭酸イオン(HCO_3^-)に変わる。そして、重炭酸イオンになったものも、すぐ炭酸にもどるか、さらに水素イオンを手放して炭酸イオン(CO_3^{2-})へと変わる。炭酸イオンになったものは、もう手放す水素イオンがないので、すぐまた重炭酸イオンにもどる。

水に溶けた二酸化炭素は、このような反応を延々とくり返し、次から次へと目まぐるしくその形を変えつづけている。海の中ではさしずめ、無数の二酸化炭素分子が「炭酸のはしご」を、忙しそうに昇ったり降りたりしつづけているようなものだ(図2-4)。これらのことを化学式にすると、上のような三つの式になる。

それぞれの反応は、物理化学的に決まる一定のスピードでたゆみなく起こりつづけている。したがって、二酸化炭素、炭酸、重炭酸イオン、炭酸イオンという二酸化炭素の四つの化学種の存在量がある比率をとるとき、上の三つの反応のバランスが成り立って、それらの濃度が見かけ上、一定を保っているように見える。化学の世界では、この状態のことを「平衡」と呼んでいる。たとえば、海水中でそれらが平衡になるのは、重炭酸イオンが九〇パーセント、炭酸イオンが九パーセント、二酸化炭素が一パーセントという比率のときだ。このとき、炭酸として存在するものは無視できるほどわずかだ。

ここで重要なのは、「炭酸のはしご」の昇り降りにともなって、^{16}Oと^{18}Oがほんのわずかに異なる挙動を示すことだ。同じ酸素原子とはいえ、質量が一〇パーセントあまり異なる。そのため、これら二種類の酸素同位体を含む水分子や炭酸イオンのもつエネルギーも、少しばかり異なっているからだ。こういった同位体どうしの挙動の違いは、熱力学的に予測できる。たとえば、二五℃の水では、炭酸イオンに含まれる^{18}Oの濃度は、水に含まれる^{18}Oの濃度より一・四パーセントほど大きい。

さて、エミリアーニが専門とする有孔虫は、海水中から炭酸イオンを取り込んで、炭酸カルシウムの殻を作る生物である。二五℃の水の中で炭酸カルシウムに含まれる^{18}Oの濃度は、水よりも二・九パーセント大きい。そして、すべての化学反応がそうであるように、こういった同位体の挙動も温度によって変化する。たとえば、〇℃の水の中で炭酸カルシウムが作られた場合、水との^{18}Oの濃度差は三・五パーセントまで拡大する。つまり、^{16}Oの兄弟である^{18}Oは、冷たい水から沈殿する炭酸カルシウムに好んで入り込むのだ。

ユーリーは、こういった水−二酸化炭素系における酸素同位体の挙動に関する理論を

$$水温(℃) = 16.5 - 4.3\delta + 0.14\delta^2$$

$$\delta = \delta^{18}O_{炭酸カルシウム} - \delta^{18}O_{水}$$

確立した。そして、海水中から沈殿し、化石となって残されている炭酸カルシウムの、古水温計としての有用性を指摘したのである。その後間もなく、ユーリーの研究室の学生であったマックレアや、研究室の助手を務めていたエプスタインは、さまざまな水温のもと化学的に沈殿させた炭酸カルシウムや、飼育された貝を用いて水温と酸素同位体比の関係を詳細に決定した(図2-5)[7]。それによると水温は、上のような式で表すことができる。

この式は水温を、水の酸素同位体比とそれから沈殿する炭酸カルシウムの酸素同位体比の差の二次関数として表したものだ。そしてこの関係は、ユーリーの理論的な予測と非常に近いものだった。

この関係は、水温が四℃上がれば、炭酸カルシウムの酸素同位体比がおよそ一パーミル低下することを示している。だから、もしプラスマイナス〇・一パーミル(ボックス1を参照)の誤差で酸素同位体比を測定することができれば、〇・四℃というわずかな誤差で水温を推定できることになる。ということは、もし過去の海水の酸素同位体比が現在と同じだったと仮定するなら、堆積物中に含まれる炭酸カルシウムの化石の酸素同位体比を測定することによって、その当時の水温を推定できること

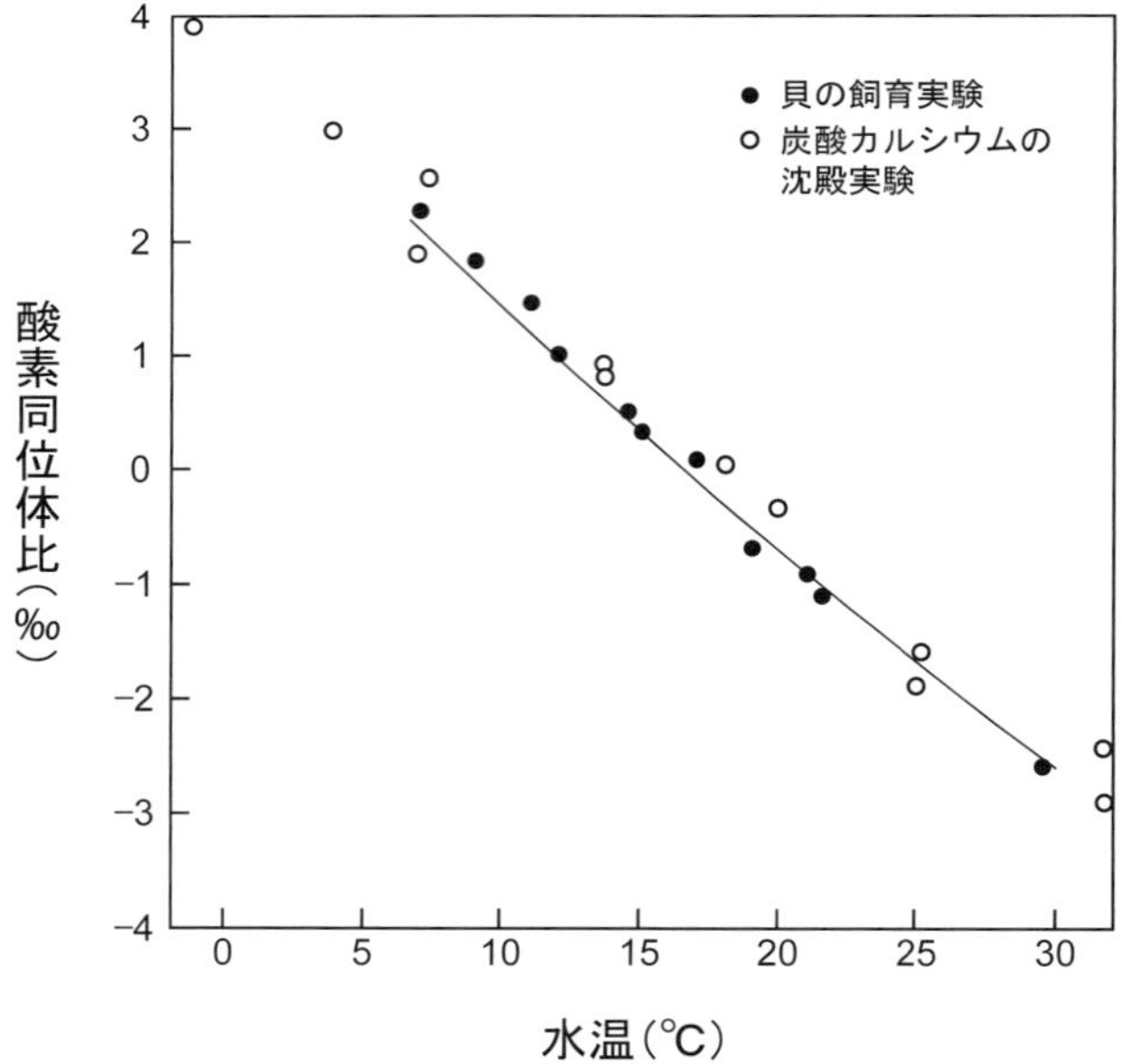

図 2-5　炭酸カルシウムの酸素同位体比と，それが形成される水温との関係．ただし，母液の酸素同位体比を 0 パーミルとしたときの図であることに注意．貝の飼育実験と，炭酸カルシウムの沈殿による実験とは整合的な結果を示している．実線は，貝の実験結果による近似式：$t=16.5-4.3\delta+0.14\delta^2$ を表す．この式で t は水温(℃)，δ は酸素同位体比(パーミル)を表す．McCrea(1950)，Epstein *et al.*(1953)を改変．

になる。これこそ、まさしく古水温計ではないか！

それにしても、誤差がプラスマイナス〇・一パーミルとは、^{18}Oの濃度に換算すると、〇・二〇〇〇パーセントと〇・二〇〇〇二パーセントの違いを見分けることに相当する。そんなわずかな違いをとらえることが、本当にできるのだろうか？　驚くべきことに、当時、エミリアーニが用いた同位体質量分析計は、それを十分に検知できるほど精度の高いものだった。

同位体質量分析計の登場

酸素同位体比のわずかな違いをもとらえる、その精密な質量分析計の原型を開発したのは、ミネソタ大学のアルフレッド・ニーア(図2-6)である。ミネソタ生まれのニーアは、地元のミネソタ大学で物理学を専攻し、大学院時代には、当時としてはすばらしく高い性能をもった質量分析計の開発に携わった。そして、その質量分析計を用いて、カリウムの同位体(^{40}K：質量数四〇のカリウム)を発見した。さらには、アルゴンや亜鉛などに含まれる同位体の存在比を、はじめて精密に決定するという成果を挙げた。

学位を取得すると、質量分析計を作る高い能力が買われ、ハーバード大学で博士研究員(8)として採用された。一九三六年のことである。そこでさらに高性能の質量分析計を製作し、質量数二三五や二三八のウラン同位体の存在比や、質量数一二や一三の炭素同

図 2-6　アルフレッド・ニーア(Alfred O. Nier, 1911-1994). 元ミネソタ大学教授. 1930 年代から同位体質量分析計の製作に携わる. 同位体質量分析計の父.
写真提供) The University of Minnesota Archives, University of Minnesota-Twin Cities

ボックス1　同位体比とその表記方法

本書では、酸素同位体比だけでなく、炭素同位体比や水素同位体比など、さまざまな「同位体比」が登場する。ここで、あらかじめ簡単に解説しておこう。

試料中に含まれる各元素の同位体組成(パーセント)を精密に決めることは、じつは現在でもそう簡単なことではない。これは主として、多くの元素において、ある一つの同位体がもう一つの同位体に比べて桁違いに少ないうえに、天然におけるその存在度の変動がさらに桁違いに小さいことに起因している。

たとえば、酸素の場合、^{18}Oの存在度は^{16}Oの約五〇〇分の一でしかない。後述する氷期と間氷期の間における変動(一パーミル)はさらに小さく、^{18}Oのモル分率($={}^{18}O/({}^{16}O+{}^{17}O+{}^{18}O)$)に直すと、〇・〇〇〇四パーセントというごくわずかな変動でしかない。

このように、非常に小さな変動を高い確度と精度で測定しようとすると、測定時の電圧の微妙な変動や電気的なノイズなどが測定値に大きく影響してしまう。半世紀以上も前の話だが、シカゴ大学のユーリーの研究室では、これを克服するために苦肉の策を編み出した。同位体的に均質な標準物質を準備し、それと試料とを交互に何度も測定し、両者の「ずれ」の平均値をとることによって、誤差を小さくするというやり方である。したがって、試料中に

同位体比の表記方法

$$\delta^{18}\mathrm{O} = \left[\frac{(^{18}\mathrm{O}/^{16}\mathrm{O})_{\text{試料}}}{(^{18}\mathrm{O}/^{16}\mathrm{O})_{\text{標準物質}}} - 1 \right] \times 1000 \quad (‰)$$

$$\delta^{13}\mathrm{C} = \left[\frac{(^{13}\mathrm{C}/^{12}\mathrm{C})_{\text{試料}}}{(^{13}\mathrm{C}/^{12}\mathrm{C})_{\text{標準物質}}} - 1 \right] \times 1000 \quad (‰)$$

$$\delta \mathrm{D} = \left[\frac{(\mathrm{D}/\mathrm{H})_{\text{試料}}}{(\mathrm{D}/\mathrm{H})_{\text{標準物質}}} - 1 \right] \times 1000 \quad (‰)$$

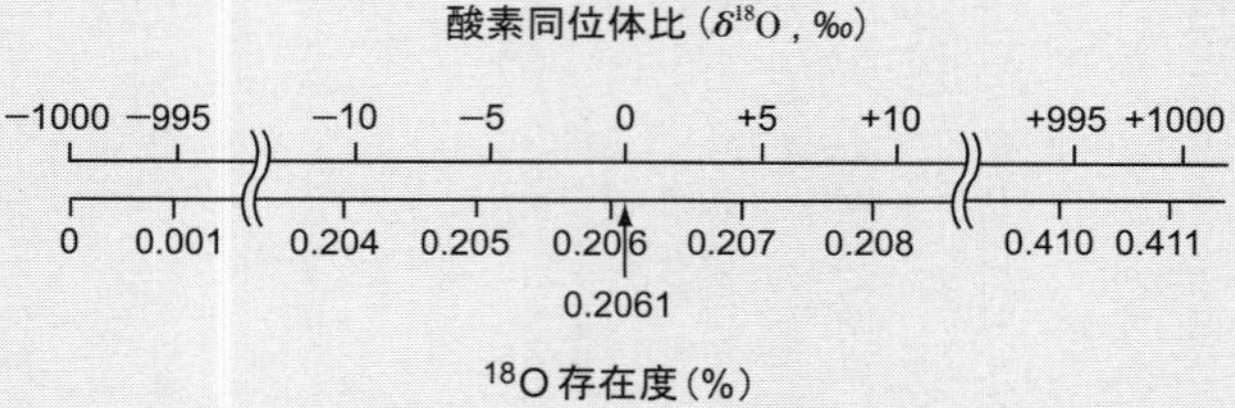

図 B-1　酸素同位体比を表すデルタ表記($\boldsymbol{\delta}^{18}$O，上)と，^{18}O の絶対存在度(^{18}O/(^{16}O＋^{17}O＋^{18}O)×100，下)との関係．デルタ表記には，標準海水(SMOW)と PDB と呼ばれる矢石化石の 2 つの標準物質が一般に用いられている．ここでは，炭酸カルシウムの酸素同位体温度計に用いられる矢石化石を標準物質とする同位体スケールについて示した．

含まれる同位体の濃度は、標準物質に対する相対的な値として表されることになる。

標準物質としては、水や氷に関しては「標準海水(SMOW)」を、炭酸カルシウムに関してはノースカロライナ州のピィディー層から採取される矢石化石(PDB)を用いる。そのうえで、慣用的にデルタ(δ)という、標準物質からの「ずれの度合い」を千分率(パーミル)で表す、前ページの上に示すような独特の表記法を提案した。

その後、現在にいたるまで、こうした歴史上の経緯と測定上の制約から、このデルタ値を用いた表記法が用いられつづけている。現在は、国際原子力機関(IAEA)が、同位体標準試料を管理しており、誰でも手に入れることができるようになっている。

ところで、デルタ表記の式はご覧のとおり、「同位体比」(酸素の場合、$^{18}O/^{16}O$)を用いている。化学の世界で一般的な「モル分率」($^{18}O/(^{16}O+^{17}O+^{18}O)$)は用いていない。同位体比からモル分率を計算するためには、標準物質中に含まれる正確な^{18}Oの濃度を知る必要がある。しかし、標準物質のモル分率の測定精度が、わたしたちが天然物質中で見出す変動に比べて当時は桁違いに悪かった。そのため、たとえモル分率に換算したところで、その数字はほとんど意味をなさなかったのである(図B-1)。

直感でもわかることだが、^{18}Oのモル分率と$\delta^{18}O$値とは直線関係にない。このデルタ値を直感に結びつける一つのコツは、サンプルの酸素同位体比が○パーミルのときは、サンプル中に含まれる^{18}Oの濃度が、標準物質と同じであることを意味し、マイナス一〇〇〇パーミルのときは^{18}Oをまったく含んでおらず、すべての酸素原子が^{16}Oであると知っておくことだ。

また、プラス一〇〇〇パーミル、プラス二〇〇〇パーミルとは、^{18}Oの濃度が標準物質のそれぞれ二倍および三倍であることを意味している(ただし、酸素同位体比の場合^{18}O以外にも^{17}Oを含むため、わずかに二倍からずれる)。

しかし酸素同位体比は、通常は、もっと小さな範囲で変動する。たとえば、酸素同位体比でマイナス二パーミルとは、標準試料(PDB)の$^{18}O/^{16}O$比(およそ〇・〇〇二〇六七)より〇・二パーセント少ないこと、すなわち、$^{18}O/^{16}O$比が、およそ〇・〇〇二〇六三であることを示している。みなが同じ標準試料を用いているかぎり、$^{18}O/^{16}O$比の(正確な絶対値がわからなくても)正確な相対値がわかるから問題ないというわけだ。

このように、デルタ表記はじつによく考えられた巧妙なものだが、地球化学者にのみ用いられているこの表記方法が、他分野の研究者が安定同位体比を用いた研究に参入しにくい原因にもなっている。近い将来、標準物質の同位体比の絶対値が精度よく決定され、デルタ表記ではなく、モル分率などの相対値表示(パーセント)が導入されることを筆者は望んでいる。■

位体の存在比など、天然物中に含まれる同位体の存在度を精密に決定することに成功した。

質量分析計に馴染みのない人は、名前を聞いただけで、複雑で難解な装置を想像するかもしれない。実際、その「みてくれ」は、かなりいかつい印象を与えるシロモノである。さまざまな形状をした金属部品が複雑に組み合わさり、電気コードや真空ポンプなどがつながっている。しかし、外見とは裏腹に、その原理はじつは比較的単純なものだ(図2-7)。

質量分析計は、イオン源、磁石、そして検出器の三つの部分からできている。イオン源とは、試料が導入される部分で、質量分析計の入り口とも言える。そこでは、フィラメントと呼ばれる金属線から飛び出してくる電子が、試料ガスに衝突している。フィラメントは、タングステンなどでできた非常に細い金属線で、豆電球のフィラメントと基本的には同じものである。ただし、豆電球と違うのは、イオン源の中にプラスに帯電した電極が入っていることだ。こうすることによって、フィラメントに大きな電流が流れると、そのプラス電極に引っぱり出されるように、マイナスの電荷をもつ電子がフィラメントから飛び出してくる。そして、この電子が試料分子に衝突して、試料分子がイオン化されるのである。

測定するときは、このイオン源を排気して真空状態にしておかなければならない。そ

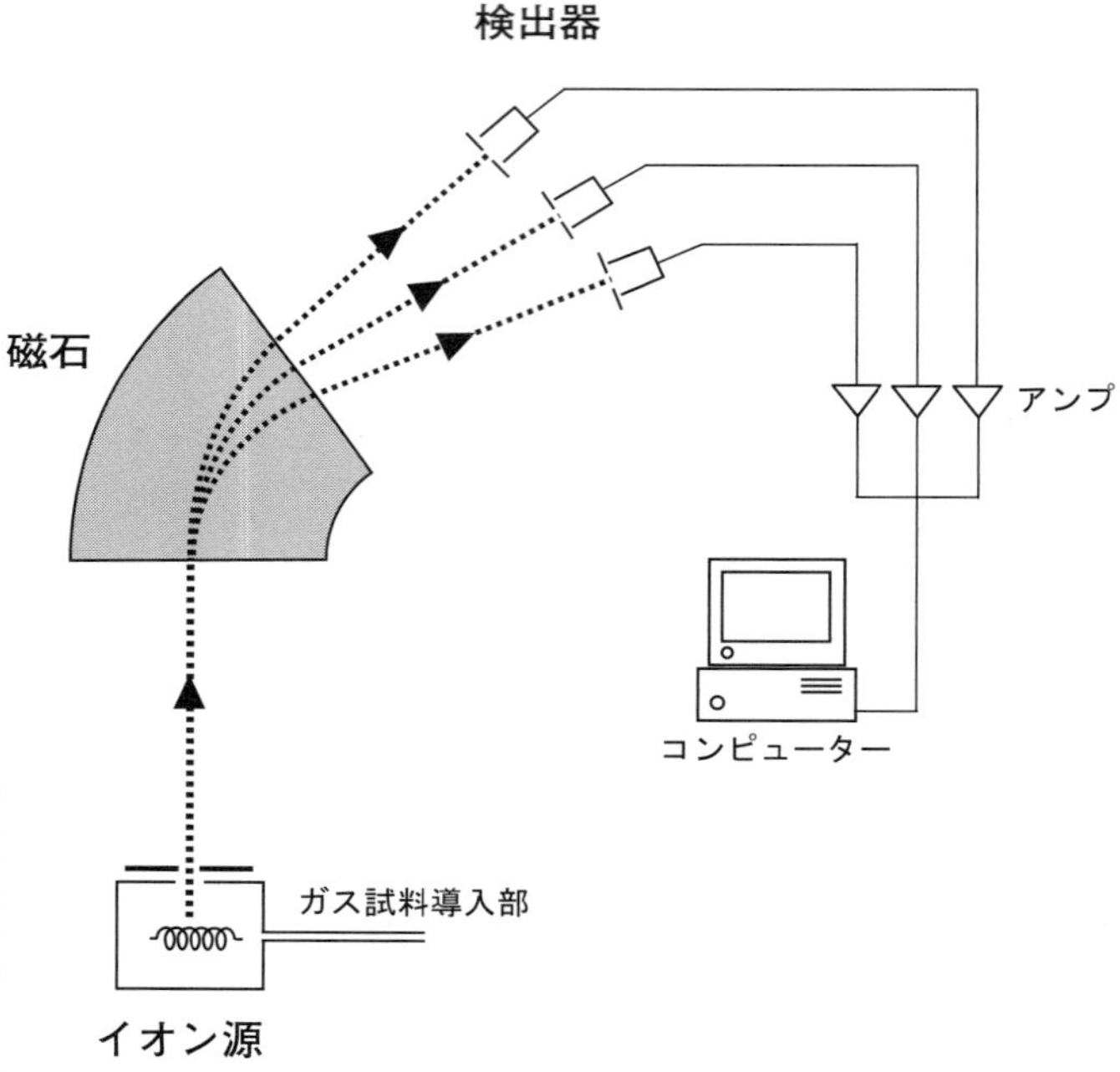

図 2-7　同位体比を測定するために用いられる磁場型の質量分析計．イオン源でイオン化された試料は加速された後，磁石部へ導入される．そこでは，質量数／電荷比に応じて各イオンは分離され，それぞれ検出器(ファラデーカップ)でカウントされる．

うしないと、フィラメントから飛び出した電子が大気の窒素分子や酸素分子に衝突してしまい、試料分子にまで到達しないからである。電子がうまく衝突すると、試料分子には新たに電子がくっつくか、あるいは電子が一つたたき出される。電子はマイナスに帯電した粒子だから、電子がくっつけばその分子はマイナスに帯電し、電子がたたき出されればプラスに帯電することになる。

　この電荷を帯びた試料分子に高い電圧をかけて、イオン源から分析管へと送り込み、磁場の中を通過させる。すると、飛んでくるイオンの質量に応じて進行方向が曲げられる。この現象は、電場と磁場と力は互いに直交する関係にあるという、いわゆる「フレミングの左手の法則[9]」で説明できる。磁場を通過する際に、質量数の大きなイオンほど、慣性によって、より大きな弧を描くように進む。

　有孔虫の酸素同位体比を測定するときは、まずその炭酸カルシウムの殻を酸と反応させ、生成した二酸化炭素を質量分析計に導入する。二酸化炭素分子は一個の炭素原子と二個の酸素原子でできているので、その質量数はふつう四四（＝一二＋一六＋一六）である。しかし、中には質量数一八の酸素原子（^{18}O）を含む二酸化炭素分子も含まれている。これらは質量数が二つ大きくなり四六（＝一二＋一六＋一八）になる。あとは両者を同時に測定できるように、検出器であるファラデーカップに、質量数四四と四六のイオンがちょうど飛び込むよう、磁場や加速電圧を調節しておけばよい。

ミネソタ大学で、磁場型の同位体質量分析計の一号機が産声を上げたのは一九三〇年代、日本でいえば「昭和ひとけた」の時代であった。その後、シカゴ大学のユーリーの研究室ではこの質量分析計を改良し、現在も世界中の多くの研究室で用いられているタイプの同位体質量分析計を完成させた[10]。一九四〇年代末のことである。ユーリーの研究室で製作されたタイプの質量分析計は、多くの元素の同位体比の精密測定を可能にした。そして、エミリアーニの古水温計のように、その一つ一つが地球科学の多くの分野にブレークスルーをもたらす、研究成果の源となっていったのだ。

エミリアーニの古水温計

さて、再びエミリアーニにもどろう。エミリアーニが分析した、カリブ海の海底コアの結果を図2-8に示した。それは、酸素同位体比が時代とともに変動し、かつて氷期と間氷期が何度もくり返されていたことを如実に示している。

一般的なパターンとして、氷期にいたる寒冷化は比較的ゆっくりと起こり、もっとも寒い時期は、何万年もつづく氷期の最後にやってくる。そして、氷期から間氷期にいたる温暖化は、一万年程度の比較的短期間で起きる。気候変動はサインカーブ状ではなく、ノコギリ刃状のパターンで起きていたのだ。さらに彼は、氷期に生息する有孔虫の酸素同位体比が、現在(間氷期)に比べて、およそ二パーミル大きかったことを示した。この

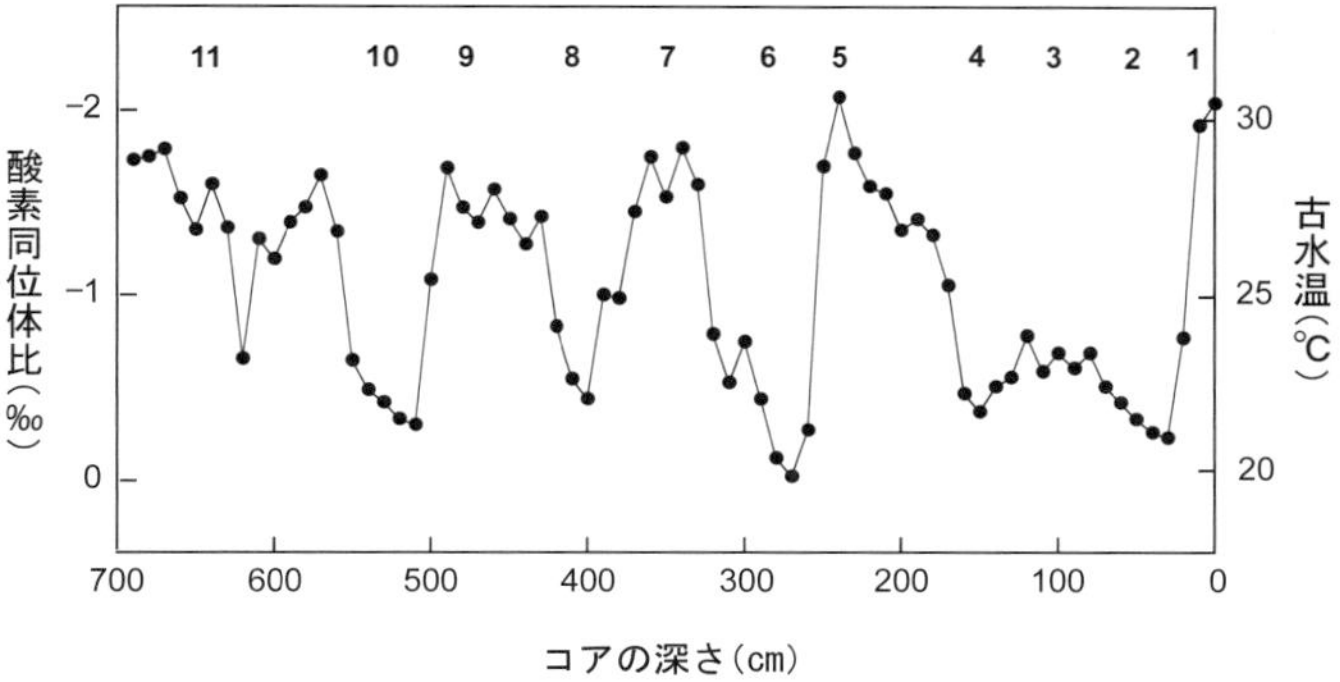

図 2-8　1955 年のジャーナル・オブ・ジオロジー誌に掲載されたチェザーレ・エミリアーニの革命的な論文の成果．カリブ海で採取された海底コア中に含まれる浮遊性有孔虫の酸素同位体比を示した．氷期と間氷期の酸素同位体比の差がおよそ 2 パーミルであることを示している．上に示した番号は，酸素同位体ステージ．酸素同位体比が大きな値をもつ氷期には偶数が，小さな値をもつ間氷期には奇数が割り振られている．右側には酸素同位体比から計算される古水温スケールを示した．ただし，この古水温の変動には，氷床の形成にともなう海水の酸素同位体組成の変動分が含まれていないため，氷期-間氷期間の水温変動を過大評価していることに注意．くわしくは本文を参照．

結果は重要だ。古水温計の計算式によると、氷期には水温がおよそ八℃も低かったことに相当するからだ。

エミリアーニはこの結果を確認するために、念には念を入れて、大西洋や太平洋など計一〇地点で採取された海底コア(11)について酸素同位体比を分析した。そして、いずれの海底コアにも、カリブ海のコアと似たような酸素同位体比の変化が記録されていることを確認したのである。この酸素同位体比の結果が、地球規模で起きた気候変動を表していることは間違いない。エミリアーニは、現在の間氷期をステージ1として、その直前の氷期をステージ2、さらにその前の間氷期をステージ3というふうに番号を振っていった。こうすると、暖かい間氷期には奇数のステージ番号が、寒い氷期には偶数のステージ番号が割り振られることになる。こうやってエミリアーニは、少なくとも四回分の氷期が、これらの海底コアに記録されていることを見出した。

さて、酸素同位体比の時間変化を解釈するうえで注意しておかねばならないのは、そこには古水温の変動だけでなく、海水自身の酸素同位体組成の変動も含まれていることである。さきに示した水温への換算式を見てもわかるように、水温は、炭酸カルシウムが沈殿する際の海水の酸素同位体比の関数になっている。たとえ水温が同じであっても、もとの海水の酸素同位体比が変われば、そこから沈殿する炭酸カルシウムの酸素同位体比も変わるという、ある種もっともな理屈である。では、海水の酸素同位体比は、時代とともにどの程度変化してきたのだろうか？

　まず、海水の酸素同位体組成が変化するプロセスについて知っておこう。図2-9aに示したように、水分子は酸素原子を真ん中にして、その両側に水素原子が結合している。しかし、水分子を構成する三つの原子は、一直線につながっているのではない。水素-酸素-水素の角度は、およそ一〇五度で、ちょうど酸素原子を中心にした天秤のような格好になっている。中心の酸素原子と両脇の水素原子は、「共有結合」と呼ばれる形で結びついている。これは、酸素原子と水素原子が、一個の電子を共有(シェア)している結合様式だ。

　しかし、その共有している電子は、両者で仲良く持ち合っているというよりは、酸素原子側に少々偏っている(12)。一つの分子内で電子の配置に偏りができれば、その分子には電場が生じる。水分子の場合、電子の影響が強い酸素原子側がマイナスに帯電し、影響の弱い水素原子側はプラスに帯電している。ということは、隣の水分子の配置はおのずと決まってしまう。マイナスに帯電した酸素原子側は、プラスに帯電したもうひとつの水分子の水素原子と引き合うからだ(図2-9b)。このような分子間に働く電気的な力による結びつきのことを、「水素結合」と呼んでいる。

　この水素結合のおかげで、液体の水を構成する個々の水分子は、独立した分子として存在するのではなく、周囲の水分子とクラスター(群集)を作っている。水分子が水から

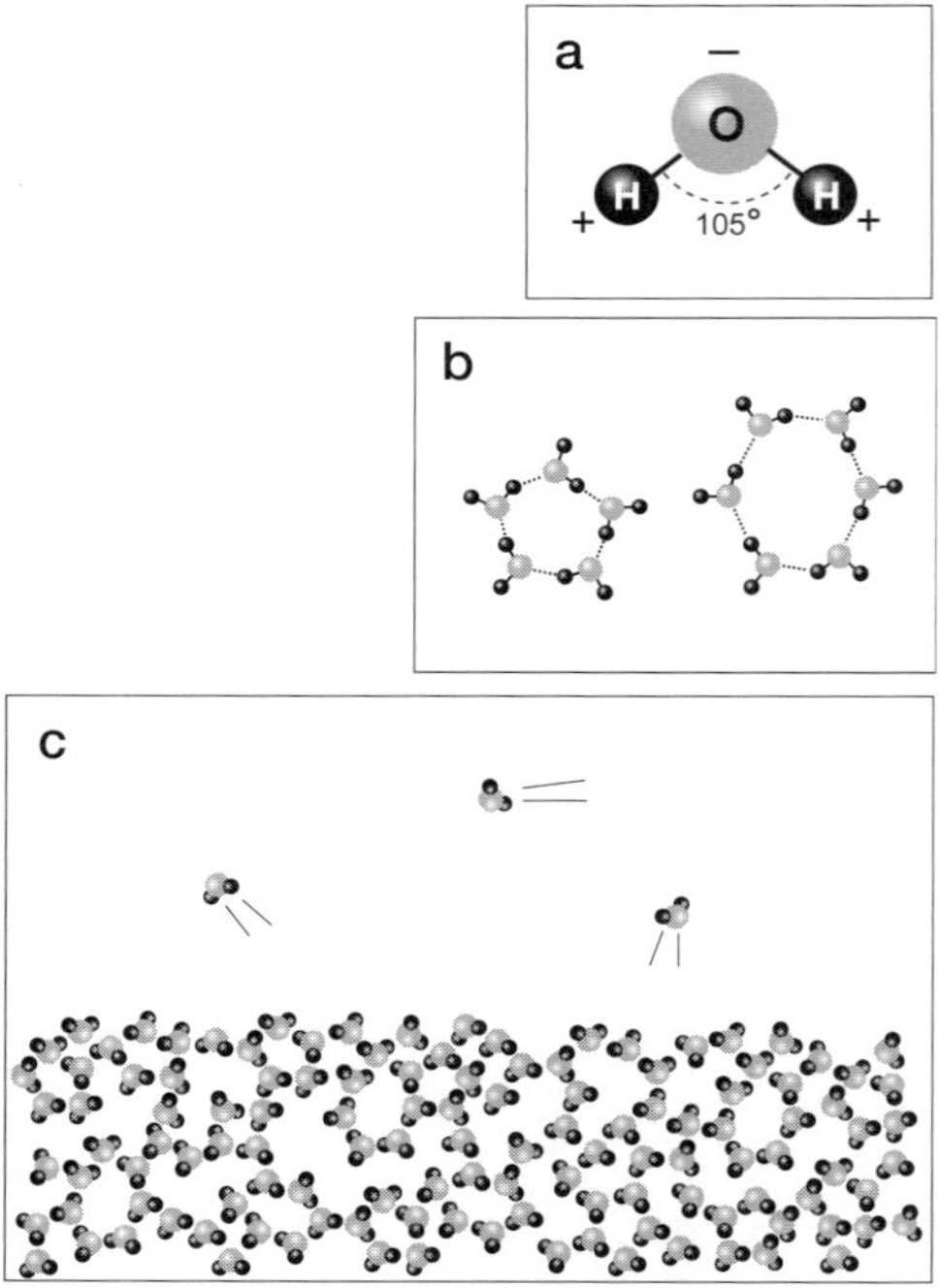

図 2-9　水分子の構造とその分布．a)水分子は，酸素原子の両側に水素原子が，およそ 105° の角度で結合している．酸素原子と水素原子が共有している電子は，少し酸素原子側に偏っているため，酸素原子側がマイナスに，水素原子側がプラスに帯電している．b)水分子が電荷の極性をもっているため，ある水分子の酸素原子側は，別の水分子の水素原子側と引き合う．その結果，5 分子や 6 分子でクラスターを作っている．c)水の表面では，一部の水分子がクラスターを壊して，大気中に「蒸発」している．

水蒸気になるためには、このクラスターを壊し、分子間に働いている水素結合を振り切らねばならない。わたしたちが日常的に目にする「蒸発」という現象は、分子レベルで見ると、水素結合を引きちぎる現象のことだ。水分子は分子間で引き合う力が比較的強いため、蒸発にはかなりのエネルギーが必要になる。しかし、個々の水分子はつねにブルブルと振動していて、中には運のいいヤツもいる。この引力を振り切って、大気中を自在に飛び回る自由な水分子がいるのだ。それが、水蒸気である(図2-9c)。

わたしたちは経験的に、水を温めれば蒸発しやすくなることを知っている。このことは、温度を上げると個々の水分子の振動が大きくなり、周囲の水分子の引力から逃れる可能性が高くなるということで理解できる。

ところで、「水分子」とひと口にいうが、含まれる酸素原子の質量数に応じて、「軽い水分子」と「重い水分子」とがある。ここで、「軽い水分子」とは^{16}Oを含む分子で、$H_2{}^{16}O$のことだ。一方、「重い水分子」とは^{18}Oを含む$H_2{}^{18}O$のことである。ブルブル振動している水分子が、水素結合を振り切って大気中へと蒸発する確率は、軽い水分子の方が一パーセント(一〇パーミル)だけ高い[13]。海水の酸素同位体比はどこでも〇パーミルだから、その海水が蒸発してできたばかりの水蒸気は、どこでもおよそマイナス一〇パーミルの酸素同位体比をもっているというわけだ。

一方、海面から蒸発した軽い水が、大気中で凝結して雨になるときは、まったく逆のことが起きる。重い水分子の凝結する確率が、一パーセント(一〇パーミル)だけ高いのだ。そのため、雨に含まれる重い水分子の割合が、もとの水蒸気よりも一〇パーミル増えている。マイナス一〇パーミルの水蒸気が雨となって海面にもどるとき、一〇パーミル増えるというのだから、差し引きゼロ、雨の酸素同位体比は〇パーミルということになる。海水が蒸発してできた水蒸気から降る「最初の雨」は、元の海水と同じ、〇パーミルの酸素同位体比をもっている(図2-10)。

ところが、一度の雨で除去される水蒸気は、空気(気塊)中に含まれるすべてではなく、多くの場合、そのごく一部でしかない。平均マイナス一〇パーミルの水蒸気から、より重い水分子に富んだ(〇パーミル)雨が落ちると、気塊に残された水蒸気はさらに重い水分子に乏しくなる。マイナス一〇パーミルをさらに下回るのだ。そして、その気塊から第二、第三の雨が落ちると、残された水蒸気がどんどん少なくなっていくとともに、その中に含まれる重い水分子の濃度はどんどん小さくなっていく。もちろん、それにつられるように第二、第三の雨に含まれる重い水分子の濃度も、どんどん小さくなっていく(ボックス2を参照)。

ここで、熱帯の温かい海の上で湿気をたっぷり含んだ気塊が、大気の大循環にともなって、高緯度の大陸内部にまで移動したとしよう。気温が低下していくとともに、水蒸気が凝結して気塊から取り除かれていく。大陸上ではあまり水蒸気が付け加わらないの

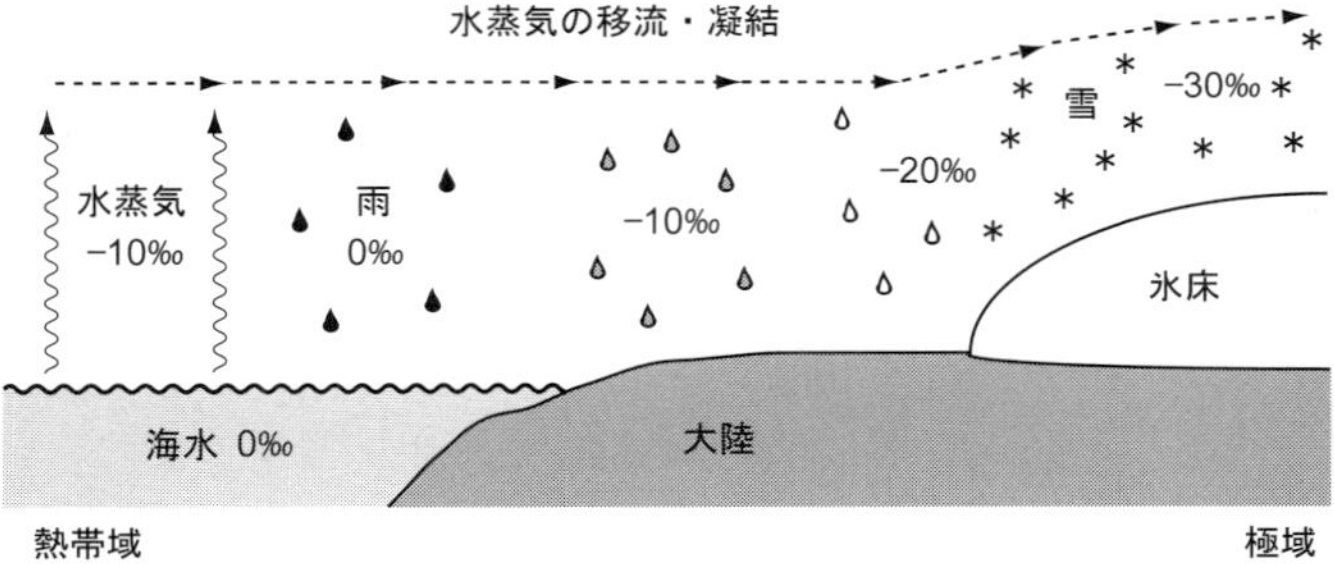

図 2-10　水の蒸発・移流・凝結にともなう酸素同位体比の変化．海水が蒸発してできる水蒸気の酸素同位体比はおよそマイナス 10 パーミルであるが，凝結の際に ^{18}O が選択的に除去される結果，水蒸気に含まれる ^{18}O の濃度は，水蒸気の供給源(主として熱帯域)から離れるほど小さくなる．すなわち，極域や大陸内部へ行くほど，雨や雪の酸素同位体比は小さくなる．Dansgaard(2004)を改変．

ボックス2 レイリー効果

ある暑い夏の日に浜辺へ行って、海水（酸素同位体比〇パーミル）をコップに汲み、それを砂浜に置いたとしよう。図B-2に示したように、夏の強い日差しの下、時間がたつとともにコップの中の海水は蒸発して、徐々に減っていくだろう。本文中に述べたように、軽い水分子（$H_2{}^{16}O$）が先に蒸発していくので、コップの中の水が少なくなっていくにつれて、重い水分子（$H_2{}^{18}O$）がコップの中に少しずつだが着実に濃縮していく。実験をスタートしたときは〇パーミルだから、時間とともにコップに残った水の酸素同位体比は大きくなっていくわけだ。

軽い水分子の重い水分子に対する蒸発しやすさは実験的に決められている。その度合いはコップ中の水の酸素同位体比に関わりなく一定である。したがって、蒸発がすすんでコップに残った水の割合と、その酸素同位体比の関係を数学的に予測することができる。

かつてイギリスの物理学者レイリー卿は、多孔質の物質の中をガスの混合物が通過すると、出口側においてガスの組成が時間とともに変化するという実験結果を聞き、それを数学的に考察した。この拡散によるガスの分別に関する数学的な取り扱いを、同位体組成の変動に応用したものが、いわゆる「レイリーの蒸留モデル」と呼ばれるものだ。その詳細については、巻末に挙げた教科書を参照していただくとして、ここでは結果だけを図B-3に示そう。

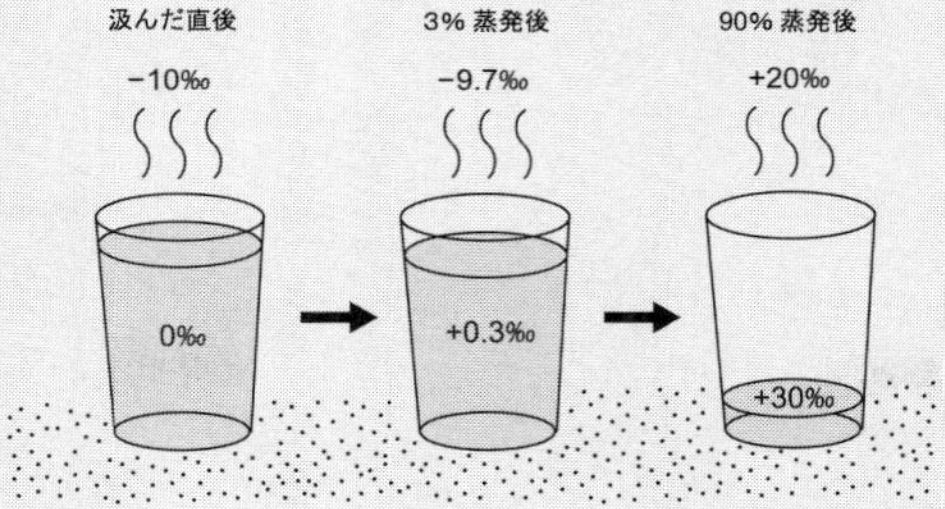

図 B-2　海水をコップに汲んで，浜辺に置いたコップの中の海水の酸素同位体比の変化．蒸発するにしたがって，コップの中に残った海水の酸素同位体比は大きくなっていく．

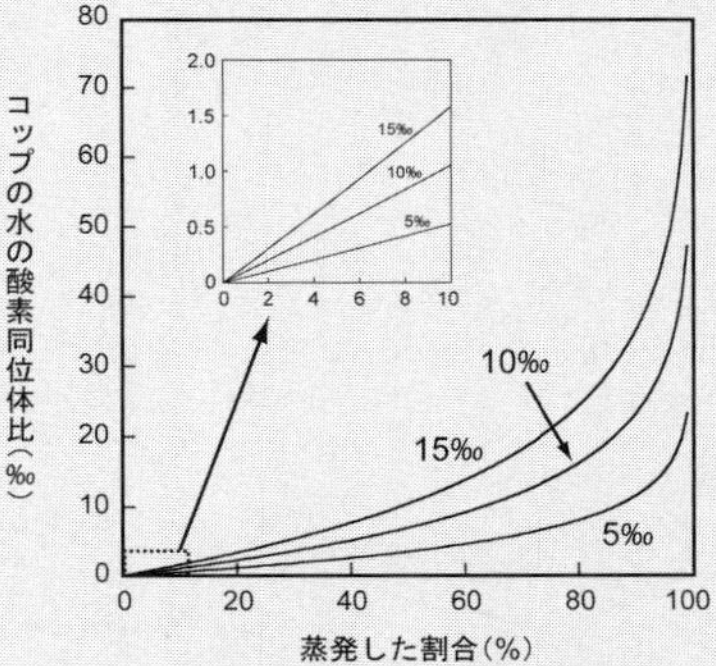

図 B-3　レイリー効果によるコップ中の海水の酸素同位体比の変化．図中は，蒸発した割合が 10 パーセント以下の部分を拡大したもの．蒸発時の同位体分別が 5 パーミル，10 パーミル，15 パーミルの 3 つの場合について比較した．水温が 25℃ のときは，同位体分別はおよそ 10 パーミルである．

これをもとに図B-2をみると、最初のうち、たとえば水が三パーセント蒸発したとき、コップの中に残っている水の酸素同位体比は、最初の水よりも少しだけ(プラス〇・三パーミル)「重く」なっている。しかし、コップの水が九〇パーセントも蒸発してしまった後は、そこには酸素同位体比がプラス三〇パーミルという、かなり「重い」水が残っていることになる。

このように、ある系から同位体分別をともなって物質が除去される過程(たとえば、蒸発、凝縮、沈殿、吸着、脱ガスなど)では、同位体比の変化はレイリー蒸留モデルに従うことを覚えておこう。■

で、その気塊はますます乾燥していくだろう。実際、大陸の内部は、どこへ旅行しても乾燥している所が多いものだ。さきほどの理屈でいくと、そこに残されたわずかな水蒸気は重い水分子がかなり乏しくなっているはずだ。実際、たとえば、現在のグリーンランド中央部で降る雪の酸素同位体比は、マイナス三〇パーミルを下回っている。

こういった天水が、河川などを通して間もなく海にもどれば、海水の平均的な酸素同位体比が変化することはない。しかし、重い水分子の極端に乏しいこの天水が、氷床として陸上に長期間ストックされてしまうと、厄介なことになる。次の3章でくわしく解説するが、氷期には重い水分子に乏しい水が大量に、北米やヨーロッパ北部で巨大な氷床として固定されていた。ということは、氷期の海水はその分だけ重い水分子に富んでいた(大きな酸素同位体比をもつ)はずだ。

ここが問題なのだ。図2-8の酸素同位体比カーブをそのまま古水温に換算してしまうと、海水の酸素同位体比が変化した分だけ、水温を読み違えてしまうことになる。つまり、そうした計算の結果でてくる「八℃」という氷期の水温低下は、オーバーな見積もりだということになる。氷期の水温を正確に知りたいなら、当時の海水の酸素同位体比を知る必要があるというわけだ。

エミリアーニは、いろいろな状況証拠をもとに、氷期の海水の酸素同位体比は、現在の海水よりも〇・五パーミル程度、重い水分子に富んでいただろうと考えた。そして、

図2-8より、氷期と間氷期に見られる酸素同位体比の差は「二パーミル」であることから、この〇・五パーミルを引き算した。残りの一・五パーミル分が、水温変化によるというわけだ。これはおよそ六℃に相当する。こうして、氷期のカリブ海では、表層水温が現在よりも六℃低かったと結論づけたのだった。

この海底コアの酸素同位体比の分析結果を報告する最初の論文を、エミリアーニは「ジャーナル・オブ・ジオロジー」というシカゴ大学が出版している学術誌に投稿した。当時、この雑誌の編集長は、伝統的な氷河地質学の分野で若手第一人者だったシカゴ大学教授、ルランド・ホルバーグであった。ホルバーグはそのときガンに冒され、病床で雑誌の編集にあたっていた。そして、この巻を最後に引退する予定だった。ホルバーグが入院していたシカゴの病院を訪れたエミリアーニに、ホルバーグは添削した原稿をベッド上から手渡して、「わたしは信じないよ」と微笑んで言ったという。しかし、ホルバーグは病床で、この原稿をそのままの形で出版する約束をしてくれた。その後間もなく、ホルバーグは亡くなった。古気候研究にとって記念碑的な論文が、ジャーナル・オブ・ジオロジー誌に掲載されたのは、一九五五年一二月のことだった。[14]

海水温をめぐる論争

エミリアーニ以降も、地質時代の水温を正確に推定することに情熱を燃やした海洋地質学者は数多い。イギリス、ケンブリッジ大学のニコラス・シャックルトン(図2-11)も、その一人だ。彼は、二〇世紀初頭に、エンデュアランス号に乗って南極を探検した英雄アーネスト・シャックルトン卿[15]の遠縁にあたる。

一九六〇年代半ば、シャックルトンがケンブリッジ大学の第四紀研究科(後にゴッドウィン研究所と改名された)の大学院生だったときに、ちょうど同位体質量分析計が研究室に導入された。隣の研究室で行なわれていた花粉分析の研究とあわせて、イギリスの古気候を復元することが、当時の第四紀研究科に課せられたミッションだった。わけあって、シャックルトンは大学院生ながら、この研究の同位体分析と古水温推定の部分を任されることになってしまった[16]。

シカゴ大学で開発されたタイプの質量分析計で酸素同位体比を測定するためには、当時、四〇〇〇匹もの有孔虫を堆積物中から拾い集めねばならなかった。直径が一ミリメートルにも満たない小さな有孔虫を、顕微鏡の下で四〇〇〇匹も拾い集める作業は、思いのほか重労働だ。そのために、アシスタントを何人も雇わなければならない。しかし、研究費が足りず、なんとかしてコストダウンをはかる必要があった。そこでシャックルトンは質量分析計を改造し、従来のおよそ一〇分の一のサンプル量ながら、ほぼ同じ精度で酸素同位体比が測定できるようにした[17]。必要は発明の母とはまさしくこのことだ。

この質量分析計の改良は、思わぬところに新たな可能性の扉を開いた。海の表層水中

図 2-11　ニコラス・シャックルトン(Sir Nicholas J. Shackleton, 1937-2006). 元ケンブリッジ大学ゴッドウィン研究所教授. 有孔虫化石の酸素・炭素同位体比を用いた古海洋学を推進した.
写真提供) University of Cambridge Geography, courtesy of Professor Philip Gibbard

に棲んでいる有孔虫の変わり種が、海底にも棲んでいる。底生有孔虫と呼ばれる生物である。真暗闇の海底で、上から降って来るマリンスノーを食べて暮らしている。[18]彼らも単細胞ながら、自らの数十倍のサイズ(とはいえ、これまた直径一ミリメートルもないのだが)をもつ炭酸カルシウムの殻を作る。ということは、その殻の酸素同位体比には、海底を覆っている海水の貴重な情報が刻まれているはずだ。しかし、問題があった。海底堆積物中に含まれるこの底生有孔虫の殻化石の数は、浮遊性の有孔虫よりずっと少ないのだ。当時の質量分析計では、個体数の少ない底生有孔虫殻の酸素同位体比を測定することは、ほとんどできなかった。[19]

そこへ登場したのが、シャックルトンだった。彼は自ら改良した質量分析計を武器にして、カリブ海で採取された底生有孔虫殻の酸素同位体比を測定することに成功した。[20]その結果は図2-12のように、氷期と間氷期の気候変動にともなって、底生有孔虫殻の酸素同位体比がおよそ一・五パーミル変化することを示していた。

では、この結果をどう解釈すべきだろうか？　現在、太平洋や大西洋の深海底の水温はおよそ〇℃で、海水の結氷点(マイナス一・九℃)に非常に近い。したがって、寒冷な氷期といえども、水温はこれ以上ほとんど低下しないはずだ。そもそも、海水が凍っていたら、底生有孔虫のような生物は生息できなくなる。しかも、海水が凍った証拠はどこからも見つかっていない。となると、シャックルトンが見出した底生有孔虫の酸素同

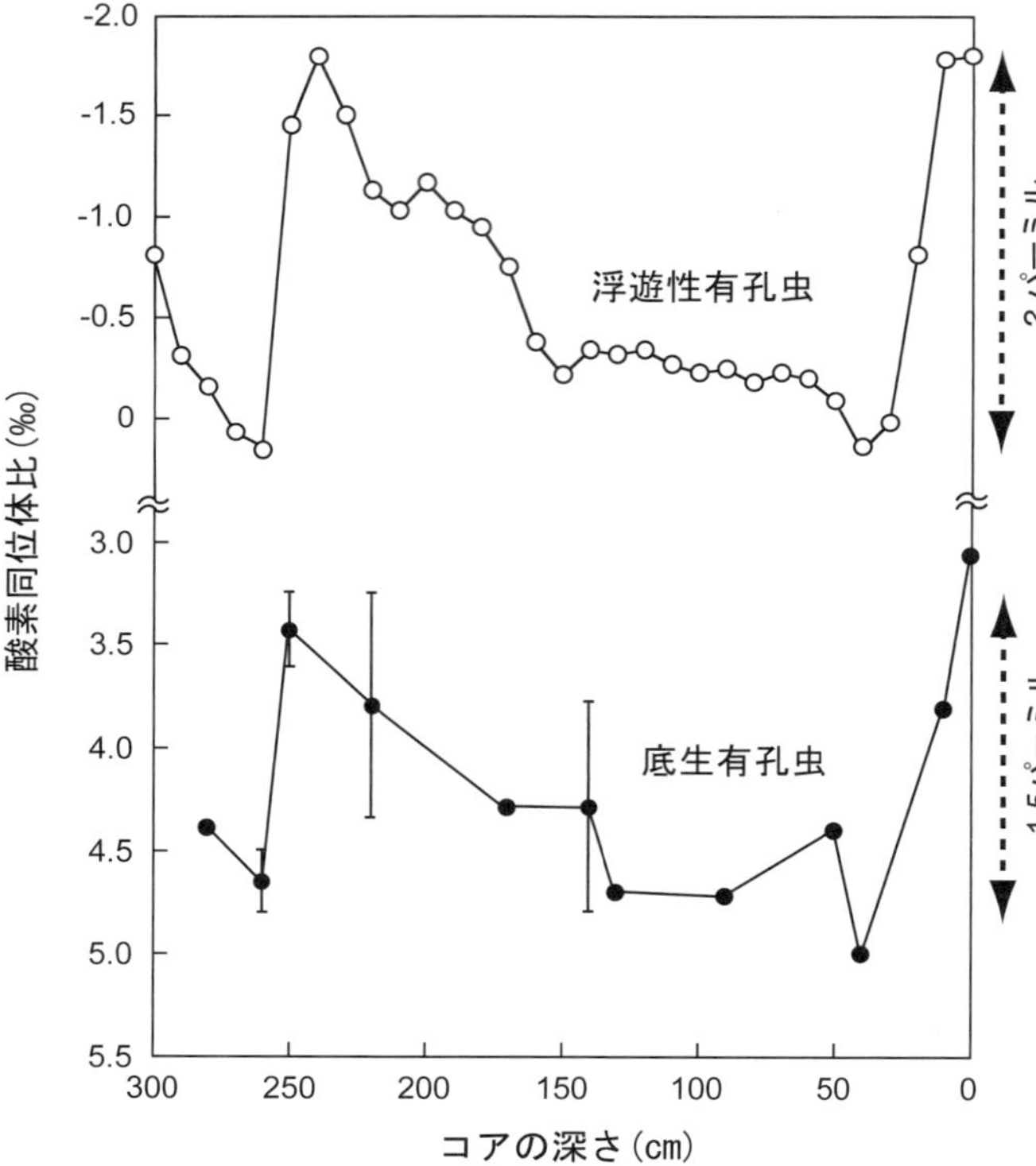

図 2-12　カリブ海で採取された海底堆積物に含まれる浮遊性有孔虫殻（○）と底生有孔虫殻（●）の酸素同位体比の比較．氷期と間氷期の振幅が，浮遊性有孔虫がおよそ 2 パーミルであるのに対し，底生有孔虫はおよそ 1.5 パーミルである．海底の水温はあまり変化しないはずなので，底生有孔虫殻の酸素同位体比の変化分が，海水の酸素同位体比の変化と考えられた．Emiliani（1955），Shackleton（1967）を改変．

位体比の変化は、そのほとんどが水温ではない別の要因に起因していたことになる。それが海水の酸素同位体比の変化というわけである。氷期に重い水分子に乏しい氷床が形成されたことで、海水の酸素同位体比が一・五パーミルだけ、重い水分子に富むようになったと考えざるをえないのだ。これは、エミリアーニが考えていた〇・五パーミルよりも、かなり大きな数字だ(21)。

つまり、氷期と間氷期の酸素同位体比の差である二パーミルから、この一・五パーミルを差し引いた、残りの〇・五パーミル分が、水温変化によるものということになる。これは水温に換算すると、わずか二℃でしかない。この結果は、当時の学界に大きなショックをもたらした。それまでは、浮遊性有孔虫の酸素同位体比カーブは、おもに「水温」の変化を反映すると考えられてきた。ところがじつは、海水の酸素同位体比の変化、言い換えると、「氷床の大きさ」の変動を反映するものだったのだ。古水温は、エミリアーニが考えたほど大きく変化してはいなかったのである(22)。

しかし、エミリアーニ本人はシャックルトンの解釈を頑なに受け入れなかった。その生涯を通して、浮遊性有孔虫の酸素同位体比の変化は、そのほとんどが水温の変化によって説明できるはずだと主張しつづけた(23)。そのエミリアーニも、一九九五年七月にフロリダ州マイアミの自宅で七三年の生涯を閉じた。彼の死は、古気候学にとって一つの時代の終わりを告げるものであり、科学史という観点から見れば、「氷期水温低下説」の

終焉でもあった。(24)

ユーリーからエミリアーニへ、そしてエミリアーニからシャックルトンへとバトンが受け渡されていく間に、有孔虫化石の酸素同位体比がもつ暗号はほぼ解読された。当初、古水温計と考えられた海底堆積物の酸素同位体比記録も、じつは「氷床量計」とでもいうべき指標であることが明らかになった。しかし、有孔虫化石の酸素同位体比がもつ情報は、水にかかわる化学的現象と物理的現象の履歴を保持したものであることに変わりはない。それまで地質学者の経験と心眼に頼ることの多かった古気候を復元する研究は、基礎科学との交流によって新たな道が切り開かれた。エミリアーニとシャックルトンの議論を契機に、氷期-間氷期の気候変動に対する理解は、一九七〇年代以降、急速に深まっていくのである。

第3章　失われた巨大氷床を求めて

忘却してしまったものこそ、その存在を
いちばん正しくわれわれに想起させるものである。
マルセル・プルースト『失われた時を求めて』

消えた巨大氷床

もし世界地図や地球儀が手元にあれば、それを眺めてみよう。南極とグリーンランドだけが、白く塗りつぶされていることだろう。南極とグリーンランドは、大きな「氷床」によって覆われているからだ。「氷床」とは、その名のとおり「氷でできた床」、すなわち大地を広く覆う大きな板状の氷のことを指す。現在のグリーンランドには、最大三キロメートルの厚さをもった氷床が存在し、この巨大な島のほとんどを覆い尽くしている。また南極では、四キロメートルというさらに厚い氷床が、これまた大陸のほぼすべてを覆っている。

ところが驚くべきことに、約一〇万年前から二万年前までつづいた最終氷期には、もっと巨大な氷床があったことが、地質学者による詳細な陸上調査によって明らかにされた。地質学者たちは、野山の草を掻き分け、橋のない川を渡り、ときには崖をよじ登っては、氷河が地層や地形に残したわずかな情報を一つずつ集めていった(図3-1)。数多くの地質学者が長年かけて成し遂げた成果の一つひとつが、地図の上に記されていった結果、現在のカナダや北欧、そしてロシア北西部にさらに巨大な氷床があったことが明らかにされたのである。

かつてカナダの西部を除いたほぼ全域とアメリカの北端部を覆った巨大な氷床は、「ローレンタイド氷床」と呼ばれている(図3-2)。ローレンタイド氷床は、およそ二万年前にもっとも拡大し、その厚さはハドソン湾南部で三キロメートルをゆうに超えていたと推定されている。ローレンタイド氷床の北部はグリーンランド氷床とつながり、南部は五大湖の南にまで達していた。最大時の大きさは、二〇〇〇万立方キロメートルに達していたと推定されている。これは氷期に新たに形成された氷床量の半分近くを占め、現在の南極氷床とグリーンランド氷床を足し合わせた分に匹敵するほどの大きさである。重さにすると、なんと二京(2×10^{16})トン近くにもなる巨大氷床だった。

それに対して、イギリスから北欧を覆っていた氷床は、「フェノスカンジア氷床」と呼ばれている。フェノスカンジア氷床は、その中心が現在のバルト海北部にあり、二万年前にはおよそ三キロメートルもの厚さをもっていた。フェノスカンジア氷床は北欧か

図 3-1　かつて氷床や氷河が拡大した時期があったことを示す証拠の一つ「迷子石」. 氷期に氷床や氷河に乗って運ばれてきた巨岩である. それらが融解することによって取り残されてしまったため, このような名前がつけられた.
写真提供）北海道大学低温科学研究所白岩孝行准教授

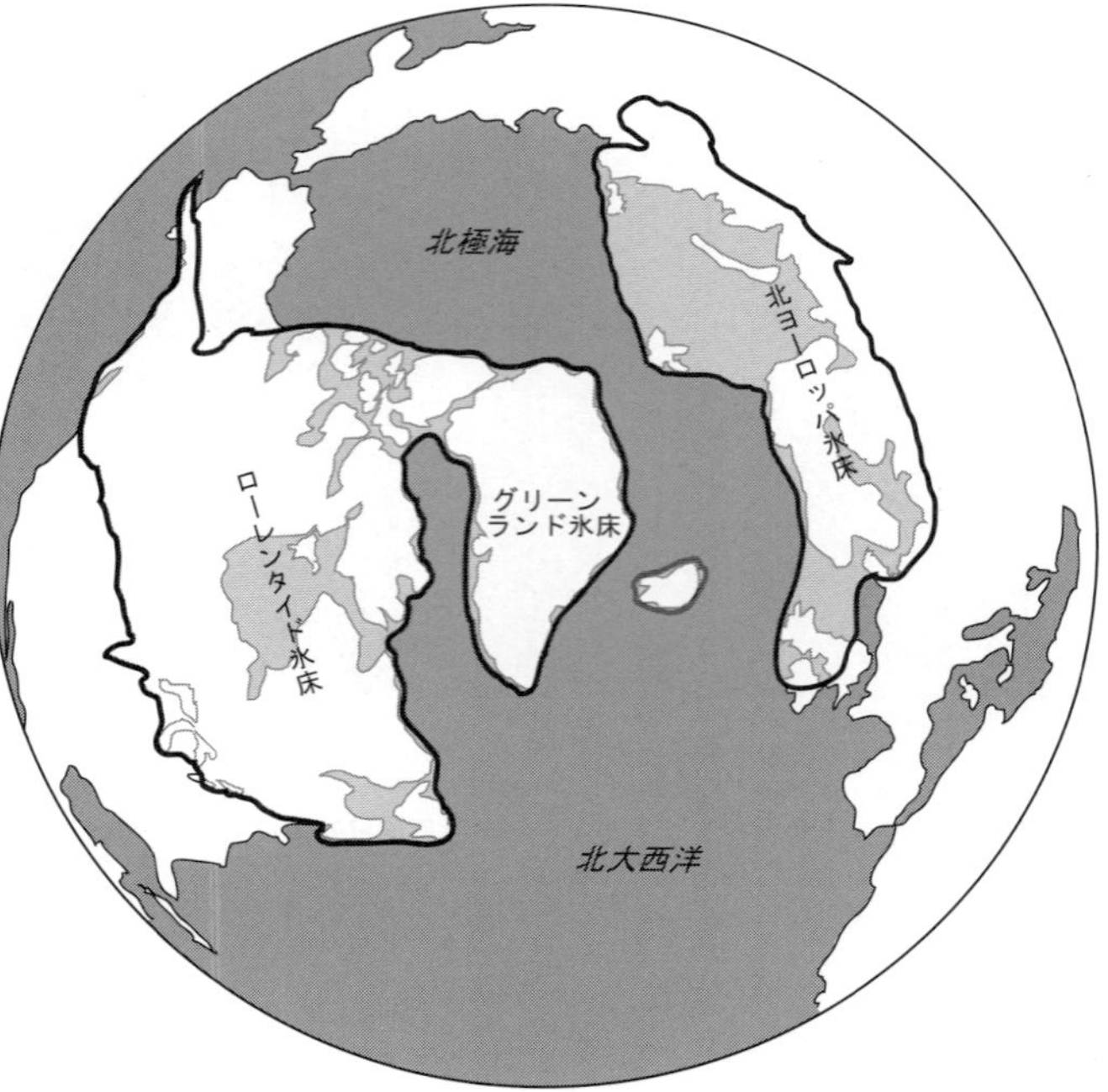

図 3-2　最終氷期に北米大陸北部に形成されたローレンタイド氷床と，ヨーロッパ北部に形成された北ヨーロッパ氷床．北ヨーロッパ氷床のうち，西部をフェノスカンジア氷床，東部をバレンツ・カラ氷床と呼ぶこともある．

ら北海、そしてイギリス中〜北部からアイルランドにまでいたる地域を埋め尽くしていた。またこの氷床は、「バレンツ・カラ氷床」と名付けられているロシア最北部とその沖に広がる海域を覆った氷床にまでつづいていた。フェノスカンジア氷床とバレンツ・カラ氷床を合わせて、「北ヨーロッパ氷床」と呼ぶこともある(図3-2)。

カナダ中央部や北欧の地形図をみてもわかるし、旅行しても実感するが、このあたりは高く険しい山がひとつとして見当たらない。あるのはなだらかな丘陵地帯だけだ。日本でみられる急峻な地形と比べるとその差は歴然としている。これはかつてこの地域を覆っていた氷床が、何度も何度も成長と衰退をくり返すうちに、出っ張ったり角ばった地形がすべて削り取られてしまったからだ。氷河によって何度もカンナをかけられたわけである。

注目すべき点は、これら二つの巨大な氷床は北大西洋の北部をはさんだ両側に位置していることだ。現在も存在するグリーンランド氷床を含めれば、北大西洋の北部を取り巻く陸地はほとんど氷床によって囲まれていたことになる。北部北大西洋一帯が、気候変動に対して敏感な海域であることがうかがえる。そしてこのことは、気候変動を考えるうえで、非常に重要なことなのである。

アイソスタシー

かつて北米や北欧に巨大な氷床が存在していたことを示唆する証拠は、思わぬところにもある。図3-3は、スカンジナビア半島付近における過去一〇〇年間の、地殻の平均隆起量を示したものだ。バルト海北部を中心として、同心円状に隆起していることがわかる。中心部では一年間に一〇センチメートルも隆起している。地震や火山など地殻変動のほとんどない北欧地域でなぜ、こんなことが起こるのだろうか？　それを説明できるのは、ただ一つのメカニズムだけだ。それは、かつてこの地に乗っていた氷床が急に融けてなくなったため、その重さから解放された反動で隆起しているというものだ。

このメカニズムをもう少し深く理解するためには、「アイソスタシー」という概念を知っておく必要がある。アイソスタシーとは、平たく言うと「静的なつり合い」という意味だ。地球は「地殻」と呼ばれる薄皮が、「マントル」と呼ばれる実の部分を包んだ構造になっている。地殻の厚さは、大陸では平均するとおよそ三〇キロメートル、海洋では五キロメートルである。三〇キロメートルと聞くと、とても厚いように感じるかもしれない。しかし、地球の半径は六四〇〇キロメートル弱だから、その〇・五パーセントにも満たない。たとえば、半径一五センチメートルの地球儀で考えると、地殻の厚さは一ミリメートルにも満たない計算だ。本当に「薄皮」なのである。地殻は、その下にあるマントルの上に浮かんだ状態にある。それはまるで、弾力性のある実を薄皮が取り

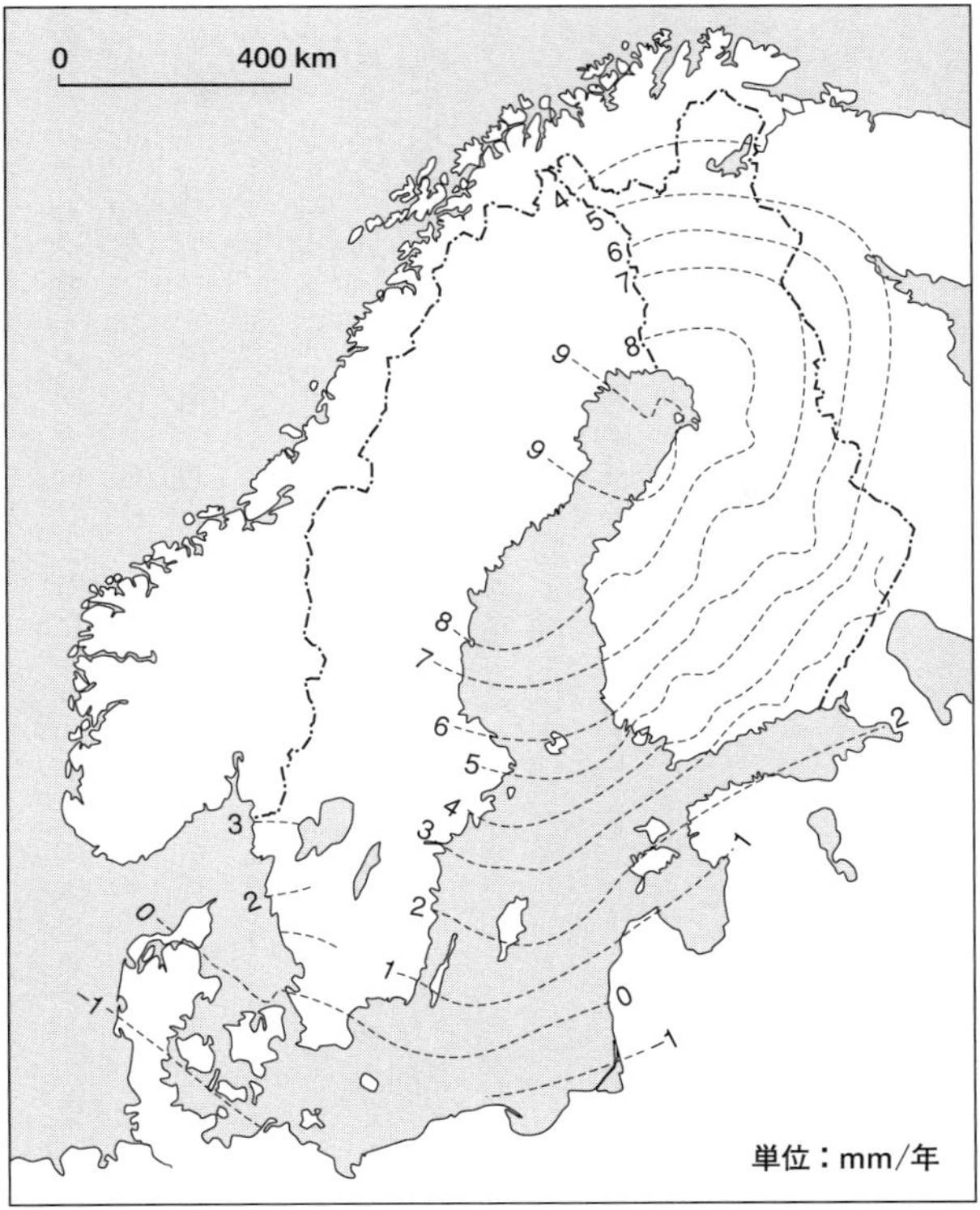

図 3-3　北欧における過去 100 年間の地殻の隆起量．バルト海北部を中心にした同心円状に隆起し，その隆起量はもっとも大きなところで 10 m に達する．この地殻の隆起はアイソスタシーによるもので，フェノスカンジア氷床がかつてそこにあったことを示している．Flint(1971)を改変．

巻いているリンゴのようだ。リンゴの表面を指で少し押してみると、その皮は実の中に少しだけめり込む。それと同じように、地殻の上に大きな氷床が乗っかると、その重さの分だけ、地殻はマントルの中にめり込むのだ。

日常的な感覚でいうと、地球は固い。すなわち固体である。地震のように急激に加わる力に対しては、固体としての振る舞いを示す。しかし、その一方で、数千年や数万年という長い時間スケールでみると、外から加えられる力に対しては、あたかも流体のように振舞う。地球という物体は、固体と流体の両方の性質を備えているわけだ。しかし、これは地球に限ったことではない。この世のすべての物体は、固体でもあり、流体でもある。固体と流体の間には明確な境界はない。たとえば、「お餅は固体か？　流体か？」という二者択一の質問は、科学的にはナンセンスだ。

では、重い氷床が地殻の上から急になくなったら、どんなことが起こるだろうか。氷があった地殻の下にはマントル物質が周囲から集まってきて、その上にかかっていた重さと同じになるように調節される。マントルには、その上下の部分より、多少やわらかいアセノスフェアと呼ばれる部分があり、このような調節をおもに受け持っている。地殻や上部マントルはさしずめ、アセノスフェアという海の上に浮かんでいるようなものである。

もう少し具体的な数字で考えてみよう。ある平坦な大陸地殻の上で、突然、氷床が融けてしまったとしよう。氷は、一立方センチメートルあたり〇・九グラムの重さをもつ。ということは、厚さが三キロメートルほどあったフェノスカンジア氷床の中央部では、かつて一平方メートルにつき、なんと二七〇〇トンもの重さがかかっていたことになる。それだけの重しが、わずか数千年でなくなってしまったわけだ。大陸地殻は花崗岩と呼ばれる石でできており、その重さは一立方センチメートルあたり二・八グラムだ。それにたいし、その下の上部マントルは、一立方センチメートルあたり三・三グラムである。図3-4に示すように、氷が乗っていたときの重みを考えると、地殻はおよそ八〇〇メートル隆起してバランスをとらねばならないことになる。

これだけ隆起するのに何年かかるかは、地球の「流体としての度合い」の問題だ。スカンジナビア半島周辺は、最終氷期後、すでに三五〇メートルも隆起したことが知られており、さきほどのデータが示すとおり、いまも隆起中である。現在、平均水深が五〇メートルあまりしかないバルト海は、これから数千年もすれば、間違いなくほとんど陸化してしまうだろう。もっともその前に次の氷河期がやってきて、新しい氷床が形成されないことが条件だが。

おもしろいことに、地球物理学者たちは、アイソスタシー理論から、逆に上部マントルの「粘性係数」を推定している。「粘性係数」とは平たくいうと、物質の「ねばねば度」を示す尺度で、マントルの素性を知るうえで非常に重要な情報だ。(1) 大陸上に巨大な

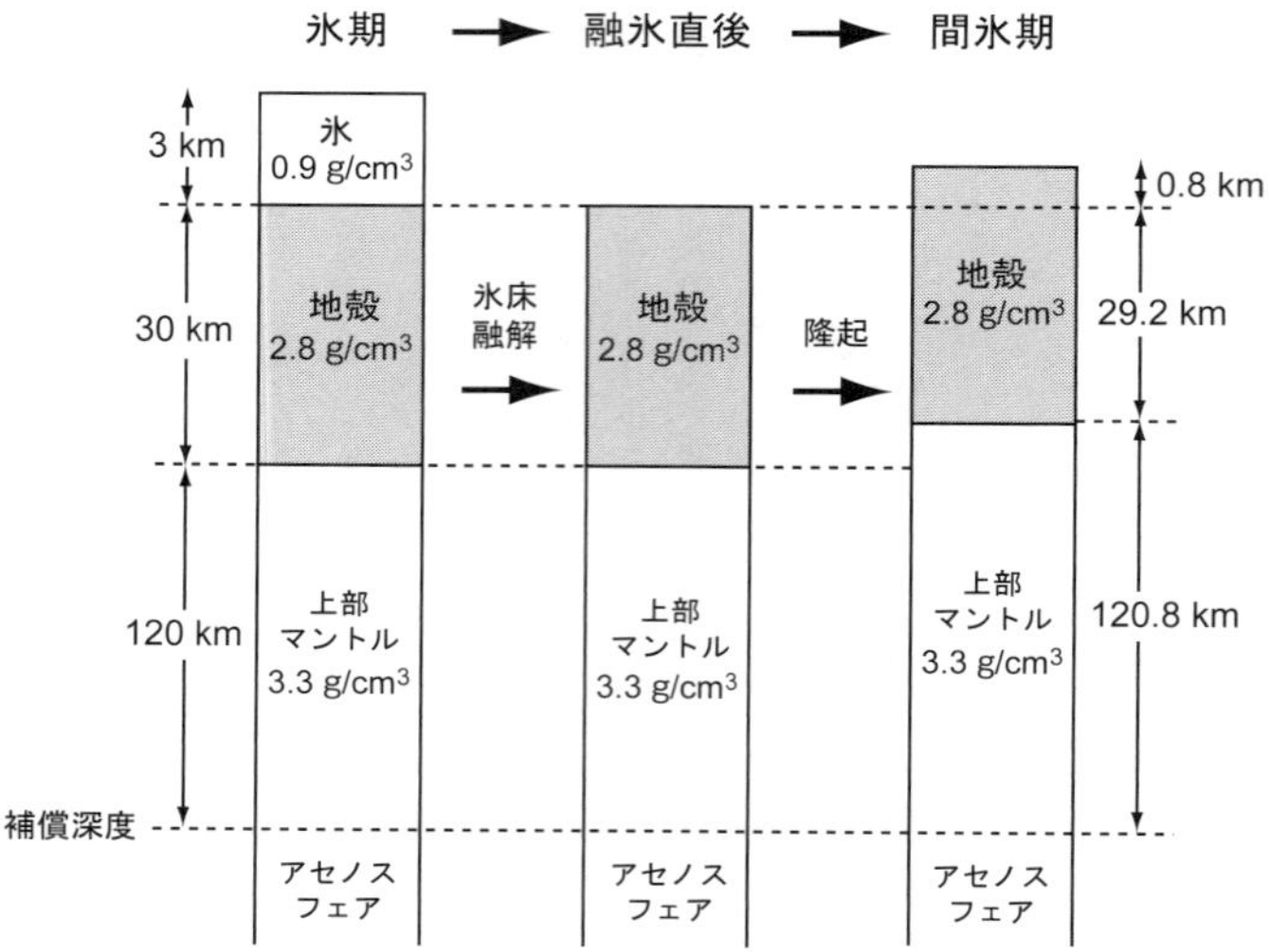

図 3-4　アイソスタシーによる地殻の隆起現象を説明する図．氷期が終わり，厚さ 3 km の氷床が融解した後に，地殻が隆起するプロセスを模式的に示した．補償深度は上部マントル中のアセノスフェアの上端(深度およそ 150 km)とした．氷床が融解すると，隆起量は 800 m にもおよぶ．

物体（氷床）を置くという自然の実験が、思わぬところで役に立っているわけだ。地球内部の物性なんて、こういうことでもないと推定は難しいのである。

上下する海面

氷河時代には海から蒸発した大量の水が、北米のローレンタイド氷床と北ヨーロッパ氷床として、陸地の上に固定された。そうなると、当然のことだが、その分だけ海面が低下することになる。では、氷河時代にはどれくらいの量の海水が氷床として大陸上に固定され、その結果どれくらい海面が低下したのか？　氷河時代に関する研究の初期の頃から、多くの研究者がこうした素朴な疑問に、答えようとしてきた。しかし、どんな分野の科学であっても、素朴な疑問に答えることが往々にして一番難しいものである。

カリブ海の東端に浮かぶ小島、バルバドス島はかつてイギリスの植民地であった。一九六六年に独立国家になり、現在はサトウキビと観光収入をおもな財源としている小さな島国である。カリブ海に浮かぶ他の島と同じく、バルバドスの人々は陽気で、太陽とレゲエのリズムとラム酒をこよなく愛している。スチールドラムの美しい音色がよく似合うこの島は、北緯一四度に位置し、島は美しいサンゴ礁でぐるりと取り囲まれている。

サンゴ礁はよく知られているように、温かく浅い海に形成される(2)。サンゴ礁を作り出すサンゴ虫は、意外なことに、分類学的にはクラゲやイソギンチャクの仲間である。それぞれの個体は小さいのだが群体をなして生息し、その多くは炭酸カルシウムの殻を作り出す。サンゴ虫は、それ自身が息絶えてしまっても殻だけは残される。親の上に子、子の上に孫といったようにどんどんその殻を先祖代々積み重ねていき、その「礁」は時代とともに上向きや横向きにどんどん成長していくのだ。そして塵も積もれば山となる。挙句の果てには、オーストラリア東岸に数千キロメートルにわたってつづくグレートバリアリーフのような、とてつもなく巨大な構造物までも作り上げてしまうのである。

バルバドス島の漁師たちの間では、この島の沖の海底深くに「死んだ」サンゴ礁があることが知られていた。浅い海にできるはずのサンゴ礁が、なぜそんな深くにあるのだろうか？　その「死んだ」サンゴ礁は、何らかの理由で海底もろとも沈んでしまったか、あるいはそれらがかつて海面が低かった時代の産物であることを示している。バルバドス島は、島全体が徐々に隆起していることが知られており(3)、海底が沈降する理由はどこにもない。それならば、かつて海面が低かった時代に形成されたサンゴ礁が、そこに取り残されてしまったということになろう。そうしたサンゴ礁を「沈水サンゴ」と呼ぶ。

元コロンビア大学ラモント・ドハティ地質学研究所のリチャード・フェアバンクスは、この島の近くの海底に沈んでいるサンゴ礁の掘削を行なった。サンゴ礁は炭酸カルシウムでできていて非常に固いため、ふつうのコアラーでは採取できない。海底をドリルで掘りぬく、もう少し大掛かりな装置が必要である。その装置を用いて、沈水サンゴの試料を、海底下数十メートルにわたって採取したのである。そして、その中から、海面から五メートル以内に生息しているアクロポーラ・パルマータ(図3-5)というサンゴ種だけをとくに選び出し、その放射性炭素年代を測定した。(4) そうすることで、かつて海面がどの程度の深さにあったのかを推定できるのだ。その結果、フェアバンクスらは、過去一万七〇〇〇年にわたる海面変動の歴史を復元することに成功した。

その後、タヒチやニューギニアなどで同様の試みがなされている。それに対して、オーストラリア国立大学の横山祐典(現東京大学)とカート・ランベックらは、別の方法を用いて、この海面変動の復元に取り組んだ。(5) オーストラリアの北西部には、だだっ広い大陸棚(6)が広がっている。横山らは、この大陸棚にたまっている堆積物を数多く採取し、詳細に解析した。それと同時に、堆積物中に含まれる浅海に生息する貝を丹念に追跡して放射性炭素年代を測定し、いつその場が「海面を通過した」のかを明らかにしていった。その結果、急激な海面上昇が一万九〇〇〇年前に起きた証拠を見出した。

さきに述べたように、もともとバルバドスは地震によって少しずつ隆起している島だ。しかしそれと同時に、かつて存在したローレンタイド氷床に比較的近いため、氷床が約七〇〇〇年前に消えた後、アイソスタシーによるマントル物質の移動にともなって、ごくわずかずつだが沈降している。要因が複数あるため、海面上昇の正確な復元には、じつはあまり適していない。その点、オーストラリア北西部は最適の地である。かつて近

図 3-5　海面変動の復元に用いられるサンゴ，アクロポーラ・パルマータ *Acropora palmata*．写真提供）© PRS/PPS 通信社

傍に大きな氷床はなく(このような場所は、しばしばファー・サイト(遠隔地)と呼ばれる)、また地殻変動のほとんどない地域であるため、バルバドスよりも正確に海面変動を復元することができるのだ。

こういった結果を合わせることにより、最終氷期以降の海面変動曲線の全貌がほぼ明らかになったのは、ちょうど世紀が変わる頃のことである。(7) 図3-6によると、最終氷期のもっとも海面が低かった時代、すなわち氷床がもっとも大きく成長していた時代は、(8)一万九〇〇〇年前に突然起こった、氷床の融解によって終焉を迎える。このときの海面上昇は、一五メートルに及ぶものであった。横山らが見出した、この「19Kイベント」は、新しい気候状態(間氷期)への出発点ということもできる。その後も氷床の融解はつづき、一万四五〇〇年前ごろに再びピークを迎える。このときは、五〇〇〇年あまりの間に二〇メートルにも及ぶ海面の急上昇が起こり、「融氷水パルス1A(MWP-1A)」と呼ばれている。(4) しかし、この氷床の融解も、「ヤンガー・ドリアス期」と呼ばれる一万二〇〇〇年前の前後の寒冷な時代(11章参照)には一段落し、一〇〇〇年あまりにわたって、海面上昇は比較的ゆるやかになった。このヤンガー・ドリアス期が終わると同時に、再び氷床は急速に融解しはじめ、海面も大きく上昇する。この時期を「融氷水パルス1B(MWP-1B)」と呼ぶ。融氷水パルス1Bが終了する七〇〇〇年前には、海面は現在よりも四メートルほど低い水準にまで達した。

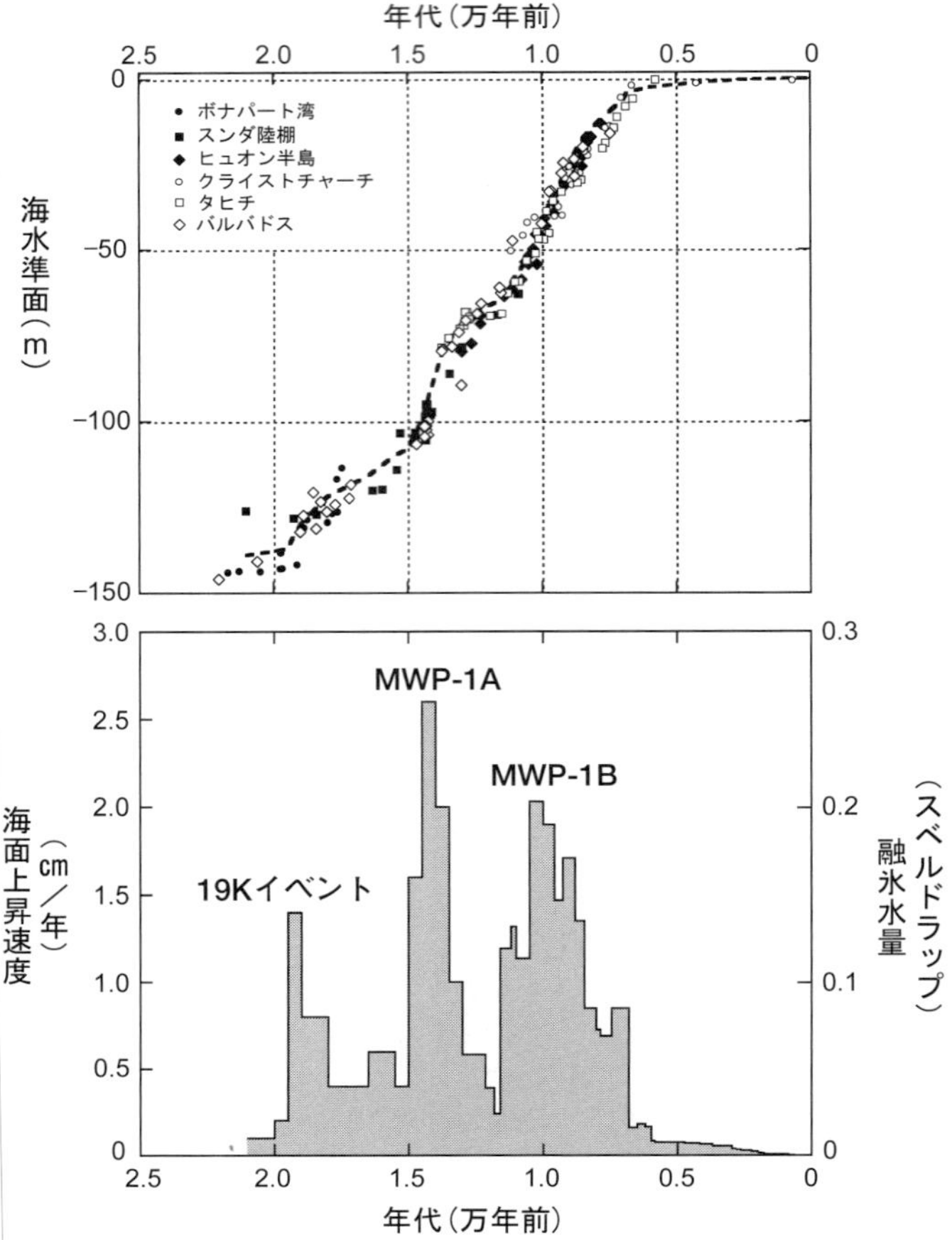
年代（万年前）
2.5
2.0
1.5
1.0
0.5
0
ボナパート湾
スンダ陸棚
ヒュオン半島
クライストチャーチ
タヒチ
バルバドス
海水準面（m）
−50
−100
−150
3.0
2.5
2.0
1.5
1.0
0.5
0
0.3
0.2
0.1
MWP-1A
MWP-1B
19Kイベント
海面上昇速度（cm／年）
融氷水量（スベルドラップ）
年代（万年前）

どの氷床が、いつの時代の海面上昇に貢献していたのかは、まだ議論の余地がある。とはいえ、全体としてみると、氷期のもっとも寒い時期には海水全体のおよそ三・八パーセントにあたる四八〇〇万立方キロメートル分が、陸上に氷床として固定されていたはずだ(図3-7)。その半分近くをローレンタイド氷床が、残りをフェノスカンジア氷床やバレンツ・カラ氷床、そして現在も存在する南極氷床とグリーンランド氷床が受け持っていたと考えられる。

図3-6の上図に示した海面変動曲線を時間微分すると、同図の下図のように、氷床がどれくらいのスピードで融けてきたかを示すグラフになる。このグラフには三つの極大がある。それらは、19Kイベント、融氷水パルス1A、融氷水パルス1Bに対応し、それぞれのピークは一万九〇〇〇年前、一万四五〇〇年前、一万年前ごろだ。このような極大が見られるということは、氷床の融解が断続的なものだったことを示して

図3-6　上図：世界各地の地質学記録から復元された過去2万年間の海面変動．現在を0mとしている．下図：これらの結果から計算される海面上昇速度および融氷水量を，100〜500年で平均化したもの．スベルドラップとは，1秒間に100万m^3の流水量を指す．瞬間的には，さらに大きな海面上昇速度をもっていたものと考えられる．MWP-1AおよびMWP-1Bは，それぞれ融氷水パルス1Aと1Bを表し，19Kイベントと合わせて，氷床が大規模に融解した時期を表している．それらの融氷期は，それぞれ1万9000年前，1万4500年前，1万年前を中心としていたことがわかる．Fairbanks(1989), Chappell and Polach(1991), Bard *et al.* (1996), Yokoyama *et al.* (2000), Hanebuth *et al.* (2000)のデータを用いて作図．

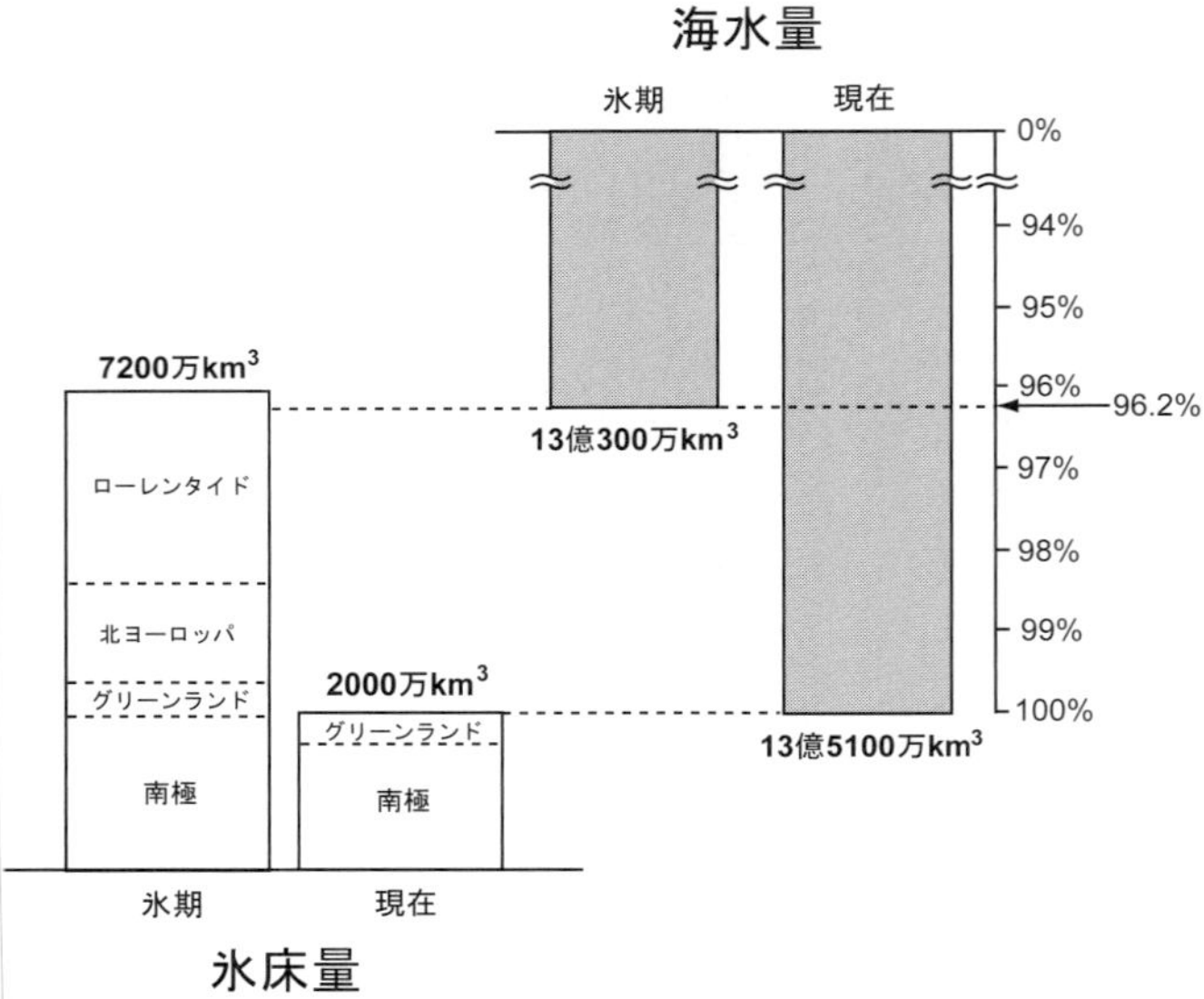

図 3-7　最終氷期と現在の氷床量と海水量の比較．氷期と現在の氷床量の差は，5200 万 km^3 に及んでいる．氷が融けると体積が減少する(0℃ の氷の密度は，0℃ の水の密度よりも 9.1% 小さい)ため，氷期と現在の海水量の差はおよそ 4800 万 km^3 になる．これは現在の全海水量の 3.8 % に相当する．

いる。そして、海面上昇のスピードは、もっとも速いときで一年につき二・五センチメートルに達するほど速いものだった。ただし、これは数百年をならした数字なので、実際はもっとも速いときには、一年につき五センチメートル以上あっただろう[9]。これは当時の人間の一生を四〇年とすると、その間に海面が二メートルも上昇する勘定だ。現在、わたしたちが地球温暖化に際して直面している海面上昇とは、一〇〇年で数十センチメートルというレベルだから、一桁以上も大きな規模の変動だったわけだ。

このように海面の上昇、すなわち氷床の融解は、急激であると同時に断続的に起こった。一万九〇〇〇年前の急激な海面上昇は、氷床の体積に換算すると、約六〇〇〇万立方キロメートルにもなる。これは、厚さ一・五キロメートル、一辺が二〇〇〇キロメートル(日本列島がすっぽりと入ってしまうくらいの大きな正方形!)の氷の塊に相当する。これほど巨大な氷が五〇〇〇年と経たないうちに、すべて融けてしまったのだ。かつて海岸付近に暮らし、漁をしていたわたしたちの先祖たちにとって、この海面上昇が多くの深刻な問題を引き起こしたであろうことは想像に難くない。

洪水伝説

ほとんどの人は、「ノアの洪水」、あるいは「ノアの方舟」の話をどこかで耳にしたことがあるだろう。わたしもかつてこの物語を子供向けの絵本で読んだ覚えがある。はるか遠い昔、ノアという名の信心深い人物が、近々洪水が起きるから方舟を作って備えておくようにと「神のお告げ」を受ける。お告げどおり、その後四〇日間にわたって雨が降りつづき、ノアがあらかじめ作っておいた方舟に乗り込んだ生き物だけが、この洪水を逃れ生き延びることができた。そして一五〇日間漂流した後、ようやくアララト山と呼ばれる高い山の頂に漂着するという物語である。このノアの方舟の話は、旧約聖書「創世記」の六章から九章にかけて記されている物語がもとになっている。不思議なことに、ノアの洪水伝説にかぎらず、これに似たような洪水の伝説は、中国から中米のマヤ族にいたるまで世界各地の伝説に残されている。

　さて、この洪水の物語、どこか引っかかるなと思った人もおられるだろう。そう、じつはこれらの物語は、本当にあった話が下地になっているのではないか、という「噂」が一般の人々のみならず、研究者の間でもしばしば話題になるのである[10]。もっとも、こういった話は、宗教と深く関わっているため、疑似科学の格好の題材でもあり、多くのいかがわしい仮説やガセネタが、科学の仮面を被ってまことしやかにまかり通っている。文献や記事を読む際は十二分に疑ってかかるべきである。また、こういう内容について研究者として発言する際は、誤解をされないように十分な注意が必要だ。

　旧約聖書は、紀元前約一〇〇〇年頃に、ヘブライ人によって書かれたものだといわれている。つまり、いまからおよそ三〇〇〇年前に、ノアの洪水伝説のような物語が中近東付近で言い伝えられていた可能性があることを示唆している。もしその伝説が、七〇〇〇年前（紀元前五〇〇〇年）以前の海面上昇を語ったものであるとすると、少なくとも四〇〇〇年は語り継がれてきたことになる。しかし、はたして人間社会は、かつてあった事件を四〇〇〇年も語り継いでいけるものなのか。四〇〇〇年というと、およそ二〇〇世代に相当する。たしかに、キリスト教徒やユダヤ教徒は、旧約聖書という形で三〇〇〇年間、神の教えを語り継いできた。宗教や時の権力者と結びつけば、あながち無理なことではないのかもしれない。ただ、その真偽については、くれぐれも注意する必要があるだろう。

海面変動にからんで、さらにきわどい話題に触れてみよう。わたしたちが四大古代文明と呼ぶのは、メソポタミア文明、エジプト文明、インダス文明、黄河文明のことだ。これらの古代文明に共通しているのは、いずれの文明も、大河川によって運ばれてきた肥沃な大地に育まれたことである。すなわち、沖積層(11)と呼ばれる厚い堆積物が溜まっている海岸近くの平野部に、これらの文明は栄えた。海に近いということは交易に便利だからであろう。文明が繁栄するのが、大河川の河口に比較的近くの平野部であることは、現在も例外ではない。東京、ニューヨーク、ロンドン、上海、カイロ……、大きな都市のあるところには必ずといっていいほど大きな河川や湖沼がある。水がたやすく手に入ることは、多くの人々が生活していくために必須の条件なのだ。

その四大文明が栄えはじめた時代は、例外なく六〇〇〇～七〇〇〇年ほど前でそろっているというのは、少し妙な気がしないだろうか？　さきに述べたように、最終氷期以降の海面上昇が一段落したのが、およそ七〇〇〇年前のことだ。それ以前は、一〇〇年につき約一メートルも海面が上昇していた時代である。これでは立派な街をつくっても、一〇〇年もしたら内陸側へ引越さなければならなかったろう。町の移設には大変な労力を必要としただろうし、それによって文明を維持発展させるエネルギーが削がれたに違いない。ひょっとしたら、そんな理由で、四大古代文明以前にそれらに匹敵するだけの文明は発達しなかったのかもしれない。同じようなことが近い将来起こらないことを祈るばかりだ。

もし仮に、四大古代文明以前に大きな文明が発展していたとしたら、現在は海面下に沈んでいるだろう。そしておそらく、一〇メートル以上の厚い堆積物によって覆い隠されているはずだ。陸に近い海では、ふつう年に数ミリメートルから数センチメートルという速さでどんどん堆積物が溜まっているからだ。そういった過去の文明を調査するのは決して容易ではない。厚く溜まった泥をはがさないことには、太古の文明の遺跡にはたどり着けない(もしあったとしたら)。手当たり次第掘ったところで、遺跡に当たる可能性は低い。あるいは音波探査でも行なえば、比較的大きな人工物なら見分けられるかもしれない。ただ、小さな遺物は望み薄であろう。何かいい知恵はないものか。……そんな空想をしてしまうのは、わたしだけだろうか？

第4章　周期変動の謎

私の目的は、天体のからくりが神聖な生物のようなものではなく、むしろ時計仕掛けのようなものだ、ということを示すことである。

ヨハネス・ケプラー

気候変動のリズム

エミリアーニやシャックルトンによる海底コアの酸素同位体比の結果は、氷期に海水の酸素同位体組成を変える巨大な氷床が形成されていたことを示した。そして海面変動の研究は、氷期に形成された氷床の大きさが、およそ五〇〇〇万立方キロメートルにも及ぶことを明らかにした。こうした研究の成果がひとつずつ蓄積されて、氷期の気候の姿が少しずつ正確に描けるようになる。

ここで、もう一度、酸素同位体比カーブを見てみよう。図4-1に示したものは、エミリアーニ以降、多くの研究者によって集中的に研究されてきた、過去一〇〇万年という長い時間スケールにわたる酸素同位体比カーブだ。この図を見るかぎり、地球の気候

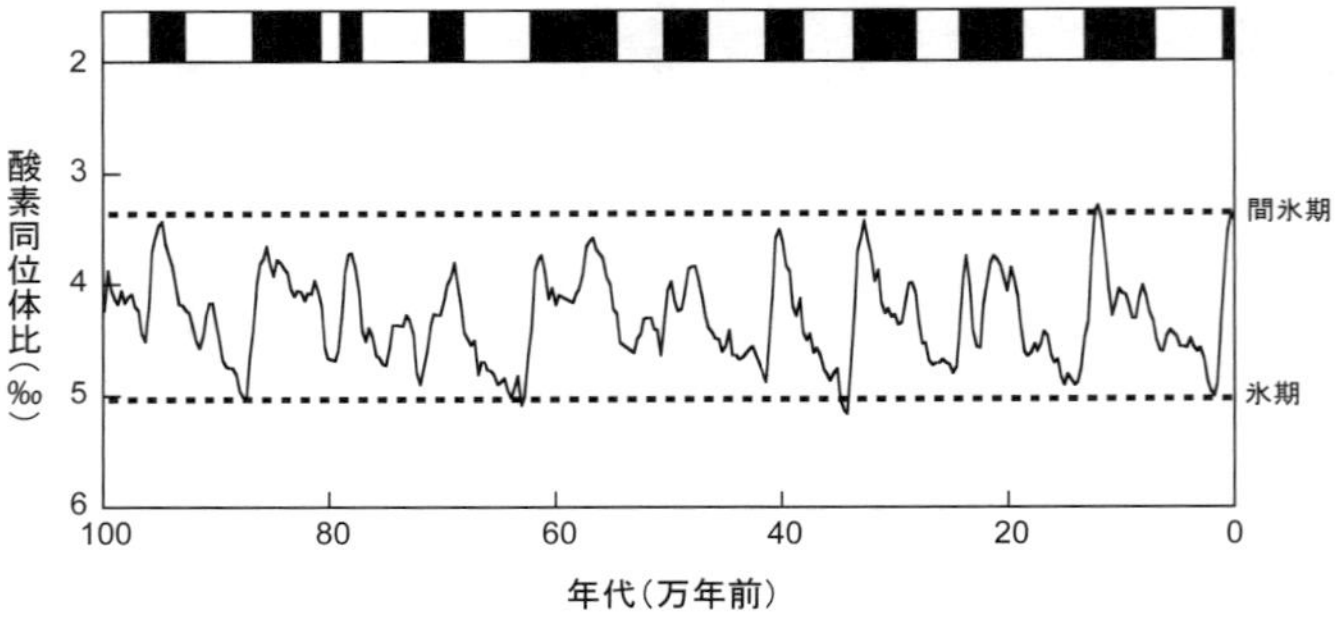

図 4-1　過去 100 万年間の底生有孔虫に記録された海水の酸素同位体比. 東赤道太平洋域で採取された 3 本の海底コアの分析結果をまとめたもの. このグラフは, 全海水の平均的な酸素同位体組成の変動を表していると考えてよい. 地球の気候は, 過去 100 万年にわたって氷期と間氷期という 2 つの安定な気候状態(破線)の間を何度も往復してきたことがわかる. 上には, 氷期(白色)と間氷期(黒色)を示した. Shackleton *et al.*(1983)を改変.

は決してデタラメに変動してきたわけではないことが直感的にわかる。まず、「氷期」と「間氷期」という二つの気候状態の間を何度となく往復している。この変動にともなって、北大西洋をはさむ両大陸上で、巨大な氷床の盛衰があったのは、3章で述べたとおりだ。

図をさらに注意深く見てみよう。こういった気候変動が、あるリズムをもっているように見えないだろうか？　すなわち、ある一定の時間間隔で氷期が来たり、間氷期にもどったりというパターンがあるように見えないだろうか？

太陽から降り注ぐエネルギーは、地球を暖めている、実質上、唯一のエネルギー源だ(1)。そのエネルギーの総量と分布は、地球の公転軌道や自転軸の傾きがわずかに変化することによって、ほんの少しずつだが時々刻々変化している。そして、その変化こそが、リズミカルな気候変動の重要な原動力になっているのだ。この章では、いったん宇宙空間に飛び出して、この周期性を引き起こす原因や、その気候への影響について考えることにしよう。

伸び縮みする公転軌道

当たり前のことだが、地球は一年をかけて太陽の周りを一周している。地球が太陽の周りを回転する公転軌道は、厳密に言うと円ではない。ごくわずかだが歪んだ円、すなわち楕円形[2]をしている。いったいどのくらい歪んでいるのだろうか？　地球の公転軌道を思い切って縮小して、楕円の長い方の径の長さを三〇センチメートルとしてみよう。すると、短い方の径の長さは二九・九九六センチメートルだ。両者の差は、わずか〇・〇〇四センチメートルでしかない。この楕円を紙に描いたとしても、それを直感で楕円と認識できる人はいないだろう。しかし、このほんのわずかな歪みが、これから説明する気候の周期性を生み出す一因となっている。

　まず、太陽は、地球の公転軌道の中心には位置していないことを知っておこう。「焦点」[3]に位置しているのだ。これは「ケプラーの第一法則」として知られていることだ。図4-2に示すように、焦点は楕円の長軸上にあり、楕円の中心からは少々ずれている。このため地球と太陽の距離は、一年を通してわずかずつだが着実に変化している。現在の地球は、一月三日ごろに太陽にもっとも接近する「近日点」を通過し、そのきっかり半年後の七月四日ごろに、太陽からもっとも遠い「遠日点」を通過する。認識している人はほとんどいないだろうが、地球から見た太陽の大きさは一月初旬にもっとも大きくなり、七月初旬にもっとも小さくなっている。両者の違いが小さすぎて、単に気づかないだけのことだ。

　天文学者は地球と太陽の平均距離のことを、「一天文単位」（約一億五〇〇〇万キロメートル）と呼んでいる。この尺度を用いると、近日点のときはおよそ〇・九八三天文単位

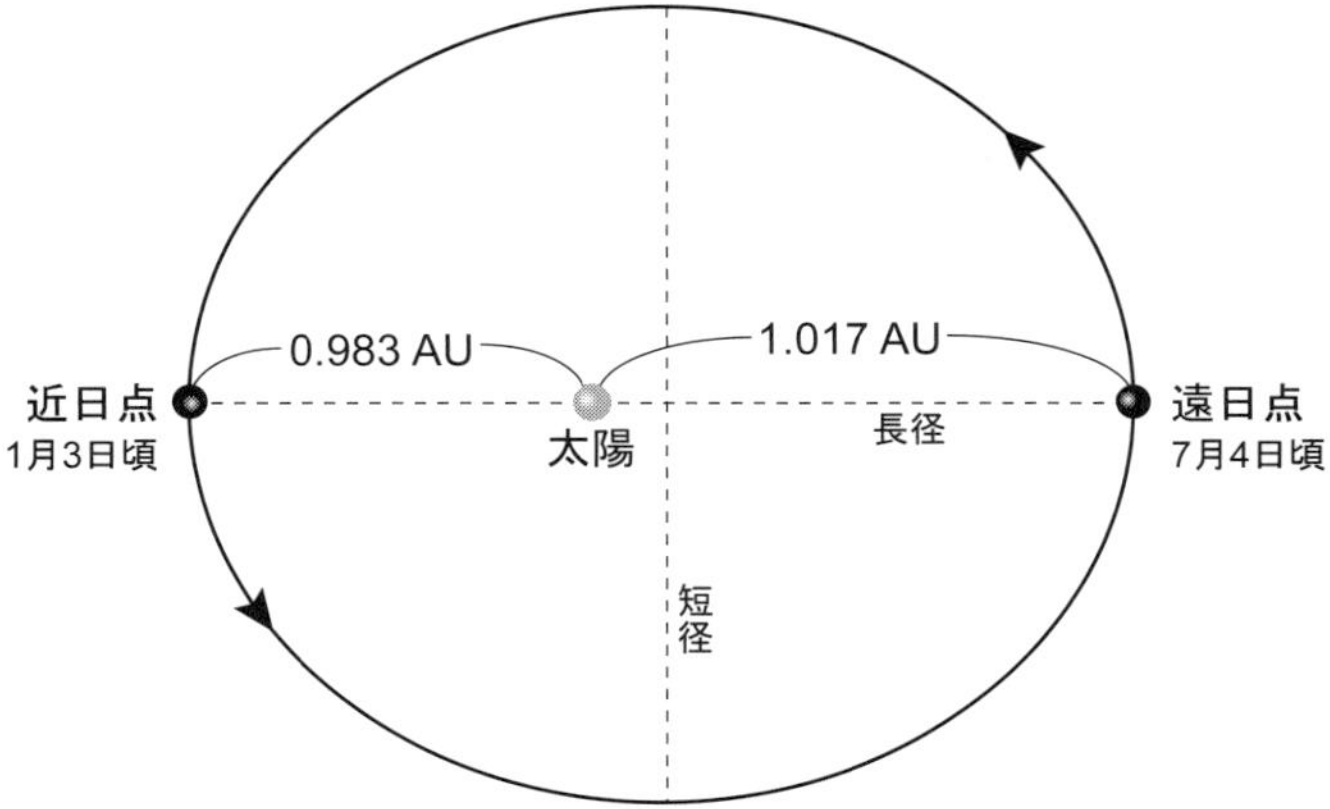

図 4-2　地球(黒丸)の公転軌道を北極側から見た図．近日点，遠日点と太陽(灰色)の関係を示した．わかりやすくするために，誇張した楕円形に描いてあることに注意．AU は天文単位の略．1 AU はおよそ 1 億 5000 万 km に相当する．便宜上，太陽は地球とほぼ同じ大きさになっている．

$$\text{離心率}=\frac{\sqrt{(\text{長軸の長さ})^2-(\text{短軸の長さ})^2}}{\text{長軸の長さ}}$$

で、遠日点のときはおよそ一・〇一七天文単位と表せる。つまり、遠日点は近日点よりも、およそ三パーセントだけ太陽から遠い。地球に入射する太陽エネルギーは、距離の二乗に反比例する。したがって、現在の地球(大気の上面)において一月三日に太陽から受けるエネルギーは、七月四日に太陽から受けるエネルギーよりも、七パーセントほど大きいことになる。

公転軌道の楕円の度合いを計るものさしとして、「離心率」と呼ばれる数値がある。離心率は、楕円の歪み具合を表す尺度で、楕円の長軸と短軸の長さを用いて、上式のように定義されている。

楕円の歪みをどんどん小さくしていくと、短軸の長さは長軸の長さに近づいていく。そして、短軸の長さと長軸の長さが等しくなって円になったとき、離心率はゼロになる。一方、楕円をさらに歪ませていくと、どんどん平たくなって、短径の長さはゼロに近づいていくと同時に、離心率は一に近づいていく。このように、離心率は〇から一の間の値をとり、その値が小さいほど円に近い楕円になり、大きいほど歪んだ楕円になるというわけだ。

現在の地球の公転軌道の離心率は、〇・〇一七というかなり小さな値である。しかし、この数字は決して一定ではない。長い時間をかけて、周期的に大きくなったり小さくなったりしてきた。すなわち、公転軌道は伸び縮みしてきたのだ。これはおもに、太陽系の惑星の中で最大の質量をもつ木星が地球に引力を及ぼして、地球の公転軌道を微妙に変化させているからである。

図4-3aは、過去六〇万年にわたって厳密に計算された、地球の公転軌道の離心率の変化を示している。この図によると、離心率は二二万年前にもっとも大きく〇・〇四九で、三七万年前にもっとも小さく〇・〇〇五であったことがわかる。最近の一万五〇〇〇年間を見ると、離心率は少しずつ減少している。このままいくと、およそ二万年後にはほとんどゼロ、すなわち完璧な円になる。

現在の地球は、北半球の冬至のおよそ二週間後(一月初旬)に近日点を通過し、同じく夏至の二週間後(七月初旬)に遠日点を通過する。そのため、北半球では、冬の寒さは大きな日射量によっていくらか打ち消されている。しかし、効果はそれだけではない。地球が公転軌道上を進むスピードは、近日点付近では相対的に速いのだ。

ケプラーの第二法則によると、惑星と太陽を結ぶ線分が単位時間内に掃く面積は一定である。この法則は、一九八六年に太陽に接近したハレー彗星を思い出してもらうと、理解しやすいだろう。七六年という長い公転周期をもつハレー彗星は、公転軌道がとてつもなく細長い楕円形をしている。離心率は、〇・九六七と極端に大きい。近日点は金

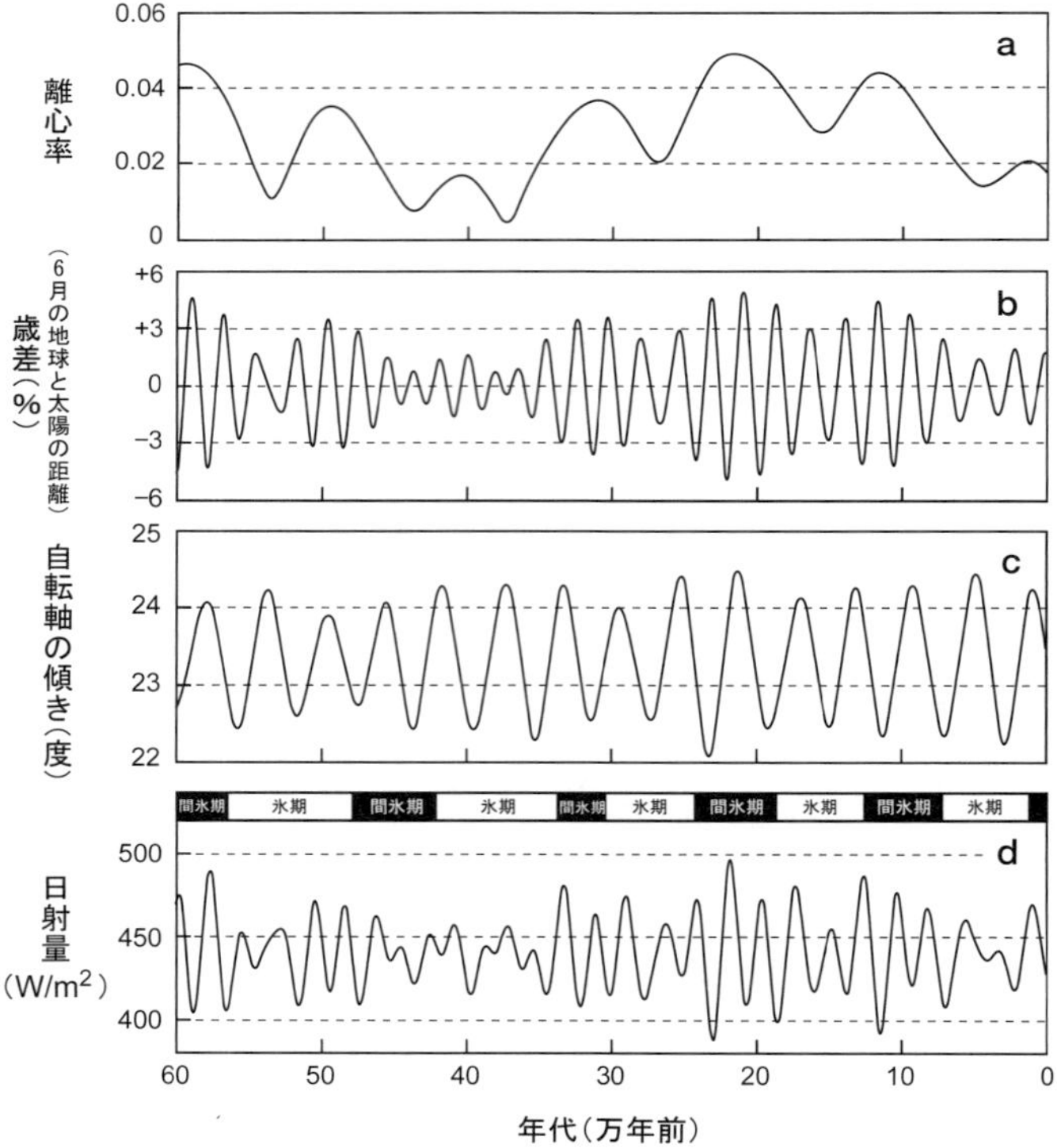

図 4-3　過去 60 万年にわたる地球の，a)公転軌道の離心率の変化，b)歳差にともなう 6 月における地球–太陽間の距離の変化，c)自転軸の傾きの変化，d)北緯 65° における 7 月中旬の日射量の変化．d の上には，氷期(白色)と間氷期(黒色)の期間を示した．Berger and Loutre (1991)を改変．

星の公転軌道半径よりも小さい〇・六天文単位だが、遠日点は海王星より遠い三五天文単位もある。一九八六年にハレー彗星が太陽に接近したとき、地球からは肉眼でも観察できたが、わずか数カ月でわたしたちの前から姿を消してしまった。公転軌道を一周するのに七六年もかかるが、太陽の近くへ来るや、ぐんぐんスピードを上げて、あっという間に過ぎ去ってしまうのだ。現在、ハレー彗星は太陽からどんどん離れつつあり、公転スピードもどんどん落ちている。ちなみに、次に再び地球に接近するのは、ずっと先の二〇六一年のことだ。

　地球もこれと同じである。太陽からの距離が近い一月初旬には、一年を通して一番スピードが速い。つまり、北半球の冬は、少々足早に過ぎていくわけだ。それに対して、南半球ではまったく逆のことが起きている。近日点である一月初旬が真夏に当たるため、夏はいよいよ暑くなっているが、少し短めというわけである。

　こういった効果の他に、離心率の変化は、公転軌道の平均半径[4]を変化させ、地球全体に到達する太陽放射エネルギーの年間総量を変化させるという効果ももっている。図4-3aで見たように、地球の公転軌道の離心率は、過去六〇万年を通してつねに変化してきた。ところが、その変化量が小さいため、それにともなう日射量の年間総量の変化は、この間、わずか〇・一パーセントにすぎない。つまり、公転軌道が伸び縮みする効果は、日射量の年間総量には大した影響を及ぼしていないわけだ。しかし、この離心率の変化は、次の節で考える自転軸の「歳差」を増幅することで、間接的ながら気候に影響を及ぼしている。

首振りする自転軸

地球は、北極点と南極点を結んだ線を軸として一日一回、自転している。図4-4に示すように、宇宙空間において、この自転軸が向いている方向は、公転軌道面に対して直角ではなく、二三・四度傾いている。この傾いた自転軸の方向は、公転軌道上のどこに地球があろうとも宇宙空間の同じ方向を向いている。だから、どの季節であっても、自転軸の北極側を宇宙空間に延々と伸ばしていった先には、北極星があるというわけだ。おかげで北半球ならば、目印のない砂漠や大海原にいたとしても、星さえ見えれば方角を知るのに苦労はしない。

ところが厳密にいうと、自転軸が宇宙空間を指し示す方向は、長い時間をかけてほんのわずかずつだが変化している。いま真北に位置している北極星(こぐま座α星)は、時間とともに真北へ寄ってきて「北極星」になった。じつは一万数千年前の「北極星」は、こと座の一等星ベガだったのである。これは、自転軸が「歳差運動」と呼ばれる首振り運動を行なっているから起こることだ。歳差とは、こける寸前のコマのように、自転軸がぐるぐる首振りをする運動のことである。コマの首振りなら、一周につき長くても数秒だが、地球の自転軸の首振りは一周するのに二万年以上もかかる。なんとも気の長い話である。しかし、これが地球に入射する太陽エネルギーのバランスを変化させ、ひいては気候を変化させてきた重要な要因の一つなのだ。

この自転軸の首振り運動について理解するためには、まず「春分点」について知らねばならない。地球の赤道面を、宇宙空間にまで拡大した面を考えてみよう。図4-4に示したように、この赤道面は地球の公転軌道面から二三・四度傾いている。この延長した赤道面を境にすると、宇宙空間を地球の「北半球側」と「南半球側」に分けることができる。地球が太陽の周りを公転するとともに、その赤道面も移動していくが、さきに説明したように、自転軸の方向は宇宙空間に対してほぼ固定されているから、地球が公転軌道上を一周する間の赤道面の動きは平行移動だ。

太陽が、地球の公転にともなって平行移動していく赤道面をまたぐときが年に二回あることは、図4-4を見ていただければわかるだろう。南半球側にあった太陽が北半球側へまたぐとき、地球の公転軌道上の位置を春分点と呼んでいる。逆に太陽が、北半球側から南半球側へまたぐときを秋分点と呼ぶ。国民の祝日である「春分の日」とは、地球が春分点を通過する瞬間を含む日のことで、毎年三月二〇日前後である。この日は、赤道上では太陽はほぼ天頂を通過し、北緯三五度にある東京では、太陽の南中高度は五五度(＝九〇度マイナス三五度)になる。

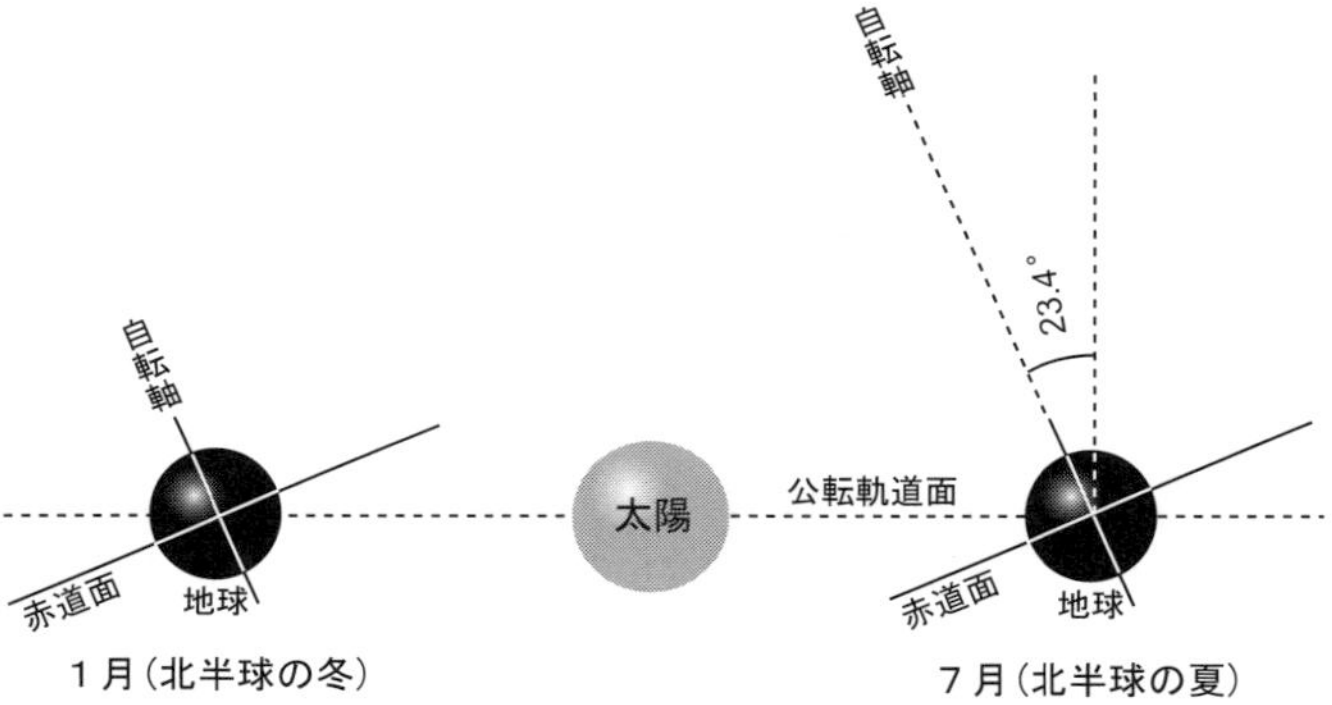

図 4-4　公転軌道面を横から見た図．自転軸の方向は，公転軌道面の垂直方向から 23.4° 傾いている．この自転軸の方向は，公転軌道を 1 周する間に宇宙空間に対して，同じ方向を向いている．したがって，地球が公転軌道上を回転していくとともに，赤道面も平行移動していく．地球が公転軌道上を 1 周する間に，赤道面が太陽をまたぐときが春と秋に 2 回あり，その公転軌道上の位置をそれぞれ春分点および秋分点と呼ぶ．なお，この図では便宜上，太陽は地球と同じ大きさになっている．

春分点とは、公転軌道上の原点とでも呼べるポイントで、天文学者が公転軌道上の位置を示すときは必ず、「春分点から公転方向回りに何度」という数値で表現する(図4-5)。秋分点はもちろん一八〇度で、夏至と冬至は、それぞれ九〇度と二七〇度に位置する。自転軸の指し示す方向が宇宙空間に対して固定しているとすれば、この春分点の位置は不変の位置をとることになる。しかし、自転軸はごくゆっくりとだが首振り運動をしているため、地球の赤道面の向きも変わっていく。そしてそれにともなって、公転軌道上における春分点の位置も少しずつ移動することになる。もちろん、それに応じて秋分点や夏至、冬至の位置も移動する。春分点が公転軌道上を移動するこの現象のことを「歳差」と呼んでいる。

歳差、すなわち公転軌道上の春分点の位置の移動は、地球の公転とは逆向きで、北極側から見ると時計回りである。そのスピードはきわめてゆっくりしたもので、公転軌道を一周するのに、およそ二万六〇〇〇年かかる。このままいけば奇妙なことに、いまから一万三〇〇〇年後には、北半球のもっとも暑い時期は、八月ではなく二月にやってくることになる。もっとも、こんなことが起こる前に、わたしたちが用いている暦[5]には、新たな修正が加えられているだろうが。

少しもどって図4-3bを見てみよう。この図は、過去六〇万年にわたって計算された、六月における地球-太陽間の距離を示したものである。これは離心率と歳差の複合

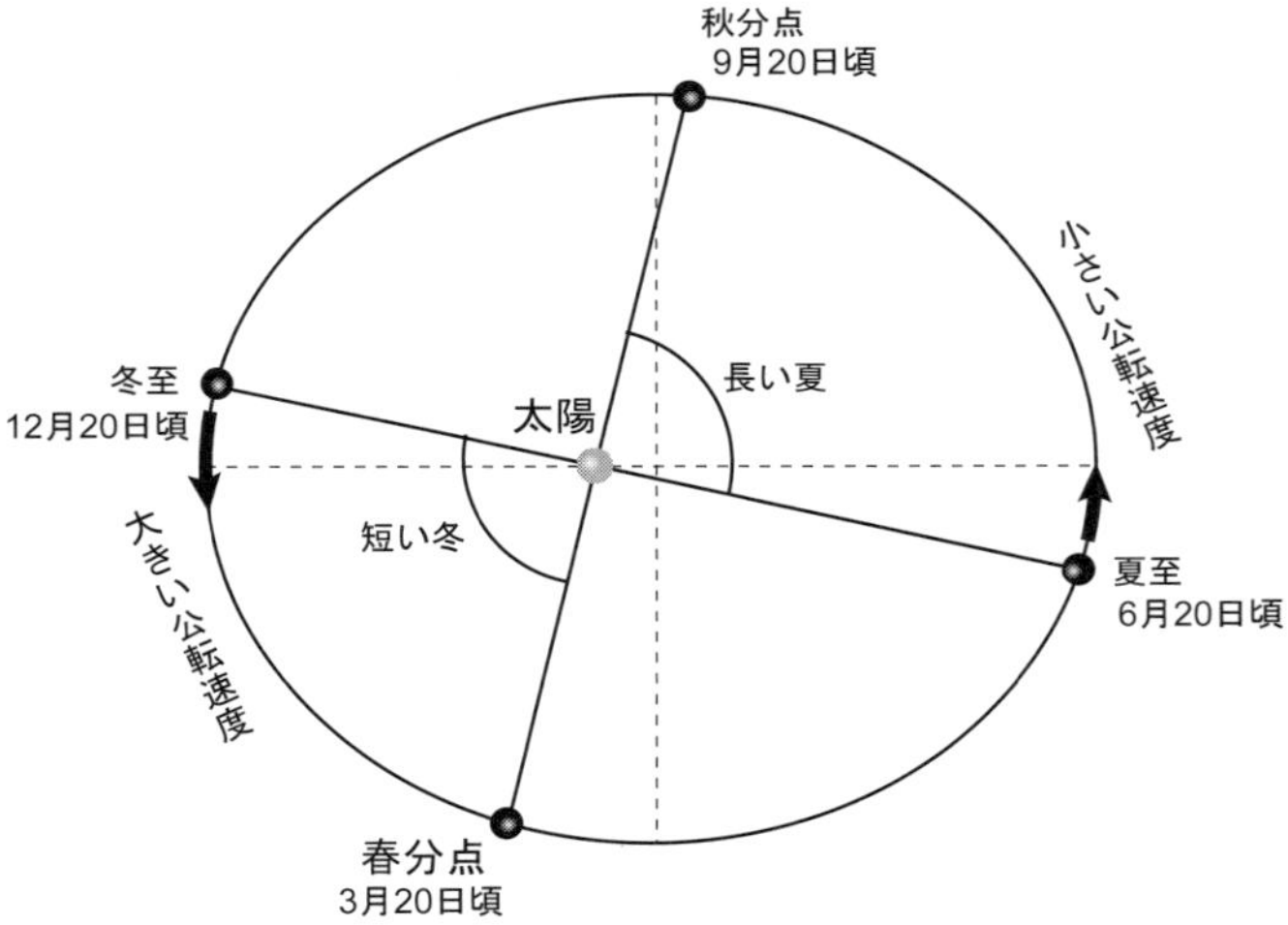

図 4-5　地球(黒丸)の公転軌道を北極側から見たときの，春分点の位置を示す図．秋分点の位置や，北半球の夏至と冬至の位置も示した．わかりやすくするために，誇張した楕円形に描いてあることに注意．近日点に近い北半球の冬至のころは公転スピードが大きく，遠日点に近い北半球の夏至のころは公転スピードが小さい．

的要因で変化する数字であるが、そのほとんどは歳差に起因するものと考えてよい。そして、歳差の周期は、自転軸の首振り運動だけでなく、地球の楕円軌道自身が宇宙空間に対して少しずつ回転している効果が加味されるため、実際には、二万六〇〇〇年よりも少々短い、二万三〇〇〇年と一万九〇〇〇年という複合的な周期をもっている。

では、自転軸はなぜ首振りをするのだろうか？　まず、地球は正確な球体ではないことを知っておこう。赤道半径の方が極半径よりも少し長い「回転楕円体」なのである。四六億年にわたたって休みなく回転しつづけているので、遠心力の影響で赤道側に膨らんでしまったのだ。とはいえ、地球の極半径六三五七キロメートルに対して、赤道半径は六三七八キロメートルである。両者の違いは二一キロメートル、わずかに〇・三パーセントの違いでしかない。

しかし、このわずかな歪みのおかげで、地球には少し出っ張った赤道を、太陽の方向(公転軌道面)に合わせようというトルク(ねじりの力)がつねに働いている。また、月の引力も同じように、地球の赤道面を月の公転軌道面にあわせようというトルクを働かせている。いずれの力も、地球の自転軸を公転軌道面に対して直立させようとするものだ。ところが、自転軸はこの力にそのまま従わず、垂直方向にスルリと逃げようとする。そのため、首振り運動が生じるのだ。

さて、ここで重要なことは、その首振り運動が、地球の気候に影響を及ぼすことだ。さきほど説明したように、現在の近日点は北半球の冬の最中にあり、寒い冬を打ち消す効果が働いている。しかし、首振り運動の結果、およそ一万三〇〇〇年後には、北半球では真夏の時期に近日点がくるようになる。したがって、北半球では夏はさらに暑くなり、冬はさらに寒くなるだろう。季節のコントラストが大きくなるわけだ。しかし、もう一つ、大きく変わることがある。さきにも少し触れたことだが、近日点付近では地球の公転スピードが速くなる(図4-5)。そのため、一年三六五日の中に占める、北半球の夏の日数が少なくなる。一万年後の北半球の夏は、現在よりも暑いと同時にちょっと短くなり、冬は寒く少々長くなるのだ。

グラグラする自転軸

もし地球の自転軸が公転軌道面に垂直に立っていたら、どんなことが起こるだろうか。低緯度域では、いまよりもさらに暑くなり、北極と南極はいまよりずっと寒くなるはずである。北緯三五度にある東京では、太陽の南中高度は一年を通して五五度で固定されることになる。季節の変化がなくなり、ちょっと想像し難いことだが、のんべんだらりとした同じような気候が一年を通してつづくことになるだろう。朝は同じ時間に太陽が昇り、夕方も同じ時間に日が沈む。桜や梅の花は、木々によってまちまちな時期に花を咲かせるだろう。自転軸が傾いていることが、日本のような中緯度域に四季を生み出している。四季があるおかげで、たとえカレンダーがなくても、地球が公転軌道を一周する時間を感覚的にとらえることができる。

見方を変えて、地球を中心に据えて太陽を見てみよう。すると、太陽は北回帰線(北緯二三・四度)から南回帰線(南緯二三・四度)の間を一年かけて往復していることになる。地球に入射する太陽エネルギーは、そうして低緯度の比較的広い範囲に分散しているわけだ。これも自転軸が傾いていることによるためだ。つまり、自転軸の傾きは、日射の地理的分布を決めている。自転軸の傾きが、赤道と両極の間の温度コントラストを小さくするのに大いに役立っている。

図4-6に示した、大気の上端における日射量の年間変動を見てみよう。夏至の頃は、北半球であれ南半球であれ、一日の全日射量は赤道域がもっとも小さい。もっとも大きいのは、多くの人の予想に反して、低中緯度域ではなく極点である。極点における太陽高度は、夏至であってもそれほど高くなく(二三・四度)、単位時間の日射量は低中緯度域に比べて小さい。しかし、太陽が沈まないため、日射総量は低中緯度域よりも大きくなっているのだ。ちなみに、南極点における夏至頃(一二月)の日射量が、北極点のそれ(六月)より少々大きいのは、さきに説明したように、一二月の方が六月よりも太陽に少々近いからである。

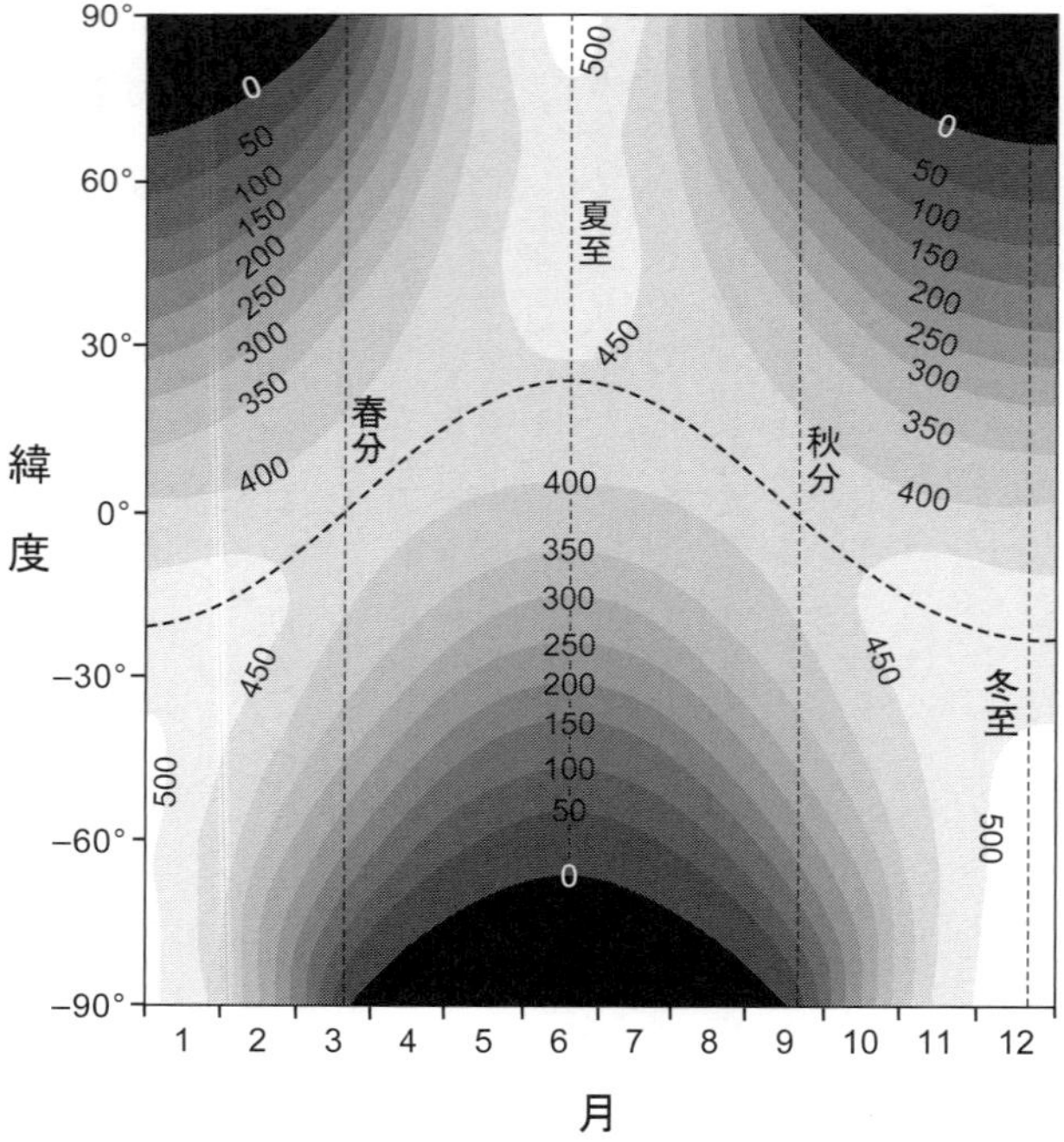

図 4-6　地球の大気上端における日射量の季節変動(W/m^2). 黒い部分は, 太陽が終日地平線下にある時期を示す. 南極点の夏の日射量が, 北極点の夏の日射量より少々多いのは, 現在の公転軌道の近日点が南半球の夏にあたるからである.

自転軸の傾きの大きさはじつは一定ではなく、過去六〇万年についてみれば、二二・一度から二四・五度の間を変化してきた(図4-3c)。現在の自転軸の傾きは、たまたま両者のほぼ中間の二三・四度で、わずかずつ減少しつつある。自転軸の傾きがグラグラ変化するのには、二通りの原因がある。まず、公転軌道面の傾きだ。地球の公転軌道面の傾きは、くわしく見ると他の惑星とわずかに異なっている。たとえば、太陽系最大の惑星である木星の公転軌道面は、地球のそれと比べておよそ一・三度傾いている。非常にわずかな違いだが、このために木星が地球に及ぼす引力は、公転軌道面を一致させるトルクをもっている。

また、日々起きる潮汐も、自転軸をグラグラさせる重要な原因である。潮の満ち引きは、月や太陽の引力が海水に及ぼす影響によるものである。太陽と月と地球が一直線に並んだとき、公転軌道面(月の軌道面とほぼ等しい)に海水が集まり、潮汐がもっとも強く現れて「大潮」となる。それに対して、太陽-地球-月が直角になったとき、月と太陽の影響がお互い打ち消しあって、もっとも弱い「小潮」になる。この潮汐にともなう大量の海水の移動が、海底面と摩擦を引き起こし、これが自転軸を立てようとするトルクになる。こういった原因によって、自転軸の傾きは微妙に変化しつづけているわけだ。

では、自転軸の傾きが変化すると、地球の気候にどのような影響を及ぼすのだろうか？　傾きが大きくなると、高緯度域では夏の太陽の高度が大きくなるとともに、日射時間が長くなる。したがって、夏の日射量が大きくなる。それに対して、冬の日射量は逆に小さくなる。つまり、自転軸の傾きは、夏と冬のコントラストの強さを決めている。こういった影響は高緯度域ほど顕著で、低緯度域ではほとんど現れない。

ミランコビッチ・フォーシング

太陽からの入射エネルギーの地理的分布と季節的分布が、地球の自転と公転に関する三つの要素、すなわち離心率、歳差運動、自転軸の傾きの変化によって、時間とともに変わっていくものであることはご理解いただけたと思う。図4-3dには、このような天文学的な要因による入射エネルギーの変化も示してある。(6) おもしろいことに、全体を通して見ると、寒冷な氷期は温暖な間氷期に比べて、地球に入射する太陽エネルギーが決して少なかったわけではない。気候変動を左右する北半球高緯度の夏の日射量は、氷期も間氷期も平均するとほぼ同じ一平方メートルあたり四五〇ワット前後だ。すなわち、地球全体で考えると、同じエネルギーの入力に対して氷期と間氷期という少なくとも二つの気候状態、すなわち複数の応答様式をもっている、ということになる。このことについては、また後でくわしく触れることにして、話を先に進めよう。

二〇世紀初頭のセルビアの気象学者ミルティン・ミランコビッチ(図4-7)は、これ

図 4-7　ミルティン・ミランコビッチ(Milutin Milankovitch, 1879-1958)．元ベオグラード大学教授．氷期や間氷期といった気候変動が，日射量とその分布によって引き起こされたというミランコビッチ理論を確立した．
写真提供）NOAA Paleoclimatology Program／Department of Commerce. Contributed by John Imbrie Brown University

まで説明してきた天文学的な要素を厳密に計算し、入射エネルギーが顕著に減少する時代が氷期に対応するという考えを大きく発展させた人物である。

ミランコビッチは、一八七九年にセルビアのダルジという小さな町(現在はクロアチア領で、セルビアとの国境の町)で生まれた。その頃のセルビアは、オスマン・トルコ帝国との戦いに明け暮れ、政治的に不安定な動乱の時代であった。一九〇四年にミランコビッチは、留学先であるオーストリアのウィーン工科大学で工学者として学位を取得した。その後エンジニアとして民間会社で働いた後、ベオグラード大学の応用数学科の教授に就任する。そして、その後引退するまでベオグラード大学で研究生活を送った。一九五八年に七九歳で亡くなるまでのミランコビッチが生きた時代は、バルカン戦争、第一次世界大戦、世界恐慌、第二次世界大戦など、世界が数多くの争いや混乱に翻弄された時代と一致している。(7)

ミランコビッチは、その研究者人生のすべてを地球の軌道計算とその気候変動への影響に関する研究に捧げた。ミランコビッチの最初の計算結果は、『太陽放射に起因する気候変化の数学的理論』(8)という本として一九二〇年にまとめられた。その後、さらに厳密な計算を行ない、一九四一年には『地球への日射の規律とその氷河期の問題への応用』という、六五六ページにも及ぶ大作を出版した。その中で彼は、過去に起きた氷河時代は、地球の公転軌道や自転軸の変動にともなう日射量の変動が原因であるという考えをまとめあげた[9]。

図4-8は、北半球高緯度域における過去六〇万年にわたる日射量の変動の計算結果を示したものである。一九四一年に出版されたミランコビッチの著書の中で、もっとも重要な結論を示した図だ。これによると、北半球高緯度域では過去六〇万年にわたって、入射エネルギーの顕著に低下した時期が、何度もあることがわかる。氷期とは、そういった時期に対応するはずだとミランコビッチは考えたのだ。この「北半球高緯度域」とは、巨大な氷床が形成されたり(3章参照)、深層水が生成されるなど(8章参照)、地球の気候にとって非常に重要な緯度帯で、本書でもこれからしばしば登場することになる。

この重要な研究成果をまとめた上記の本が出版されたのは、ヨーロッパでは第二次大戦の真っ只中で、ナチスドイツがバルカン半島に侵攻した年である。日本ではちょうど太平洋戦争が始まった年に当たる。この本はドイツ語で出版されたが、それが英語に翻訳されたのは、原論文が出版されて三〇年近く経ち、ミランコビッチの死後一〇年以上経った一九六九年のことであった。気候変動の要因となりうる地球の軌道要素の変動は、理論を発展させたミランコビッチの名を冠して、「ミランコビッチ・フォーシング」と呼ばれている[10]。

天文学的な要因が地球の気候を変動させてきたという考えは、じつはミランコビッチ

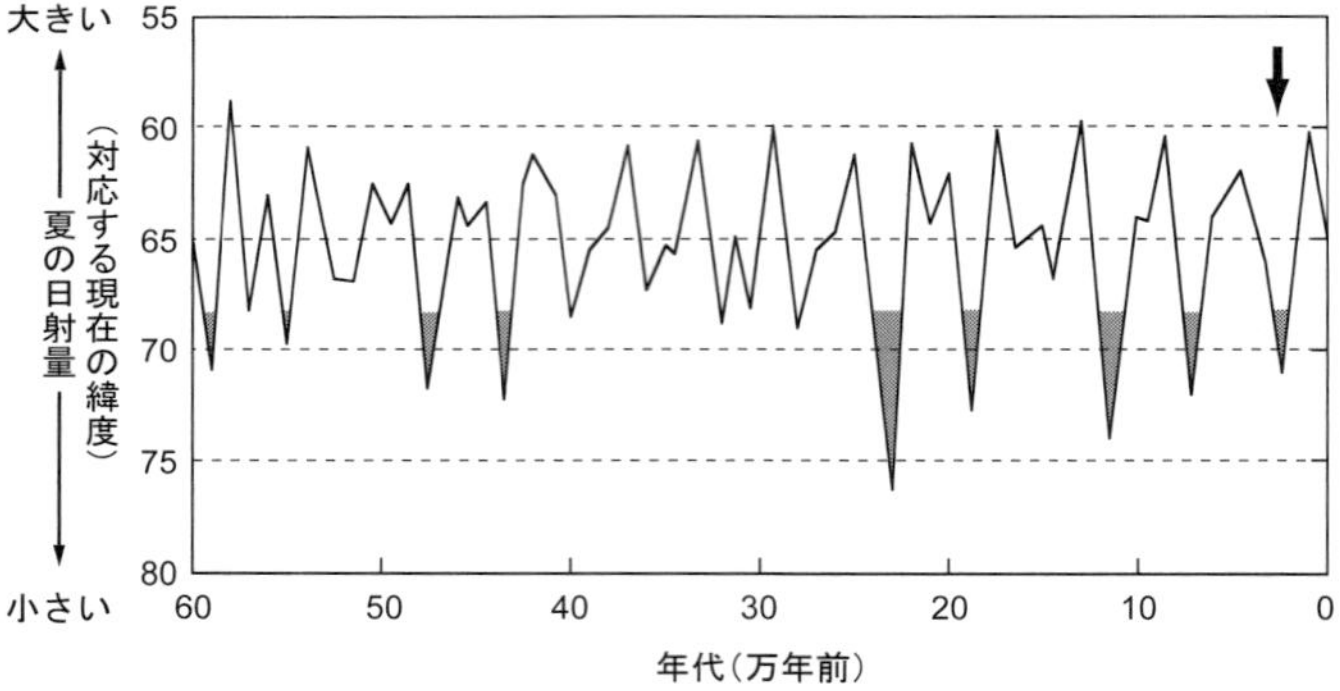

図 4-8　ミランコビッチによって計算された過去 60 万年にわたる，北半球高緯度域における夏の日射量の変化．縦軸は，各時代における北緯 65 度の日射量に対応する現在の緯度を示している．影をつけた部分は，氷期に対応するとミランコビッチが考えた時期．これによると，最近の日射量の極小はおよそ 2 万 5000 年前にあたる(矢印)．フリント(後出)は，ちょうどこの時期に，温暖な気候条件下で形成されたと考えられる堆積物を見出したことから，ミランコビッチ理論を受け入れなかった．Milankovitch(1941)，Berger(1988)を改変．

以前に、英国スコットランドのジェームズ・クロール[11]や、フランスのユルバン・ルヴェリエ[12]などによって、かなり研究されていたものである。たとえばクロールは、地球の離心率の変化が非常に小さいことから、太陽からの入射エネルギーの総量の変化が、直接的に氷河時代を引き起こすことはないと知っていた。しかし、三つの天文学的要因が重なることによって起きる日射量の季節変動が、気候変動を起こすに十分なものだと考えていた。このような研究のおかげで、一九世紀半ば頃には、高い教育を受けた人々の多くは、気候変動は天文学的な要因によって起こると知っていたという。

ミランコビッチの功績は、こういった先人の理論の中にある誤りを正して地球の軌道要素のより正確な計算を行なっただけでなく、その計算結果をもとに、地球の反射率や赤外線放射までも考慮して、実際に起こった氷河時代との関係についてくわしく論じたことにある。[13]これを可能にしたのは、ドイツの地質学者エドゥアルド・ブルックナーやアルブレヒト・ペンクなどによる氷河地質の研究成果が二〇世紀初頭にまとめられ、古典的な氷河時代像が当時すでに確立されていたからでもある。[14]

ミランコビッチの先人、クロールは、冬の寒さが厳しい時代に氷河期が引き起こされると考えた。しかし後に、この考えは多くの気候学者によって改められ、夏が涼しい時代に氷河期が引き起こされると考えられるようになった。これは観察にもとづく経験則だ。氷床が形成されるのは、大陸のど真ん中の平坦な場所である。このような場所では、年平均気温がマイナス一〇℃を下回ると、冬に積もった雪は夏になってもほとんど融けることなく、比較的ゆっくりとはいえ年々積み重なっていく。年平均気温がこれ以上下がっても、その降り積もっていく雪の厚さに大きな変化はない。それに対して、雪(氷)が融けるという現象は、桁違いに速いプロセスだ。夏季に暖かい日が数日でもあれば、冬の間に積もった雪はあっという間に融けてなくなってしまう。すなわち、氷床を成長させるためには、夏の気温が低いことが重要なのである[15]。

一九〇〇年代初頭のドイツの気候学者ウラジミール・ケッペン[16]や、アルフレッド・ウェゲナー[17]らは、北半球高緯度における日射量の季節変動こそが、氷期や間氷期といった気候変動にとって重要な要素であることを指摘していた[18]。とくに、北緯六五度付近の日射量が鍵となる。これは、氷期の初期に氷床が形成されはじめたり、氷期の終わりに氷床が最後まで融けずに残っているのが、この緯度だからだ。当時ミランコビッチはケッペンやウェゲナーと交流があり、彼らの影響を強く受けていた。北半球高緯度の夏に日射量が減少するときに氷期が訪れ、逆に増加するときは間氷期になるという理論を受け継いだのである。もちろんこのウェゲナーとは、大陸移動説を唱えて、後のプレートテクトニクス理論の原点に立つ人物である。後の地球科学に大きな革命を起こすこの二人が、当時気候変動の原因について議論していたことは興味深い。この二人は、いずれもその考えが生前に認められなかったという点でも共通している。

では、過去の地球の気候変動が実際にミランコビッチ・フォーシングによって支配されていたかどうかを知るには、どうすればよいのだろうか？　一見、これは簡単なことのように思えるかもしれない。堆積物中に保存されている酸素同位体比など、気候変動の記録を周期解析(すぐ後で解説)して、それにミランコビッチ・フォーシングに見られる周期性が強く見出されるかどうかをチェックすればよいのだ。ところがじつは、これがなかなか一筋縄ではいかないのである。それはひとえに、海底堆積物の年代を正確に決定することが非常に難しいからだ。

ミランコビッチ理論をめぐる闘い

現在、海底堆積物の年代決定に一般的に用いられている放射性炭素年代法(7章で解説)は、半減期が六〇〇〇年弱であるため、過去五万年前までにしか適用できない。半減期の長いウランやトリウムなどの放射性元素は、堆積物中に含まれてはいるものの、海洋における挙動が複雑なため正確な年代測定には適していない。質量数四〇のカリウム(^{40}K)が、質量数四〇のアルゴン(^{40}Ar)に放射壊変するのを利用した「カリウム‐アルゴン年代」法や、質量数四〇の放射性アルゴンが、安定同位体である質量数三九のアルゴン(^{39}Ar)に壊変することを用いる「アルゴン‐アルゴン年代」法という手法もある。しかし、それらも、海底堆積物中にその分析に適した物質がほとんど含まれていない。

結局、堆積物中に確かな年代を示すポイントは、地磁気が反転した七八万年前[19]までさかのぼらないと見当たらない。現時点において、五万年前から七八万年前までの七三万年間は、海底堆積物の年代を直接的に決定できない「空白期間」なのである。堆積物の年代が決められない以上、ミランコビッチ理論の証明は難しい。そして実証できないミランコビッチ理論は、数多くの反論にさらされ、また別の仮説に挑戦され[20]、一九七〇年頃にはもはや風前の灯になっていた。

イェール大学のリチャード・フリント[21]は、このミランコビッチ理論にもっとも強力に反対した地質学者である。だからといって、フリントが古式ゆかしい研究者だったわけではない。フリントは、放射性炭素年代を氷河時代の年代決定にいち早く応用した、「進歩的な」地質学者でもあった。放射性炭素年代法が確立された直後の一九五〇年代、フリントは当時すでにアメリカの氷河時代の研究においてリーダー的存在であった。彼は、最終氷期にローレンタイド氷床によって運ばれてきた木片、骨、有機物など、氷河時代に関わるさまざまな物質の放射性炭素年代を誰よりも早くから測定していった。その結果、各地に分布する温暖な気候に形成されやすい泥炭地の一部が、ミランコビッチ理論によると、もっとも日射量が小さいはずの二万五〇〇〇年前に形成されていたことを見出した。放射性炭素年代という当時最新の技術を用いた結果をもとに、フリントがミランコビッチの考えに強固に反対したことから、ミランコビッチに賛同する地質学者は少なかった。[22]

この状況を一気にひっくり返したのは、ブラウン大学のジョン・インブリー(図4-9)が率いるチームであった。彼らは、南インド洋で採取された二本の海底コアの詳細な酸素同位体比や、微古生物記録の周期解析を行なった。彼らの研究は、それまでと同様の仮定をおいた上での議論なので、本質的に問題が解決されたわけではない。しかし、周期解析に適した海底コアを注意深く選択し、ベルギーの天文学者アンドレ・ベルジェによって綿密に計算し直された入射エネルギーのデータを用い、さらにそれまでに発表されたどの論文よりも、数学的に厳密な周期解析法を適用した。その結果、図4-10に示すように、一〇万六〇〇〇年、四万三〇〇〇年、二万四〇〇〇年、一万九〇〇〇年という、ミランコビッチ・フォーシングに見出されるすべての周期を、はじめて海底コア中の地質記録から見出したのである。

この論文[23]のインパクトは大きかった。これ以降、古気候学者や気候学者の間では、氷期と間氷期という気候変動のサイクルが、主としてミランコビッチ・フォーシングによって生み出されたものであると広く認められるようになる。彼らの論文は、ミランコビッチの死後二〇年近く経った、一九七六年に発表された。この論文が発表された年は奇しくも、ミランコビッチ理論に強力に反対したフリントが亡くなった年でもあった。

図 4-9　ジョン・インブリー(John Imbrie, 1925-)．元コロンビア大学およびブラウン大学教授．統計学的手法を用いて，化石記録から古水温を復元する手法の開発，ミランコビッチ理論の復権，さらにそれを応用した第四紀の絶対年代決定法の確立など，数多くの業績を挙げた．
出典）J. インブリー・K. P. インブリー『氷河時代の謎をとく』岩波書店，1982

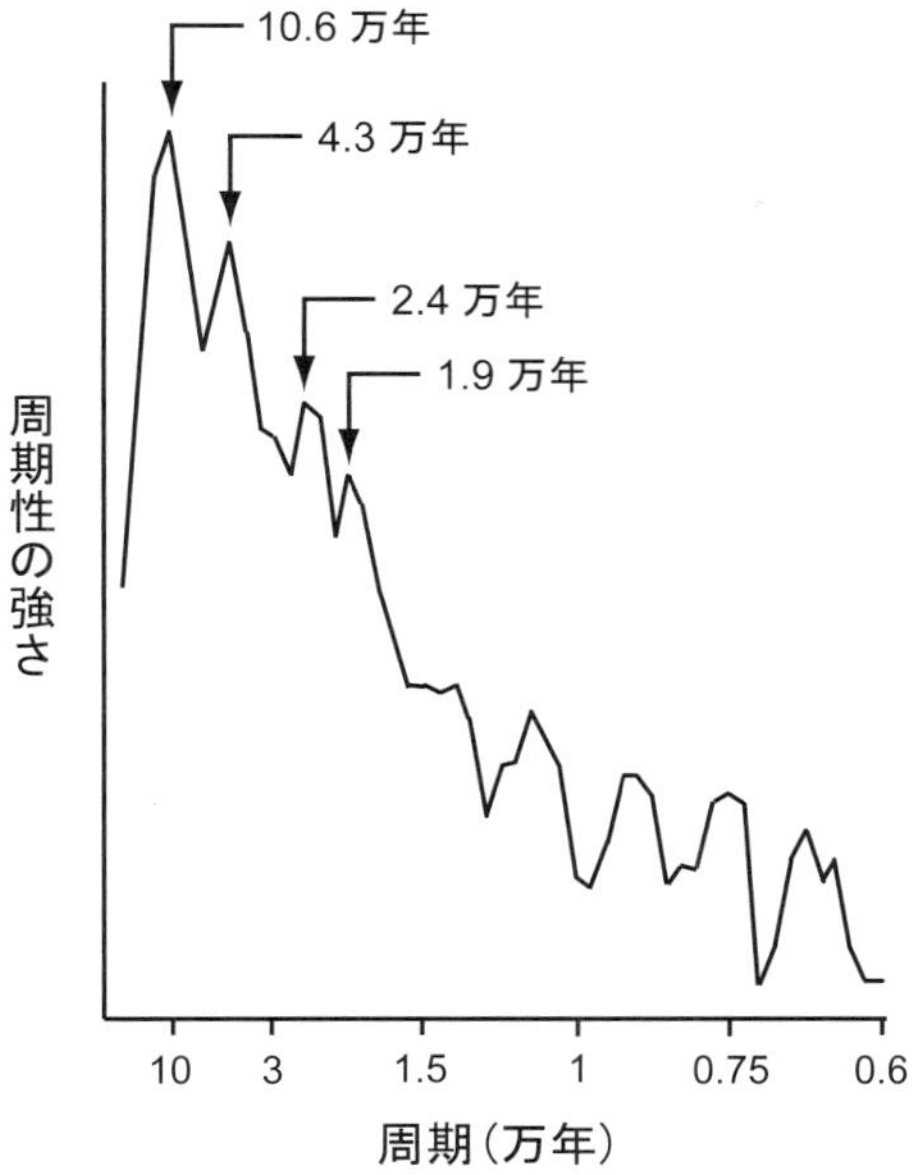

図 4-10　南インド洋の海底コアに記録された過去 50 万年にわたる酸素同位体比記録を周期解析した結果．インブリーらは，その中に 10 万 6000 年，4 万 3000 年，2 万 4000 年，1 万 9000 年という，ミランコビッチ理論の周期とぴったり一致する周期を見出した．Hays *et al*.(1976) を改変．

じつはインブリーらの論文が発表される以前にも、一部の地質学者によって堆積物コア記録の周期解析が試みられ、ミランコビッチ理論が復権するための隠れた布石になっている。エミリアーニは、酸素同位体比を報告した一九五五年の革命的な論文の中で、ミランコビッチ理論が正しいことを主張している。エミリアーニは、酸素同位体比の変動に正確な時間目盛りを入れるため、堆積物の放射性炭素年代を測定した。当時、エミリアーニが所属していたユーリー研究室は、放射性炭素年代法を開発したウィラード・リビーの研究室の隣にあった。そこでは、まだ開発されたばかりの放射性炭素年代法が、さまざまな試料に応用されていたのである。

エミリアーニの測定結果は、北緯六五度における太陽放射の極小期と、最終氷期がほぼ一致することを示した。ただし、さきにも述べたように、放射性炭素年代法が有効なのは、せいぜい過去五万年程度だ。数十万年にわたる海底コアの記録からすれば、ほんの一部にしか過ぎない。これだけでは多くの気候学者を納得させることはできなかった。しかし、ミランコビッチの考えを支持する最初の科学的な成果であり、後にミランコビッチ理論が復権する出発点になったことは間違いない。

エミリアーニは、論文が一九五五年の年末に出版されると、真っ先にこの論文のコピーをセルビアのミランコビッチのもとへ郵送した。ミランコビッチはすでに年老いており、彼の命もそう長くはないだろうとエミリアーニは危惧していたのである。彼はミランコビッチが亡くなる前に、その考えが正しかったことを示す決定的な証拠が出てきたことを、なんとしても伝えたかったのだ。しかしエミリアーニは、その後ミランコビッチから返事を受け取ることはなかった。そしてその三年後の一九五八年に、ミランコビッチは祖国セルビアで静かに息を引き取った。

後にインブリーは、ミランコビッチの業績をたどるために、ミランコビッチがかつて暮らしていたセルビアの家を訪れている。そのときに、彼の亡き後も長らく保存されていたファイルの中にエミリアーニが送った論文のコピーがはさまれていたのを見つけている。間違いなくミランコビッチはエミリアーニの論文を読んでいたのだ。もしかすると、亡くなる前に自分の仕事が認められる時期が訪れつつあることを確信していたのかも知れない。

気候変動のペースメーカー

ミランコビッチ・フォーシングは、数万年スケールの気候変動を起こす究極的な原因について教えてくれる。しかし、実際に起きた気候変動を解釈しようとすると、まだ重要なことが曖昧なまま残されている。それは、ミランコビッチ・フォーシングに対して気候システムはどのように応答するのだろうか、という点である。気候とは、大気、海洋、氷床、土壌、森林など多くの要素が寄り集まった複雑なシステムである。そして個々の要素は、ミランコビッチ・フォーシングに対して異なる応答を示すだろう。いわば、ある一定の周波数をもつ入力シグナルに対して、変調した出力シグナルを返す「アンプ」のようなものと考えることができる(図4-11)。このアンプが、かなり複雑な仕組みをもっているだろうことは容易に想像がつく。その仕組みの中には、気候システムのメカニズムを読み解く鍵が隠されているに違いない。逆に言うと、古気候を解析することは、気候システムという「アンプ」の仕組みを理解することに等しいわけだ。

気候システムは、また別の喩え方もできる。ここで図4-12のような、フラスコに入れた水をバーナーで温める簡単な実験について考えてみよう。(24) さしずめ、フラスコ内の水が気候で、バーナーが太陽といったところだ。バーナーの火を強くすれば水の温度は上がるし、ある程度まで水温を上げてから火を弱くすれば水温は下がる。フラスコ内の水の温度は、バーナーによって加えられる熱エネルギーに依存して決まってくる。このようなシステムは「線形システム」と呼ばれるものだ。では、実際の気候は、太陽からの入射エネルギーに対して、フラスコ内の水温のように線形的に反応するのだろうか？

この問題を解くために、「周期解析」という手法を使って考えてみよう。わたしたちは常日頃から、時間を横軸にとり、時間とともに変動するパラメーターを縦軸にとる、というグラフに慣れ親しんでいる。テレビの天気予報でよく見かける一日の気温の変化を示すグラフや、株価の変動を示すグラフなどがそのよい例だ。しかし、何度もくり返

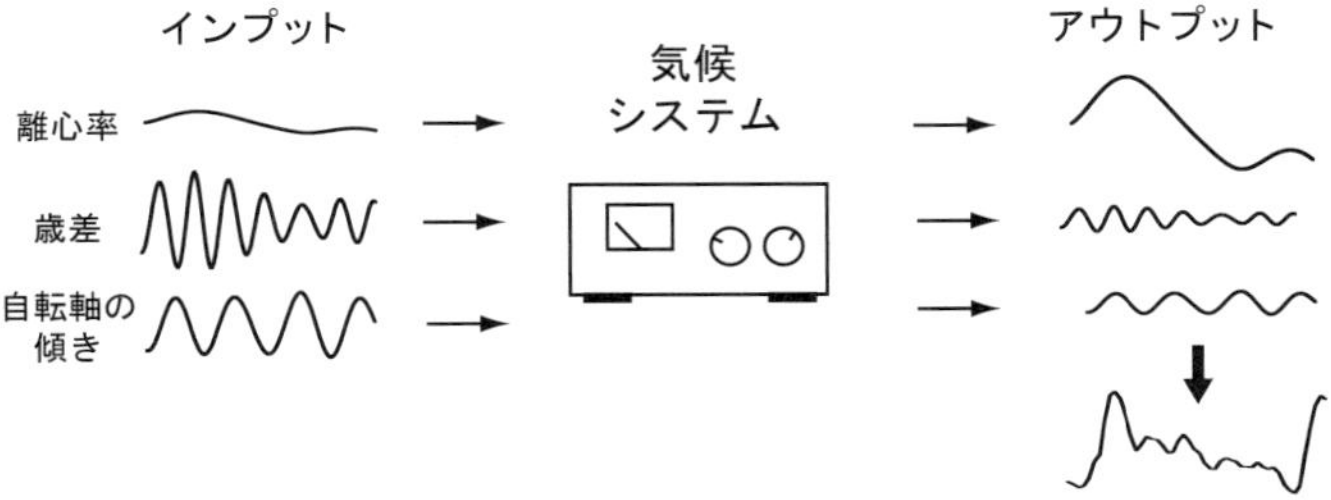

図 4-11　ミランコビッチ理論にもとづき「気候システム」を模式的に表した図．さまざまな波長と振幅をもつシグナルを入力すると，振幅と位相を変化させたシグナルを返す「アンプ」と同じ役目をもつと考えることができる．

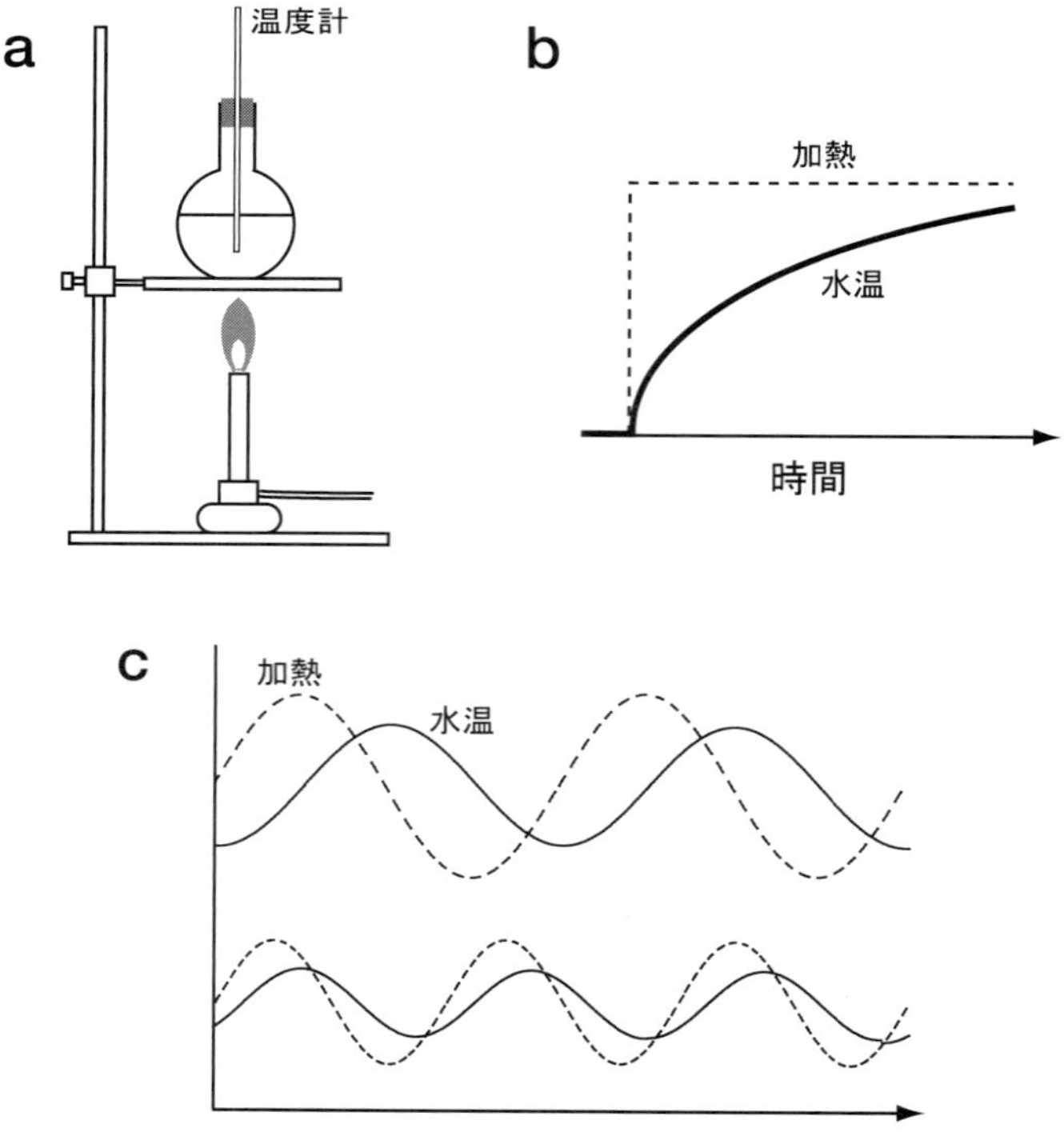

図 4-12　単純な線形システムの例．a）フラスコに入れた水とそれを温めるバーナー．b）バーナーを点火した場合のフラスコ内の水温の時間変化．c）加熱の速度を変えた場合の水温の応答．加熱や冷却の速度を変えると，それにともなって，振幅だけでなく位相のずれも変わる．Imbrie（1985）を改変．

し変動するような事象に対しては、まったく異なった視点からみたグラフが役に立つ。それは、横軸に時間ではなく「周波数」をとり、縦軸にその強さを示すやり方である。こういう方法を周期解析と呼ぶ。周期解析は、時間解析とはまた違った、事象の重要な側面を浮かび上がらせてくれる。

「周波数」というと専門的に聞こえるかもしれないが、一秒間や、一年間といった一定の時間の間に、その事象がくり返した回数のことである。基本単位はヘルツ（一秒間あたり回数）だ。たとえば、わたしたちが使う電気は、東日本では五〇ヘルツで、プラスとマイナスが一秒間に五〇回交代する。また、静かに休んでいる人間の心臓は、およそ一ヘルツ（一秒間に一鼓動）で拍動している。

ヘルツで表すより、「周期」で表した方が便利なことも多い。周期とは、くり返し起きる事象が一回起きるのにかかる時間のことだ。数学の理論によると、いかなる曲線も、周期や振れ幅の異なるサインカーブを重ね合わせた数式として表現できる。[25] 図4-1で見たような、堆積物コアの酸素同位体比が描く複雑な曲線も例外ではない。数十万年の周期をもつものから数千年の周期のものまで、いろいろなサインカーブを足し合わせれば、酸素同位体比カーブを数学的に「作る」ことができるのだ。その逆も可能だ。時間とともに変わっていく酸素同位体比をさまざまな周期のサインカーブに「分解」し、それぞれの周期の強さを知ることもできる。

さきに述べたように、インブリーたちは、堆積物コアの酸素同位体比記録などに、この周期解析を適用し、そこからミランコビッチ・フォーシングとぴったり一致する、気候変動の周期性を見出した。そして、その結果をもとに、自転軸の傾き(およそ四万年周期)と歳差が与えるフォーシング(およそ二万年周期)に対して、地球の気候はフラスコの中の水のように線形的に応答していることを明らかにした。一方、離心率の変化が与える弱いフォーシング(一〇万年周期)に対しては、非線形的なプロセスで応答するのではないかと推測した。

周期解析は、事象に含まれている周期性を明らかにするだけでなく、さらに重要なもう一つの情報をもたらしてくれる。それは「位相のずれ」である。すなわち、周期的に変化する二つの事象があったときに、それらが時間的にどれくらいずれているかを教えてくれる。図4-12cのように、火を強くしたり弱くしたりということを周期的にくり返すと、フラスコの中の水の温度もそれに対応して周期的に変化するだろう。しかし、バーナーの火の強弱の影響が、フラスコ内の水温に反映されるには少々時間差がある。しかも、その時間差は火の強さや、強弱の周期に依存する。

太陽からの入射エネルギーと酸素同位体比の関係は、周期解析には格好の題材だ。酸素同位体比はおもに氷床量を表すので、入射エネルギーの変化に対応して、氷床量がどの程度の時間差で応答したかを知ることができる。しかも、それぞれの周期変動に対して位相のずれを計算することができる。これまでの研究によると、自転軸の傾きが与えるフォーシング(四万年周期)にはおよそ一万年、そして歳差運動が北半球高緯度に与えるフォーシング(二万年周期)にはおよそ六〇〇〇年、位相が遅れることがわかっている。すなわち、入射エネルギーが増加や減少を始めてから、氷床量の増減という形で反応が現れるまでに、それだけの時間がかかるということだ。暖め方のプロセスによっても、気候の応答の仕方は異なるのだ。

　さて、氷期、間氷期といった気候状態が、太陽からの入射エネルギーの量に基本的に依存している、という考えが研究者の間でコンセンサスを得ると、古気候学者には思わぬボーナスが転がり込んだ。気候システムという「アンプ」の仕組みがわかった以上、地球の軌道要素さえ計算できれば、それが何十万年前であろうとも、当時の気候を言い当てることができるというわけだ。このような考えのもとに、世界各地で得られた良質な酸素同位体比記録がまとめられ、図4-13のような「酸素同位体比標準カーブ」が作られた。そして、それを用いた新しい年代決定法が生まれたのである[26]。

　年代決定のやり方はいたって簡単だ。実際に得られた堆積物の酸素同位体比記録を伸び縮みさせて、「酸素同位体比標準カーブ」に絵合わせすればよい。そうすれば、その堆積物の深さを年代に読み替えることができるというわけだ。放射性炭素で年代が求め

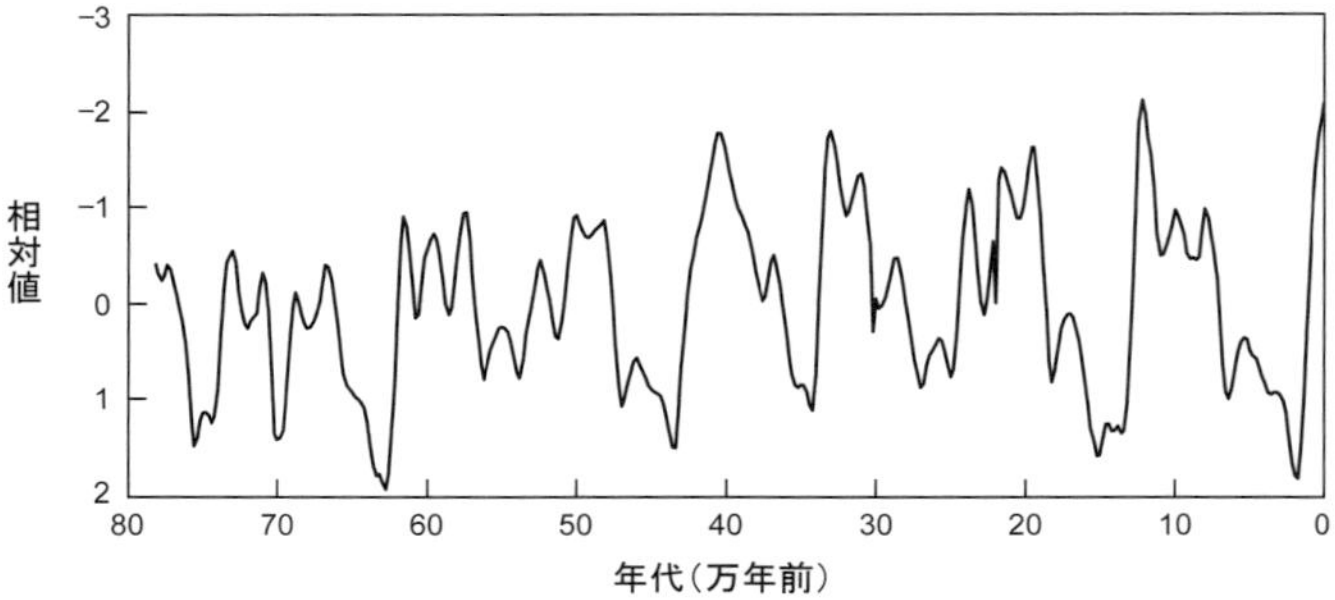

図 4-13　ミランコビッチ・フォーシングに対する気候システムの応答を仮定することにより求められた酸素同位体比標準カーブ．このカーブと実際の酸素同位体比記録とを「絵合わせ」することにより，海底堆積物の年代を決定することができる．これを「スペクマップ時間スケール」と呼ぶ．Imbrie *et al.*(1984)を改変．

られない五万年前以前の堆積物の年代を決めるこの巧妙なやり方は、そのプロジェクト名を冠して「スペクマップ時間スケール」と呼ばれている。この酸素同位体比標準カーブに関する最初の論文が発表された一九八四年から現在にいたるまで、数多くの堆積物コアの「時間軸合わせ」に用いられている。これまで古海洋学者の頭を悩ませてきた、年代決定の問題を一挙に解決したこのスペクマップ時間スケールは、彼らにとってまさにバイブルなのである。

未解決の問題

ところが、これでハッピーエンドかというと、じつはそうでもない。スペクマップ時間スケールは誤っていると指摘する声が、それが発表された八〇年代から、一部の研究者の間で長らくくすぶりつづけているためだ。この指摘の根拠は、二つ前の氷期が終わって氷床が融解し始める年代が、スペクマップ時間スケールから有意にずれることにある。

ミランコビッチ理論を基礎にしたスペクマップ時間スケールによると、この氷床の融解は一二万六〇〇〇年前ごろに最盛期を迎えたはずだ。ところが、サンゴや鍾乳石のウラン・トリウム系列の核種を用いて決定されたこの氷床融解期の年代は、いずれもそれより一〜二万年も古い値を示している。有孔虫と異なり、サンゴや鍾乳石はウランやト

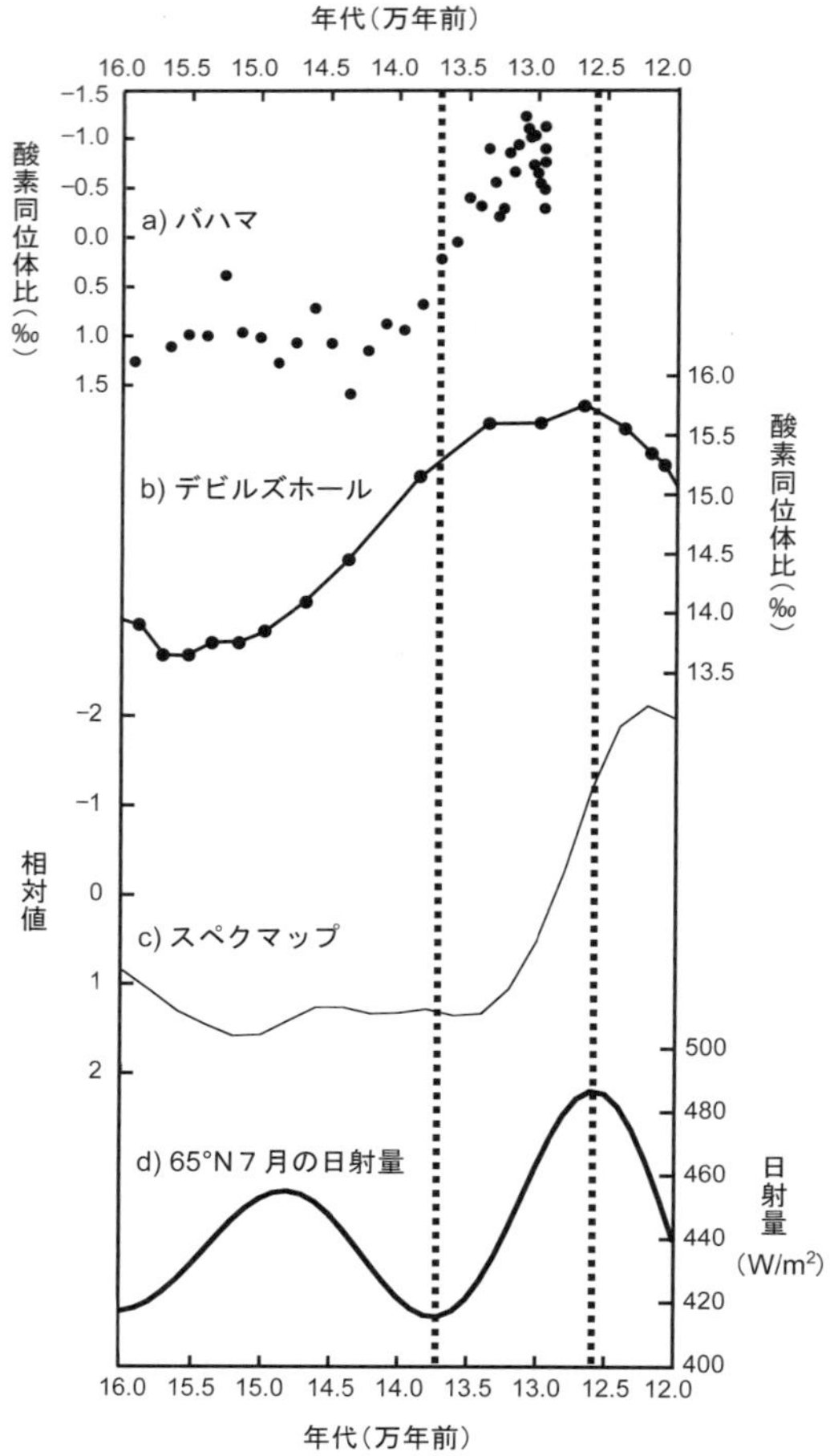

年代（万年前）
16.0 15.5 15.0 14.5 14.0 13.5 13.0 12.5 12.0
酸素同位体比（‰）
−1.5 −1.0 −0.5 0.0 0.5 1.0 1.5
a) バハマ
b) デビルズホール
酸素同位体比（‰）
16.0 15.5 15.0 14.5 14.0 13.5
相対値
−2 −1 0 1 2
c) スペクマップ
d) 65°N 7 月の日射量
日射量（W/m2）
500 480 460 440 420 400
16.0 15.5 15.0 14.5 14.0 13.5 13.0 12.5 12.0
年代（万年前）

リウムを比較的多く含んでいるため、幸運にもこの年代決定法が応用できるのだ。ここで、図4-14を見てほしい。たとえば、フロリダ州の南方に位置するバハマにおける隆起サンゴの厳密な年代測定の結果は、この氷床融解が一四万〜一三万五〇〇〇年前ごろに最盛期を迎えたことを示している。[27] また、デビルズホールと呼ばれるネバダ州の鍾乳洞も同様に、氷床融解がスペクマップ時間スケールよりも一万年以上古い年代に起きたことが刻まれている。[28] さらに南極のアイスコアで独自の手法によって決定された年代も、やはり一三万七〇〇〇年前頃を示している。[29] 困ったことに、これらの時期は、北半球高緯度の夏の日射量が極小になる時期(一三万七〇〇〇年前)にほぼ一致している。

いくつもの記録に見られる、二つ前の氷床融解期の年代が予想から一貫してずれるという事実は、単にスペクマップ時間スケールの問題だけではすまされない。それはミランコビッチ理論や気候システムの骨格(アンプの仕組み)など、氷期-間氷期の気候変動に関わる奥深く本質的な部分

図4-14　2つ前の氷期から最終間氷期にいたる温暖化の時期について，a)バハマのサンゴ礁記録，b)ネバダ州の鍾乳洞デビルズホールの鍾乳石記録，c)スペクマップの酸素同位体比標準カーブ，d)ミランコビッチ理論によって気候をコントロールしていると考えられている，北緯65度の7月の日射量を並べて示した．2本の破線は，北緯65度の7月の日射量の極小期(13万7000年前)と極大期(12万6000年前)を示している．バハマやデビルズホールの記録は，氷期から間氷期にいたる温暖化のタイミングが，北緯65度の7月の日射量の極大より1〜2万年前に起きていることがわかる．Henderson and Slowey(2000), Winograd *et al.* (1992), Imbrie *et al.* (1984), Berger and Loutre(1991)を改変．

にまで暗い影を落としている。今後この悩ましい問題を解決するためには、ウラン・トリウム系列の核種を用いた年代測定法の信頼性を高めるなど、多方面からの研究が必要である。

現在、海底コアを用いた研究の多くが、スペクマップ時間スケールとの比較により堆積物の年代を決定している。しかし、さきに指摘したような問題や、離心率の変動(一〇万年周期)にともなう日射量の変化が小さいにもかかわらず、過去六〇万年にわたる古気候記録中で一〇万年周期の変動が卓越している、といった問題がまだ解決されずに残されていることを忘れてはならない。

この古気候記録中にみられる強い一〇万年周期変動をどのように説明するかは、これまで数多くの研究者によってさまざまなモデルが提唱されてきた。非線形モデルを巧みに用いたもの[30]、氷床自体の力学モデルを用いたもの[31]、大気中の二酸化炭素濃度の変動によって増幅されるとするもの[32]、四万年周期が、二周期分あるいは三周期分ごとに強調されるというもの[33]まで、その数は三〇を超える。[34]最近は、一時期世界最速を誇った日本のスーパー・コンピューター「地球シミュレーター」を用いて、阿部彩子らが氷床のサイズまでも組み込んだ詳細な古気候モデルを構築し、一〇万年周期をきれいに再現する結果を得ている[35]。今後、この悩ましい問題に新たな展開が開けることに期待が寄せられている。

第5章　気候の成り立ち

厳密科学では、理論は統括の役割を果たすが、
気候学では、理論は作業に奉仕する「注釈」にすぎない。
ヘンリー・ストンメル、エリザベス・ストンメル

太陽からのエネルギー

ここまでは、地球が氷期と間氷期という二つの気候状態を周期的にくり返してきたことと、地球の自転や公転といった天文学的な要素の変動が、地球上に降り注ぐ日射の総量や分布を変え、それが氷期-間氷期という周期的な気候サイクルの重要な要因となっていることを説明してきた。さらに、太陽からの入射エネルギーが等しくても、氷期と間氷期という二つのまったく異なる気候状態が生じることについても触れた。この章では少し見方を変えて、そもそも地球の気候がどのようにして成り立っているのか、そのメカニズムについて考えてみよう。

日当たりの良い部屋で寝転んで読書していると、身体がぽかぽか温かくなり、ついウ

核融合反応：　4H → He

トウト…という経験は多くの人にあるだろう。しかし、身体を温めている太陽が、はるか一億五〇〇〇万キロメートルの彼方という、ちょっと感覚ではつかみきれないほど遠い距離にあることを考えると、なにか不思議な気はしないだろうか。たとえば、地球を直径三〇センチメートルの地球儀に見立ててみよう。そうすると、太陽は三五〇〇メートル離れた場所にある直径三〇メートルあまりの強力なストーブということになる。直径三〇メートルのストーブとはちょっと想像がつかないという人のために、さらにスケールを落としてみよう。太陽を直径一メートルの球形のストーブと考えるとどうだろう。地球はさしずめ一二〇メートルほど先にある直径一センチメートルのビー玉といったところである。

では、この「太陽ストーブ」の燃料は何だろうか？　酸素など存在しない宇宙空間での現象である。わたしたちが身近に知っている「燃焼」のような化学反応でないことは間違いない。酸素がなければ物質は燃えないからだ。じつは太陽内部では、水素(H)からヘリウム(He)が合成されている。この反応は、化学式で書くと、上のようになる。あまりに単純すぎて、まるで子供だましのような式だ。ところが、これにはれっきとした名前がある。「核融合反応」である。

エネルギー＝質量×(光の速さ)^2

この核融合反応では、一グラムの水素から〇・九九三グラムのヘリウムができる。差分である〇・〇〇七グラムの水素はエネルギーに変わる。アルバート・アインシュタインによると、物質の質量はすべてエネルギーに換算できる。質量とエネルギーを関連づける式は、上のようなものだ。

この式で、さきほどの〇・〇〇七グラム分の質量をエネルギーに換算してみよう。「光は一秒間に地球を七周半まわる」というように、光の速さは秒速三〇万キロメートルだ。だから、水素〇・〇〇七グラムは6.3×10^{11}ジュール(1.5×10^{11}カロリー)のエネルギーに相当することになる。これはなんと、〇℃の水一五〇〇トン分を一気に沸騰させるエネルギー量に等しい。わずか一グラムの水素の中から、これだけ莫大なエネルギーを取り出せるというのだから、核融合反応とはすごい現象である。

太陽は直径が一四〇万キロメートルもある水素の塊である。その巨大な水素の塊が、次々と核融合反応を起こし、続々とエネルギーを放出しつづけている。実際に計算すると、一秒あたり四〇〇、〇〇〇、〇〇〇、〇〇〇、〇〇〇、〇〇〇、〇〇〇、〇〇〇、〇〇〇ジュールという、とてつもなく大きなエネルギー量になる。あまりに桁が大きくて、かえって実感がわかないかも知れないが、ともかく膨大なエネルギーが放出されていることだけは、理解できるだろう。この膨大なエネルギーのほんのわずかな部分が地球にまで到達し、そのまたほんの一部がわたしたちの身体をぽかぽか温めてくれるというわけだ。

地球のような惑星は太陽などの恒星とは違い、その内部にほとんど熱源をもっていない。したがって、わたしたちが暮らす地球の表面の温度は、太陽から来るエネルギーによって支えられている。それがたまたま、一五℃付近という、多くの生物が生育するのに適した温度であったことは幸運であった。いや、地球の気温と合うように生物が進化してきたといった方がよいのかもしれない。どちらが正しいのかはさておいて、話を先に進めよう。

地球のエネルギーバランス

地球表面の平均気温は一五℃程度である。今年も去年も、また一〇〇年前も、わたしたちが暮らす場所の平均気温は大して変わっていない(ここのところ、地球温暖化で少々上昇しているようだが…)。この事実は、一年間に地球に降り注ぐ太陽エネルギーの総量が、地球から宇宙空間へ出ていくエネルギー量とバランスしていることを示している。

何でもそうだが、物体の温度は放っておけばどんどん周囲の温度に近づいていく。これは熱力学の法則としてよく知られていることだ。わたしたち人間は呼吸をし、食事を摂ることによってエネルギーをちょくちょく補給している。そのおかげで気温の変化にかかわらず、体温を三六℃に保つことができている。地球も同じだ。地球の気温が、マイナス二七〇℃という宇宙空間の温度にまで下がっていかないのは、外部からつねにエネルギーを得ているからである。そのエネルギー源が太陽の光というわけだ。

　まず太陽がどの程度の温度で輝いている星なのか考えてみよう。ここで知っておかなければならないことは、世の中のあらゆる物質は、その表面から電磁波を放出しているということだ(ボックス3を参照)。「電磁波」というと堅苦しく聞こえるかも知れないが、図5-1に示したように、わたしたちの肉眼で見える可視光[1]を含む、広い意味での「光」のことである。

　たとえば、鉄を強く熱していくと赤く輝きはじめる。色が赤いということ自体、可視光でもっとも長い波長をもつ電磁波(赤色の光)を鉄自身が発していることを示す。これは高温になるに従って、鉄自身の発する電磁波が人間の目に見える波長領域へ入ってきたことを反映している。炭火などはもっと身近な例かもしれない。炭火に手をかざすと暖かい。これは、高温になった炭が、周囲の空気を熱してそれが伝わってきているからではない。炭が放射する電磁波エネルギーを、手が直接受け取っているからである。わたしたち人間も「光」を発している。かなり長い波長をもった電磁波なので誰にも見えないし、エネルギー量が桁違いに小さいから感じないだけのことだ。

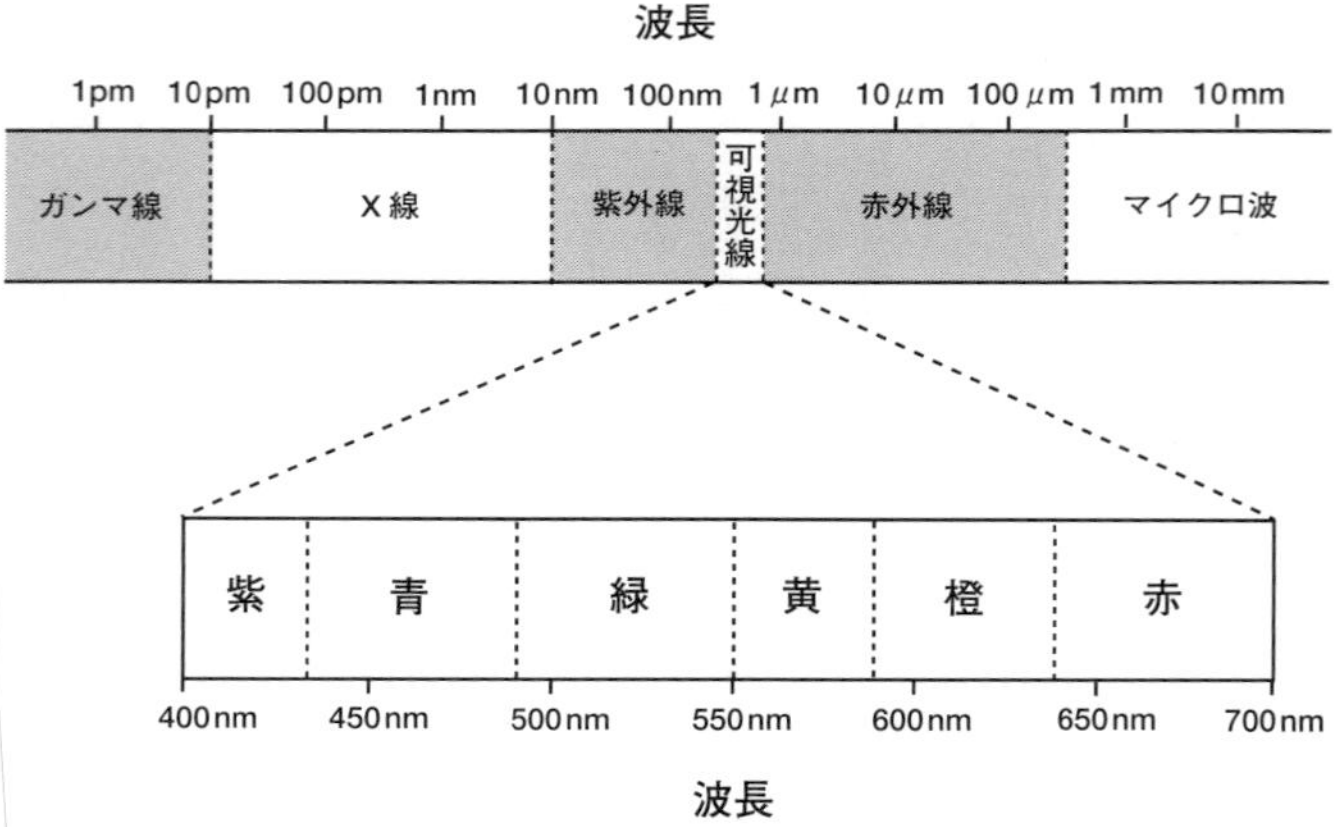

図 5-1　電磁波の種類とその波長領域．下には人間の目で感知できる可視光線領域を拡大して示した．たとえば，青く見える部分は，青い波長以外の光がすべて吸収あるいは散乱されてしまうことを示している．

ボックス3
地球のエネルギーバランス

理想的な物体である「黒体」が放射する電磁波エネルギーの大きさは、その絶対温度の四乗に比例する。また黒体から放射される電磁波の最大波長は、その表面温度と反比例の関係にあることが知られている。これらのことを数式で表すと次ページの①のようになる。

上の式は「シュテファン-ボルツマンの法則」[3]と呼ばれ、下は「ウィーンの変位則」[4]という名で知られた法則である。この二つの法則を知っておくと、地球のエネルギーバランスの理解に役立つ。たとえば、地球表面の平均的な絶対温度が二八八ケルビンだから、二つの式にこの値を代入すると、地球表面から宇宙空間に向けて放射される電磁波エネルギーが、一平方メートルあたり三九〇ワットで、その最大波長が一〇マイクロメートルであることがわかる。

それに対して、地球が太陽から得るエネルギー量、すなわち入射エネルギーは、地球の平均温度の一次方程式になる。地球上のすべての物質が凍りつくとき(アルベド=〇・八四)の平均温度をT_Aケルビンとし、その反対に、地球上から氷床がなくなり、森に覆われてしまうとき(アルベド=〇・一四)の地球の平均温度をT_Bケルビンとすると、②のような簡単な三つの式によって表すことができる。

①
［電磁波エネルギー］$(W/m^2) = \sigma \times$［絶対温度］$^4(K)$

$(\sigma = 5.67 \times 10^{-8}$：実験による値)

$$［最大波長］(\mu m) = \frac{2897}{［絶対温度］(K)}$$

② $T < T_A$ のとき：　　［入射エネルギー］$= a_1$

$T_A \leqq T \leqq T_B$ のとき：［入射エネルギー］$= bT$

$T_B < T$ のとき：　　［入射エネルギー］$= a_2$

a_1, a_2, b は定数：$0 < a_1 < a_2 < 1$

③
$(1 -$［アルベド］$) \times$［太陽放射エネルギー］

$= 4\sigma \times$［地球の表面温度］^{4}

式で書くと何やらやっかいだが、図で示すと簡単だ。後出の図5-4の細い実線は、この入射エネルギーを示したものである。②の式のa_1はアルベドが〇・八四のときの入射エネルギーで、a_2はアルベドが〇・一四のときの入射エネルギーだ。

地球の表面でエネルギーバランスが成り立っているなら、地表面において入射エネルギーが放射エネルギーに等しいはずである。つまり、式で書くと、③のようになる。右辺にかかっている4は、地球が太陽放射を断面積(πr^2)で受けるのに対して、地球の放射は全表面(表面積は$4\pi r^2$)を使って行なわれるからである。

本文中にも述べるように、人工衛星からの観測によると、現在の地球の平均的なアルベドはおよそ〇・三〇で、太陽放射エネルギーは、大気の上端において一平方メートルにつき一三七〇ワットである。これらの数字を③の式に当てはめて、「地球の表面温度」について解くと、二五五ケルビン(マイナス一八℃)になる。つまり、単純なエネルギーバランス・モデルによると、地球の表面温度はマイナス一八℃で落ち着くことになり、現実の地球の平均的な表面温度に比べると三〇℃以上低い、という結果が出てくる。■

さて、図5-2は、地上や大気の上層で観測された、太陽からやってくる電磁波の波長分布を示したものだ。図が示すように、およそ〇・五マイクロメートル（〇・〇〇〇五ミリメートル）の波長をもつ可視光がもっとも強い。これに対して、実験的に知られている五五〇〇℃（およそ五八〇〇ケルビン）の理想物体が放射するエネルギーのパターンを重ねてみよう。すると、へこんでいる部分を無視すれば、両者はかなりよく合っていることがわかる。このことは、太陽の表面の温度が五五〇〇℃程度であることを示唆している。

また、図5-2からは、地上で観測される太陽からの電磁波のいくつかの波長領域が、極端に小さくなっていることもわかる。こういった波長をもつ光は、大気中を通過するときに、特定のガスによって吸収されてしまうため、地上にほとんど届いていないのだ。たとえば、一・四マイクロメートル付近に見られる大きな凹みは、大気中に含まれる水蒸気によって吸収されたものである。

地球が太陽から受け取るエネルギー量は、何によって決まっているのだろうか？　もちろん太陽が放出するエネルギーの総量と、太陽と地球の間の距離が重要な要因である。しかし、それがほとんど変わらない場合、地球の表面が電磁波をどれだけはね返すか、という「反射率」が重要になってくる。

もし地球の表面が真っ白だったら、真っ黒な場合よりも、表面温度は低く保たれるだ

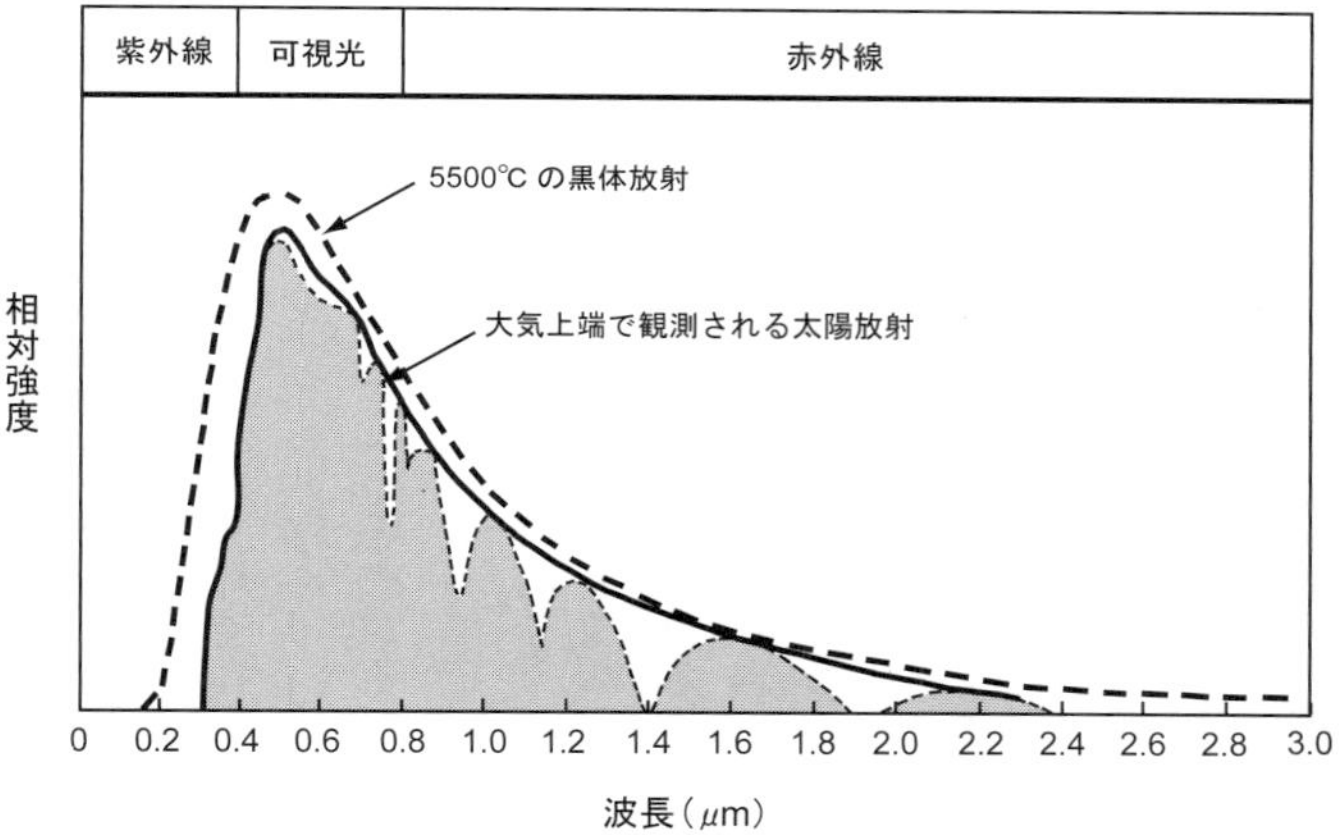

図 5-2　太陽の放射エネルギー．影をつけた部分が，地上で観測される太陽放射の波長分布である．太い破線は 5500℃（およそ 5800 ケルビン）の黒体の放射エネルギーで，太い実線は大気上端における太陽放射の波長分布を示す．両者が似たパターンを示すことは，太陽の表面温度がおよそ 5500℃ であることを示唆している．

ろう。これは、真夏の強い日差しの下では、白い服を着たほうが黒い服を着るよりも涼しいのと同じ理屈だ。逆に、もし地球が黒っぽい色をしていたとすると、より多くのエネルギーを吸収するので、表面温度はもっと高くなる。この地球の表面の反射率のことを、専門家は「アルベド」と呼んでいる。太陽からの電磁波を完全に反射するときのアルベドは一、電磁波をすべて吸収するときのアルベドは〇と定義される。

現実の地球のアルベドは、〇から一の間のどこかにある。人工衛星からの観測によると、その値は〇・三〇だ。ここで、もし地球の気温が何らかの理由でどんどん下がって、地球全体が〇℃以下になってしまったらどうなるだろう？　海は凍りつき、陸上では緑の木々や草花は枯れ果てて、地面は氷や雪に覆い尽くされてしまうはずだ。氷や雪に覆われた地球の表面は、白っぽくなり大きな反射率をもつ。専門家が計算したところによると、そのときの地球のアルベドは〇・八四だ。では、逆の場合はどうなるだろうか？　気温がどんどん上がれば、南極やグリーンランドにある「白い」氷床が融けてしまうだけでなく、高緯度域までもが樹木に覆われる。緑に覆われた地球の反射率は小さくなる。計算によると、そのときのアルベドは〇・一四にまで下がる。

大雑把な言い方をすると、地球が太陽から受け取るエネルギー量は地球のアルベドの一次関数であり、その地球のアルベドは地球の表面温度の一次関数になっている。ということは、地球が太陽から受け取るエネルギー量は、地球の表面温度の一次関数になるというわけだ(ボックス3を参照)。

では今度は、地球から宇宙空間へ放射されるエネルギー量について考えてみよう。これも太陽と同じく、電磁波のエネルギーとして放射されている。ボックス3で述べたように、物体が放射する電磁波エネルギーの大きさは、表面温度の四乗に比例する。もちろん、地球にもこれが当てはまる。現在(間氷期)の地球表面の平均温度は一五℃、すなわち二八八ケルビンだから、地球が放出するエネルギー量は簡単に計算できる。それは一平方メートルあたり三九〇ワット、つまり一秒間に三九〇ジュールというものだ。物理学の理論(ボックス3を参照)によると、地球から宇宙空間に向けて放射される電磁波は、およそ一〇マイクロメートルの波長を中心とした赤外線である。地球は可視光を吸収する代わりに赤外線を放射しているわけだ(図5-3)。

地球の平均気温が毎年ほとんど変化しないということは、太陽から地球に入射する電磁波のエネルギーと、地球が宇宙空間に放出する電磁波のエネルギーとが、つり合っていることに他ならない。ここで、図5-4を見てほしい。入射エネルギーと放射エネルギーを示す線とが交わる点(A、B、C)が、両者がつり合うところだ。

たとえば、いま地球の平均気温が図のC点にあるとしよう。この点にいるかぎり、入射エネルギーと放射エネルギーがバランスしているので、気候は安定している。ところ

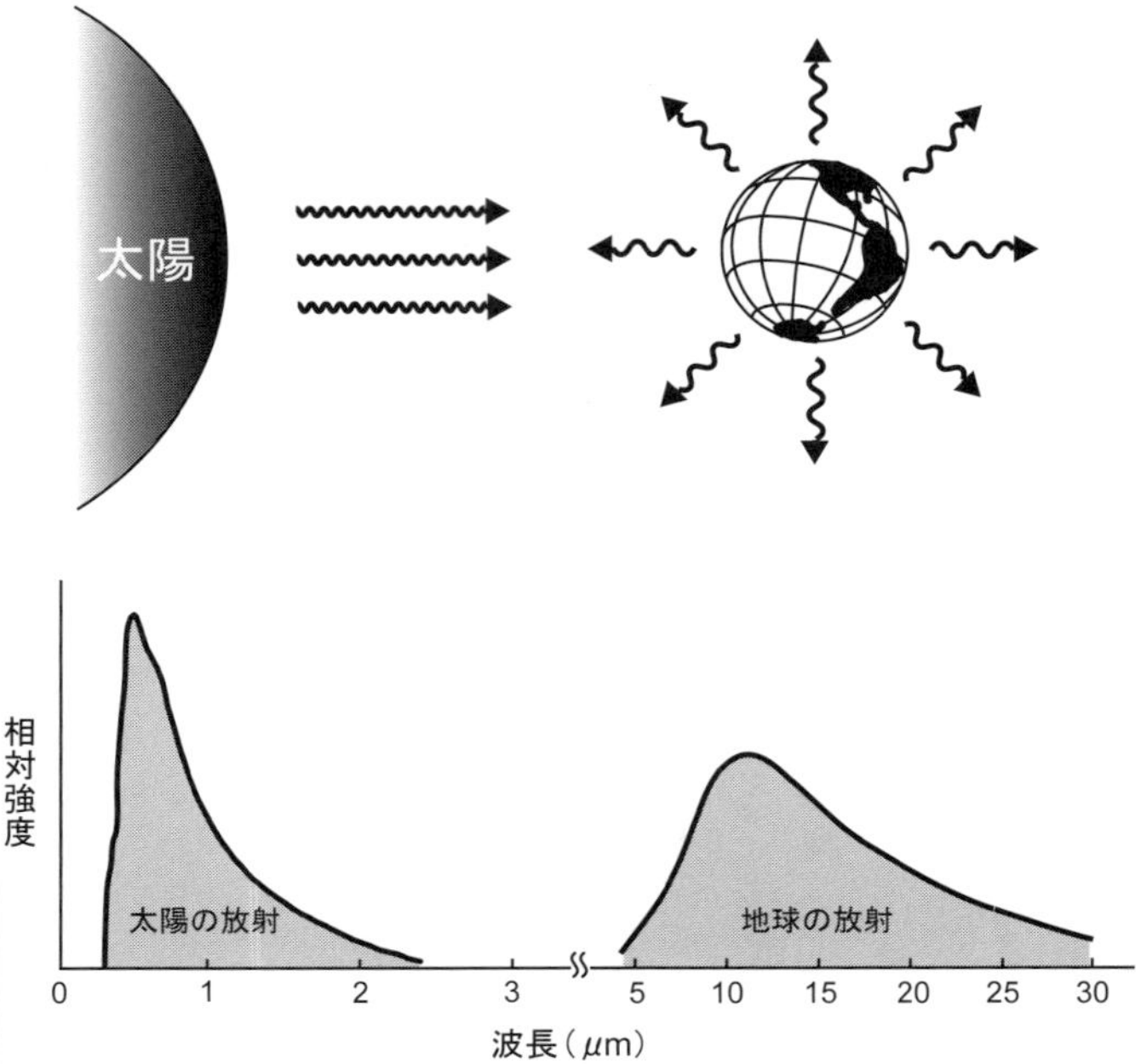

図 5-3　地球の放射エネルギーバランス．太陽は 0.5 マイクロメートル付近を中心とした波長の電磁波を放出するのに対し，地球は 10 マイクロメートル付近を中心とした電磁波を放出する．両者の波長の違いは，太陽と地球の表面温度に起因する．

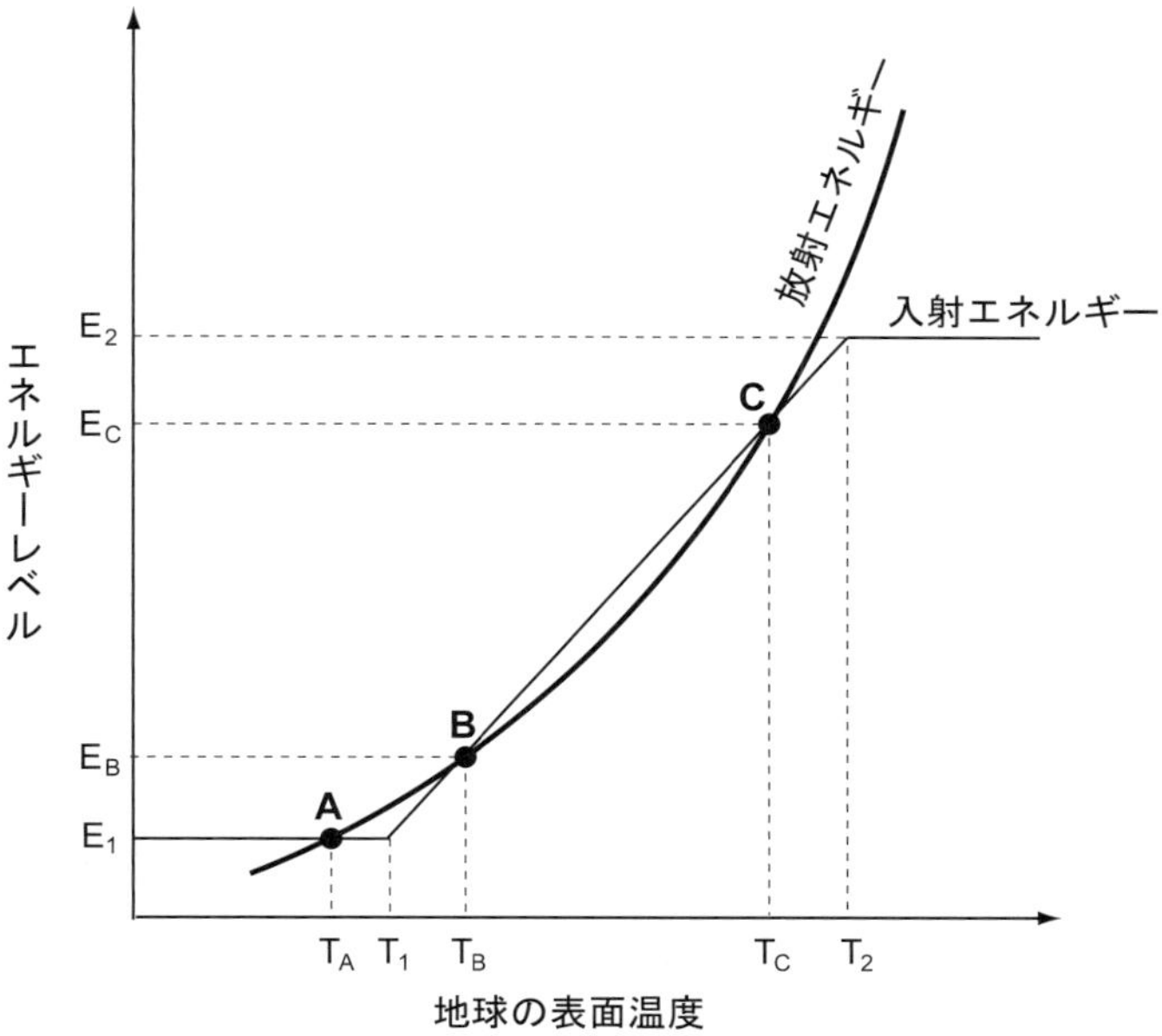

図 5-4　地球表面に入射するエネルギー(細い実線)と，地球表面から放射されるエネルギー(太い実線)の関係．アルベド a_1 および a_2 のときに対応する入射エネルギーをそれぞれ E_1 および E_2 とする．両者がつり合う点のうち A と C は安定解であるのに対し，B は不安定解である．詳細は本文を参照．

が何らかの理由により(たとえば、大気中の二酸化炭素濃度がわずかに上昇したなど)、気候がほんのわずかだが温暖化したとする。図5-4でいうと、C点から少々右側にずれる場合を想定すればよい。すると、図からわかるように、地球の表面温度を下げる放射エネルギーは、それを上げる入射エネルギーよりも少しだけ大きくなる。すなわち、このときの地球は、再びエネルギーのバランスをとろうとして、気候を寒冷化する方向に力を働かせる。C点では、逆に少々寒冷化が起きた場合も同じように元にもどろうとする力が働く。このように、ある変化に対して元の状態にもどろうとする力の作用を「負のフィードバック」という。負のフィードバックが作用することで、ゆらいだ気候状態は再び元のC点にまでもどってくる。

負のフィードバックは、図5-5のような、ボールの状態をイメージするとわかりやすい。谷底で静止していたボールが、場のゆらぎによって少々左右いずれかの山麓側にずれたとしよう。もちろん、ボールはまたすぐに、元の谷底にすべり落ち、再びそこで落ち着くだろう。この谷間のことを「安定解」と呼ぶ。図5-4でいうと、A点とC点に当たる。

では、図5-4のB点とは、何なのだろう？　入射エネルギーと放射エネルギーがバランスしているという点では、A点やC点と同じである。したがって、気候はB点でも「静止」する可能性がある。しかし、A点やC点のときとは少し異なる。さきほどと同

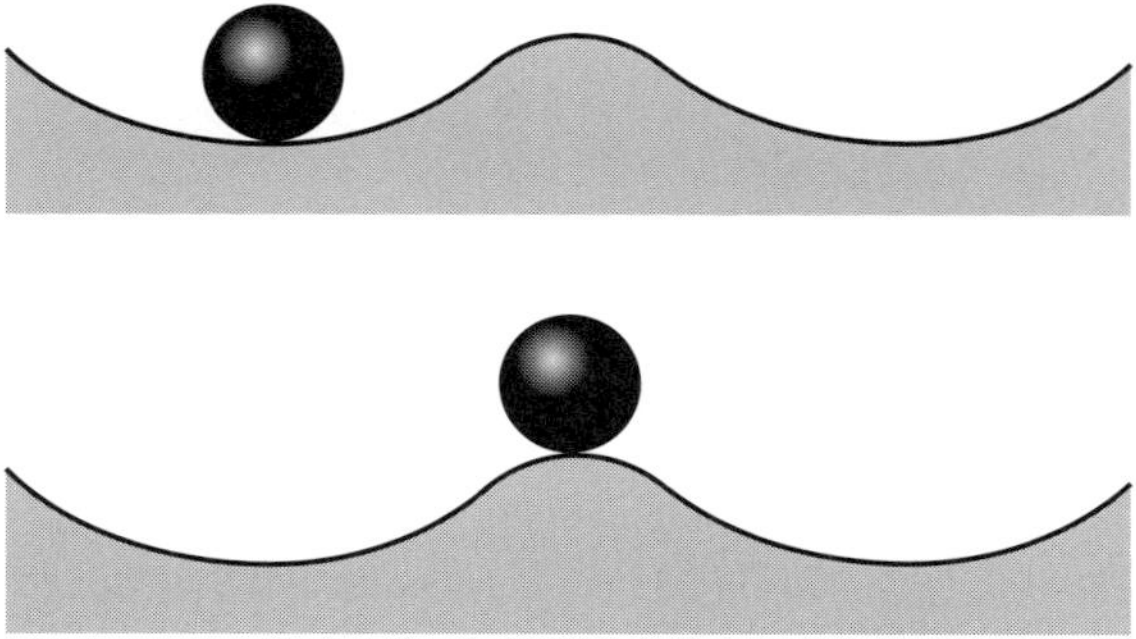

図 5-5　気候の安定解(上)と不安定解(下)．気候が安定解にある場合は，何らかの理由で気候が少々ゆらいだとしても，元の解へもどろうとする力が働く．しかし，気候が不安定解にある場合は，わずかでも気候のゆらぎが起きれば，気候はいずれかの安定解へと急速に変化する．

様に、少しだけ温暖化した場合を考えよう。B点から少し右側にずれた場合を想定すればよい。すると、地球の表面温度を上げる入射エネルギーが放射エネルギーよりも少しだけ大きくなる。つまり、気候はさらに温暖化する方向へと向かう。このように、変化に対してそれを拡大させようとする力の作用を「正のフィードバック」と呼ぶ。ボールに喩えると、山の頂上に置かれた状態だ。とりあえず静止することはできる。しかし、少しでもバランスがくずれると、ボールはあっという間に、頂上から転げ落ちてしまうだろう。もちろん、転げ落ちる先は谷底の「安定解」だ。この山の頂上のことを「不安定解」と呼んでいる。

ここまでは、エネルギーバランスにもとづいた、ごく単純な気候モデルについて説明した。もちろん、実際の地球の入射エネルギーは、さまざまな要因で図5-4で示したような単純な直線では表せないだろう。同じく、放射エネルギーも図のような単純な曲線とはならないだろう。(5) とはいえ、このモデルには重要なエッセンスが含まれている。それは、前の章で述べた、「太陽からの入射エネルギーは同じでも、地球は複数の異なった気候状態をもちうる」ということを理論的に示したことだ。勘のいい人なら、さきほどの二つの安定解が、それぞれ氷期と間氷期という二つの気候状態に対応するのではないか、と連想するだろう。図5-4でいえば、A点が氷期にあたり、C点が間氷期にあたるというわけだ。地球の気候は、簡単な数学でもある程度理解できるのである。

4章で解説したように、地球の公転軌道や自転軸の変化にともなって、太陽からの入射エネルギーは周期性をもって変動してきた。実際、図4-3dを見ると、入射エネルギーが時間とともに変動している。つまり、図5-4の細い実線で表される入射エネルギーが、少々左右にぶれるわけだ。もちろんそれに合わせて、安定解の位置もずれるはずだから、気候も多少なりとも変動することが予想される。ただし、入射エネルギーのゆらぎだけでは、気候が二つの安定解の間を移動することは説明できない。ここに気候変動の本質が顔を覗かせている。

実際に計算してみよう。現在の地球の観測データを使って計算すれば、大気の上端において地球に入射するエネルギーを地球の表面積でならすと、一平方メートルあたりおよそ三四〇ワットに相当する。これは地球から放射される電磁波エネルギー(三九〇ワット)よりいくらか小さな値だ。もし仮に、この入射エネルギーでバランスしているとすると、表面温度はマイナス一八℃でなければならない(ボックス3を参照)。現在の地球表面の平均温度は一五℃だから、それよりも三〇℃以上も低いという結果が出てくるわけだ。これではあまりに現実とかけ離れてしまっている。なぜ計算が合わないのだろうか？　もちろん、「このモデルが単純すぎるから」というのも答えの一つだ。しかし、もっと重要な答えがある。それは、大気の温室効果が考慮されていないというものだ。

というわけで、いよいよ「悪役」のお出ましとなる。そう、二酸化炭素だ。

第6章　悪役登場

真面目に考えよ。誠実に語れ。摯実に行え。
汝の現今に播く種はやがて汝の収むべき未来となって現わるべし。
夏目漱石

温室効果のからくり

気候を単純なエネルギーバランス・モデルで説明しようとすると、現実の地球よりも三〇℃以上も低い温度で安定になる、という結果になってしまう。原因は、このモデルに「大気」という項目が含まれていないからである。大気の影響を考慮すれば、もう少し高い値が出てくるはずだ。では、なぜ大気があると地球は暖まるのだろうか？　本章では、この地球を暖める大気のメカニズムについて解説しよう。

夜寝るときにかけるふとんは、わたしたちの身体から逃げていく熱を遮断して、身体を温めてくれる。真夏以外の季節にふとんをかけずに寝てしまったら、体が冷えて風邪をひいてしまうだろう。大気も、ふとんと同じ効果をもっている。この効果を担っているのは窒素や酸素といった大気の主要な成分ではなく、水蒸気、二酸化炭素、メタン、一酸化二窒素、オゾンといった微量成分だ。これらの成分はいずれも、地球が放射する赤外線を吸収する性質をもっている。そのため、モデルではただ宇宙空間へ出ていくだけだったエネルギーが、大気でいったん吸収される。そうして吸収されたエネルギーが熱に換わって大気を暖める。それが、大気による「温室効果」である。温室効果は、地球温暖化の元凶として悪者扱いされることが多いが、じつは地球の平均気温を一五℃という快適な温度にしている重要な要素でもあるのだ。とくに水蒸気はこの効果が大きく、大気を暖める効果の大半を担っているのは、二酸化炭素ではなくじつは水蒸気である。ただし、大気中の水蒸気濃度(湿度)は人間活動の影響によってほとんど増加しないので、水蒸気が温暖化を引き起こすことはない。

図6-1は、地球から宇宙空間に向けて放射される電磁波の波長分布(スペクトル)を示したものだ。地表近くで観測すると、そのスペクトルはスムーズなものだが、大気の上端で観測すると、デコボコだらけのスペクトルになる。いくつかある大きな凹みのうち、波長一五マイクロメートル付近にある大きなものは、地球からの放射が大気中の二酸化炭素によって遮られたためできたものだ。この波長域の電磁波は、二酸化炭素に吸収されて宇宙空間へは出ていけない。大気中にわずか三八〇ppm(〇・〇三八パーセント)しか含まれていない二酸化炭素が、これだけ大きな凹みを作り出しているのだ。二

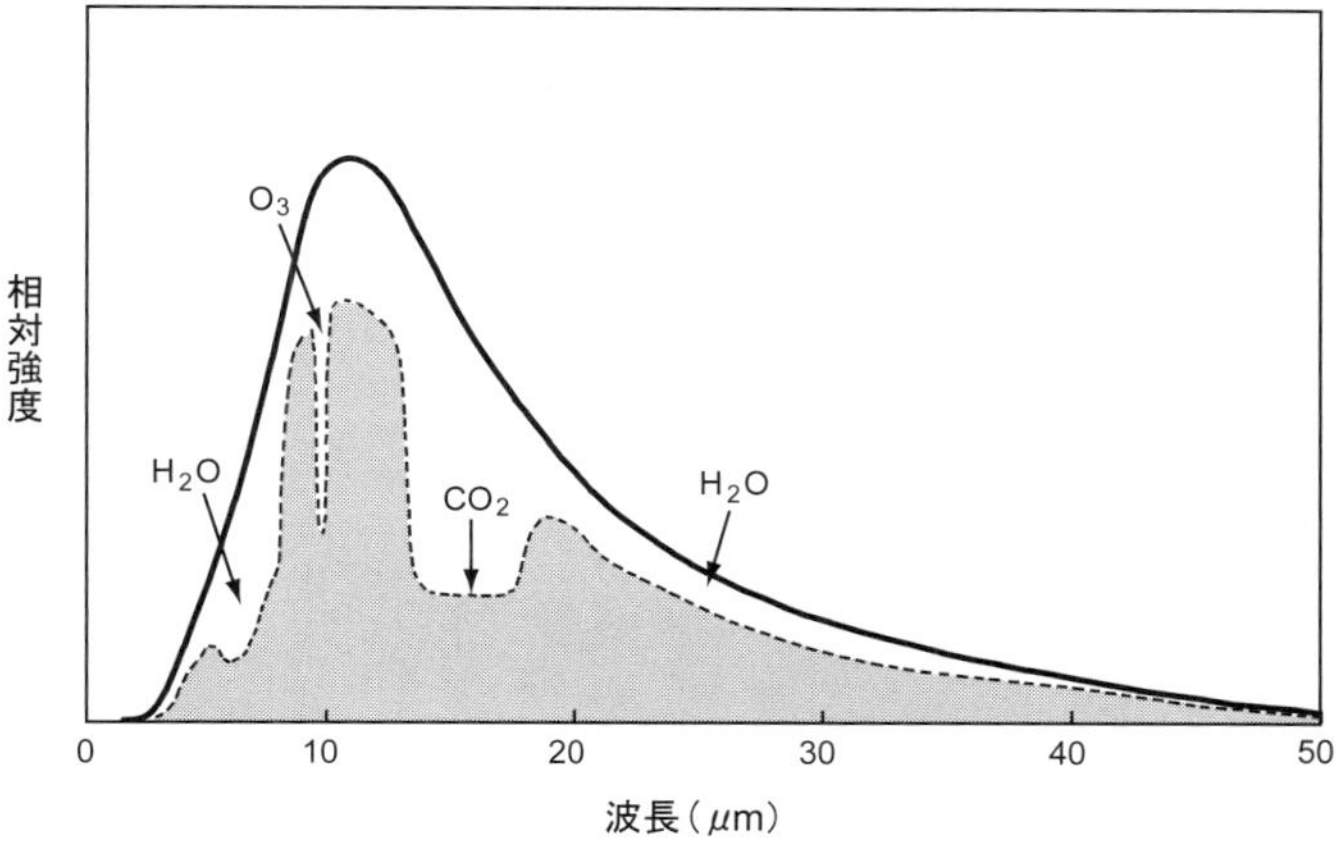

図 6-1　地球からの放射スペクトル．太線は地表面における波長分布で，影をつけた部分は大気の上端における分布である．すなわち，この影をつけた部分が，宇宙空間に放出されるエネルギーである．ほとんどすべてが赤外線領域にある．

酸化炭素が、いかに大きな温室効果をもつかが実感できるだろう。

地球温暖化を理解するためには、二酸化炭素が赤外線を吸収する仕組みについて少し知っておくのも悪くない。二酸化炭素は炭素原子を中心にして、その両脇に酸素原子をかかえた分子である。炭素原子には四本の「腕」があって、二本ずつの腕で二個の酸素原子と結びついている。もう少し化学的な表現に言い換えると、「炭素原子一個が二個の酸素原子とそれぞれ二重結合で結ばれている」のである。この二酸化炭素分子の平均的な姿は、図6-2に示したように、酸素=炭素=酸素と三個の原子が一直線に並んだものである。水分子のように、各原子の間に角度はない。しかし、このイメージは、あくまでも「平均的な姿」でしかない。ここが重要なポイントだ。じつは、二酸化炭素の分子の瞬間的な形は、必ずしもそういうものではない。炭素原子と酸素原子をつないでいる腕は、模型のようなしっかりしたものではなく、バネのように伸び縮みしたり、ねじれたりして、高速で複雑な「振動」をつねに行なっている。

さらにミクロな視点で考えてみよう。炭素原子と酸素原子は二個の電子をお互いに共有している。プラスの電荷をもつ原子核と、マイナスの電荷をもつ電子との間には引力が働くため、この二個の電子を通して、両原子は間接的につながっているわけだ。その一方で炭素および酸素の原子核はどちらもプラスの電荷をもっているので、両方の原子

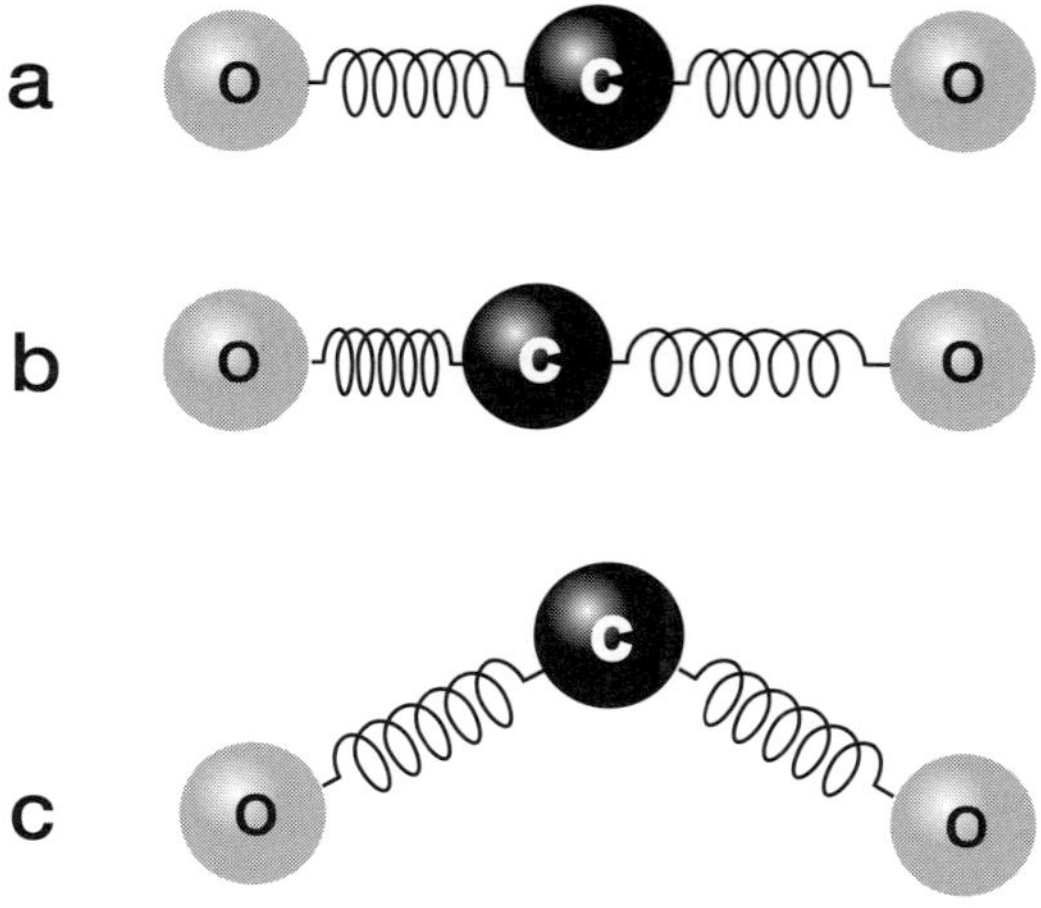

図 6-2　二酸化炭素分子の形．a）二酸化炭素分子の平均的な形．b）炭素原子が分子の重心より左側に位置している場合．c）炭素原子が分子の重心より上側に位置している場合．b と c の場合，二酸化炭素分子は赤外線を吸収し，温室効果ガスとして働く．

核があまり近づきすぎると今度は反発力が働く。二つの原子は、引力と反発力という相反する二つの力がちょうどつり合う、ほどよい距離を保ちながらブルブルと振動している。このような振動の結果、二酸化炭素分子の形は、時々刻々変化しているのだ。

図6-2に示したように、この振動にはいくつかのパターンがある。分子は原子が並んでいる方向だけではなく、垂直方向にねじれることもある。その結果、炭素原子が分子の中心からずれて、一時的に極性が生じ、一つの分子の中にプラスの電荷をもつ部分と、マイナスの電荷をもつ部分とができる。これは、炭素原子と酸素原子が共有している電子が少しだけ酸素側に寄っているため、酸素側がマイナスに帯電し、炭素がプラスに帯電しているからだ。[1] 極性の生じた二酸化炭素分子は、ある特定の波長をもつ電磁波が当たると共鳴を起こす。

5章で述べたが、表面の平均温度が一五℃(二八八ケルビン)前後の地球から放射される電磁波は、一〇マイクロメートル付近を中心とした赤外線だ。ところが、まったくもって運の悪いことに、二酸化炭素分子が共鳴を起こすのは、ちょうどその領域の赤外線なのだ。共鳴を起こした分子は、電磁波のエネルギーを吸収して、原子の振動を増幅させる。こうしてエネルギーレベルの上がった二酸化炭素分子が赤外線を放射することにより他の二酸化炭素分子にエネルギーが伝播し、大気全体を暖めているわけだ。

こうしたプロセスをくり返すうちに、地球から放射されるエネルギーの一部は、対流圏の下部から、分子のまばらな成層圏へと伝播し、最終的には宇宙空間へ逸散する。大気中の二酸化炭素濃度が増加すると、こうしたエネルギーの流れに不均衡が生じる。地表面から大気の上端へかけてのエネルギーバランスに、新しい平衡状態が生まれることになる。対流の効果も考慮した大気一次元モデル(大気を柱に見立てたモデル)によると、大気中の二酸化炭素が増加すると、対流圏では気温が上昇し、成層圏では気温が低下する。(2)

大気に含まれる気体は、地球の放射する電磁波を吸収し、温室を囲うビニールのように地球を暖める。そこで、それらの気体は(私はあまり良いたとえとは思わないが)、「温室効果ガス」あるいは「地球温暖化ガス」と呼ばれている。温室効果ガスで大気中に含まれているものとしては、二酸化炭素以外に、メタン、一酸化二窒素、フロン、オゾンなどが知られている。こうした温室効果ガスの濃度が増加することによって、大気の温度が上昇することを「地球温暖化」と呼んでいる。

地球の大気中では、他にもいろいろなことが起きている。雲が潜熱としてエネルギーを蓄えたり、エアロゾルが太陽からの光を散乱反射したりする。こういった大気中で起きている複雑なエネルギーの流れをまとめたのが図6-3である。この図によると、地球から放射される電磁波エネルギーのうち、およそ六割が宇宙空間に直接放出され、残りの四割が大気中の温室効果ガスによって大気を暖めるのに使われている。このような

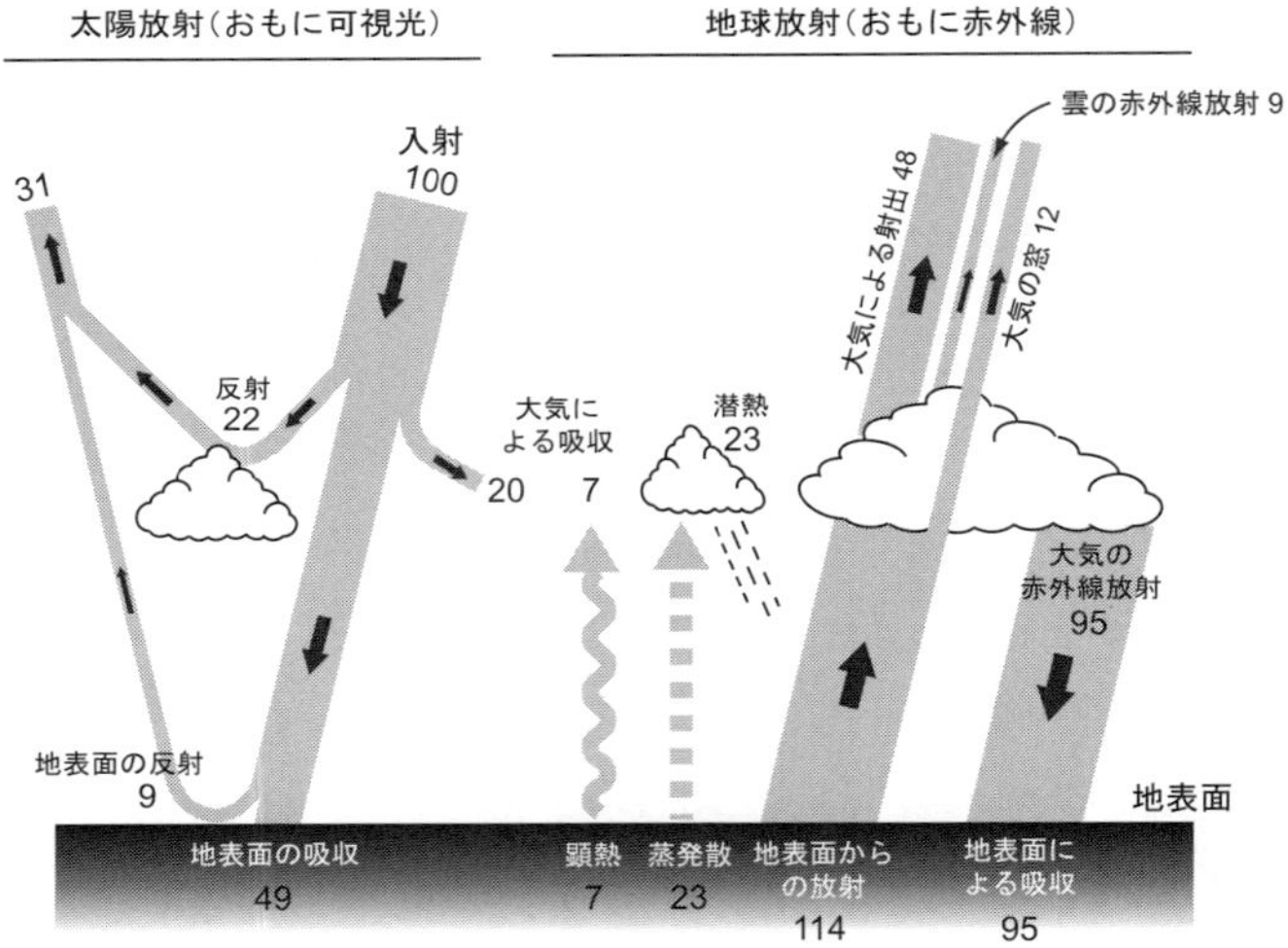

図 6-3　地球のエネルギーバランスの詳細を模式的に表したもの．長期的に見ると，太陽放射エネルギーのうち，地球表面や大気によって吸収されるエネルギーは，それぞれ地球および大気から放出される長波（おもに赤外線）エネルギーと等しい．IPCC(2007)をもとに作成．

温暖化の大まかな原理については、一九世紀にはすでに知られていた。大気中の二酸化炭素濃度の変化が、気候を変化させることにまで思いをめぐらせた化学者がいたのだ。それが本章での主人公のひとり、スバンテ・アレニウスである。

先駆者アレニウス

スバンテ・アレニウス(図6-4)は、一八五九年にスウェーデン中部の小都市ウプサラの近くにあるヴィクという小さな町で生まれた。測量士だった父の影響を受け、幼少の頃から物理と数学が得意であったという。地元のウプサラ大学で物理学と化学と数学を専攻した後に、ストックホルム大学において「電解質の導電性に関する研究」で博士号を授与された。一八八四年のことである。

この研究は、現代化学の基本でもある酸と塩基の概念に関するものだ。わたしたちは中学や高校で、酸と塩基はそれぞれ水素イオン(プロトン)と水酸化物イオンを生じるものと習うが、この定義の原点となっているのがアレニウスの博士論文である。塩(塩化ナトリウム)が溶液中に溶けるとプラスの電荷をもつナトリウムイオンとマイナスの電荷をもつ塩素イオンに分かれる。この二つのイオンが溶液中で電気を運ぶという溶液化学の基本概念も、アレニウスの博士論文の研究によって明らかにされたことである。

ところが、このすばらしい博士論文のために、アレニウスは指導教官の妬みを買うは

図 6-4　スバンテ・アレニウス(Svante Arrhenius, 1859-1927). 電解質の研究により 1903 年にノーベル化学賞を受賞した. 19 世紀末に, 大気中の二酸化炭素の増加が地球の温暖化を引き起こすことを定量的に予測した.
写真提供) © Heritage Image/PPS 通信社

めになってしまった。そのおかげで、なんとか最低レベルの成績で博士号を得ることができたのである。しかし、人の一生は何が起こるかわからない。一九〇三年、まさしくこの功績により、アレニウスはノーベル化学賞を受賞することになる。

アレニウスは非常にエネルギッシュな人物で、化学だけでなくさまざまな自然現象に興味をもっていた。たとえば、地球上の生物がもともと「胞子状の物質」として宇宙の彼方から地球にもたらされたものだというSFのような仮説を、大真面目に論じる「科学論文」を発表している[3]。また、アレニウスは化学反応の速度を予測する式の提唱者としても広く知られている。さらに彼は、気候が変動する原因についても興味をもっていた。一八九六年には「地表面の温度に対する大気中のカルボン酸の影響について」[4]という四〇ページにおよぶ論文を、イギリス物理学会の学術誌に発表している(図6-5)。その中で彼は、大気中の二酸化炭素が気温を上昇させる効果をもっていることを指摘し、大気中の二酸化炭素濃度の減少が氷河時代の原因であるという論理を展開した。

もし大気中の炭酸(二酸化炭素)が現在の二・五〜三倍に増えたら、北極圏の気温は八〜九℃上昇するであろう。南緯・北緯四〇〜五〇度における氷河期の気温低下を説明するには(温度にして四〜五℃の低下)、大気中の炭酸(二酸化炭素)は現在の五五〜六二パーセントまで減少させねばならない。

THE

LONDON, EDINBURGH, AND DUBLIN

PHILOSOPHICAL MAGAZINE

AND

JOURNAL OF SCIENCE.

[FIFTH SERIES.]

APRIL 1896.

XXXI. *On the Influence of Carbonic Acid in the Air upon the Temperature of the Ground. By* Prof. SVANTE ARRHENIUS *.

I. *Introduction: Observations of* Langley *on Atmospherical Absorption.*

A GREAT deal has been written on the influence of the absorption of the atmosphere upon the climate. Tyndall † in particular has pointed out the enormous importance of this question. To him it was chiefly the diurnal and annual variations of the temperature that were lessened by this circumstance. Another side of the question, that has long attracted the attention of physicists, is this: Is the mean temperature of the ground in any way influenced by the presence of heat-absorbing gases in the atmosphere? Fourier‡ maintained that the atmosphere acts like the glass of a hot-house, because it lets through the light rays of the sun but retains the dark rays from the ground. This idea was elaborated by Pouillet §; and Langley was by some of his researches led to the view, that "the temperature of the earth under direct sunshine, even though our atmosphere were present as now, would probably fall to −200° C., if that atmosphere did not possess the quality of selective

* Extract from a paper presented to the Royal Swedish Academy of Sciences, 11th December, 1895. Communicated by the Author.
† 'Heat a Mode of Motion,' 2nd ed. p. 405 (Lond., 1865).
‡ *Mém. de l'Ac. R. d. Sci. de l'Inst. de France*, t. vii. 1827.
§ *Comptes rendus*, t. vii. p. 41 (1838).

Phil. Mag. S. 5. Vol. 41. No. 251. *April* 1896. S

図6-5 アレニウスが1896年にイギリスの*Philosophical Magazine and Journal of Science*誌に発表した，大気中の二酸化炭素増加にともなう地球温暖化を予測し，定量した論文．所蔵・提供）国立国会図書館

大気中の二酸化炭素濃度の変動を氷河期の原因とする考えは、現時点では否定されている。(5)しかし、少なくともアレニウスの指摘は、現在わたしたちが直面している地球温暖化問題の本質を見事に予測している。

大気中の二酸化炭素が地球を暖めている原理に関しては、じつはアレニウス以前にも何度も指摘されていた。アレニウスより七〇年ほど前に、フランスの偉大な数学者ジャン＝バプティスト＝ジョゼフ・フーリエ(6)によって理論的に指摘され、その三〇年ほど後の一八六〇年代半ばには、アイルランドの物理学者ジョン・チンダル(7)によって、実験的に示された。アレニウスの論文は、こういった理論を発展させ、大気中の二酸化炭素と水蒸気が気候を決める重要な要素であることを定量的に考察し、その気候に対する影響を綿密に計算したものである。

アレニウスの論文は、現在では、二酸化炭素が地球の気候変動の原因になりうることを定量的に示した、最初の研究成果として高く評価されている。しかし、この論文が発表された当時は、誰もその真価をきちんと評価できず、あまり注目もされなかった。アレニウスがこの論文を書いたのは、大気中の二酸化炭素濃度の測定どころか、測器を用いた気象観測もほとんど行なわれておらず、天気予報もなかった一〇〇年以上も前のことである。そんな時代に、具体的な数字まではじき出して論じた、科学者としての能力は桁外れといえよう。

二酸化炭素職人キーリング

さて、時代は二〇世紀半ばにまで下り、舞台も飛んで、アメリカ・カリフォルニア州南部、サンディエゴ郊外へと移る。スクリップス海洋研究所のチャールズ・デビッド・キーリング(図6-6)は、一九五〇年代半ば以来、半世紀以上にわたり一貫して、大気中の二酸化炭素の挙動にこだわりつづけてきた研究者であった。

シカゴにあるノースウエスタン大学の化学科で一九五四年に博士号をとったキーリングは、ポスドクとしてカリフォルニア工科大学のハリソン・ブラウン(8)の研究室にやってきた。いまから半世紀以上も前のことである。科学と社会との接点に強い興味をもっていたブラウンから与えられたテーマは、当時からスモッグで悪名高かったロサンゼルスの大気中に含まれる二酸化炭素の濃度を精密に測定することであった。以後半世紀にわたるキーリングの二酸化炭素との付き合いは、このときにスタートした。

キーリングは、ロサンゼルスの大気汚染局から資金援助を受けて、まずは分析法の改良から取り掛かった。当時、大気中の二酸化炭素を測定する分析機器は、あまり質の良いものではなかったからだ。苦心の末、非分散赤外分析法(9)と呼ばれる測定機器を改良し、これまでよりも格段に正確に測定できる機器を製作した。キーリングの非分散赤外分析

図 6-6　チャールズ・キーリング(Charles D. Keeling, 1928-2005). 大気中の二酸化炭素濃度のモニタリングを 1950 年代から開始し，地球温暖化問題の基礎となるデータを提示した.
写真提供）© PRS/PPS 通信社

法は、その後さらに改良されてはいるものの、現在でも使われている。

この研究が、当時スクリップス海洋研究所の所長を務めていたロジャー・レベルの目に留まった。ちょうどその頃、レベルは二酸化炭素が大気中に蓄積していき、近い将来、地球を温暖化させるのではないかと考えはじめていた。そして、大気や海洋における二酸化炭素のモニタリングが、今後重要になっていくだろうと予見していたのである。こ
の考えを実行に移すために、キーリングの技術は必要不可欠であった。こうしてレベルにスカウトされたキーリングは、一九五六年七月にスクリップス海洋研究所の助教授の職を得ることになる。新たな職場で与えられたテーマは、都市大気というローカルな現象ではなく、よりグローバルで地球科学的な視点に立った二酸化炭素のモニタリングを行ない、その挙動を明らかにすることであった。

その半世紀以上前にアレニウスの指摘があったおかげで、大気中に含まれる二酸化炭素濃度はキーリング以前に、何人もの研究者によって分析されていた。しかし分析の精度が悪いうえ、研究室間で分析値の相互チェックもろくに行なわれていなかった。そのため、大半は質の悪い分析結果を報告し、一九五〇年代に入ってからも、多くの研究者は大気中の二酸化炭素は増加していないと考えていたのである。[10] さらに、その濃度は気塊によってかなりバラツキがあるものと信じられていた。[11]

キーリングは、間もなく大気中の二酸化炭素濃度のモニタリングを開始した。まず初

めに選んだ場所は、なんと南極点。ちょうどこの年から翌年にかけては「国際地球物理学年(IGY)」[12]にあたり、多くの国が参加した大規模な地球観測プロジェクトがいくつも開始された。とくに、それまで手薄だった極域の観測に重点が置かれた。後にアイスコアが掘削される南極のボストーク基地や、日本の昭和基地が設営されたのも、このときのことである。当時スクリップス海洋研究所所長であったレベルは、このIGYを引っ張っていた人物でもあった。

IGYの研究費の一部を得たキーリングは、アメリカ軍の支援も得た。そして、一九五七年六月から、南極点で採取された大気サンプルを研究所へ送り、その中に含まれる二酸化炭素濃度を測定するプロジェクトを開始した。翌年からは、ハワイ島のマウナロア山頂(標高四一六九メートル)での二酸化炭素濃度測定もスタートさせた。南極点やマウナロア山頂は、人間活動が盛んな大陸から十分離れているため、地球上の「平均的な大気」の化学組成を調べるには最適の場所というわけである。

南極点における二酸化炭素濃度モニタリングの結果が初めて発表されたのは、一九六〇年のことである。それによると、一九五九年末の時点で大気中に含まれる二酸化炭素濃度は三一四ppm[13]であった。そして、さらに重要なことに、それまでほとんど増加していないと考えられていた大気中の二酸化炭素濃度が、この二年間に三ppmも増加していたのだ。人類の放出する二酸化炭素は、着実に大気中に蓄積していたのである。

マウナロア山頂でのモニタリングは、現在にいたるまで毎月つづけられており、地球温暖化問題の原点とでも言うべきものだ。図6-7に、二〇〇五年までの測定結果を示した。この図は、大気中の二酸化炭素濃度が一年につき一〜二ppmの速度で増加しつづけていることと同時に、濃度レベルが「春に高く、秋に低い」というサイクルで変動することを明瞭に示している。マウナロアにおける春と秋の濃度差はおよそ五ppmだ。この季節的な変動パターンは、植物による光合成と分解のパターンを反映している。陸地の多い北半球では、草木が生い茂る春から夏にかけては、光合成によって大気中の二酸化炭素が吸収され、逆に冬には、その植物の多くが枯れて再び二酸化炭素にもどる。地表面(対流圏最下部)で生じるこの二酸化炭素の季節変動が、数カ月のタイムラグの後に、標高およそ三四〇〇メートルにあるマウナロアの観測ステーションに到達するというわけだ。

図6-7をよく見ると、このマウナロアに比べ南極点で測定された結果は、年間の濃度変動が小さいうえ、季節変動のパターンも逆になっていることがわかる。これは、南半球は季節が逆転しているうえ、陸地が北半球に比べて圧倒的に少なく、またバッファーとして働く海洋の面積が大きいためである。年平均濃度でみると、西暦二〇〇〇年以降では南極点はマウナロア(北緯一九度)よりもおよそ三ppm低く、北半球の大気が南半球の大気と混じるのに、一年近くかかることを示している。また、オイルショックが

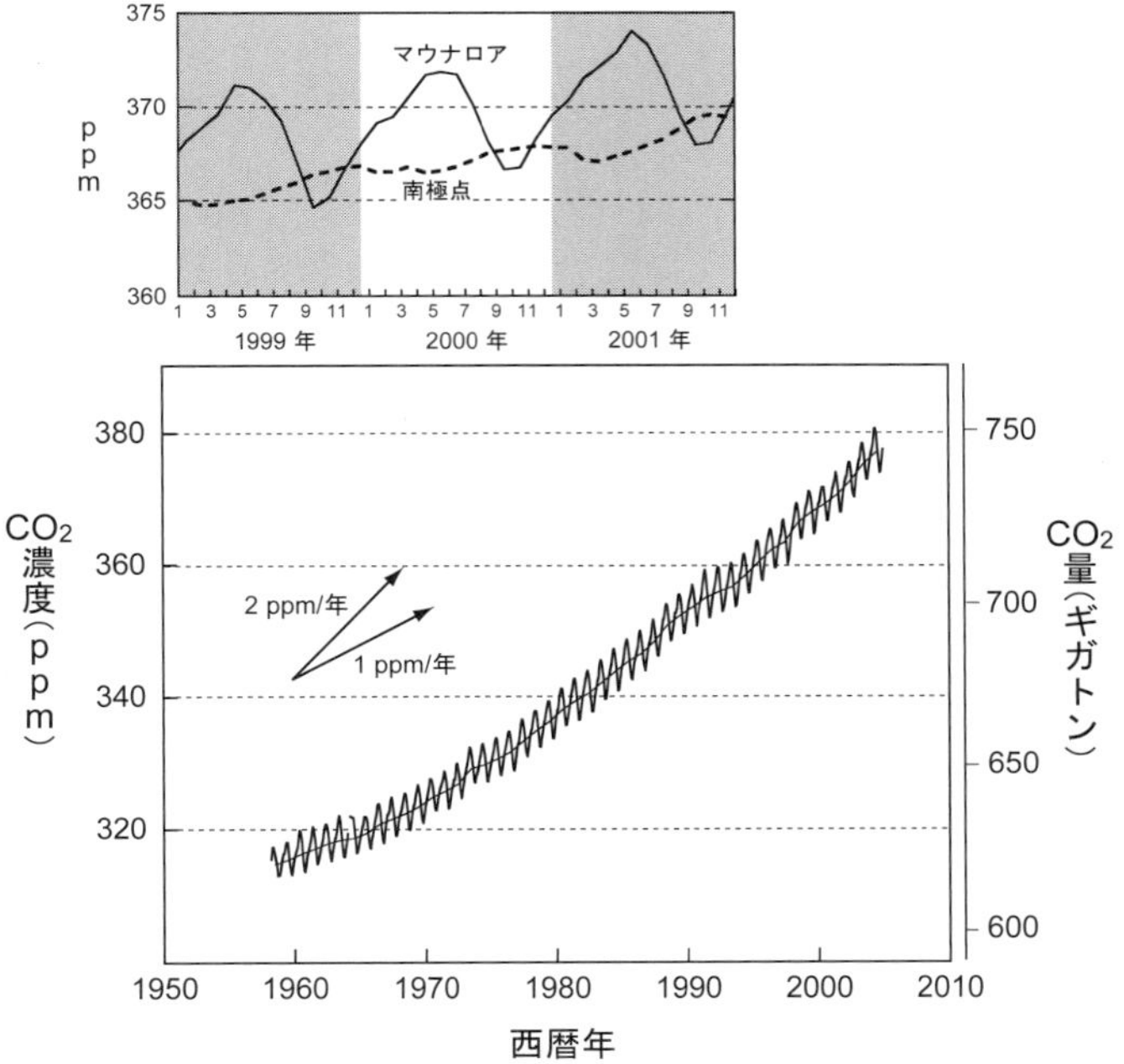

図 6-7　ハワイ・マウナロア山頂で観測された大気中の二酸化炭素濃度の変動．右側の軸は大気中に蓄積した二酸化炭素の総量を示したものである．「キーリング・カーブ」とも呼ばれる．上図は 1999 年から 2001 年の 3 年間にわたる二酸化炭素濃度のマウナロアと南極点における変動．スクリップス海洋研究所ホームページのデータをもとに作成．

起きた一九七三年には、この二酸化炭素の増加がいくらか鈍くなっている。このグラフには、経済活動の浮き沈みまで反映されているのだ。マウナロアで測定された大気中の二酸化炭素濃度の上昇を示すこのグラフは、俗に「キーリング・カーブ」と称されている。

後に10章で解説するアイスコアの分析結果からわかったことだが、産業革命が始まる前の一七〇〇年代中頃における二酸化炭素濃度は、およそ二八〇ppmだった(図6-8)。この数値を自然レベルと考えると、一九五八年当時にはすでに三五ppm近くも増えていたことになる。世紀が変わる頃には、年平均で三六七ppmに達しているので、この四〇年あまりでは五〇ppm以上の増加だ。産業革命以前と比べたら八七ppm、なんと当時のレベルの三分の一近くも増えている。

約半世紀にわたってスクリップス海洋研究所で研究を続けたチャールズ・キーリングは、大気中の二酸化炭素の研究以外には目もくれなかったことでも知られている。一九七五年には、次の章で紹介するブロッカーの論文が登場し、また実際に地球の平均気温が上昇しはじめたこともあって、その重要性は研究者だけでなく、広く一般の人々にも認識されるようになった。しかし、地球寒冷化が声高に叫ばれていた時代には、二酸化炭素以外は見向きもしないその研究態度に批判もあった。

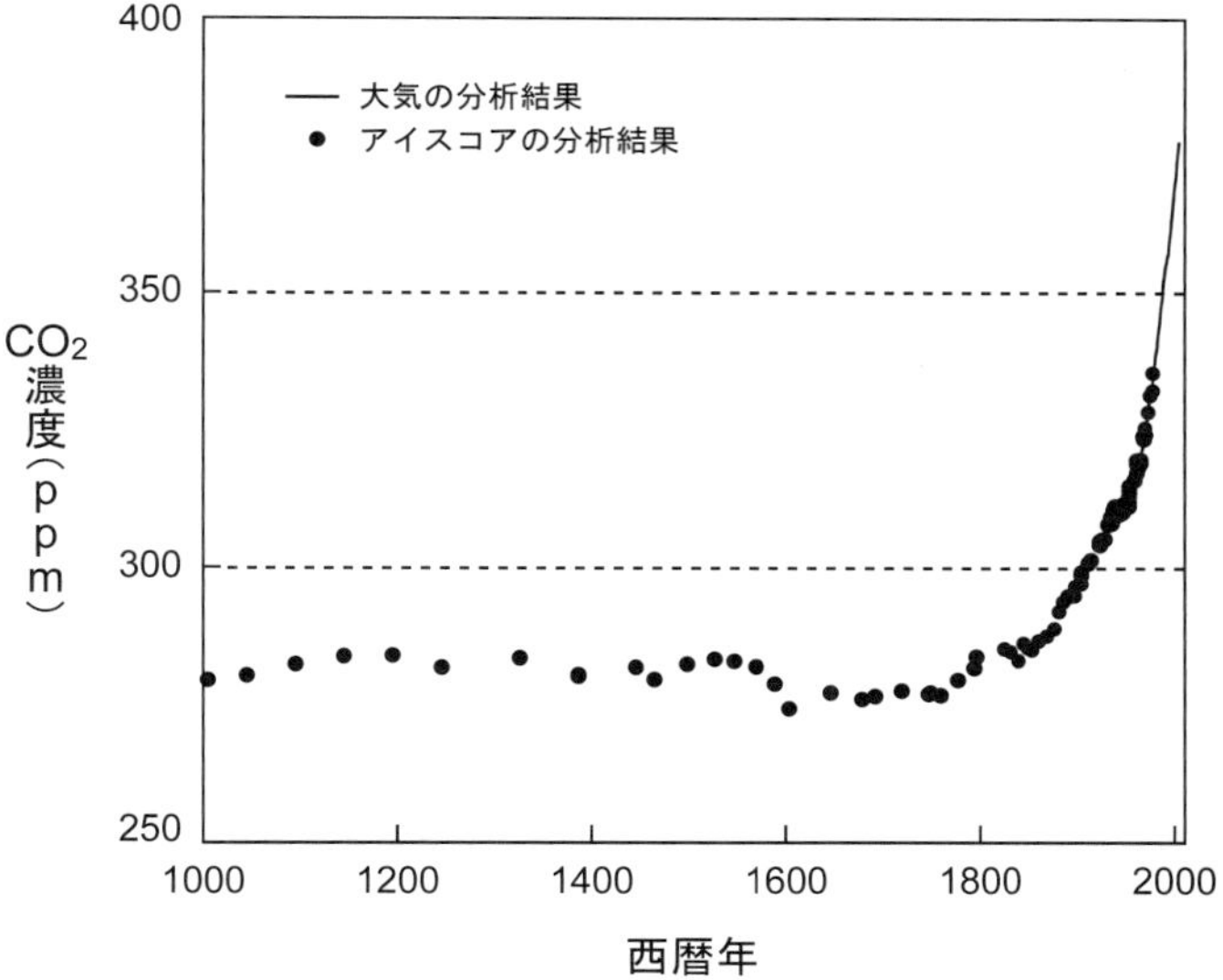

図 6-8　過去 1000 年間の大気中の二酸化炭素濃度の変動．マウナロアにおける大気の観測結果に，南極ロードームで採取されたアイスコアの気泡の分析結果を重ね合わせたもの．人為起源の二酸化炭素が，大気中に顕著に蓄積されはじめたのが 19 世紀半ばであったことがわかる．それ以前は，大気中の二酸化炭素濃度はおよそ 280 ppm で，10 ppm 近い自然変動がみられる．Etheridges *et al.*(1996)を改変．

国際地球物理学年が終わった後の一九六〇年代には、研究費の獲得にずいぶんと苦労した。図6-7のキーリング・カーブをもう一度よく見てみよう。一九六四年の一部で、線が途切れているのがわかるだろう。この年の二月、三月、四月の測定点が欠けているのだ。これは、キーリングの努力や、各方面に太いパイプをもっていたレベル所長のテコ入れもむなしく、研究費が途絶えて、プロジェクトが一時的に頓挫したことを示している。いまとなっては考えられないことだが、一九六〇年代は大気中の二酸化炭素濃度をモニタリングすることが、まだあまり重要なこととはみなされていなかった。幸いにして、間もなく新しい研究費を得て、観測を再開することができた。欠けた測定点が三点だけですんだのは、キーリングのみならず、わたしたちにとっても不幸中の幸いであった。

二酸化炭素のゆくえ

火力発電所の煙突から出る煙や車の排気ガスなど、人類のさまざまな活動によって生じる二酸化炭素は、そのほとんどが直接大気中に排出されている。化石燃料の燃焼によって一年間に大気中に放出される二酸化炭素量は、二〇〇七年時点で二六四億トン(炭素量に換算すると七二億トン)にも達している。とはいえ、これはあまりにも大きい数字なのでピンとこない。そこで、たとえば、この二酸化炭素をドライアイスとして固めたとしよう。すると、その大きさは、一辺がおよそ二・六キロメートルの立方体になる。

（そんなドライアイスが出現したら、さぞかし地球を冷やしてくれそうだが……。）

この大気中に放出された二酸化炭素は、その後いったいどういう運命をたどるのだろうか？　こういうことを考えるには、経験的な数字が役に立つことがある。現在の大気―海洋間の二酸化炭素量のバランスは、大気を一とすると、海洋は五〇にもなる。一九五〇年代半ば頃までは、人類が放出した二酸化炭素のゆくえは、この比率で大気と海洋に分配されるものと考えられていた。

では、この状態に達するにはどの程度の時間がかかるのだろうか？　さきにも述べたとおり、二酸化炭素は水に非常によく溶ける気体だ。たとえば、現在の海洋の表層水中には〇・〇五リットル程度の二酸化炭素が溶けており（その多くは図2―4で示したように解離しているが）、大気とほぼ平衡な状態にある。そして、大気中の二酸化炭素が増えるにしたがって、表層水中に溶ける二酸化炭素もまた増えていく。こういったことは、「大気中に放出されると間もなく、二酸化炭素は海水中に溶けてしまい、大気中に残る分は限られているだろう」という可能性を暗示する。この推測は一見正しいように思えるし、実際、専門家の多くは当初そう考えていた。「海にはまだ、二酸化炭素が溶ける余地は十分にあるのだから、大気中に少々放出したところですぐに海に溶けていってしまうだろう。人間活動により放出される二酸化炭素が気候に及ぼす影響は、たとえあったとしても非常に小さく一時的なものにすぎない」とたかをくくっていたのである。

ところが、この考えは甘かった。大気中に残存する二酸化炭素量が過小評価されていることを示す研究成果が発表されたのは、一九五七年のことであった。ちょうど、キーリングが南極点で観測を始めた年である。ロジャー・レベルとハンス・スース(14)は、過去五〇年間の陸上植物中に含まれる放射性炭素濃度の減少量(15)と海水中に溶けている二酸化炭素の放射性炭素年代から、大気中における二酸化炭素の寿命をおよそ一〇年と推定した。そしてその数字をもとに、人類活動によって大気中に放出された二酸化炭素のゆくえを試算した(16)。彼らの計算結果は、人類による二酸化炭素の放出量が今後も増加していけば、大気中の二酸化炭素濃度は二〇〜四〇パーセントも増加するというものであった。これは、さきに述べた、その当時信じられていた値よりも一桁以上大きな数字である。

海洋の表層二〇〇メートルまでの海水は、大気と活発に物質のやりとりをしている。しかし、8章でくわしく述べるように、海洋で圧倒的な体積を占める深層水は、大気とは物質のやりとりをほとんど行なっていない。海洋の表層に顔を出して大気と物質をやりとりする場所が、一部の極域に限られているからだ。そのため、大気中に放出された二酸化炭素のかなりの部分がいったん大気中に取り残され、海洋中に溶け込むのに一〇年程度の時間がかかるのである。

レベルとスースの論文には、次のような一文がある。

人類は化石燃料を急速に消費することによって、まさに地球規模での地球物理学的な実験を開始した……この人類による大規模な実験は、もしそれがきちんと理解されるなら、気象や気候を決めるプロセスについて深い洞察を与えてくれるだろう。(17)

この論文は、いまでこそ時代を先取りしたすばらしい成果としてしばしば取り上げられる。人類が放出する二酸化炭素の一部が大気中に蓄積し、地球温暖化を引き起こす可能性をはじめて明確に指摘したからである。しかしこの研究成果とても、発表された当時は、一部の研究者を除いて注目されることはなかった。

ロジャー・レベル(図6-9)の科学者としてのキャリアは、海洋学者として出発した。サンディエゴ郊外にある小さな海洋観測ステーションでしかなかったスクリップス海洋研究所で助手として働きながら、一九三六年にカリフォルニア大学バークレー校の海洋学科で博士号を得た。当時のレベルは、海底堆積物中に含まれる炭酸塩の形成や溶解について、また海洋化学者らと共同で、海洋中の炭酸がもつバッファー効果に関する研究を行なっていた。第二次大戦中には海軍に所属して、海洋学を担当する部門の司令官として任務につき、戦後も多くの政府や海軍のプロジェクトに参加してきた。

人類の活動が自然のサイクルを変化させるに違いないという確信を得たのは、一九四

図 6-9　ロジャー・レベル(Roger Revelle, 1909-1991). 元スクリップス海洋研究所所長. スクリップス海洋研究所を世界的な研究所に育てただけでなく, 1957-58 年に行なわれた国際地球物理学年, 1960 年代に行なわれたモホール計画, カリフォルニア大学サンディエゴ校の設立などにも尽くした. 1963-76 年にかけて, ハーバード大学の教授も務めた. アメリカの元副大統領アル・ゴアは, そのときの教え子の一人.
写真提供) © San Diego Historical Society

六年、ビキニ環礁で行なわれた核実験（図6-10）に参加して、核兵器の威力を目の当たりにしたからだという。一九五〇年に四一歳の若さでスクリップス海洋研究所の所長に就任すると、その辣腕ぶりを発揮しはじめる。ハーモン・クレイグ、スース、キーリングなど、優秀な研究者と多額の研究費を集め、この小さな海洋観測ステーションを瞬く間に世界に名だたる海洋研究所に育て上げた。さきの論文は、彼が所長であったときに書いた論文である。所長職で忙しいレベルに代わって、二酸化炭素問題の研究を引き継いだのが、レベル自身が見出したチャールズ・キーリングというわけだ。レベルは一九九一年に亡くなる直前に、アメリカのナショナル・メダル・オブ・サイエンスを受賞した。受賞した理由について新聞記者に尋ねられたときの答えが洒落ている。「わたしが地球温暖化の祖父だからだ[18]」。

研究のもう一人の立役者であるハンス・スースは、オーストリア生まれの化学者で、じつは第二次大戦中はナチスドイツのもと、原子爆弾の製造に関わった研究者でもある（原爆の製造工場は、連合軍の空爆によって破壊され、結局原爆は作られることはなかった）。第二次大戦が終結してわずか四年後の一九四九年に、スースはシカゴ大学のハロルド・ユーリーの研究室に研究員として迎えられた。その後、アメリカ地質調査所を経て、一九五五年にはレベル所長によってスクリップス海洋研究所にリクルートされた。

図 6-10　1946 年 7 月 25 日にビキニ環礁で行なわれたアメリカの核実験の様子．爆発の周囲に見える船舶は，日本の「長門」など，降伏時に接収された戦艦で，核兵器の威力を確認するために配置された．この実験の前に，ビキニ環礁で暮らしていた人々は他の島に移され，その後，22 回におよぶ核実験がこのビキニ環礁で行なわれた．
写真提供）University of Washington Libraries, Special Collections, DON0032

スースはこの仕事の他にも、宇宙における元素存在度に関する研究や、次章で述べる放射性炭素の年代を暦年代に較正する研究などでも大きな足跡を残している。原爆開発でしのぎを削った敵国の研究者を、戦争の余韻が冷めやらぬ間に迎え入れるとは、まさに科学には国境がない好例だ。人為起源の二酸化炭素のゆくえを明らかにした重要な成果は、科学の美しい側面が結実した成果でもある。

第7章　放射性炭素の光と影

日の光を藉《か》りて照る大いなる月たらんよりは、
自ら光を放つ小さき燈火《ともしび》たれ。

森鷗外

マンハッタン計画

「マンハッタン計画」とは、一九四二年から一九四六年まで、アメリカで行なわれた原子爆弾を開発・製造する一連のプロジェクトのコードネームである。このプロジェクトはそもそも、ヒトラーのナチスドイツが原子爆弾を製造するのではないかという強い危機感をもった一部の物理学者が、一九三九年、当時のアメリカ大統領フランクリン・ルーズベルトに強く働きかけたことに端を発している(1)。その努力が功を奏して、アメリカではナチスドイツに先んじるために、政府と軍による集中的なプロジェクトが極秘裏に開始された。太平洋戦争が始まった翌年の一九四二年のことである。

このマンハッタン計画は、原子爆弾を製造するための理論的な問題と技術的な問題の両者を解決するために、ロバート・オッペンハイマー[2]、エンリコ・フェルミ[3]、リチャード・ファインマン[4]、ハロルド・ユーリー、アーネスト・ローレンス[5]など、そうそうたる物理学者や化学者の面々を国内各地の研究施設に集めた。そして多額の資金を与えて、原爆製造のための理論的および実験的研究と、技術開発に従事させた。マンハッタン計画という名前は、ニューヨークのマンハッタン地区にあるコロンビア大学構内に、プロジェクトの本部と一部の研究施設があったことに由来している。

このプロジェクトに参画した研究者や技術者の数はなんと、のべ一三万人以上、つぎ込んだ予算にいたっては現在の貨幣価値に換算して二兆円以上といわれる。六〇年以上経ったいまでも、そのスケールの大きさには驚かされる。マンハッタン計画の究極的な成果が、一九四五年に完成した三個の原子爆弾で、これがその年の八月の広島と長崎の悲劇へとつながるのである[6](図7-1)。

じつは、このマンハッタン計画によって大きく発展した研究や技術は少なくない。各種元素の同位体を測定したり分離する技術はそのよい例である。マンハッタン計画では、ウラン二三五の分離・濃縮が最重要課題のひとつだった。天然中にわずか一パーセント弱しか含まれていないウラン二三五を、他のウラン同位体(おもにウラン二三八)から分離し濃縮する技術は、核分裂の連鎖反応を応用する原子爆弾の製造に欠かせないものだったからだ。この分離・濃縮技術の確立にともない、同位体の分離技術のみならず、質

図 7-1　マンハッタン計画により製造された原子爆弾.「リトルボーイ」と呼ばれたウラン型の原爆. 後に広島に投下されることになる.
所蔵・提供）The U.S. National Archives and Records Administration

量分析や同位体の応用に関わるさまざまな技術が大いに発展した。こうした技術が、戦後の同位体質量分析の下地をつくり、地球環境の研究に数多くのブレークスルーをもたらす原動力となったのである。

ウラン二三五の同位体分離・濃縮技術の開発を担ったのは、コロンビア大学とカリフォルニア大学バークレー校のグループであった。コロンビア大学では、ハロルド・ユーリーの率いるグループが、ガス拡散と特殊な膜を用いたウラン二三五の分離法を開発していた。このグループには、同位体質量分析計を作ったアルフレッド・ニーア、後に放射性炭素年代法を確立するウィラード・リビー、フィリップ・エイベルソンなどが参加していた。また、これと並行して、カリフォルニア大学バークレー校では、アーネスト・ローレンスの率いるグループが、円型加速器サイクロトロン(7)を用いた分離法について研究していた。ローレンスはサイクロトロンの発明と、それを用いた原子核の研究によって一九三九年にノーベル物理学賞を受賞した核物理学者である。政府と軍は、これら二つのグループにその成果を競い合わせたのである。

同位体質量分析計を初めて作ったアルフレッド・ニーアも、コロンビア大学のグループで活躍した科学者の一人である。質量分析計を設計し製作する彼の技術は、この計画にうってつけのものだった。マンハッタン計画でのニーアの役割は、ウランの同位体比を測定するための質量分析計の製作であった。彼がデザインした質量分析計は、ゼネラル・エレクトリック社において一〇〇台以上製造され、プロジェクトのさまざまな部署で使用された。

こうした戦時中の必要性に強く迫られた研究の副産物や、マンハッタン計画に参加した研究者コミュニティの中で生まれた新しいアイデアから、戦後多数のノーベル賞受賞者が誕生した。放射性炭素年代法の基礎を確立した、ウィラード・リビーもその一人である。

放射性炭素年代法の黎明期

ウィラード・リビー(8)(図7-2)は、自然界から放出されている放射線を測定するためのガイガー・カウンターの改良に四苦八苦していた。世界恐慌の名残がまだ少し残る一九三〇年代半ばのことである。自然界に存在する放射線はそのエネルギーレベルが低いため、当時の感度の低いガイガー・カウンターではなかなか測定に引っ掛からなかった。ちょうどその頃、大気上層で宇宙線によって大量の二次イオン(9)が生成されていることが明らかにされ、自然界が放射線に満ちあふれていることはもはや疑いのない事実であった。カリフォルニア大学バークレー校で進められていたリビーの研究は、俄然深い意義をもつものになった。

そのリビーに福音が訪れたのは、一九四〇年のことであった。ある科学財団に申請し

図 7-2　ウィラード・リビー(Willard F. Libby, 1908-1980)．放射性炭素年代測定法の基礎を確立し，1960 年にノーベル化学賞を受賞した．
写真提供）© Mary Evans/PPS 通信社

ていた研究費が当たり、その翌年はほとんど一年間、東海岸のニュージャージー州にあるプリンストン大学で研究三昧の生活を送ることができた。プリンストンでの生活も終わりに差し掛かったころ、リビーにとって予定外のことが起こった。一九四一年一二月八日(ハワイ時間では七日)の真珠湾攻撃に端を発して、太平洋戦争が勃発したのだ。そしてリビーは、この直後に開始されたマンハッタン計画で、コロンビア大学グループの研究員として動員されることになった。

リビーは、後にシカゴ大学で同位体質量分析グループを率いるハロルド・ユーリーのもとで、原子爆弾の材料となるウラン二三五の分離・濃縮法の開発を担当することになった。しかし、彼らの手法は、結局、ローレンスのサイクロトロンに遅れを取って負けることになる。バークレーで分離されたウラン二三五は、間もなく原子爆弾へと変身した。その爆弾は一九四五年八月に広島と長崎で使用され、直後に日本がポツダム宣言を受諾して第二次大戦が終わる。

ウラン分離の競争には敗れたものの、リビーにとって、マンハッタン計画の一員として過ごした三年間は決して無駄ではなかった。そこで多くの優秀な物理学者や化学者に出会うとともに、放射性炭素の測定法を開発するための、重要な技術やヒントを得ることができたからだ。戦争が終わって間もなく、リビーはユーリーに誘われて、シカゴ大学へ移ることになる。三年ぶりにアカデミズムの世界にもどったリビーは、再び自然界

表 7-1　3 つの炭素核種の比較.

核種	質量数	陽子数	中性子数	存在度(%)
^{12}C	12	6	6	98.89
^{13}C	13	6	7	1.11
^{14}C	14	6	8	<0.0000000001

の放射能、とくに放射性炭素を測定する技術の開発をめざした。

　炭素(化学記号で書くとC)はふつう、質量数一二(陽子六個+中性子六個)の元素だ。ところが、自然界には質量数一三という「変わり種の」炭素原子が、全体のおよそ一パーセント含まれている(表7-1)。それらは、中性子が一個多く、原子核が陽子六個と中性子七個によって構成されている炭素である。さらに自然界には、ごくごくわずかではあるが、陽子六個と中性子八個の、質量数一四という「さらに変わり種の」炭素も存在する。これは自然界において一兆分の一の割合、すなわち〇・〇〇〇〇〇〇〇〇〇一パーセントという気が遠くなるほどわずかな量しか含まれていない。

　この「さらに変わり種の」炭素(化学記号で書くと^{14}C)は、高度九〜一五キロメートルの大気上層で生成される。質量数が同じく一四の窒素原子(^{14}N)と、高エネルギーの宇宙線[10]によって二次的に形成された中性子とが反応してできる(図7-3)。これは「中性子捕獲[11]」と呼ばれる核反応だ。大気上層で作られる^{14}Cは、間もなく酸素分子と反応して二酸化炭素になって化学的に安定し、大気中をさまようことに

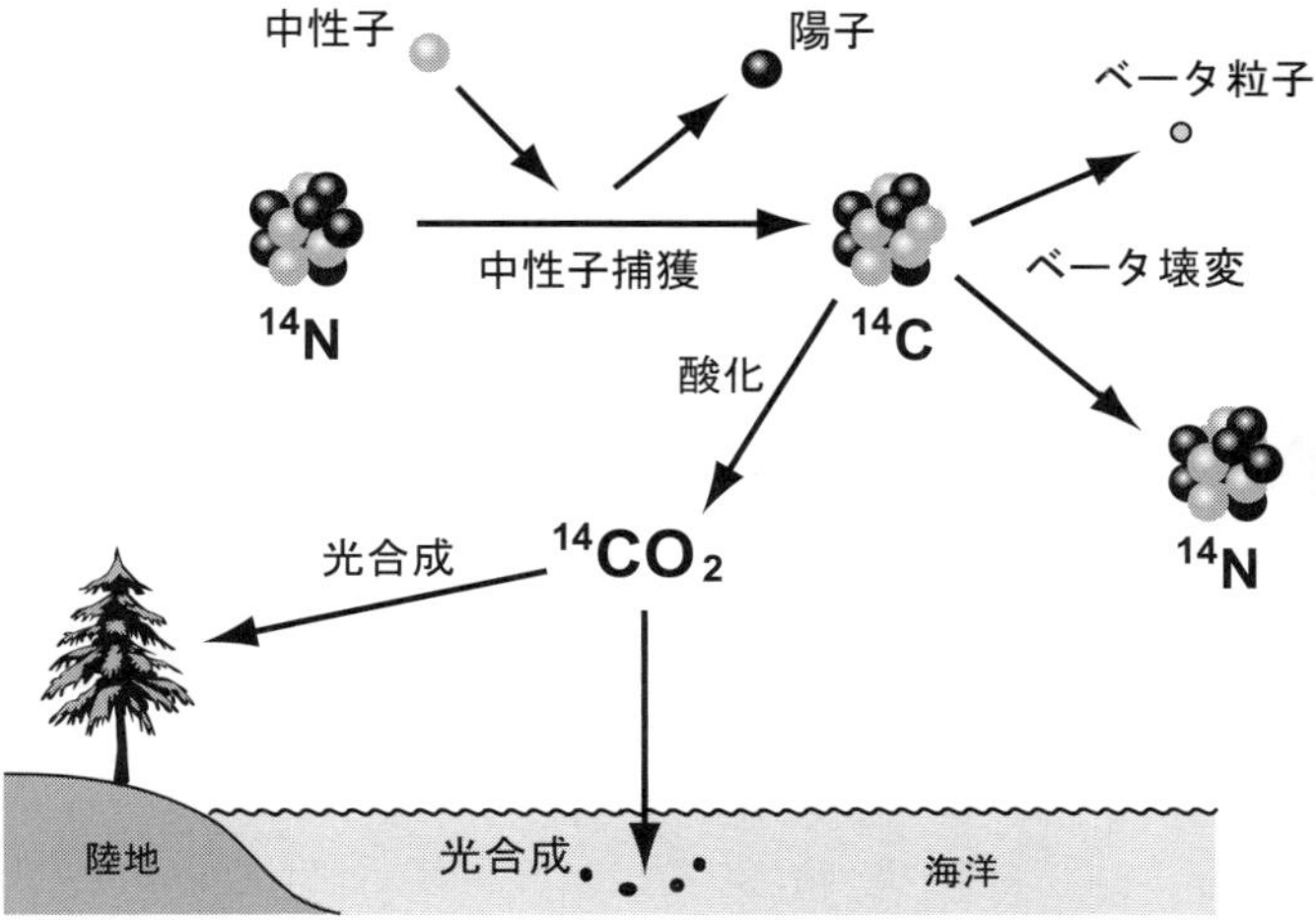

図 7-3　大気上層における放射性炭素の生成と，それが対流圏下部や海洋中にまで分布していくメカニズム．大気の上層で中性子捕獲によって生成された放射性炭素は，化学的に安定な二酸化炭素となり，光合成を通して生物体の中に広がっていく．くわしくは本文参照．

なる。そして大気が対流で上下に混じり合うことにより、わたしたちが暮らす地表付近にまで降りてくる。

^{14}Cをわずかに含んだ二酸化炭素分子は、光合成によって植物体の中に取り込まれたり、海に溶けたりして、あらゆる天然物中に入り込んでいる。^{14}Cは、質量数が一二や一三の安定な炭素(化学記号では、^{12}Cと^{13}Cと書く。これらを「安定同位体」と呼ぶ)と違って、放射性核種である。ベータ壊変という現象を起こして、原子核中の中性子一個が陽子一個に変わり、時間とともに再び^{14}Nへともどっていく(ボックス4を参照)。このことから、^{14}Cは一般に「放射性炭素」とも呼ばれている。

シカゴ大学に移ったリビーは、^{14}Cが放射壊変するときに放出されるベータ線⑿を精密に測定できる、感度の高いガイガー・カウンターを開発した⒀。そして、それを用いて天然物中に含まれているごく微量の^{14}Cの濃度を、精度よく測定することに成功した。自然界にわずか一兆分の一しか含まれていない超微量の^{14}Cの濃度を正確に測定するには、すばらしく高い感度をもったガイガー・カウンターが必要である。現在ならともかく、こんな測定機器の発展を支える各種の技術が十分に発達していなかった一九四〇年代に、こんな微量なものを精度よく測定しようなどという考えは、周囲にはきっと突拍子もない考えに思われたに違いない。

高感度ガイガー・カウンターを手にしたリビーは、まず植物や動物などのサンプルを世界各地から集め、大学院生の手を借りて、それらに含まれる^{14}C濃度を測定していった。その結果は図7-4に示したように、世界中のどこで採れた試料であっても、炭素一グラムにつき一分間におよそ一五個の^{14}C原子が壊変する、というものであった。このことは、^{14}Cが天然物中に非常に均質に含まれていることを示している(14)。

この結果に大いに勇気づけられたリビーは、^{14}Cが壊変していく速さを知るために、その生成年代が別の証拠からわかっている古い試料を探しはじめた。エジプトの古文書やミイラ、さらにはカリフォルニアの原生林に生えているメタセコイアの年輪など、地質試料や歴史試料を集めては、その中に含まれる^{14}Cの濃度を測定していったのである。その結果を示した図7-5からも読み取れるように、^{14}Cの濃度は数千年の時間をかけて徐々に減少していく。リビーは、^{14}Cがもともと含まれていた量の半分にまで減少するのにかかる時間を、五五七〇年と推定した。この時間のことを、専門家は「半減期」と呼んでいる。半減期とは、放射壊変によって放射性核種の濃度が減少していくスピードの尺度であり、核種によって異なっている。^{14}Cの場合、生物遺骸などのように、炭素の出入りのない物質中に含まれるその濃度は、五五七〇年たつごとに半分ずつ減少する。五五七〇年後には二分の一に、そのさらに五五七〇年後(一万一一四〇年後)には四分の一に、そのまたさらに五五七〇年後(一万六七一〇年後)には八分の一にまで減少する。半減期さえ知っておけば、試料の中に含まれる^{14}Cの濃度から、それが生成された当時の

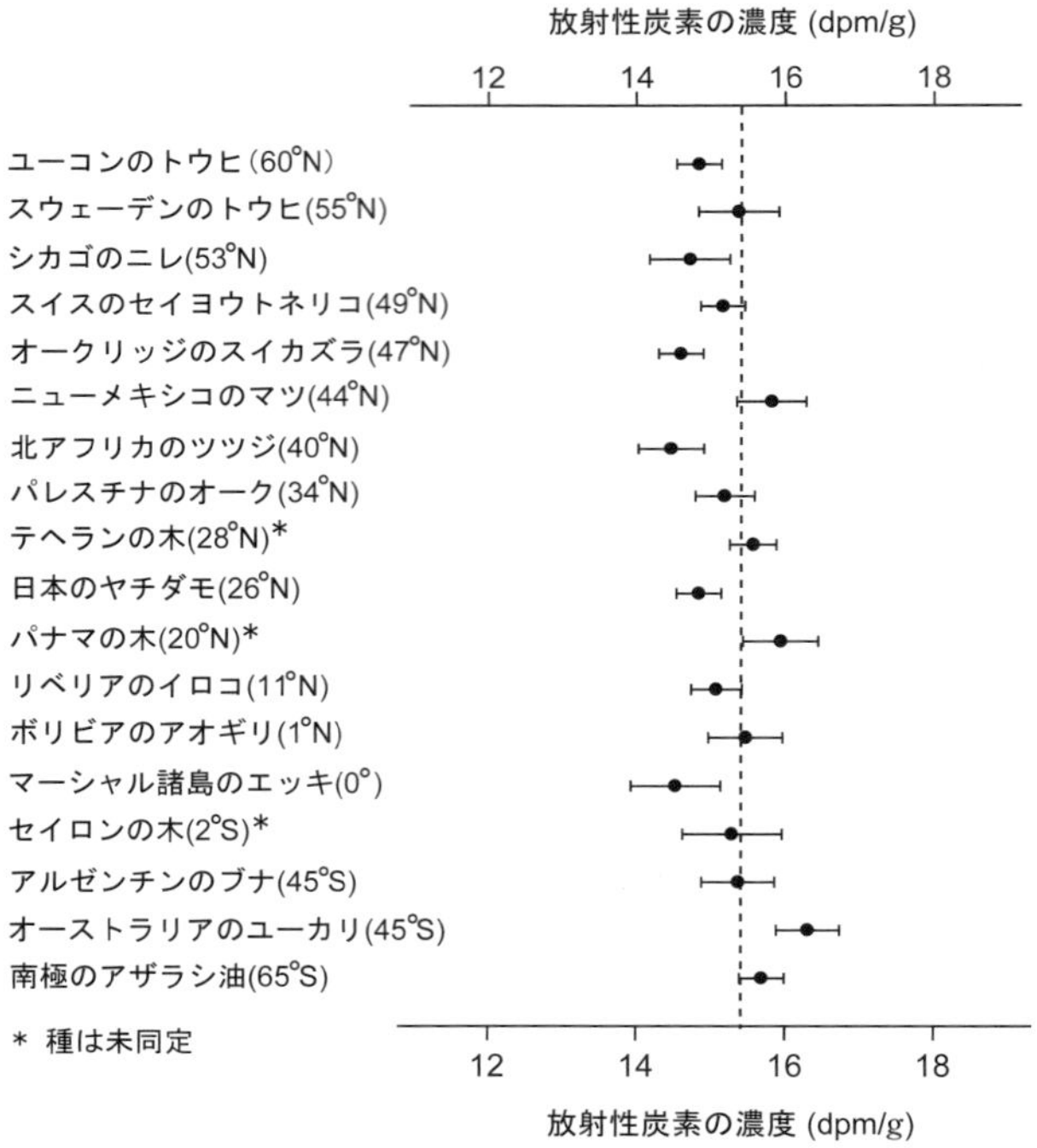

図 7-4　世界各地で採取された植物や動物サンプル中に含まれる放射性炭素の濃度．15.3 dpm/g (平均値) を中心に分布しており，放射性炭素が，世界中の生物にほぼ一様に分布していることがわかる．この図で示されている緯度は，地磁気座標における緯度で，わたしたちが一般的に用いている地理座標の緯度とは少しずれていることに注意．dpm とは decay per minute の略で，1 分間に壊変する放射性炭素の量を表す単位である．ウィラード・リビーのノーベル賞受賞記念講演をもとに作成．

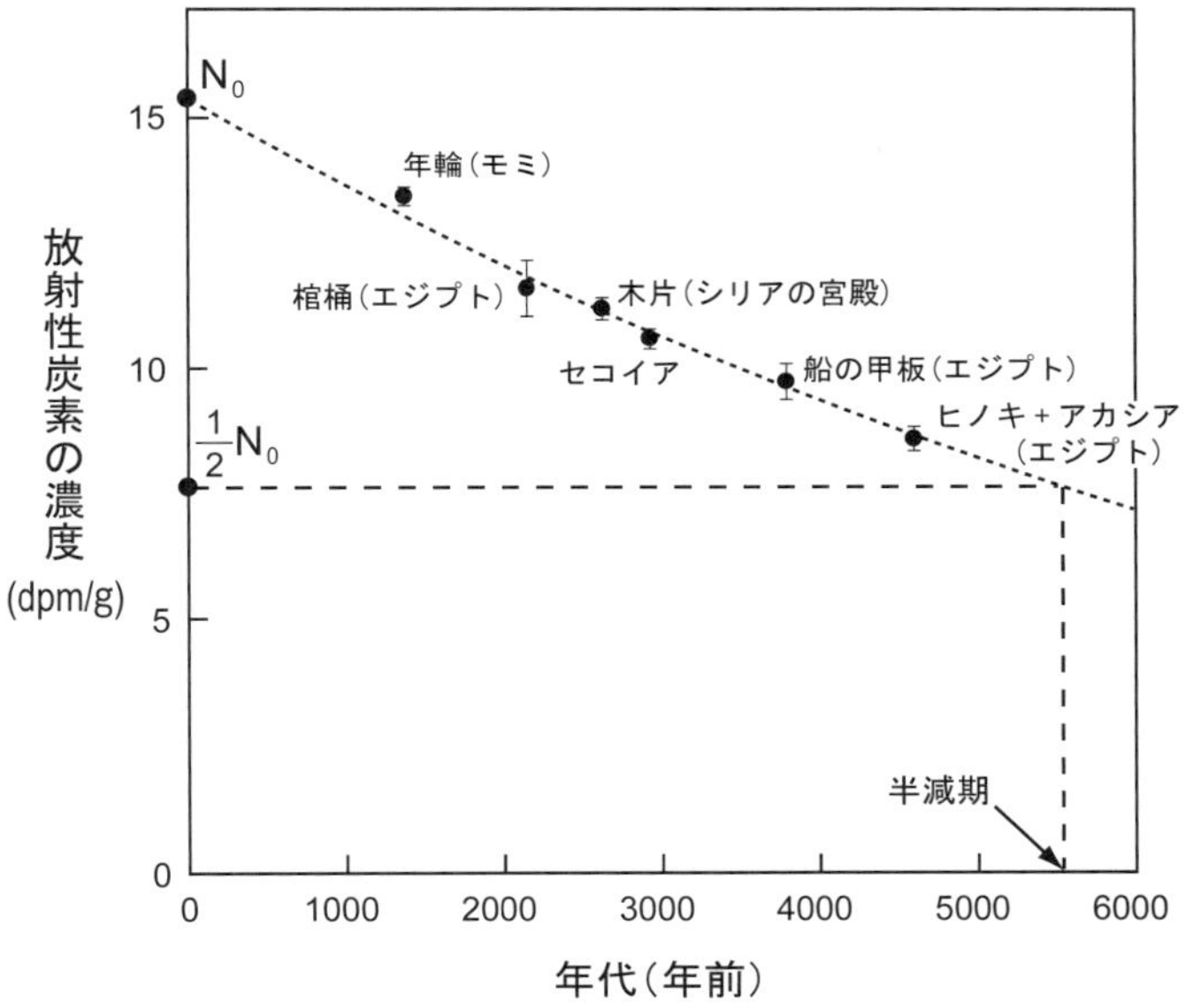

図 7-5　独立に年代が推定されている考古学試料と放射性炭素濃度(1 分間の壊変数)の関係．放射性炭素の半減期は，このような試料の分析から求められた．N_0 の値は，図 7-4 によって求められた数値(15.3 dpm/g)に対応する．Arnold and Libby(1949)を改変．

年代を逆算できるというわけだ。

^{14}Cの半減期は、後にオックスフォード大学のグループのさらに詳細な研究によって、五七三〇年に改訂された。[15] しかし、コンピューターも半導体もなく、分析機器を支える技術が現代に比べて格段に劣っていた一九四〇年代当時のことを考えると、すばらしくよい数字だったと言わざるをえない。リビーの開発した手法は、「放射性炭素年代法(^{14}C年代法)」と呼ばれる。この強力な武器は、その後数々の分野で重要な事実を次々と明らかにしていった。

^{14}C年代法を開発した当時、リビーがもっとも興味をもっていたのは、考古学への応用であったという。しかしこの年代測定の技術は、リビーの興味を越えて地質学、人類学、歴史学など既存の多くの分野をまたいで瞬く間に広がり、それぞれの分野で大きなインパクトを与えた。氷河時代の研究もそのひとつである。4章で紹介したイェール大学のリチャード・フリントは、最終氷期の年代決定にこの^{14}C年代法を精力的に応用し、ローレンタイド氷床がもっとも拡大したのが、いまからおよそ一万八〇〇〇年前ごろであったことを明らかにした。[16] また、海洋学の分野では、スクリップス海洋研究所のロジャー・レベルとハンス・スース、コロンビア大学のウォレス・ブロッカーが、海水中に含まれる二酸化炭素の^{14}C濃度を測定し、大気と海洋の間での二酸化炭素の交換速度を計算した。人類学者たちは、かつて北アメリカ大陸北部にあった氷床が融解し、そこに人

類が生活しはじめたのが約一万一〇〇〇年前であることを突き止めた。

リビーは、^{14}C年代法の確立が評価されて、一九六〇年にノーベル化学賞を受賞した。受賞理由には、化学という一分野の成果が、驚くほど多様な分野にブレークスルーをもたらしたことが挙げられている。本書のテーマである過去の気候変動の研究も決して例外ではない。この手法のおかげで、堆積物が形成された年代を正確に知り、気候変動の歴史に正確な時間軸を組み込むことができるようになった。遠く離れた場所で見られる気候変動を比較することも可能になった。現代の古気候研究は、^{14}C年代法なしには考えられない。いかなる分野であっても、原子、分子、遺伝子といった科学の基本単位にまで還元することによって、はじめてその発展の可能性が広がっていくのだ。

リビーは一九五二年に、この手法の原理をまとめ『放射性炭素年代法[17]』という教科書を出版し、その集大成を図った。シカゴ大学に移ってから、わずか七年の早業である。このように短い歳月の間に、すばらしい成果を上げることができた裏には、マンハッタン計画で得た知識と技術、そして人脈があった。


太平洋戦争の敗戦の影響がまだ色濃く残っていた当時の日本でも、リビーの^{14}C年代法に着目していた研究者がいた。日本で最初に^{14}C年代を測定したのは、少々意外なことに植物学者である。一九五一年(昭和二六年)、東京農工大学教授であった大賀一郎は、

ボックス 4　放射性炭素を用いた年代測定法

大気上層で生成された放射性炭素原子は、安定な二酸化炭素になって、分子拡散や混合により大気中のみならず、海水中や生体内にまで広がっていく。そして、それぞれの場で放射壊変していく量とつり合った結果、その濃度は、どの環境においてもほぼ平衡状態に達している。したがって、光合成、呼吸、摂餌などを通して、その物質が外部の環境とつねに炭素の「交換」を行なっている間は、その中に含まれる放射性炭素の濃度は一定に保たれる。「放射性炭素時計」が動きはじめるのは、その物質が外部の環境と交換を行なわなくなる(閉鎖系になる)とき、すなわち生物の場合はそれが死んだときである。

ここでは、放射性炭素時計の読み方について解説しよう。ある密閉した箱を想定してみよう。その中の空気には二酸化炭素が含まれており、その中には放射性炭素が含まれている。単位時間内に放射壊変する箱の中の放射性炭素数は、その箱の中の放射性炭素の量に比例する。この関係は微分方程式を用いて、次のように表すことができる。

$$-d[^{14}C]/dt = \lambda[^{14}C]$$

この式で、$[^{14}C]$は物質中の放射性炭素の濃度であり、λ(ラムダ)は比例係数である。式の左辺にマイナスがかかっているのは、時間とともに^{14}Cが放射壊変してその濃度が減少していくことを示している。比例係数λは、壊変定数と呼ばれる各々の放射性核種に特有の値であり、実験的に決定される。この壊変定数は、「単位時間中に、どれくらいの割合の放射性核種が壊変しているか」という確率を表す係数で、放射性元素を用いた年代決定にとって重要な数字である。

放射性炭素の壊変定数は $1.209 \times 10^{-4}\,\mathrm{year}^{-1}$ であり、それは一年間に〇・〇一二〇九パーセントの放射性炭素が壊変していることを意味している。言い換えると、一年につき、放射性炭素原子およそ八三〇〇個のうち一つが壊変するということである。この放射壊変という現象は確率的な事象であって、化学反応のように温度や圧力にはまったく依存しない。

さらに、「半減期」と呼ばれる値を知っておくと直感的につかみやすい。半減期とは、ある放射性核種の数が半分に減少するまでに要する時間のことで、放射性炭素の場合、およそ五七三〇年である。さきの式を解くと、

$$[^{14}C] = [^{14}C]_0 \exp(-\lambda t)$$

という式になる。この式で $[^{14}C]_0$ とは、放射性炭素時計が動きはじめた(閉鎖系になった)ときの放射性炭素の濃度のことである。業界のルールとして、年代の基準点は一九五〇年一月一日と定められている。

ただし、学術誌で報じられる放射性炭素年代は、歴史的な事情により、かつてリビーによって報告された半減期五五六八年を用いて計算されているので注意が必要だ。この年代は、とくに「慣用放射性炭素年代」と呼ばれており、「本当の放射性炭素年代」の〇・九七一七

（＝5568/5730）倍の年代を与えることになる。ややこしいことに、この「本当の放射性炭素年代」ですら、じつは暦年代とは厳密には一致しない。それは本文中でも解説することだが、大気中の放射性炭素濃度（さきの式の $[^{14}C]_0$）が時代とともに変化してきたからだ。

一九世紀以降、人間活動による化石燃料の燃焼は、大量の二酸化炭素を大気中に放出しつづけている。この二酸化炭素中には放射性炭素が含まれていないため、大気中の放射性炭素濃度を「希釈」している。この大気中の $^{14}C/^{12}C$ 比が減少していることは、それをはじめに見出したハンス・スースの名前をとって「スース効果」と呼ばれている。年輪やサンゴ骨格中に含まれる ^{14}C 濃度の測定から、一九五〇年の時点で対流圏におけるスース効果は、およそマイナス二五パーミル（マイナス二・五パーセント）と見積もられている。

大気中の放射性炭素濃度について、スース効果よりもさらに顕著な効果をもたらしたのが、一九五〇年代後半から活発化した核実験の影響である。一九五〇年代後半から一九六〇年代前半にかけて大気中で行なわれた核実験は、大気中に多量の中性子を放出し、それが大気中の放射性炭素濃度を大きく増加させた。北半球の大気中では一九六三年に放射性炭素濃度はピークに達し、自然レベルのおよそ二倍（プラス一〇〇〇パーミル）にまで増加した。その後、大気中での核実験が禁止されたため、徐々に減少し、現在ではおよそプラス四〇パーミルにまで下がってきている。

■

千葉県の検見川遺跡の泥炭地から三粒のハスの種を発掘した。大賀はこのハスの^{14}C年代の測定をシカゴ大学に依頼した。しばらくして大賀のもとに送られてきた分析結果は、それがおよそ三〇〇〇年前のもの、すなわち縄文時代のハスの種であることを示していた。大賀はそのうちの一粒の発芽に成功し、それがピンク色の美しい大輪の花を咲かせたことは有名な話である。それは「大賀ハス」と命名され、現在世界各地に株分けされている。

リビーの^{14}C年代測定法は、二一世紀の現在においても、過去五万年の時代を研究するにあたって、もっとも重要な手法でありつづけている。それどころか、ますますその重要性はゆるぎないものになっている。世界中で得られる海底堆積物の記録は、ほとんどすべてが^{14}C年代法で測定されている。点でしか得られない世界の気候変動の記録を線でつなぎ、気候変動の立体的な姿を描くのに大いに役立っている。本書では、何気なく気候変動の記録を年代軸のもとに語っているが、そのほとんどは^{14}C年代法の恩恵によるものである。

分析技術も時代とともにどんどん発展し、微量化と高精度化が大きく進んだ。リビーが教科書を執筆した当時は、年代測定のためには一〇グラム以上の試料を必要としたが、二一世紀の現在では炭素量にして〇・〇〇一グラムというわずかな量で、正確に測定できるようになった。[18] これはリビーの頃に比べると五桁も小さな値であり、それにともなって^{14}C年代の応用分野も大きく広がっている。

落とし穴

^{14}C年代法は、いまや古気候の研究になくてはならないものだが、この手法にも、かつて試練の時期があった。それは、^{14}C年代が実際の年代(暦年代)と一致しないという事実に、研究者たちが気づいたときに始まった。気候変動の歴史について考えるとき、^{14}C年代法に潜む落とし穴について十分理解しておく必要がある。

さきにも述べたとおり、^{14}Cは大気の上層で、窒素原子(^{14}N)と宇宙線との反応によってできる。^{14}Cを生み出す宇宙線は、核反応を起こさせるほど強いエネルギーをもっており、もちろん人体にとっても有害なものである。しかし幸いにして、わたしたちが生活している対流圏の下部にまでは、この強力なエネルギーをもつ宇宙線はほとんど飛んでこない。それは地球に磁場があり、地球の表面を宇宙空間からシールドしているからである。

よく知られているように、方位磁石はN極が北を向き、S極が南を向く。「地球」という磁石は、その名前とは裏腹に、北極(North)側がS極で、南極(South)側がN極である。固体地球の中心部のコアと呼ばれる部分は流体で、鉄やニッケルなどの電気伝導度の大きな物質を主成分としている。それが地球の自転とともに流動することによって電流が生じ、モーターと同じ原理で磁場を生んでいる。地球をシールドする強さは、この地球磁場がどれだけ強いかで決まる。地球磁場が強いときは、太陽や宇宙空間からやってくる宇宙線の多くが地球の手前で進路を曲げられ、宇宙空間の彼方に飛び去っていく。

ただし、地球を守る磁場の強さは、数千年という周期で変動している。磁場が弱くなればその分、大気上層へ入射する宇宙線は多くなる。^{14}Nと衝突する中性子が増えれば、それだけ^{14}Cも多く形成される。地球磁場の強さは、地球の中心部を構成している金属流体の動きと関係していることはまず間違いない。しかし、なぜ磁場が変動するのか、その詳細に関しては現在でもよくわかっていない。磁場の強さは、「永年変動」と呼ばれるゆっくりとした変動を起こしている。たとえば、現在は、磁場の強さは年々減少しており、二〇〇〇年前に比べるとおよそ一〇パーセントも弱くなった(19)。

さらに太陽の活動度も、大気上層において^{14}Cの生成スピードをコントロールする重要な要因である。太陽活動としてよく知られているのは、フレアと呼ばれる太陽の表面で起きる爆発現象だ。このとき、高さが何千キロメートルもある巨大な「炎」が太陽の表面から立ち上がる。フレアが起きると高エネルギー粒子が多量に宇宙空間に放出され、その一部が地球にまでやってくる。このとき地球では磁気嵐が起き、電波障害が起こり、オーロラが発生する。そして大気の上層では、^{14}Cが大量に生成される。太陽活動のこういった変動は、一〇年程度から数百年にわたる時間スケールの周期をもっており、入射エネルギーを〇・数パーセントの規模で変えている。

このように、大気中で^{14}Cが生成されるスピードは、複数の要因によって時代とともに変動してきた。そして、おもに地球磁場強度の変動が原因で、過去数万年にわたって、大気中の^{14}C濃度は最大四〇パーセント近くも変動してきた。

^{14}Cが大気上層で生成するスピードと、壊変して消失するスピードがバランスしているときが、^{14}C年代のゼロ年に相当する。ところが^{14}Cの生成速度が変化してきたため、それに合わせてバランスする濃度も時代とともにフラフラと変化する。この知見は、^{14}C年代測定の理論の根本を揺るがすものなので、^{14}C年代法が広く応用されるようになって間もない、一九五八年に初めて指摘された[20]。この事実に当初、多くの研究者は困惑してしまった。あたかもマラソンのスタート地点が、前へ行ったり後ろへずれたりするようなものである。これでは「記録」が無意味になってしまう。たとえば、知りたい時代の大気中の^{14}C濃度が、現在のそれよりも大きかったとしよう。現在の知見を当てはめて計算すると、年代を幾分若く見積もることになる[21]。6章で紹介した、スクリップス海洋研究所のハンス・スースは、この問題に正面から取り組んだ研究者のひとりだった[22]。

まずこの複雑な問題をシンプルにするために、「^{14}C年代」と「暦年代」とを分けて考えることにしよう。暦年代とは、現在の地球が太陽の周りを一周して、公転軌道のまったく同じ点に達するまでの時間を「一年」と定義して計算した場合の年代だ。天文学的に見た時間の尺度である。それに対して^{14}C年代とは、とりあえず大気中の^{14}C濃度が時代を通して一定であったと仮定して求めた仮想年代である。

もちろんわたしたちが知りたいのは暦年代の方だ。ところが、それを直接知ることはできない。そこで、まずは試料中の^{14}C濃度の分析結果をもとに^{14}C年代を割り出し、それから間接的に暦年代を求めるという二段階方式をとる。^{14}C年代と暦年代の正確な関係をあらかじめ決定しておけば、その関係を用いて暦年代が推定できるというわけだ。両者の正確な関係を知るには、何らかの別の方法で正確な暦年代が決定できる試料の^{14}C年代を測定し、その結果をつき合わせていく必要がある。これを^{14}C年代の「較正(キャリブレーション)」と呼んでいる。

毎年一枚ずつ形成される木の年輪や、季節ごとに異なった色の縞をもつ湖や海洋の堆積物は、この^{14}C年代の較正に役立ってきた。こういった試料を一つ一つ丹念に分析して、暦年代と^{14}C年代の一対一の対応関係を明らかにする、気が遠くなるような地道な努力が、一九六〇年代初頭から現在にいたるまで半世紀近くにわたってつづけられている。

^{14}C年代の測定が始められた当初は、一つの試料を測定するのに、少なくとも数日はか

かるという悠長なものだった。当時用いられていた分析法が、^{14}Cが壊変する際に放出されるベータ線をカウントするものであったため、^{14}Cのような半減期が五〇〇〇年以上もある核種は、長い測定時間を必要としたのである。さらに前処理として、試料中に含まれる炭素から「コンタミネーション（汚染）」のないガラスライン中で、ベンゼンを合成しなければならなかった。試料中に二次的に含まれる炭素や、実験室の操作途中にごく微量だが混入するラドンの影響なども、年代測定の精度を悪くしていた。^{14}C年代を暦年代に較正するための基礎データの収集は、遅々として進まなかった。

この状況が好転しはじめたのは、一九七〇年代後半のことである。カリフォルニア大学バークレー校とカナダのトロント大学のグループが、タンデム型加速器質量分析計と呼ばれる特殊な質量分析計を用いて、^{14}C濃度の新しい測定法の開発に成功したのだ㉓。この加速器質量分析計は、ターゲットとなる炭素原子を光速のおよそ一〇パーセント（秒速三万キロメートル！）という高速に加速することができる強力な質量分析計である。こうすることにより、他のイオンの干渉を抑えることができるのだ㉔。このタンデム型加速器質量分析計を用いた^{14}C年代測定法は、それまで広く用いられていた液体シンチレーション法に比べて二つの重要な長所があった。測定にかかる時間が桁違いに短いことと、より高い測定精度が得られることだ。この新しい分析法のおかげで、暦年代への較正が一九八〇年代以降、大きく前進するのである。

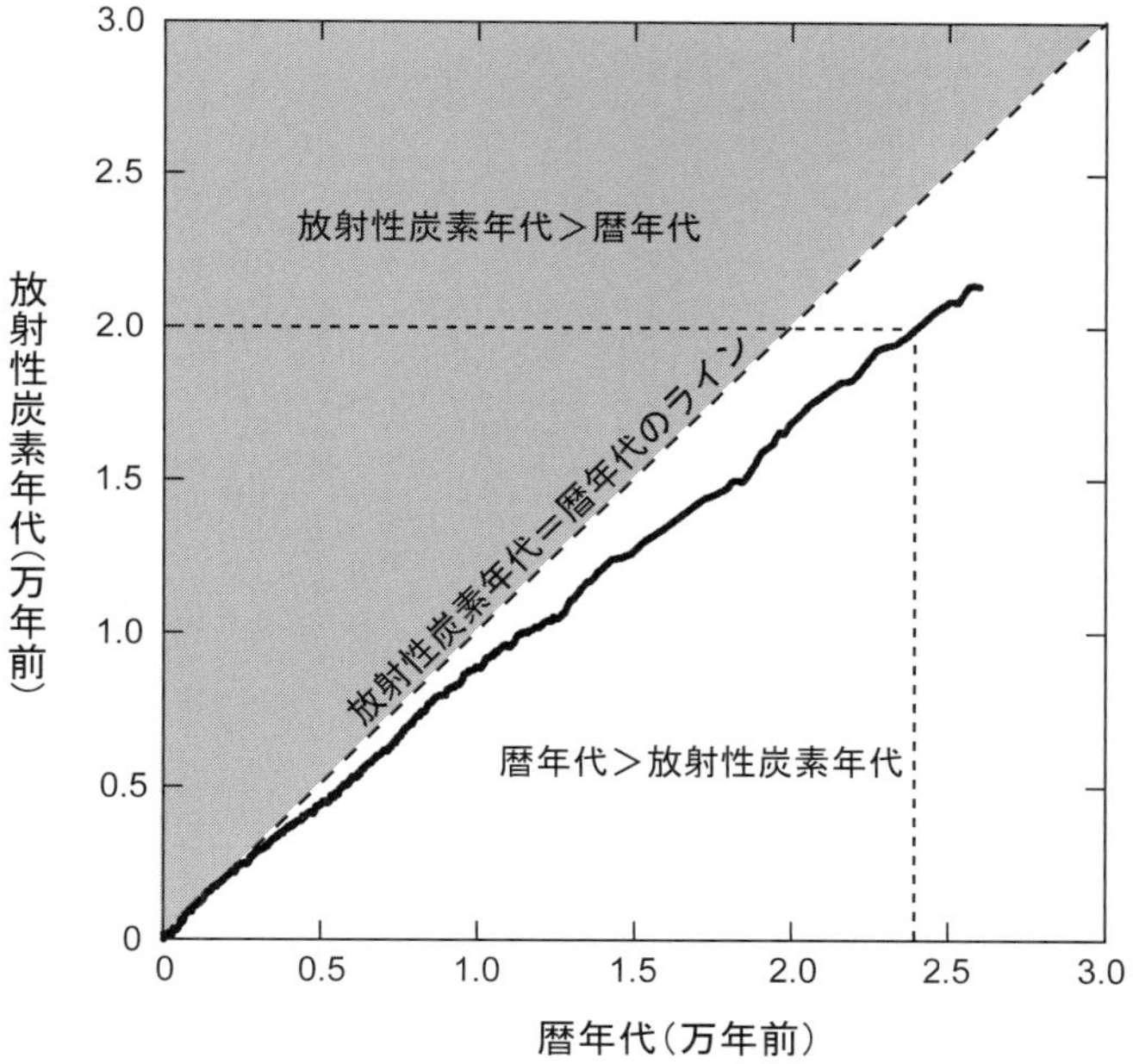

図 7-6　放射性炭素年代と暦年代の関係．いずれの年代も 1950 年 1 月 1 日を基準点としている．時代がさかのぼるとともに，放射性炭素と暦年代のずれは大きくなり，放射性炭素でいう 2 万年前は，暦年代ではおよそ 2 万 4000 年前に相当する．これは当時の大気中における放射性炭素濃度が，現在よりも高かったことに起因している．Reimer *et al.*(2004)を改変．

二〇〇八年現在、^{14}C年代は過去二万年あまりにわたって詳細な暦年代に較正できるようになっている(図7-6)。国際的なチームによるこの地道な研究成果は、「業界標準規格」として発表され、すべての研究者がアクセスできる簡単なコンピューター・プログラムとして無料で配布されている。(25)それによると、^{14}C年代でいう「一万年前」は暦年代ではおよそ「一万一四五〇年前」にあたり、また「二万年前」は「二万三九六〇年前」にあたる。^{14}C年代でいう二万年前は、暦年代よりも四〇〇〇年近くも若い。これは当時の大気中の^{14}C濃度が現在より四〇パーセント近く大きかったためである。

不運な研究者たち

リビーがノーベル化学賞を受賞した翌年の一九六一年も、^{14}Cは脚光を浴びた。これを用いて光合成プロセスを解明したメルビン・カルビン(26)に、ノーベル化学賞が授与されたのだ。二年連続でノーベル賞に輝いた^{14}Cに関する研究は、当時の花形であった。その後、半世紀にわたって輝きを放ちつづける^{14}C年代測定法であるが、その栄光の影には二人の不運な研究者がいる。

もともとこの^{14}Cは、一九四〇年にカリフォルニア大学バークレー校の二人の若い研究者、マーチン・ケイメンとサム・ルーベン(図7-7)がサイクロトロンを用いて初めて合成したものである。彼らはこの^{14}Cを天然物の年代を測定するためではなく、トレ

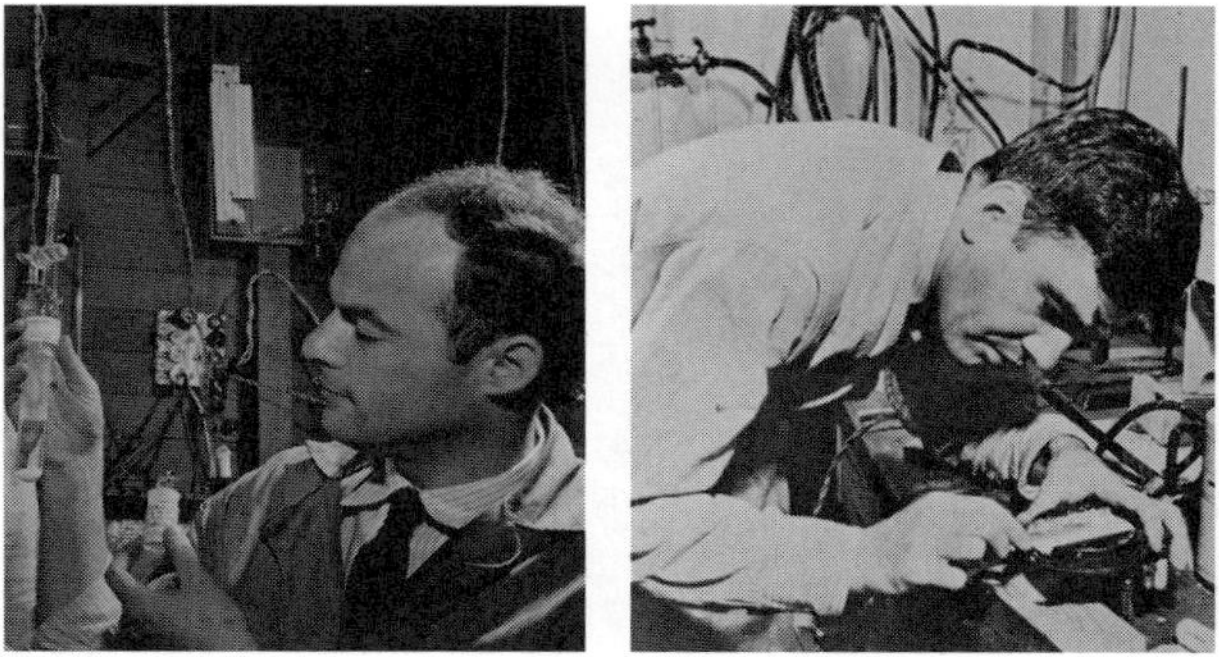

図 7-7　放射性炭素の発見者サム・ルーベン(Sam Ruben, 1913-1943, 左)とマーチン・ケイメン(Martin D. Kamen, 1913-2002, 右). ルーベンは，マンハッタン計画の一環として行なっていた有毒ガス「ホスゲン」の代謝への影響に関する実験中に，誤ってホスゲンを吸引して事故死した．ケイメンは，1944 年に当時秘密裏に開発中であった原爆の情報をソ連に漏らした容疑で，カリフォルニア大学を追放された．
写真提供) Ernest Orlando Lawrence Berkeley National Laboratory

ーサーとして光合成のメカニズムの解明にもっぱら用いていた。^{14}Cが発見されるまでは、質量数一一の炭素^{11}C（これも^{14}Cと同じく「放射性炭素」だ）が用いられていた。光合成では二酸化炭素と水が反応して有機物が合成される、という現在ではごく当たり前の知見も、この当時、^{11}Cを用いて得られたものである。しかし、^{11}Cの半減期は二〇分と非常に短いため、サイクロトロンで合成しても、どんどん放射壊変して、なくなってしまう。研究を効率的に行なうためには、もっと長い半減期をもつ核種が必要であった。その意味で、五〇〇〇年以上もの長い半減期をもつ^{14}Cの発見は、当時としては光合成の研究に大きな道を切り開く画期的な発見だったのである。

当時、ケイメンとルーベンのボスであり、サイクロトロンを発明したアーネスト・ローレンスは、この発見を誰よりも喜んだ。ローレンスは、サイクロトロンを発明した功績により一九三九年にノーベル物理学賞を受賞したが、放射性炭素^{14}Cが発見されたのは、ちょうどその受賞式典が行なわれる直前のことであった。ローレンスは、ストックホルムで開かれたノーベル賞の受賞講演の中で、ルーベンとケイメンが質量数一四の炭素の合成に成功したことを速報し、これから光合成のメカニズムに関する研究が一挙に進むだろうと胸を張ってみせた。この放射性炭素の発見が、ルーベンとケイメンの連名で正式に報告されたのは、翌一九四〇年二月のことである(27)。そしてローレンスの予言どおり、「暗反応」と呼ばれる光合成時の炭素固定反応が、ルーベンとケイメンにより着実に明らかにされつつあった。

しかし、一九四三年に突然の悲劇が起きる。ルーベンは、光合成の研究とともに、マンハッタン計画の義務として、化学兵器ホスゲンの代謝への影響に関する研究を行なっていた。ところが、実験中に誤ってそのホスゲンを大量に吸い込んでしまったのだ。三〇歳を目前にして、ルーベンは、事故の翌日には帰らぬ人となっていた。

さらに悪いことがつづいた。今度はルーベンの相棒だったケイメン(28)が、FBI(連邦捜査局)に告発されたのである。ロシア移民二世のケイメンは、シカゴ大学で物理化学を専攻して博士号を取った後、カリフォルニア大学バークレー校のローレンスの研究室にポスドクとしてやってきた。ローレンスの下でマンハッタン計画にかかわる研究を担当する一方、その合間を見計らってはルーベンとともに、^{11}Cを用いた光合成の研究にいそしんだ。彼がルーベンとともにサイクロトロンを使って^{14}Cの合成に初めて成功したのは、バークレーに移って四年後、わずか二七歳のときのことであった。

ケイメンは幼い頃からヴィオラやクラリネットなど多くの楽器に親しみ、ミュージシャンとしても一流の腕前をもっていた。そして、その才能を生かして、生活費の足しにしていた。ところが、夜になるとしばしばバークレーのナイトクラブへ出かけては、演奏活動にいそしむケイメンの生活が災いを呼んだ。ＦＢＩの内偵を受けていたケイメンは、ルーベンが事故死して一年あまり経った一九四四年七月に、突然マンハッタン計画から追放され、同時にカリフォルニア大学の職も失ってしまった。容疑は、極秘裏に進められていた原子爆弾の製造に関わる情報をソ連の諜報機関に漏らしたというスパイ行為であった。この二つの事件により、バークレーでは^{14}Cを用いた光合成の研究は一時頓挫せざるをえなくなった。

一年後、第二次大戦が終わり、マンハッタン計画も実質上終了した一九四五年に、ローレンスはメルビン・カルビンを有機化学グループのヘッドに抜擢した。そして、光合成の炭素固定プロセスを研究するプロジェクトを再開したのである。ちょうどこの年、^{14}Cを大量に合成する手法が開発され、^{14}Cを用いた研究が従来より随分安価で行なえるようになった。それも追い風となり、カルビンが率いるチームは、^{14}Cを駆使して、その後一〇年がかりで光合成の暗反応の全ルートを解明するという快挙を成し遂げる。

その一方、研究室を追われたケイメンは、第二次大戦後もスパイ容疑の「後遺症」に苦しめられていた。当時、アメリカを吹き荒れていたマッカーシー旋風の格好の対象にされ、一〇年以上にわたってパスポートを没収された。さらにそれに追い討ちをかけるかのように、一九五一年七月にはシカゴの大衆新聞シカゴ・トリビューン紙が、ケイメンを過激な共産主義者扱いする記事を一面トップに掲載した。このトリビューン紙との訴訟は、彼を精神的に追い詰めた。自殺未遂まで起こしたケイメンが、晴れて冤罪から解放されたのは一九五五年のことであった。そのような逆境を乗り越え、彼は同位体ラベリングの手法を駆使して、光合成における電子伝達のしくみや細胞膜内のカルシウムチャンネル[31]の発見という、生化学の分野で輝かしい業績も挙げている。

二〇〇二年九月九日に、リビーよりも二二年と一日だけ長生きして、ケイメンはその八九年の波乱に満ちた生涯を閉じた。その生涯は、ケイメンが七二歳のときに出版した自叙伝『輝く科学、暗い政治――核時代の回想録[32]』に記されている。^{14}Cを発見したにもかかわらず、科学者として働き盛りの三〇代から四〇代はじめまでのケイメンは、つねにFBIや悪意をもったマスコミの暗い影に付きまとわれていた。それは、科学界の日向を歩きつづけたリビーやカルビンと対照的な姿であった。

第8章　気候変動のスイッチ

ゆく河の流れは絶えずして、しかももとの水にあらず。
よどみに浮ぶうたかたは、かつ消えかつ結びて、
久しくとどまりたるためしなし。

鴨長明

海洋深層を流れる大河

さて、再び気候変動の話にもどろう。図8-1は、太平洋を南北に切って、その断面の水温分布を示したものである。ご覧のとおり、等温線は明らかに水深が一〇〇〇メートルよりも浅い部分で込み入っている。等温線が込み入っているということは、それだけ変化の度合いが大きいということだ。つまり、海洋の水温変化は、表層一〇〇〇メートルに集中している。一方、水深が二〇〇〇メートルよりも深い部分になると、水温はつねに三℃以下で、その変化もわずか二℃程度でしかない。海洋の深層を満たす水は、冷たくかつ均質なのである。このような、二〇〇〇メートルを超える深さにある均質な

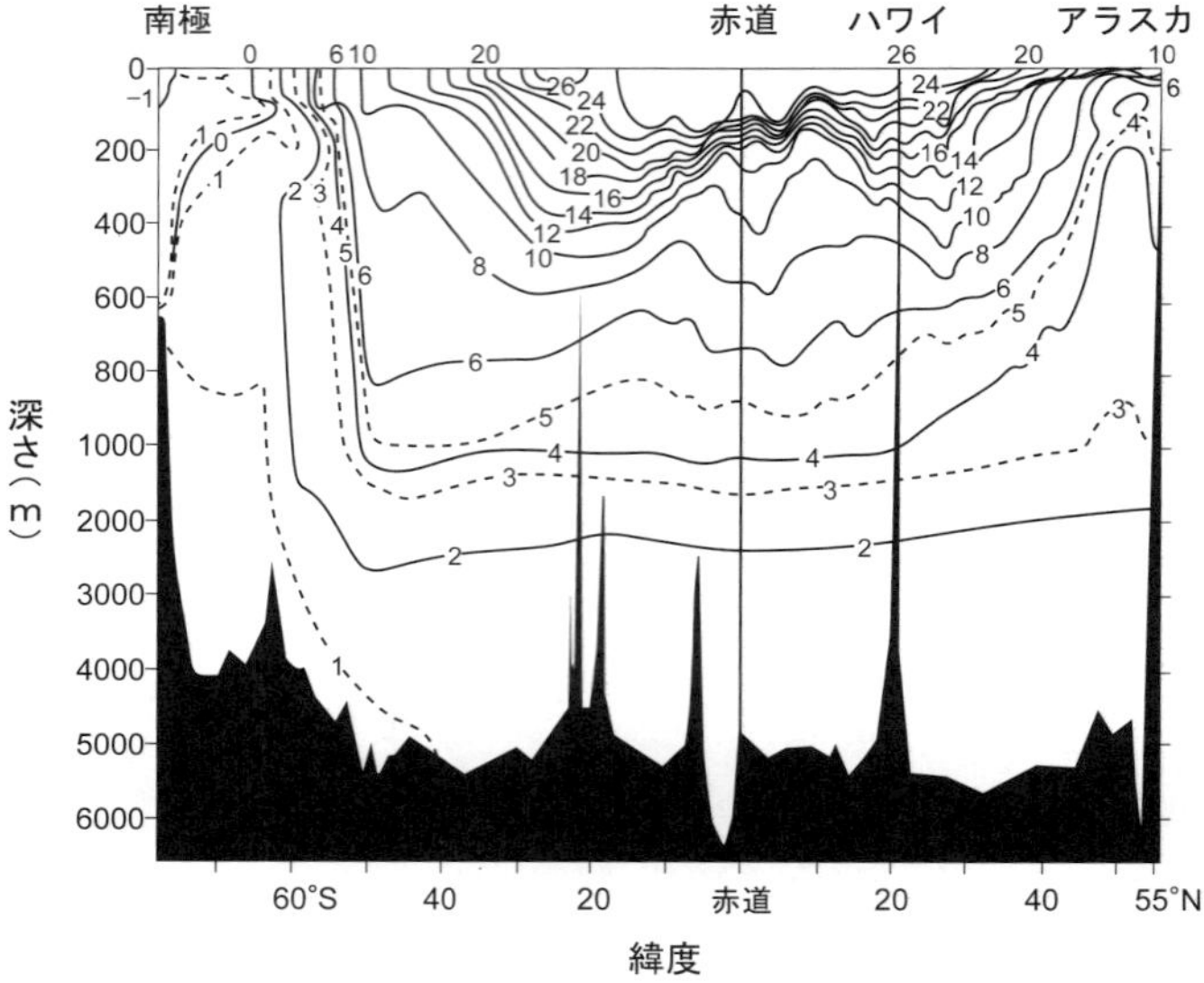

図 8-1　太平洋における水温（℃）の南北断面図．水深 2000 メートル以深の海水の温度は非常に低く，かつ均質であることがわかる．
出典）新版 日本の自然 7『日本列島をめぐる海』p. 97，岩波書店，1996

海水のことを、「深層水」と呼んでいる。

　海洋には、黒潮や親潮といった海流があることはよく知られている。しかしこういった海流は、表層のたかだか数百メートルの部分での話だ。海洋には表層流の他に、深層水の流れ、すなわち深層流と呼ばれるまったく異なった流れがある。深層流はおおざっぱに言えば、北大西洋のグリーンランド近傍に始まって大西洋を南下し、南極海を東進した後、太平洋を北上して終点を迎えるというコースをたどる。

　おもしろいことに、深層水は地球上のごく限られた場所でしか形成されていない[1]。深層水が大量に形成されている場所のひとつは、北大西洋の北部、グリーンランド近傍の海域だ。そして、ここが世界を巡る深層流のスタート地点になっている。ここで深層水が形成されるメカニズムは、過去数十年にわたる海洋学者の詳細な調査によって明らかにされてきた。

　熱帯に起源をもち、北大西洋を北上する温かいメキシコ湾流は、イギリス西方を抜けてスカンジナビア半島北西沖の海域にまで達している。このメキシコ湾流は、周囲の海水よりわずかだが塩分が高い。メキシコ湾流は、ちょうどサハラ砂漠の西側の海域を通過する際に、降水量が少なく蒸発の盛んな海の砂漠ともいうべきこの海域で、水分がしこたま蒸発して塩辛くなるからである。図8-2に示すように、高温かつ高塩分のメキシコ湾流の支流が、アイスランドの北、スピッツベルゲンの南西に広がるグリーンラン

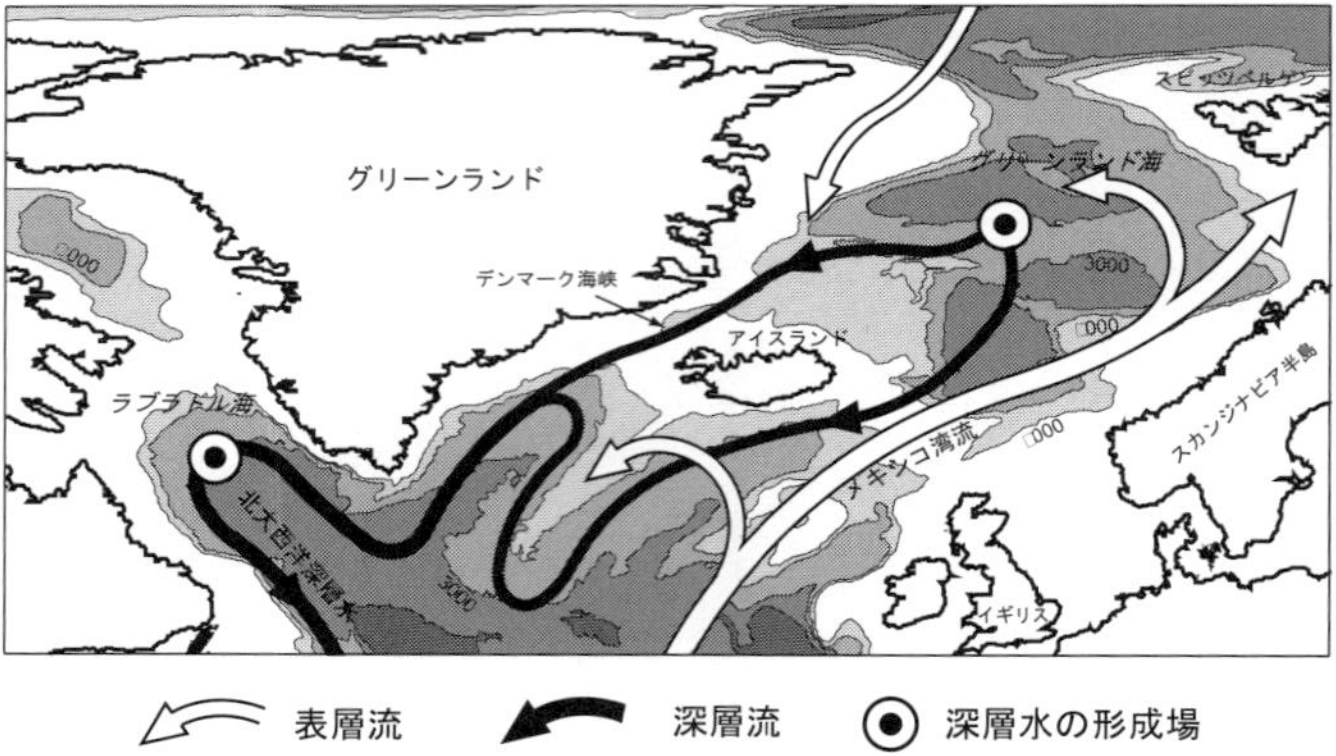

図 8-2　北部北大西洋における深層水の形成．高温かつ高塩分のメキシコ湾流がグリーンランド海で冷却されることによって，深層水が形成されている．その後，ラブラドル海で同じようなメカニズムで形成された深層水を混合して，北大西洋深層水(NADW)として，北大西洋を南下していく．

ド海に流れ込んでいる。そして、北から流れ込む北極海起源の低温かつ低塩分の海水(2)とぶつかっている。

冬になると、グリーンランド氷床から吹き降りてくる、とてつもなく冷たく乾燥した風が、太陽の昇ることのない真っ暗闇のグリーンランド海上を吹きぬける。その時に海面から多量の熱を奪い去る。それだけではない。多量の海水を蒸発させて、表層水の塩分を増加させる。さらに海氷の形成が、ダメ押しをする。海氷の形成は、海水から水だけを抜き取り塩分を増加させるからだ。このようにして低温かつ高塩分化して十分重くなった海水の塊は、数千メートル下の深海底へ雫のように「落下」していく。

海洋表層から落下してきた重い海水の塊は、水深およそ二五〇〇メートルのグリーンランド海盆やノルウェー海盆を満たしている。そして、そこからあふれ出てくる重い海水が、アイスランドとグリーンランドの間や、アイスランドの東側を通って広大な北大西洋海盆に流れ出し、南下し始める。さらに、グリーンランド島南端の西側に位置するラブラドル海でも、似たようなことが起きている。こういった水が、世界の深層水の重要な起源のひとつとなっている。

現在、北大西洋で形成される深層水の起源は、グリーンランド海が八割、ラブラドル海が二割程度だ。これらはまとめて「北大西洋深層水(NADW：North Atlantic Deep Water)」と呼ばれている。その総量はおよそ一秒間に一五〇〇万立方メートル(一五スベルドラップ)[3]に達する。これは一年間の総量に換算すると、五〇万立方キロメートル近くにもなる。北大西洋深層水は二キロメートルほどの厚さをもっているので、それが一年間に広がる面積は、およそ五〇〇キロメートル四方という計算になる。

北大西洋深層水の存在は、図8-3に示した海水中に含まれるフロン[4]の濃度にくっきりと現れている。フロンは、冷蔵庫の冷媒として一九三〇年以降に大量に化学合成された人工の化合物だ。二〇世紀を通して、人類によって大気中にばら撒かれたこの化合物は、天然中で決して合成されることはない。この図を見ると、そのフロンが北緯六〇度付近でもっとも高い濃度を示している。海洋深層へのフロンの入り口がそこにあることがわかる。そして、南へ行くほど濃度が低くなっている。北大西洋深層水が、北米大陸の東岸沖を南へゆっくりと流れ下っている証拠だ。

深層水はその後、赤道をゆっくりとまたぎ、南極海にまで到達する。途中の南極大陸の縁辺にあるウェッデル海やロス海では、塩分に富んだ別の深層水を混合して、化学組成を幾分変化させる。この南極縁辺で海水が形成される際にできる深層水のことを、「南極底層水(AABW：Antarctic Bottom Water)」と呼ぶ。一秒間におよそ一〇〇〇万立方メートル(一〇スベルドラップ)の形成量をもつ南極底層水[5]を混合した深層水は、その後、太平洋をゆっくりと北上するコースをたどる。北大西洋から北太平洋へといたる深層流は、それを補うように流れる表層流と一体になり、一つのサイクルを作ってい

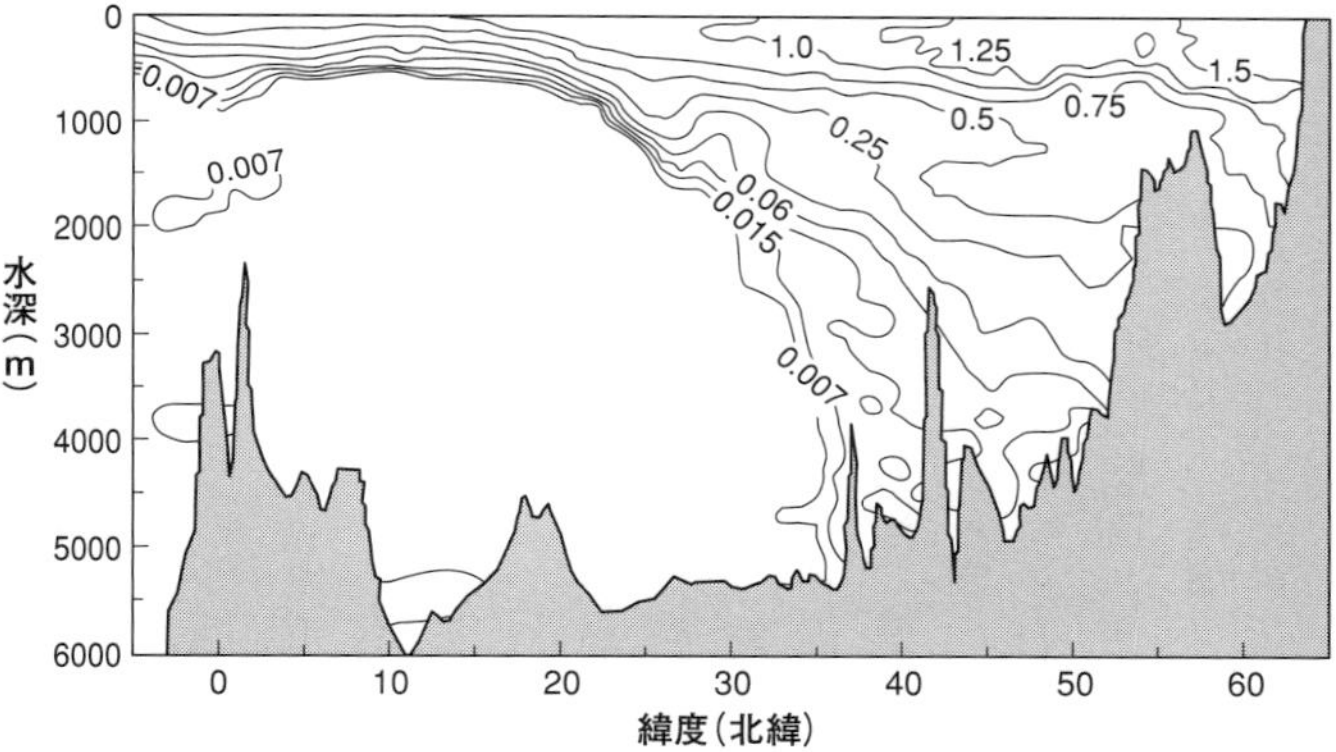

図 8-3　北大西洋におけるフロン(CFC-12, CCl_2F_2)の濃度の断面図．単位は pmol/kg．北大西洋深層水が形成されている北緯 60 度付近で，もっとも高い濃度を示していることがわかる．ちなみに，フロンは化学的にきわめて安定なため，海水中でほとんど分解しない．ウッズホール海洋研究所ホームページ掲載の図をもとに再描画．

る。深層水と同じ量の表層水が、太平洋から大西洋へと移動することによって水収支の帳尻が合っているのだ。このことから、深層水循環と呼ばれることも多い。

では、北太平洋では深層水は形成されないのだろうか？　答えはノーだ。図8-4をみればわかる。現在の北太平洋の表層海水は十分冷たいものの、塩分が大西洋よりも一単位ほど小さい。水温が結氷温度(マイナス一・九℃)にまで下がりきったとしても、深層へ沈んでいくほど重くならないのだ。

北大西洋にはじまり、北太平洋に終わる深層流は、一方通行だ。この流れを駆動しているエンジンは、海水自身がもつ熱エネルギー(温度)と塩分の違いである。そのため海洋学者は、深層水循環のことを「熱塩循環(THC：Thermohaline Circulation)」と呼ぶこともある。深層水循環のスピードは、スタート地点の北大西洋では比較的速いものの、南大西洋、南極海、太平洋と進むにつれて遅くなる。放射性炭素による年代測定によると、スタート地点の北大西洋からゴール地点の北太平洋へと進むのに、なんと一〇〇〇年もかかる。清少納言が枕草子を書き、源氏と平家が戦っていた頃に北大西洋で沈み込んだ海水が、現代の日本列島東方沖の北太平洋にやってきているというわけだ。人間社会からはほど遠いところを雄大に流れ、わたしたちの生活感覚からすると、とてつもなく長い時間スケールをもつのが、海洋の深層流なのである。

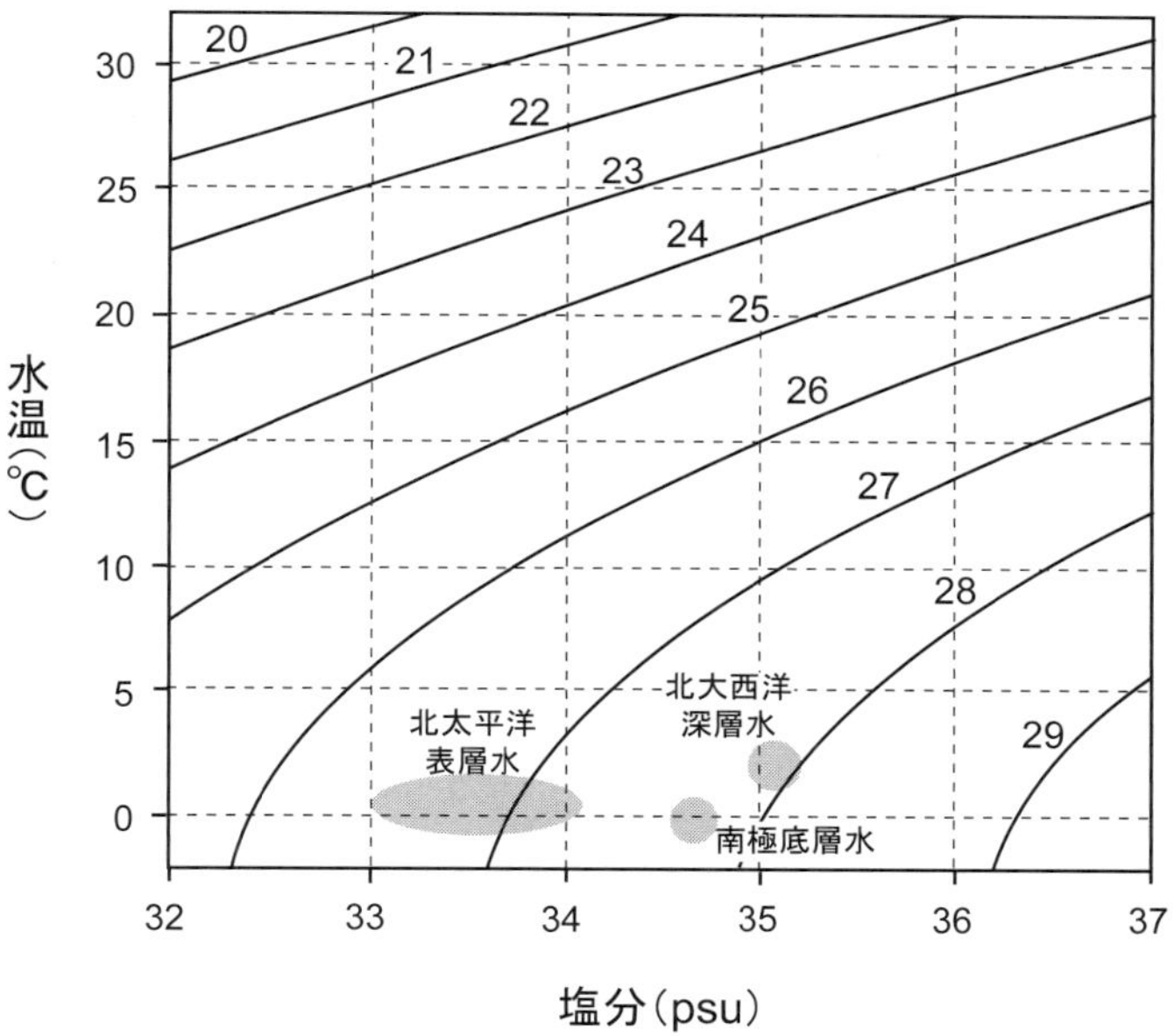

図 8-4　海水の密度を水温(T)と塩分(S)の関数として表した T-S ダイアグラム．海水の密度は慣例的に，1 cc の海水の重さから 1 グラムを引き算し，それを 1000 倍した数値(ここでは 20〜29)で表される．すなわち，1 cc の海水が「1 グラムよりも何ミリグラム重いか」という数字である．この図には，北大西洋深層水，南極底層水，北太平洋表層水の領域に影をつけて示した．深層水が形成される低温領域では，塩分が 1 単位変化することにともなう密度変化は，7〜8℃もの水温変化に匹敵する．そのため，深層水の形成には，水温よりも塩分の方が重要な要因となる．世界の海洋の深層水の起源は，南極底層水と北大西洋深層水だから，その密度は 1.028 より少し小さな値をもつ．

しかし、この流れは地球の気候に重要な役割を果たしている。図8-5に示したように、高緯度域では入射エネルギーよりも放射エネルギーの方が断然大きく、低緯度域ではその逆のことが起きている。放っておいたら、このまま低緯度域はどんどん暑くなっていき、高緯度域はどんどん寒くなっていきそうだが、実際にはそんなことは起きていない。低緯度域に入射するエネルギーの一部が、高緯度域へ再分配されることで、このアンバランスが解消されているからだ。一九六〇年代までは、このエネルギーの再分配のほとんどは、大気が担っていると考えられていた。

ところが、海洋の観測データが蓄積するに従って、その考えは誤っていることがわかってきた。図8-6は、地球上の各緯度における南北方向のエネルギー輸送量を示したものである。これを見れば明らかだ。じつは海洋の熱輸送量は無視できないほど大きく、エネルギーの再分配に重要な役割を担っているのだ。大気ほど機敏な動きはしないが、海洋は大気に比べて一〇〇〇倍以上もの熱容量をもっている。なかでもとくに、深層流が大きなエネルギー輸送を行なっている。きわめてゆっくりとした流れであるにもかかわらず、深層水の体積が非常に大きいため、エネルギーの流れとしてはかなり大きなものとなっている。その単位時間あたりの流量は、世界中のすべての河川の流量の二〇倍近くにも達する。こういった海洋の熱輸送がなければ、地球上の温度分布のコントラストはもっと大きなものとなっていたはずだ。海は、太陽からの入射エネルギーの再分配

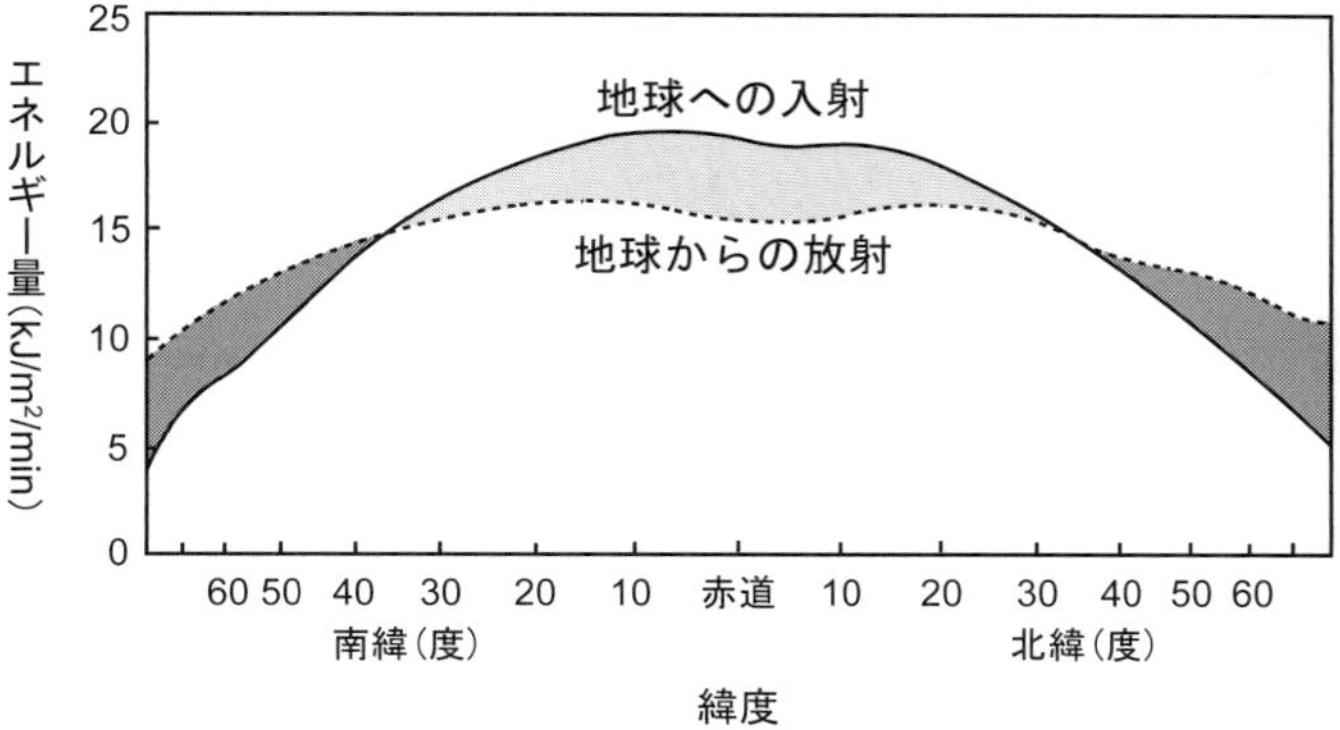

図 8-5　地球に入射する年平均の太陽エネルギー量(実線)と，地球から放射されるエネルギー量(破線)の緯度分布．北緯，南緯とも 35 度付近より極側は，放射エネルギーが入射エネルギーを上回っている．両者の差は，赤道域から極域へ向けてのエネルギーの移動によって補償されている．

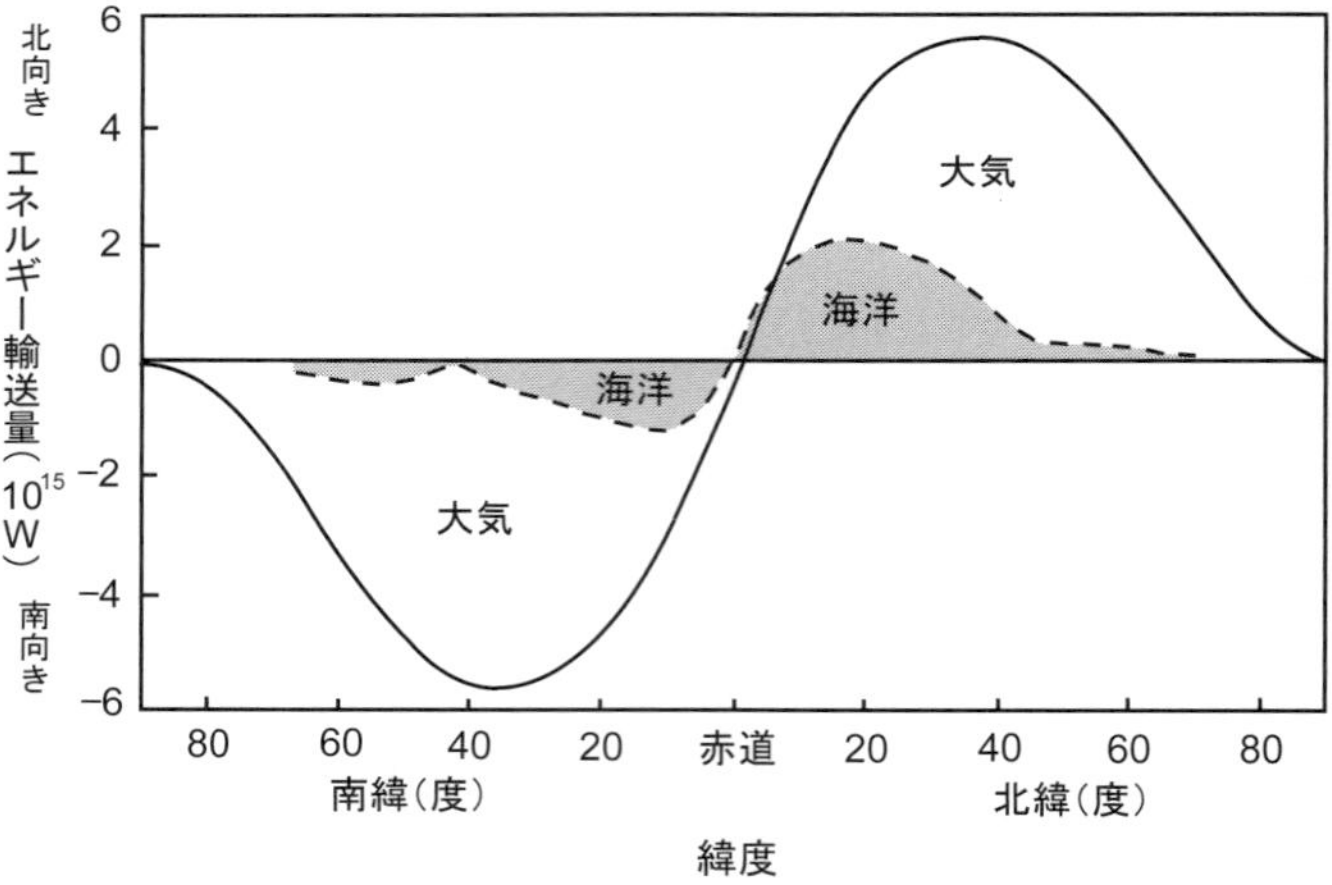

図 8-6　各緯度における南北方向のエネルギー輸送量．影をつけた部分が，海洋の担っている輸送量を表している．エネルギー輸送が大きな北大西洋の高緯度域においては，海洋表層ではメキシコ湾流が北向きにエネルギーを運んでいるのに対して，深層水は南向きに運んでいる．したがって，両者は相殺され，見かけ上，小さくなっていることに注意．Trenberth and Caron（2001）を改変．

と気温の平均化に、一役買っているわけである。

ストンメルと深層水循環

ボストンから車に乗って南下することおよそ二時間。そこには、ローレンタイド氷床が大地を削った「おが屑」が作り出す美しい砂浜の広がったケープ・コッド半島がある。その付け根に近い一角にウッズホール海洋研究所がある。

一九四二年にイェール大学を卒業した後、大学で数学と天文学のインストラクターとして働いていたヘンリー・ストンメル(図8-7)が、この研究所にやってきたのは、第二次大戦も終わりに差し掛かった一九四四年のことであった。海軍の下請け仕事を行なっていたモーリス・ユーイング[6]の助手として、ここに職を得たのだ。後にコロンビア大学ラモント研究所を設立し、世界的な研究機関として育て上げるユーイングのグループではもっぱら、敵国の潜水艦との交戦を想定した海洋データの収集や、音波を用いた海洋調査などを行なっていた。しかしストンメルは、仕事の内容に興味がもてなかったうえ、ユーイングの強烈な個性とそりが合わず、別の研究室で行なわれていた海洋物理学の研究にどんどんのめりこんでいった。

ストンメルは博士号を取らずに成功した珍しい研究者でもある。しかも海洋循環に関する基礎的な理論の多くを、独学の海洋学と流体力学で打ち立ててしまった。ストンメ

図 8-7　ヘンリー・ストンメル(Henry Stommel, 1920–1992). 理論と観測の両方に精通した海洋物理学者で, 西岸境界流の理論的研究や海洋大循環(深層水循環)を物理的に予測するなど, 多くの先駆的な業績を挙げた. またストンメルは, 深層水循環に複数の安定モードがある可能性を 1960 年代に指摘していた.
写真提供) Woods Hole Oceanographic Institution, photo by Vicky Cullen

ルの海洋物理学に関する最初の論文は一九四八年に発表された。[7] ウッズホール海洋研究所の助手となって四年後の、二八歳のときのことである。それは、メキシコ湾流の形成要因を理論的に示したもので、六〇年経った現在でもしばしば引用される記念碑的な論文である。地球が自転していることと、海洋が球面上に存在することが、大陸の東海岸沖、すなわち海洋の西側に極向きの表層流を生み出す究極的な要因であることを理論的に説明したのである。これは「西岸境界流」と呼ばれ、日本の近海を流れる黒潮の形成も、これとまったく同じメカニズムで説明できる。

この西岸境界流の考えを海洋深層に応用したのが、深層水循環に関する理論である。ストンメルが、西岸境界流と同じく海洋の西側で深層流が卓越することを理論的に予測し、全世界をまたぐ深層水の流れが存在することを指摘したのは一九五八年のことだ。[8] いまから半世紀も前にストンメルが提唱したモデルは、驚くべきことに、現在の海洋学者がもっている深層水循環のイメージとほとんど同じものである。

深層水循環の基本的なメカニズムについて、簡単なモデルを用いて説明しよう(図8-8)。水槽の真ん中に仕切り板を立て、その一方に塩分を含んだ(密度の大きな)海水を入れ、もう片方に塩分を含まない(密度の小さな)水を入れたとしよう。そして、水を乱さないように、その仕切り板をゆっくりと取り去ったとする。すると、この水槽の中では、塩分(密度)のアンバランスを解消するような、水平方向の水の流れが生まれる。

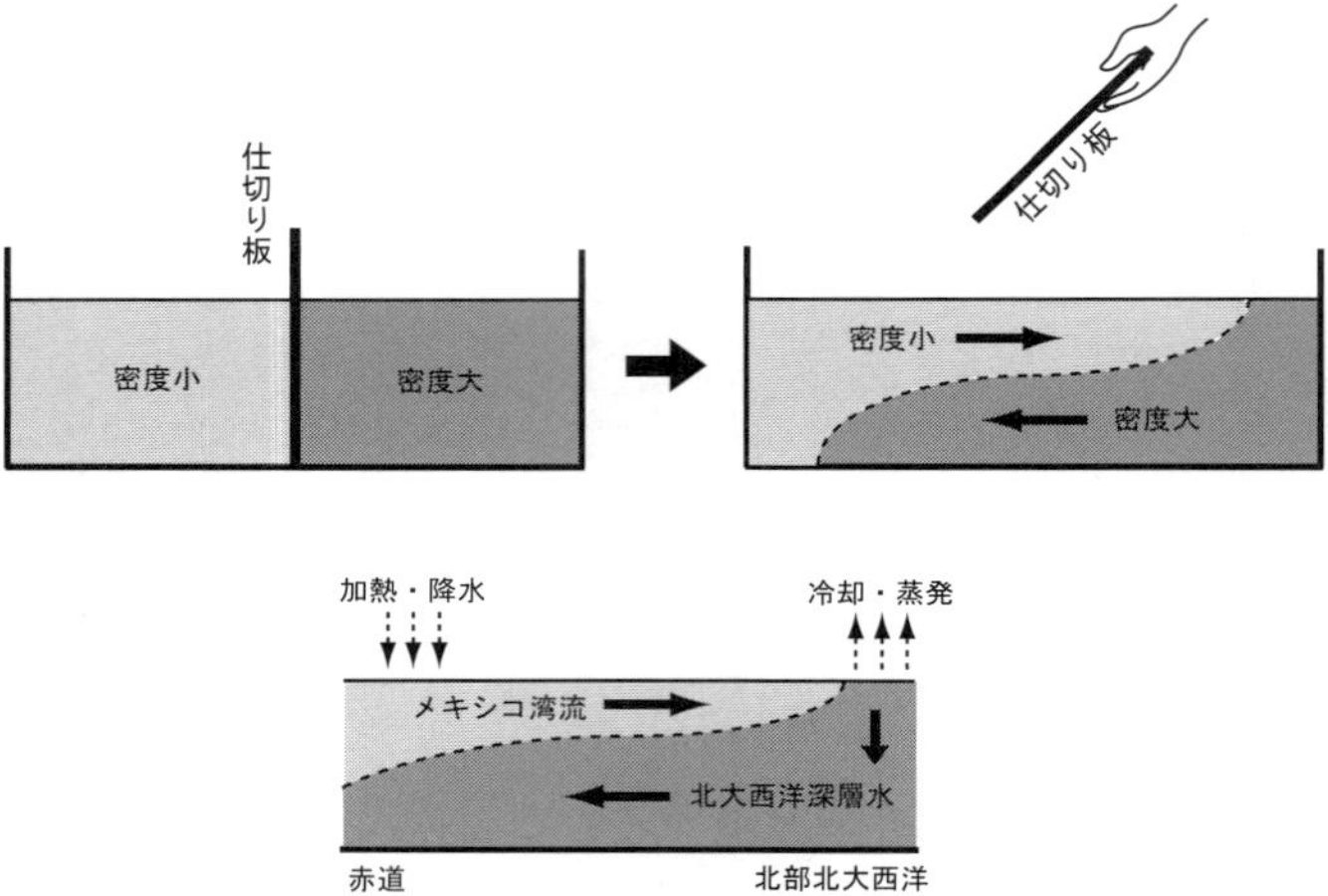

図 8-8　上図は，熱塩流の形成を説明する簡単な実験を示す図．水槽の中央に仕切り板を立て，片側に密度の小さな(低塩分もしくは高温の)海水，もう片側に密度の大きな(高塩分もしくは低温の)海水を入れる．仕切り板をゆっくりと引き抜くと，密度の大きな海水は水槽の下部を，密度の小さな海水は水槽の上部を，それぞれ水槽の反対側へ向かって流れはじめる．下図は，実際の北大西洋で起こっている流れ．低緯度域では，日射による加熱と降水による塩分低下から，海水の密度が小さくなる．一方，高緯度域では，冷却と蒸発によって，海水の密度が大きくなる．大気におけるこの熱の流れと水循環のパターンを原動力として，北大西洋域における熱塩循環は形成されている．

塩分を含んだ水は深い部分を流れ、それを補うように塩分を含まない水は浅い部分を流れる。この水平方向の流れは、塩分のアンバランスが解消されるまでつづく。

実際の海洋でも、これと同じことが起こるはずだ。海水の密度は、温度と塩分によって決まっている。すなわち温度が低いほど、また塩分が大きいほど海水は重くなる。したがって、大気との熱のやりとりや、降水や蒸発による淡水のやりとりは、海水の密度を変える。実際、グリーンランド海における冬季の冷却は海水を重くし、また赤道域における降水は海水を軽くしている。こういった気象学的な現象が、海洋の流れを引き起こす直接的な要因になっているのである。そして、熱や淡水のやりとりがつづくかぎり、流れも止まることはない。そこには、押したり引いたりする機械的なプロセスは何もない。あるのは、塩分と温度という海水の密度を支配する要因の違いだけである。

深層水が実際にどのような挙動を示すかについては、二〇世紀前半から断片的に観測されてきた。しかし、その「全体としての流れ」を直接観測することは、観測機器がハイテク化した現在でも決して容易なことではない。深層水の流れはふつう一秒間に一センチメートル以下と、きわめて緩慢だ。しかも海洋は、中規模渦[9]と呼ばれる直径数十〜数百キロメートルの無数の渦によって覆われているからだ。ストンメルの深層水循環像を実証したのは、一九七〇年代に化学トレーサーの分布を世界中の海洋で大々的に調査した「ジオセックス」と呼ばれるプロジェクト[10]である。化学トレーサーとは、海水中に溶けている化学物質の中でも、海水の流れや時間とともに徐々に変化していく成分のことだ。深層水循環を実測することが難しいことに気づいた研究者たちは、海水中に刻まれた化学的な記録を頼りにしたのである。このジオセックス計画に参加した研究者の中に、コロンビア大学のウォレス・ブロッカーがいた。彼は後に、「コンベヤーベルト」という概念を提唱し、気候変動における深層水循環の重要な役回りについて明らかにしていくことになる。

ブロッカーとコンベヤーベルト

ウォレス・ブロッカー(図8-9)は、ハドソン川のほとりにあるコロンビア大学のラモント・ドハティ地質学研究所で、半世紀以上、研究活動をつづけてきた。ロードムービーを地でいくような人生を送る人の多いアメリカ社会の中でも、特殊な経歴をもっている。そしてブロッカーは、過去二〇年以上にわたって、アメリカのみならず世界の気候研究者のなかのオピニオン・リーダー的な存在でありつづけている。まさしく、気候変動研究の世界における巨人《ジャイアント》である。

ブロッカーがコロンビア大学物理学科を卒業し、設立されて間もないコロンビア大学付属ラモント地質学研究所の扉を叩いたのは一九五三年のことだ。これは、ストンメルが毛嫌いしたモーリス・ユーイングがコロンビア大学に移り、同研究所を立ち上げてか

図 8-9　ウォレス・ブロッカー(Wallace S. Broecker, 1931-)．コロンビア大学ラモント・ドハティ地質学研究所教授．海洋大循環を「コンベヤーベルト」と呼び，気候を変動させるメカニズムにおける重要性を提唱した．
Photograph by Nick Romanenko, Lamont-Doherty Earth Observatory, courtesy AIP Emilio Segrè Visual Archives

らちょうど四年後にあたる。弱冠四三歳にして初代所長に就任したユーイングが、縦横無尽に活躍しはじめた頃である。

大学院時代のブロッカーは、放射性炭素年代法を海洋学に応用して、大気から海洋に溶け込んでいく二酸化炭素の挙動について研究していた。彼がラモント研究所にやってくる前の年には、リビーの『放射性炭素年代法』が出版されており、放射性炭素年代法が多くの分野で使われはじめていた時期とちょうど重なっている。当時は、この斬新な手法によって、大気や海洋における二酸化炭素の挙動に関する新しい知見がどんどん生まれてくるダイナミックな時代であった。そして、ブロッカーは一九五七年に「海洋学と気候年代学への放射性炭素の応用」[11]という論文をまとめ、コロンビア大学から博士号を与えられた。この仕事は、海洋における炭素循環の解明に放射性炭素を応用したもので、リビーのノーベル賞受賞記念講演にも引用されている。

この一九五〇年代半ばという時代は、ちょうどエミリアーニが海底堆積物に含まれる有孔虫の酸素同位体比を初めて測定し、氷河時代の研究に革命を起こしたときと一致していることでも興味深い。ブロッカーが気候変動の研究を始めた一九五〇年代初頭は、当時盛んに行なわれていた大気中の核実験が気候を変えるのではないかと危惧されていた時代でもある。一九六三年に調印された部分的核実験禁止条約[12]によって、大気中における核実験が禁止されたため、もはやその危惧が真実だったかどうかを確かめるすべはない。

一九六〇年代のブロッカーは、海洋学と地質学の間を行き来しながら、現在の気候の成り立ちと、その変動するメカニズムについて考えを深めていった。ブロッカーが、ストンメルの深層水循環を、気候変動研究の表舞台に登場させたのは一九八〇年代の半ばのことである。[13] 後にブロッカーは、この深層水循環に表層水の流れを加えて、海洋の大局的な流れを一本の線でつないで大胆に単純化し、「コンベヤーベルト」と呼んだ(図8-10)。そのあまりにも単純な構図は、海水の詳細な動きを研究している多くの海洋物理学者を戸惑わせ、あるいは怒らせた。しかし、本質をえぐり出し、他分野の多くの研究者や一般の人たちにまで、深層水循環の重要性を浸透させたという点で大きな功績がある。

最終氷期の深層水循環

さて、この深層水循環は、氷期にはいったいどのような挙動を示していたのだろうか？　また、氷期から間氷期にいたる気候変動で、どのような役回りを演じたのだろうか？　こういった問題は、深層水循環が地球のエネルギー分配に大きな役割を果たしていることが知られるようになった一九八〇年代から、多くの古気候研究者によって集中的に研究されてきた。

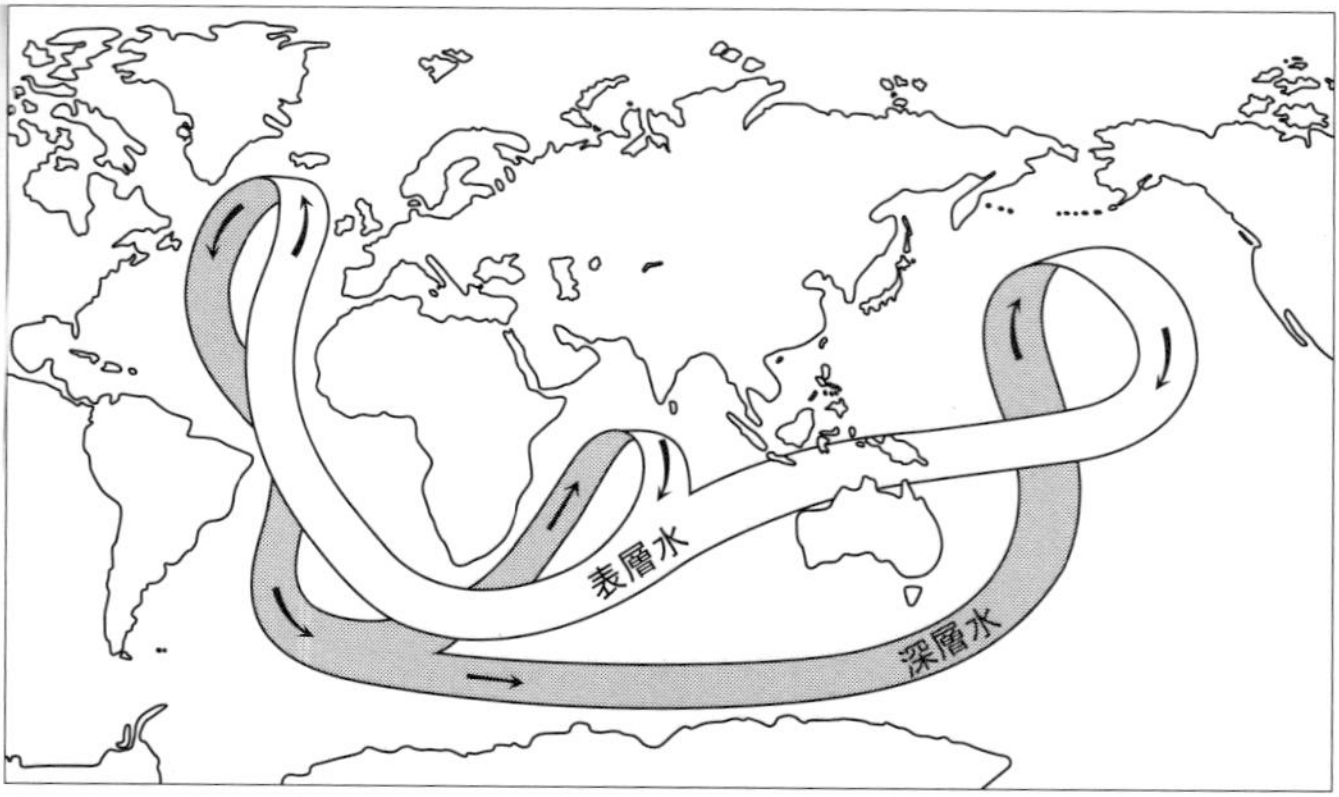

図 8-10　ブロッカーが「コンベヤーベルト」と呼んだ，海洋の大循環を示す模式図．深層水の流れと表層水の流れが一体となって，海洋全体をつなぐ 1 本の流れとして表される．
出典）岩波講座 地球惑星科学 3『地球環境論』p. 95，岩波書店，1996

過去の深層水循環を復元するためには、少々トリックが必要だ。なぜなら、海底堆積物を構成している粒子のほとんどは、海洋の表層水中で作られたものか、陸上から運ばれてきたものなので、深層水の情報はほとんど含まれていないからだ。とはいえ皆無ではない。古気候の研究者たちは、知恵を絞って、こういう難題に解決策を見出してきた。そのやり方を簡単に解説しよう。

太陽の光が届く海洋の表層二〇〇メートルまでは、光合成によって、二酸化炭素から有機物(生物体)が作られている。その量は一年間に、全海洋でおよそ五〇ギガトン、すなわち炭素量として五〇兆キログラムにもおよぶ。それらの生物が死ぬと、その一部の遺骸はマリンスノーとなって海底へと沈んでいく。そしてそのほとんどは、深層水中や海底面でバクテリアによって分解されて、再び二酸化炭素にもどる。腐ってしまうわけだ。海洋表層で生産される有機物のおよそ九九パーセントは、海底堆積物中に取り込まれる前に分解する。そうしてできた二酸化炭素は、そのまま深層水中に溶け込んでいく。しかし、この二酸化炭素は、海洋表層で光合成の材料となった(海洋表層に溶けていた)、もともとの二酸化炭素とは少し性質が異なっている。質量数一三の炭素同位体(^{13}C)が少ないのだ。

これは、光合成で二酸化炭素から有機物が合成される際に働く酵素が、^{13}Cよりも^{12}Cを好んで取り込む性質をもっていることに起因している。(14) そのため、海洋表層で作られる有機物は、その環境中に含まれている二酸化炭素より^{13}Cに乏しくなっている。したがって、この有機物が分解してできる二酸化炭素も、同じく^{13}Cに乏しい。ということは、深層水中に溶けていく二酸化炭素も^{13}Cに乏しいわけだ。

ここで、深層水はその形成域からスタートして、北大西洋→南極海→北太平洋というコースを流れているのを思い出そう。さきにも述べたが、深層水は非常にゆったりとしたスピードで流れており、スタート地点の北大西洋からゴール地点の北太平洋まで進むのに約一〇〇〇年かかる。これは、下流の深層水ほど、長い時間をかけて流れてきた分、有機物が分解してできる二酸化炭素をより多く含んでいることを意味する。つまり、古い深層水ほど^{13}Cに乏しいのだ。実際、現在の海洋では、深層水循環の流れに沿って、そのトレンドがきれいに見えている。図8-11を見れば、北大西洋→南極海→北太平洋と深層水の流れに沿って、^{13}Cの濃度が減少していることがわかる。これは逆にいうと、深層水中の二酸化炭素の^{13}C濃度を調べれば、深層水の流れが復元できるということだ。

さて、トリックはここで必要になる。「深層水中の二酸化炭素の^{13}C濃度を調べれば、深層水の流れが復元できる」というならば、過去の深層水中に溶けていた二酸化炭素の^{13}C濃度を復元できれば、過去の深層水の流れも復元できるはずだ。そこで活躍するのが、かつてシャックルトンがその酸素同位体比を分析した、底生有孔虫と呼ばれる海底に棲む有孔虫である。海底でマリンスノーを食べて暮らしている底生有孔虫の多くも、炭酸

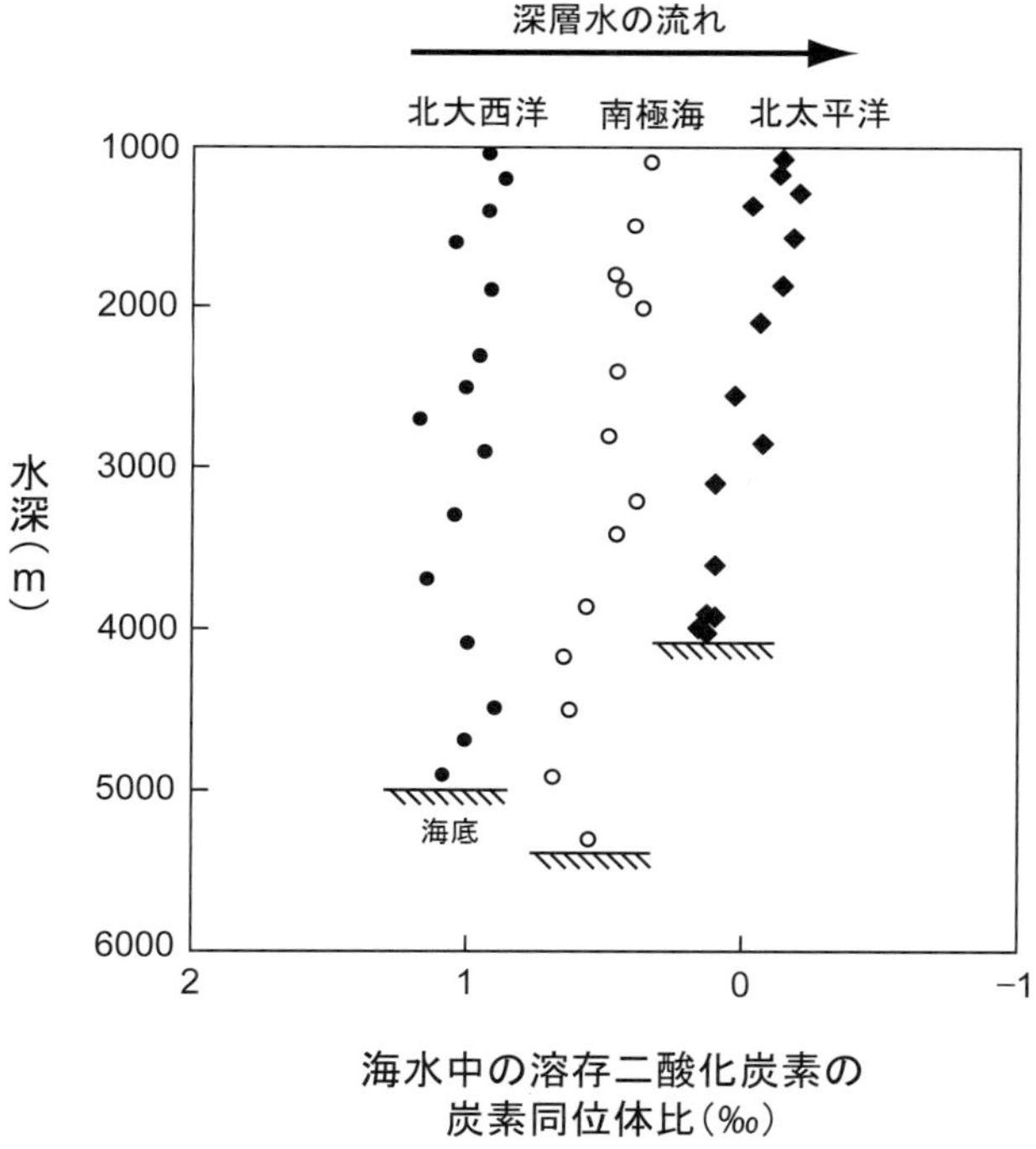

図 8-11　水深 1000 メートル以深の深層水中に溶存している二酸化炭素の炭素同位体比．深層水流の上流から下流に向けて(北大西洋(●)→南極海(○)→北太平洋(◆))減少していくことがわかる．これは，有機物の分解を起源とする ^{13}C に乏しい二酸化炭素が，徐々に付加されていくからである．Kroopnick(1974)，Kroopnick(1980)のデータを用いて作成．

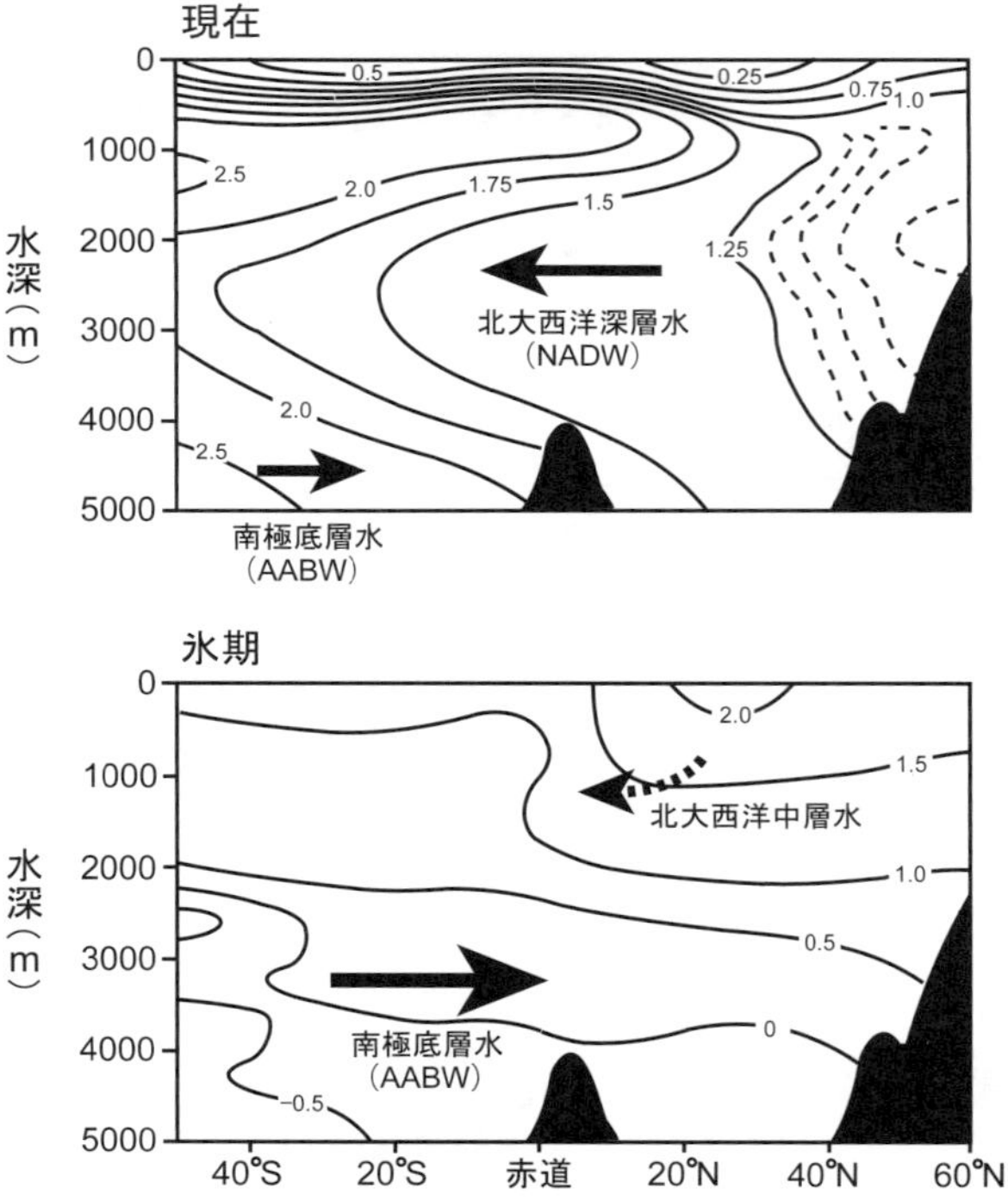

図 8-12　大西洋における現在(上)と氷期(下)の深層水循環を示す断面図．上図は，海水 1 リットル中に含まれるリン酸の濃度(μM)を示している．リン酸は，深層水の流れとともに増加していくため，それを追跡するのによい指標である．下図は，130 本以上もの海底コアの分析結果をもとに描いた，氷期における炭素同位体比の分布．氷期には，現在大量に形成されている北大西洋深層水はなくなり，わずかに中層水が形成されるにとどまっていたことが明瞭にわかる．Lynch-Stieglitz *et al.* (2007)を改変．

カルシウムでできた殻を作り、海底堆積物中に化石として何万年にもわたって保存されている。この殻に含まれている炭素の安定同位体比が役に立つのだ。なぜならその殻は、当時の深層水に溶けていた二酸化炭素の炭素同位体比を、そのまま記録しているからだ。その記録の中でもっとも^{13}Cに富んだ(重い)同位体比をもつところが、深層水の形成域にもっとも近く、もっとも^{13}Cに乏しい(軽い)同位体比をもつところが、深層水の形成域からもっとも遠いというわけである。

この氷期の深層水循環を明らかにするために、これまで数多くの堆積物試料が分析されてきた。とくに大西洋では、多くの海底堆積物が一つ一つ丹念に分析され、氷期の深層水循環像が描けるようになってきた[15]。図8-12は、そういった記録をまとめて大西洋の南北断面図として表したものである。それによると、氷期は北大西洋深層水の沈み込む深さが浅くなり、水深二〇〇〇メートル程度にまでしか達していない。その一方で、その分だけ南極底層水が大きな勢力をもっていたことがわかる。現在(間氷期)とは違って、北大西洋深層水の勢力は弱く、エネルギー輸送量も小さかったわけだ。氷期のコンベヤーベルトは、現在ほど効率的に回っていなかったのだ。

では、大西洋のおよそ二倍の体積をもつ太平洋ではどうだろう？　残念ながら、太平洋での復元作業はあまり進んでいない。これは、太平洋の海水中では炭酸カルシウムが溶けやすく、有孔虫の化石が堆積物中に残りにくいからだ。しかし、太平洋の北西海域で、深層水が形成されていた断片的な証拠もいくつか報告されている。[16] 今後、その詳細が明らかにされていくだろう。

オン・オフ・モデル

4章で解説したミランコビッチ理論によると、気候変動は多くの場合、ゆるやかに始まり、ゆるやかに終わるはずである。ミランコビッチ・フォーシングは、異なる周期をもつサインカーブの重ね合わせで表される。よほど運が悪くないかぎり(波のピークが一カ所で重ならないかぎり)、急激には起こりえない。しかし、実際の地球の気候は、決してゆるやかには変動してこなかった。酸素同位体比カーブや海面変動曲線は、氷期から間氷期にいたる過程が、つねに数千年という時間スケールで起こる急速なプロセスであることを物語っている。これを、どう説明すればよいのだろうか?

この問題に光を当てたのが、一般に「オン・オフ・モデル」と呼ばれる、ブロッカーが提唱したメカニズムである。[13] これは、深層流のコンベヤーベルトが停止、あるいは弱まることによって安定解の間にある障壁を乗り越え、気候が急速に変化するというものである。現在「オン」の状態にあるコンベヤーベルトだが、これが「オフ」になると氷期がやってくるというわけだ。「オフ」の状態では、北大西洋深層水は形成されなくなり、世界中の深層水は南極海を起源とするものになるだろう。それだけではない。それまでメキシコ湾流によって北大西洋の北部域へ運ばれていた大量の熱エネルギーの供給が、ストップしてしまう。

この結果、どんなことが起こるだろうか？　熱の供給がストップしたヨーロッパや北米は、いまよりも格段に寒くなるだろう。現在、深層水が形成されているグリーンランド海に流入するメキシコ湾流の水温はおよそ一〇℃だが、それが深海底に沈み込んでいくときには二℃にまで低下している。すなわち、八℃分の差に相当する熱エネルギーが、海洋から大気に移っているわけだ。さきに述べたように、北大西洋における深層水の形成量は一秒につき一五〇〇万立方メートルだから、単純に計算すると、グリーンランド海付近で海洋から大気に移る熱エネルギー量は、一年につき1.6×10^{22}ジュールにも達する。この数字は、この海域が受ける日射エネルギー量の四分の一にも相当する。(17) すなわち、現在の北部北大西洋域の大気は、深層水を形成する「ボーナス」として大量の熱エネルギーを受け取っているわけだ。したがって、コンベヤーベルトが止まり、この深層水が形成されなくなると、北部北大西洋域は大きく寒冷化することになる。

現プリンストン大学の真鍋淑郎《しゅくろう》(図8-13)は、大気と海洋を全地球スケールで小さな均質な箱に切り分けて、気候変動を予測する方法論を確立したパイオニアだ。これは「大循環モデル(GCM：General Circulation Model)」と呼ばれる。隣り合った箱の間には熱力学と流体力学に規定された物質のやりとりがある。大気と海洋について独自に

図 8-13　真鍋淑郎(1931-)．現プリンストン大学研究員．大気大循環モデルを開発し，海洋大循環モデルと結合した大気-海洋結合モデルを用いて，地球温暖化予測を行なった．真鍋が開発した大気-海洋結合モデルは，気候変動を数値シミュレーションする際の標準的な手法となっている．
写真提供）真鍋淑郎氏

作られた大循環モデルをカップリングさせた「大気‐海洋結合モデル」は、スーパー・コンピューターを用いる現代の気候変動予測にとって不可欠のツールとなっている。過去三〇年にわたるコンピューターの目覚しい進化によって、真鍋が確立した手法は、次々と真価を発揮していった。

真鍋のコンピューター・シミュレーションによると、たしかに、深層流のコンベヤーベルトには「オン」と「オフ」の二つの安定なモードがある。(18) 現在のロンドンは、北緯五一度にありながら年平均気温が一〇℃もあり、緯度のわりには温暖な気候である。ちなみに、日本の札幌は、北緯四三度とロンドンよりかなり南に位置するが、その年平均気温はおよそ八℃である。もしコンベヤーベルトがストップすると、ロンドンの年平均気温は〇℃以下にまで低下し、緯度にしてさらに二五度も北にある、現在のスピッツベルゲンと同程度のものになるだろう。ブロッカーは、コンベヤーベルトを(19)「気候システムのアキレス腱」と表現し、気候システムにおけるその重要性を強調した。

ではいったいどうすれば、このオンとオフのスイッチを切り替えることができるのだろうか？　答えは単純明快である。北大西洋深層水が形成されるグリーンランド沖あたりの海水の塩分を下げて(密度を下げて)やればよいのだ。さきほどの図8‐4をよく見ればわかる。低温領域にある海水の密度を下げるためには、水温を上げるより塩分を減らす方がずっと簡単だ。たとえば、一立方センチメートルの海水の重さを〇・〇〇一グラム下げるためには、水温を一〇℃も上げねばならない。それにたいして、塩分の場合は、わずか一単位あまり下げるだけでよい。では、どのようにして北大西洋の塩分を下げればよいのだろう？　氷床の融氷水をこの海域に流入させて、塩加減を調節してやればよいのだ。

このオン・オフ・モデルの原型は、じつはもともとストンメルが指摘したものである。ストンメルは、深層水循環の理論の延長線上にある気候変動についても深い洞察をもっていた。一九六一年に発表された論文[20]には、とくにすばらしい示唆が含まれている。ストンメルは、簡単なモデルを用いて、少なくとも二つの深層水循環のモードがあることを指摘したのだ。

図8-14は、そのエッセンスを示したものだ。コンベヤーベルトがオフになるときとは、高緯度海域の淡水のバルブを開けることに相当する。そうすると、北大西洋の海水は軽くなって沈めなくなる。コンベヤーベルトを駆動してきた、海水の密度の違いがなくなってしまうからだ。巨大なローレンタイド氷床やフェノスカンジア氷床が融解した一万九〇〇〇年〜七〇〇〇年前は、大量の融氷水が北大西洋に流れ込む、まさしくそういった時代であったに違いない。こういった「外力」が、氷期という安定解から、間氷期というもう一つの安定解へと移動する原動力になったのであろう。

このオン・オフ・モデルは、研究者によって少々とらえ方は異なっているものの、北

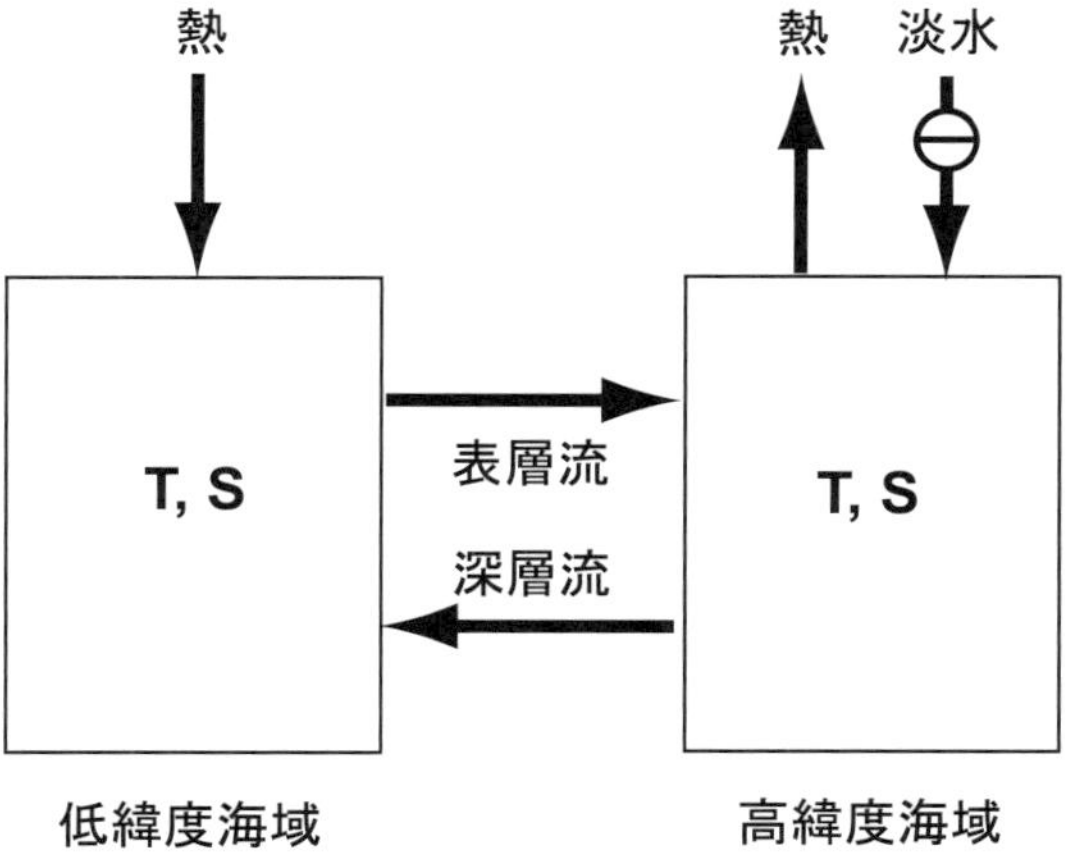

図 8-14　ストンメルの 2 ボックスモデルを改良したモデル．低緯度海域は赤道大西洋を，高緯度海域は北部北大西洋を示すと考えるとわかりやすい．T は水温，S は塩分を表す．低緯度海域では水温が上昇し，海水の密度は小さくなる．それに対して，高緯度海域では熱が奪われるため，海水の水温が下がり密度が大きくなる．このことが，高緯度海域と低緯度海域の間で，表層流と深層流の流れが生まれる原動力となっている．しかし，高緯度海域で氷床の融解などにともなう淡水の流入が起きると，これらの流れは止まってしまう．Stommel(1961)を改変．

大西洋深層水の形成が重要な鍵を握っているという点では、現時点で多くの気候学者が賛同する「業界標準」の考え方になっている。これまで発表されたＩＰＣＣの報告書にも、コンベヤーベルトのオン・オフが、気候を左右する重要なメカニズムであることが解説されている。

二〇〇四年五月に封切られたハリウッド映画「デイ・アフター・トゥモロー」[21]は、このブロッカーの説にヒントを得た映画である。地球温暖化がこのコンベヤーベルトを止めてしまい、気候を寒冷化させるというシナリオだ。しかし、ブロッカー自身は、この映画はあくまでもフィクションであって、地球温暖化問題を一般に広く知らしめる手段としては役に立つかもしれないが、実際に起こりうる話ではない、とクギを刺している。[22]

第9章　もうひとつの探検

私は天才ではありません。
ただ、人より長く一つのことと付き合っていただけです。
アルバート・アインシュタイン

ダンスガードの夢物語

一九五〇年代半ばに、エミリアーニが有孔虫の酸素同位体比を用いて革命的な仕事をまとめていた頃、北欧デンマークのコペンハーゲン大学では、ウィリ・ダンスガードが世界各地で降る雨や雪を集めては、その酸素同位体比を測定していた。ダンスガードの興味は、日々の気象条件と、酸素同位体比がどのように関連しているのかを知ることだった。

雨や雪は、蒸発・移動・凝結といういくつものプロセスを経たうえで地上に降ってくる。その酸素同位体比は、多くの要因がからんだ複雑な履歴をもつはずだ。しかし、研究を進めるうちに、ダンスガードは、高緯度地域で降る雪の酸素同位体比と気温が、単純な関係をもっているという経験則を見出した。[1] 年平均気温が高ければ、その年の雪の酸素同位体比は^{18}Oに富むようになり(重くなり)、低ければ^{18}Oに乏しくなる(軽くなる)(図9-1)。ということはつまり、雪(氷)の酸素同位体比は、昔の気温を記録した、よい「古気温計」になっているわけだ。

この成果は、半世紀近くにわたるダンスガードの輝かしい研究史の中では、プレリュードにすぎなかった。彼は当時からこの知見を、グリーンランドの氷のサンプルに応用することを夢見ていたのである。一九五四年に「淡水における^{18}O濃度」というタイトルで発表した論文の中で、[2] ダンスガードは控えめに次のように述べている。

筆者の個人的な意見だが、グリーンランド氷床に残された記録から過去数百年の気候変動が復元できるかもしれない。

まさしく先見の明だ。来るべき自らの研究者人生を暗示するかのような一文である。後に、ダンスガードはこのことについて、「この時点ですでにグリーンランド氷床を掘削すれば、過去の気候変動を復元できることは予測していたが、このアイデアを盗まれないようにあいまいな表現にとどめておいた」と述べている。[3] 大学卒業後に一年間、人里遠く離れたグリーンランドの気象観測所で観測員として働いた経験をもつダ

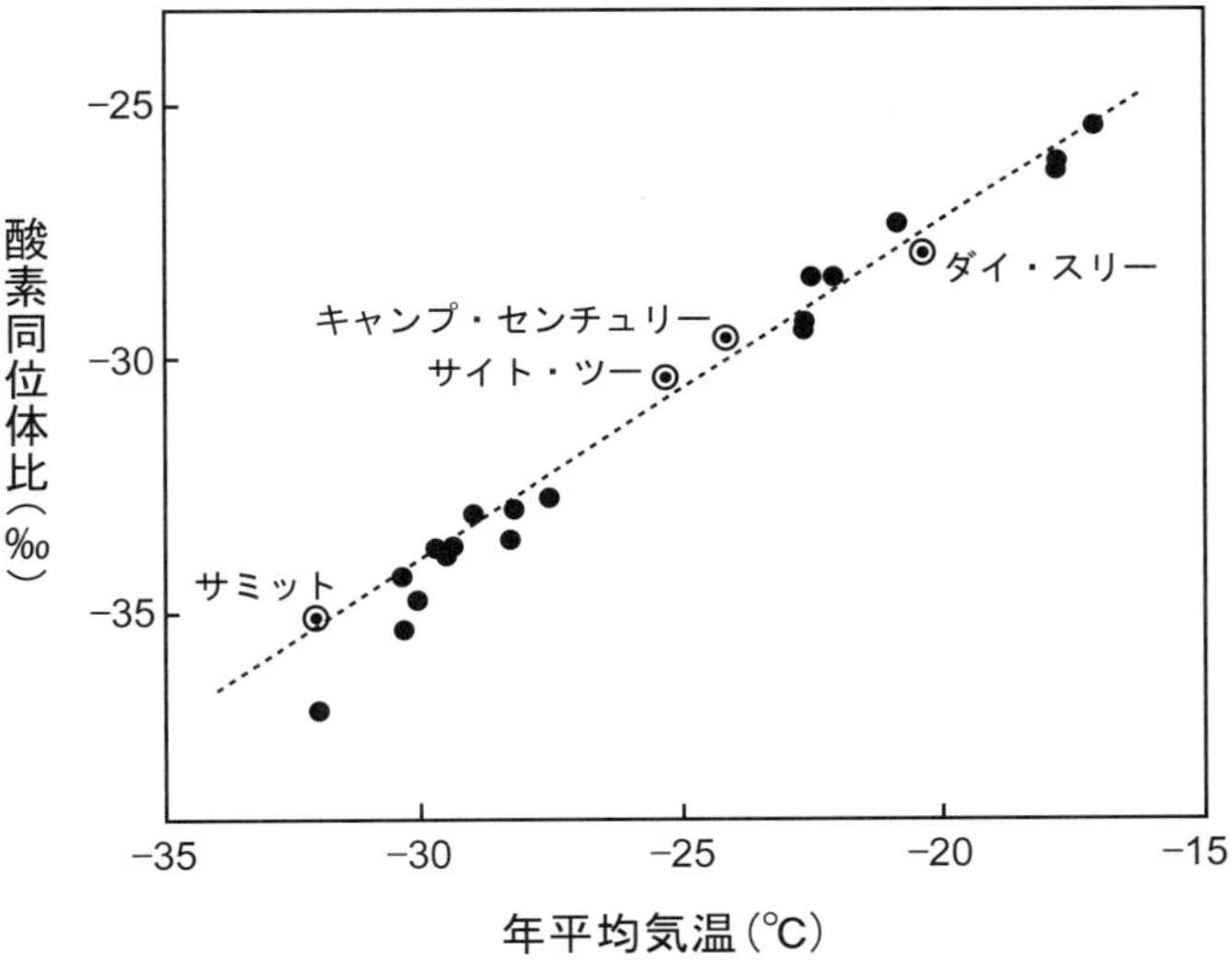

図 9-1　グリーンランド島における各地の年平均気温と，降雪の年平均の酸素同位体比を示した図．本文中に引用されている 4 つのサイトのプロットも示した．年平均気温が高いほど酸素同位体比も大きくなり，その割合は年平均気温が 1℃ 上がるごとにおよそ 0.7 パーミル大きくなる．この関係は，水温が高ければ酸素同位体比が小さくなる海底堆積物とは逆の関係だ．Dansgaard(2004)を改変．

ンスガードにとって、グリーンランドはじつはなじみ深い場所だったのである。

雪の酸素同位体比の研究で、若くして一流の地球化学者の仲間入りをしたダンスガードは、その後何度もグリーンランドを訪れ、コツコツと氷試料のサンプリングを行なった。しかし、自分一人の力では、思い描いた夢を実現するのはとてつもなく難しい。そう感じはじめていた、ちょうどその頃、ダンスガードは、アメリカ軍の研究者グループがグリーンランドで氷床を掘削していることを知るのである。

白い大地、グリーンランド

デンマークといえば、ドイツの北にあるユトランド半島を占める「小さな国」と考える人もいるかもしれない。しかしそれは誤りだ。なぜなら、グリーンランドという世界最大の「島」がまるごとデンマークの領土だからだ。グリーンランドの面積は二二〇万平方キロメートルにもおよび、日本の陸地面積のなんと六倍もある。この島のことをグリーンランド大陸とさえ呼ぶ人もいるくらいだ。このグリーンランドのおかげで、デンマークはじつはヨーロッパでもっとも広い国土をもつ国なのである。

グリーンランドは、南端部を除いた多くの部分が北極圏に位置している。そのため、真冬になると多くの場所で、太陽が一度も顔を出さない陰鬱な日々がつづく。さらに島の面積の八五パーセントが分厚い氷によって覆われている。グリーンランド氷床である

（図9-2）。この氷床があるために、人々が暮らすことができるのは、海岸付近のわずかな地域に限られている。

それにしても、「グリーンランド」とは奇妙な名前ではないか。あるのは真っ白な氷ばかりで、緑などほとんどない土地なのだ。この島が「グリーンランド」と名付けられたのは、一〇世紀終わりごろのことだ。現在のアイスランドを殺人の罪で追放された「赤毛のエリック」[4]と呼ばれるバイキングが、グリーンランド南端部に流れ着き、そこで入植地を作ってアイスランドからの入植者を募ったのである。たくさん入植者を呼び込むために、赤毛のエリックは知恵を絞り、「緑の大地」というプロパガンダを考えついた。ひどい詐欺である。後の12章でくわしく述べるが、このバイキングが活躍した時代は、ヨーロッパや北米では「中世温暖期」と呼ばれる、気候が比較的温暖な時期に当たる。グリーンランドでも、この頃はその前後の時代に比べて少々温暖な時代ではあったようだ。とはいえ詐欺であることには違いない。結局、一四世紀半ばに、この入植は移住者が全滅して終焉を迎える。この一四世紀半ばという時代は、中世温暖期が終わり、「小氷期」と呼ばれる寒冷な気候に移行した時期に一致している。

それから四〇〇年後、デンマークとノルウェーから再び移住者が住み着いた。現在ではその広大な島には、イヌイット系の人々が南西部を中心に五万人あまり住んでいるにすぎない。人々の多くは農耕ではなく、漁をして暮らしている。この不毛の大地グリー

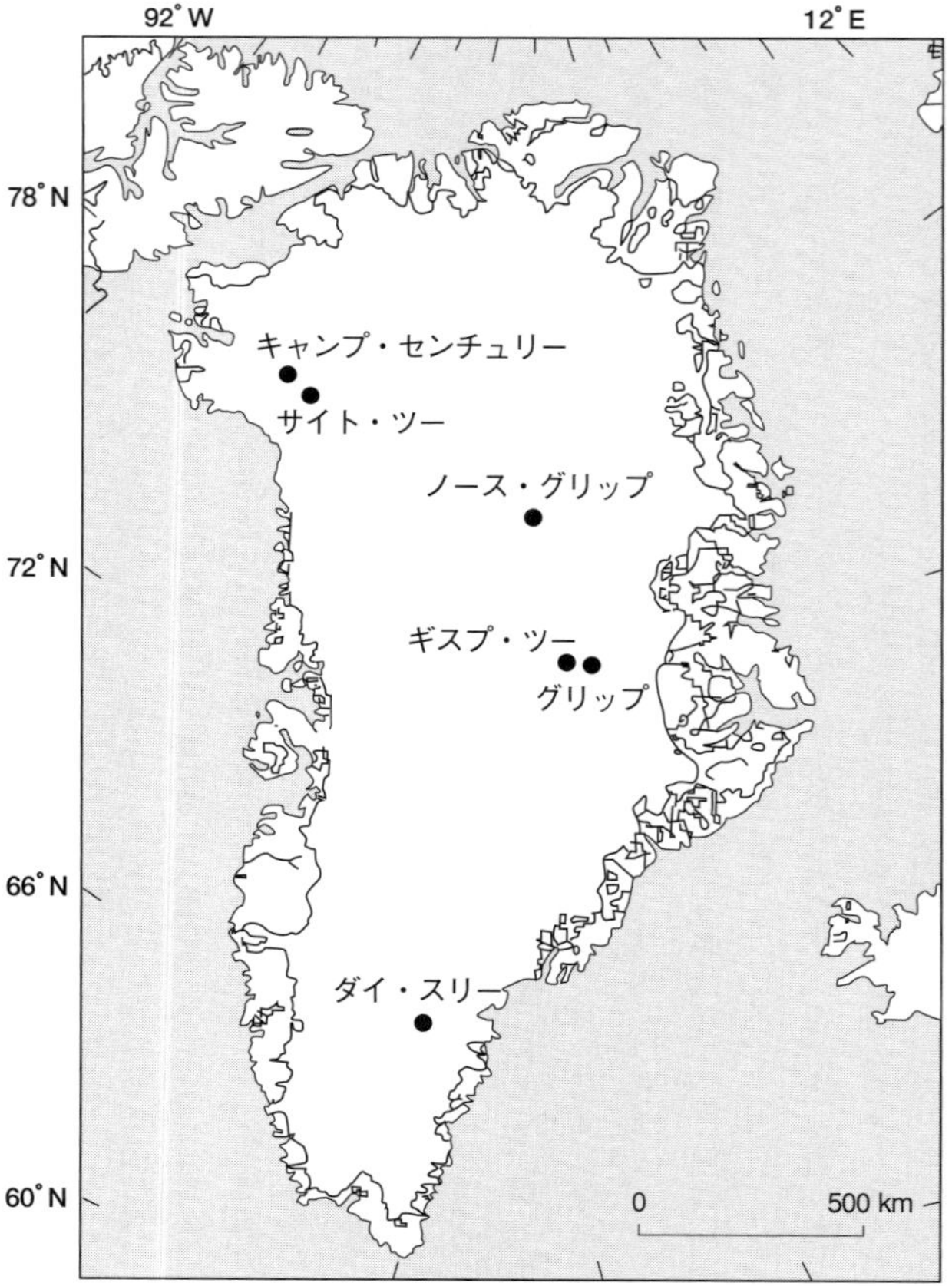

図 9-2　グリーンランド．●印は，本書で紹介する，アイスコアの採取位置．

ンランドが、二〇世紀後半に気候変動の研究の世界で大きく脚光を浴びることになる。

氷の中の秘密基地

アメリカとソ連が冷戦の真っ只中にあった一九五〇年代終わり頃、グリーンランドの北西端に近い北緯七七度一〇分、西経六一度〇八分の地に、アメリカ軍の基地が極秘裏に建設された(図9-3)。基地の名は「キャンプ・センチュリー」。この世紀の秘密基地は、氷床の内部という、常識ではとうてい考えられないような場所に作られた。ところが、常識はずれの場所に建設されたにもかかわらず、この基地はとてつもなく大きな規模をもっていた。「メインストリート」と呼ばれる通路は、大型トラックも楽々通れる、幅、高さとも七メートルほどある立派なもので、長さは四〇〇メートル以上にもわたるものであった。メインストリートの両側にはいくつもの細い回廊があり、その両側には病院、教会、映画館、フィットネス・クラブやスケートリンクにいたるまで三二もの施設があった。

　この基地が建設された当初は、基地で使用される電力は、移動式の原子力発電機によって供給されていた。夏季にはアメリカ軍の関係者が二五〇人ほど居住しており、各部屋にはなんとシャワーまで備えつけられていた。さらに、すべてのドリンクが二五セントで飲める、バーテンダー付きのいかしたバーまであった。そこには水着の美女のポス

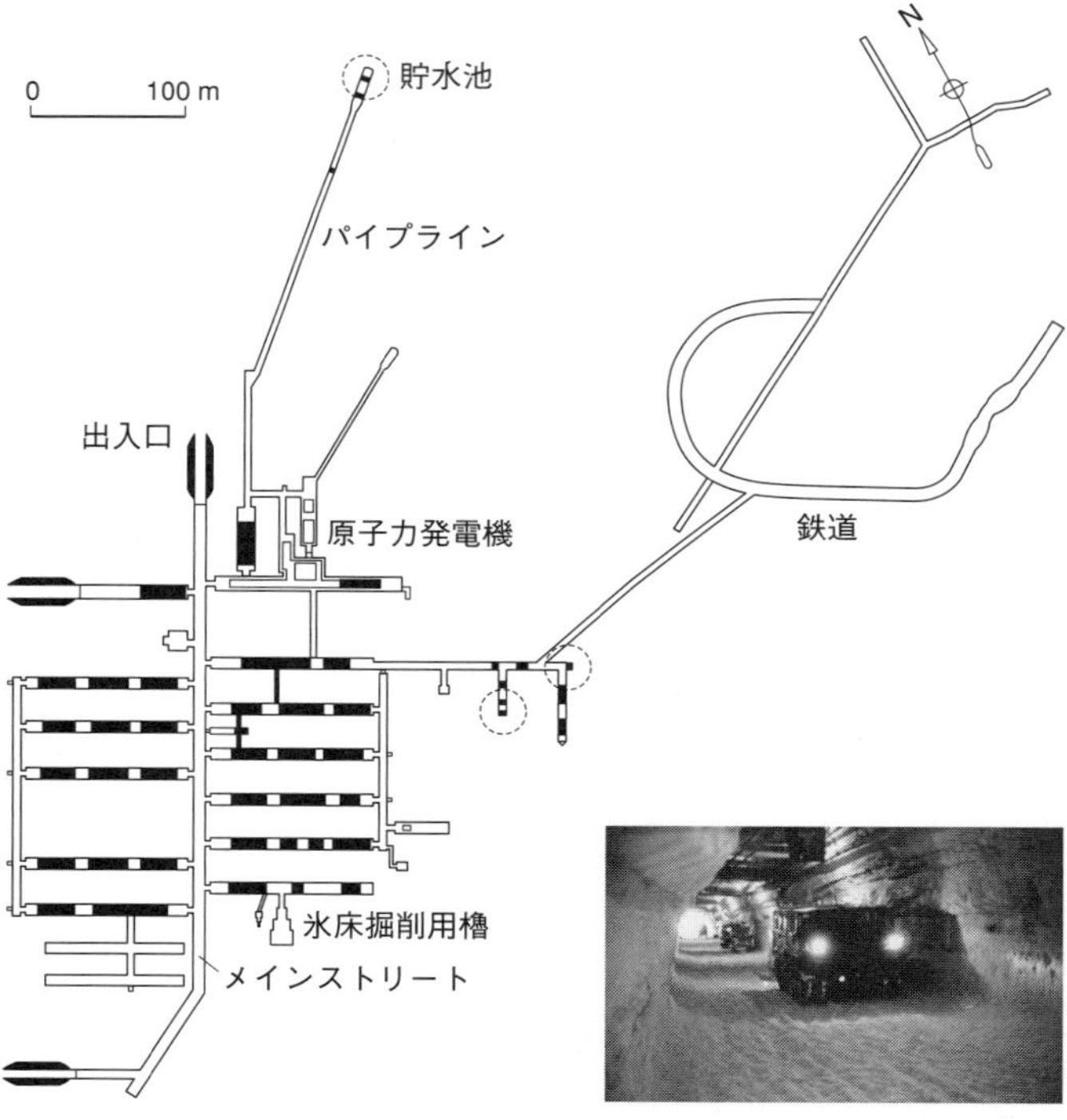

図 9-3　グリーンランド氷床内部に作られたキャンプ・センチュリー内の地図．写真は「メインストリート」の様子．Dansgaard(2004)から引用．

ターが貼られていたが、教会の牧師が息抜きに来るときだけ裏返され、釣り人を写したポスターに早変わりしたという。(3)

グリーンランドにおけるアメリカ軍の活動は、一九四一年四月以来のものだ。グリーンランドが北米大陸とヨーロッパ大陸とをつなぐ戦略的に重要な位置にあるため、アメリカがデンマークに軍の駐留を申し入れたことに端を発する。ちょうどその一年前にナチスドイツがデンマークを占領した。それに反発した当時の駐米デンマーク大使は、本国の了解を得ることなく、アメリカにその許可を勝手に与えてしまったのだ。

グリーンランドで活動する自由を得たアメリカは、第二次大戦が終わってからもいろいろと理屈を並べて居座った。そして間もなくアメリカとソ連の間で冷戦が始まると、グリーンランドは北極海経由でソ連が侵攻してくるのを防御するための前線という軍事的に重要な地になる。冷戦下の一九五〇年代以降も、アメリカ軍は引きつづきグリーンランドで活動していた。

アメリカ軍はこのグリーンランドの氷床内のキャンプ・センチュリーで、氷床の構造に関する研究や、氷の中での軍事関連物資の輸送に関する実験など、さまざまな活動を行なっていた。このキャンプ・センチュリーを管理していたアメリカ軍の寒冷地工学研究所のライル・ハンセンらのグループは、その活動の一環として、この基地でアイスコアを掘削する技術(というより本当は、氷床をぶち抜いて底まで穴を開ける技術)の開発を行なっていた。まったくもって奇抜、かつスケールの大きなことを考えたものである。

氷を掘削するために、櫓《やぐら》がこの地下基地内に設営され、その記念すべき掘削が始まったのは一九六〇年のことである。しかし、当時は氷を掘る技術はまだ確立されておらず、プロジェクトは手探りの状況で始まった。(5) 当初、氷の掘削に用いられたのは、ケーブルを通して掘削ドリルの先端に電力を供給し、金属ドリルの先端部を熱して氷を融かしながら掘り進む「サーモ・ドリル」という技術であった。四〇〇メートルほど掘り進んだ時点で、ハンセンらは新しく開発した「エレクトロ・メカニカル・ドリル」という掘削法に切り替えた。ドリルの先端を回転させ機械的に掘り進む、開発されたばかりの掘削法で、これが成功への鍵だった。エレクトロ・メカニカル・ドリルは、サーモ・ドリルよりも掘削速度が速く、氷だけでなく岩石も掘削できるパワフルなもので、現在でもアイスコア試料の掘削に用いられている。

掘削されたアイスコア試料は、数メートルごとに氷上に回収された。そして再びそのコアドリルを同じコア孔に挿入し、深い孔の底まで下ろすという手間の掛かる作業が何度もくり返された。掘削している間にコア孔がふさがるのを避けるために、氷とほぼ同じ密度をもつ液体をコア孔に注入するという現在用いられている技術も、このときに開発されたものである。氷は「粘性の高い液体」のようなもので、高さ一一メートル分の氷は一気圧分に相当する。したがって、数百メートルも掘り進んだコア孔を開けたままで放っておくと、その孔は周囲の圧力に押されてたちまちふさがってしまうのだ。

その後、数多くの技術的なトラブルと戦いながらも、徐々に長いアイスコアの掘削に成功し、六年後の一九六六年七月にはついに目標を達成した。グリーンランド氷床の底にまで到達する、長さ一三八七メートルのコアの掘削に成功したのだ。(6) 最後の二五メートルは泥混じりの茶色に濁った氷で、ところどころに砂が混じるものであった。とくに、最後の数メートルは大きな石ころが多数混じっていた。ドリルは、明らかに氷床の底にまで到達していた。

このキャンプ・センチュリーで掘削されたアイスコアは当時、漠然と過去の気候変動の研究に役立つであろうと考えられてはいた。しかし、もともと軍事的な実験研究の一環として行なわれたものだったので、あらかじめ科学的に十分に練られた計画があるわけではなかった。そのため、長大なアイスコアの保管場所に困るはめになった。結局、アイスコアは、ニューハンプシャー州にある寒冷地工学研究所の本部にまではるばる運ばれて、そこの冷凍庫で保存されることになった。(7) デンマーク人のダンスガードにとって幸運なことに、世界ではじめて本格的なアイスコアを掘削したにもかかわらず、当のアメリカの研究者たちは、ほとんど誰も、このアイスコアを用いた研究を提案していなかった。

そのことを知ったダンスガードはすぐに、このアイスコアの管理責任者であった寒冷地工学研究所のチェスター・ラングウェイに手紙を書き、アイスコアの酸素同位体比を分析させてもらえないだろうか、と申し出た。もちろん、測定にかかる費用はすべてコペンハーゲン大学が負担するという条件を付けて。ラングウェイはこの申し出を受け入れた。これが、その後二〇年にわたってつづく、ダンスガードとラングウェイのコンビの始まりであった。

ダンスガードは、早速ニューハンプシャーの寒冷地工学研究所に学生を派遣し、まず八六個の氷サンプルを手に入れた。コペンハーゲンに届いたそのサンプルの酸素同位体比の分析結果は、ダンスガードを大いに驚かせた。それは、最終氷期と考えられる寒い時代だけでなく、最終間氷期と呼ばれる、ひとつ前の暖かい時代まで記録していたのである。

氷に残された気候の記録

この結果に感激したダンスガードは、キャンプ・センチュリーのアイスコアをさらに細かくサンプリングし、合計七五〇〇個あまりものサンプルの酸素同位体比をひとつずつ丹念に分析していった。彼らが手にした世界で初めてのアイスコアの詳細な酸素同位体比記録は、科学的な示唆に満ちあふれたものであった。(8) 図9-4を見ていただきたい。

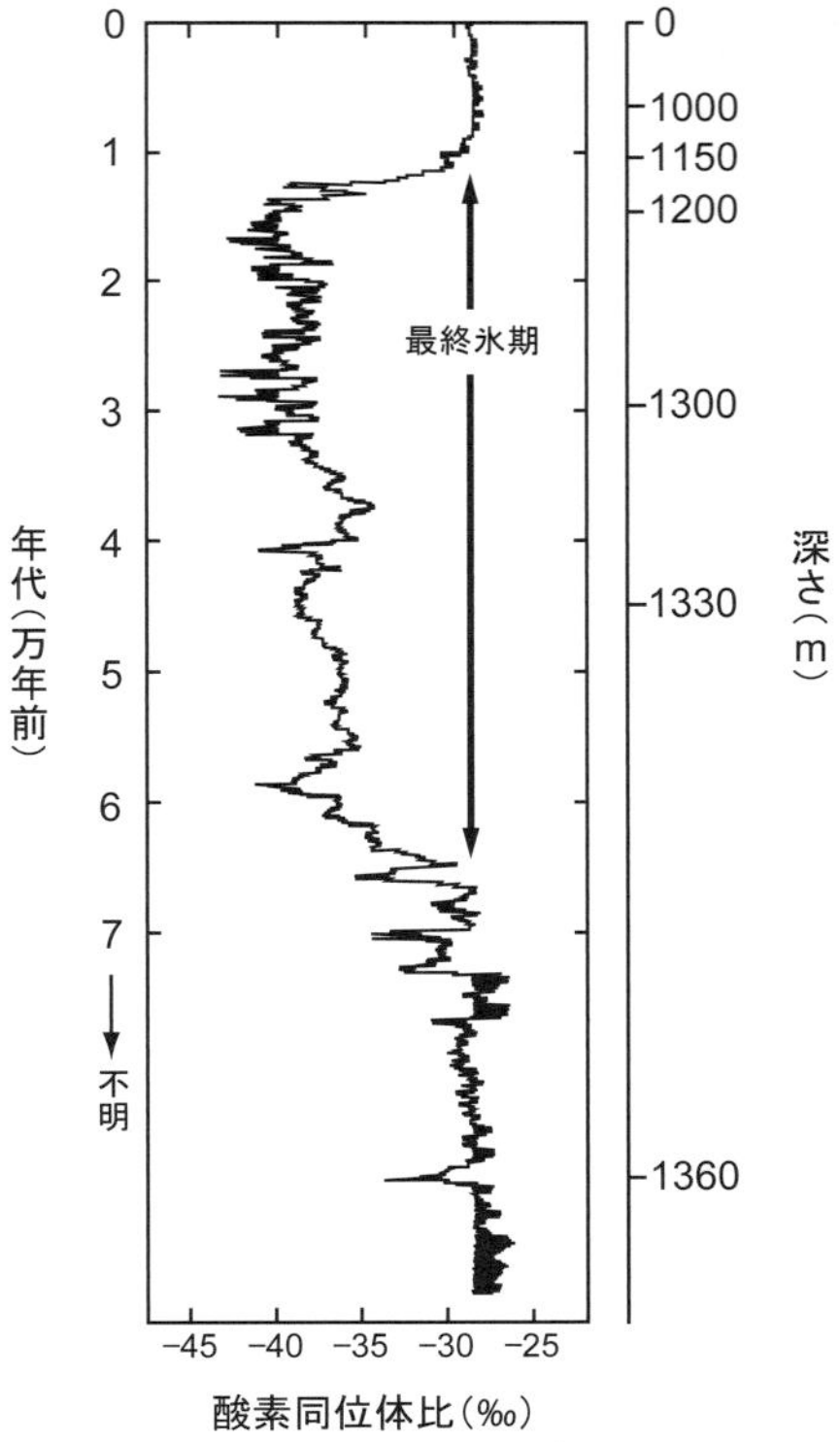

図 9-4　グリーンランドのキャンプ・センチュリーで採取されたアイスコアの酸素同位体比記録．図の左側には，氷床の流動モデルを用いて推定された年代を，右側にはコアの深さを示した．年代軸は後に，より詳細な流動モデルによってわずかに変更された．Dansgaard *et al.*(1969)，Dansgaard(2004)を改変．

まず、一四〇〇メートル近いアイスコアのうち、表層から深さ一一五〇メートル付近まで、時代でいうと一万年前くらいまでは、延々と安定した酸素同位体比をもっていることがわかる。多少のゆらぎはあるものの、その酸素同位体比は、マイナス二九パーミル付近を小さく振れる程度である。このマイナス二九パーミルという値は、現在のそれとほぼ同じである。このことから、この時期を通してグリーンランドの気候が、現在と同様のものであったことがわかる。

ところがそれよりも深い部分になると、急に状況は変わりはじめる。酸素同位体比が急速に小さくなり、一万四五〇〇年前ごろと推定される深さ一二〇〇メートルあまりの部分では、マイナス四三パーミル付近まで低下しているのだ。この一四パーミルにおよぶ酸素同位体比の低下は、ダンスガード自身がかつて明らかにした気温と酸素同位体比の関係(図9-1)を当てはめると、二〇℃以上もの気温の低下に相当する。

それ以外にも、このアイスコアからは興味深いシグナルをいくつも見出すことができる。最終氷期から後氷期に移り変わる過程は、暖かくなったかと思えば、すぐまた寒くなるという気候の振動を経て、温暖化してきたことがわかる。それだけではない。氷期の記録の中には、気温に換算すると、七℃くらいの振れ幅をもつ、短い周期の「気候変動」が数多く見いだされる。このことは、グリーンランドにおいて氷期という時代が、単に寒いだけではなく、非常に不安定な気候をともなう時代だったことを示唆している。

過去一万年間の酸素同位体比が、ほとんど変動していないのに比べると対照的である。

ダンスガードによるキャンプ・センチュリーの酸素同位体比の結果は、氷が海底堆積物と同じく、過去の気候変動を記録する「テープ・レコーダー」であることを示した。そして、そのことを古気候研究者に認識させるに十分なインパクトを与えた。しかし最大の問題は、彼らの論文が発表された当時、アイスコアの年代を決定するために必要な、氷床の動きに関する基礎的な知見が不足していたことだった。アイスコアには、海底堆積物と同じく、深い部分ほど、より古い時代の記録が保存されている。しかし、氷床の重要な特徴は、温めた飴のようにゆっくりと流れていることだ。氷床に刻まれた過去の記録は、記録そのものが流動し、時間が経てば消失してしまうという独特の性質をもっている。この点で海底堆積物と決定的に異なっている。アイスコアの「深さ」を「年代」に読み換えるには、かなりプロフェッショナルな知識とテクニックが必要なのだ。

当時はこういったアイスコア研究の基礎が未熟で、氷床の動きに関する観測結果もまだ不十分な時代であった。そのため、ダンスガードが示した酸素同位体比記録に関心を示した古気候研究者たちも、細かな部分までなかなか信じようとはしなかった。また、最終氷期中に見出された急激な酸素同位体比の変動は、当時の海底堆積物の分析結果からは確認されていなかった。こういったことも多くの研究者を戸惑わせ、キャンプ・センチュリーの分析結果にたいして疑問をいだかせる原因となった。

アイスコアが掘削されたキャンプ・センチュリーは、グリーンランド氷床の北西端に比較的近い位置にある。ここは、氷床の下にある基盤岩があまり平坦ではない。このため、多くの古気候学者は、ダンスガードがアイスコアの年代決定に用いた氷床の流動モデルは、現実を単純化しすぎているのではないかと勘ぐっていた。氷床の底面付近が、基盤岩のデコボコによってモデル以上に複雑に流動し、古い氷と新しい氷とで年代が逆転したため、見かけ上、気候が急激に変動したように見えただけだろうというわけだ。さらには、アイスコアの分析結果が、キャンプ・センチュリーのもの以外にないため、たった一地点での記録から広域の気候変動を議論することに疑問をいだく研究者もいた。結局、このキャンプ・センチュリーの結果が認められるには、その後、グリーンランド南部のダイ・スリー(図9-2)におけるアイスコアの掘削を待たねばならなかった。ミランコビッチにしてもそうだが、時代を先取りしすぎた研究は、正しいことが証明されるまで少々時間がかかる。生前に認められた分だけ、ダンスガードは幸運だったのかもしれない。

キャンプ・センチュリーは、氷床の底まで掘削が成功した翌年の一九六七年に突然、氷床の流れが速くなり、やむなく閉鎖されることになる。この何でもそろった快適な基地の維持や、さまざまな軍事実験には、莫大な量のエネルギーが消費されてきた。そのため、放出された多量の熱により、基地周辺で氷の流動速度が速くなったのである。結局、キャンプ・センチュリーは、幸いにして冷戦の表舞台に登場することもなく、また現実に氷床の中を物資輸送しなければならない事態にもならなかった。しかし、軍事とは異なる科学という分野で、革命的な道を開くことに大きく貢献したのであった。

次にグリーンランドで氷床の底にまで到達する本格的なアイスコアが掘削されるのは、それからなんと一五年も後のことである。キャンプ・センチュリーで掘削された氷床コアを用いた古気候の研究プロジェクトが、いかに時代に先駆けて行なわれたかが、このことからもうかがえる。一方、キャンプ・センチュリーの分析結果の重要性がすぐに認知されなかったダンスガードは、自らの研究の正しさが証明されるまでに、一五年も待たされたことになる。キャンプ・センチュリーの掘削が成功した当時四四歳であったダンスガードは、念願の二本目のアイスコアが掘削されたときには、すでに還暦間近になっていた。

流れる氷床

話を先に進める前にここで、氷床とはどういうものかについて、もう少しくわしく解説しよう。

「氷床」とは、簡単にいうと、陸地の上に乗った氷の塊である。日常的な感覚からすると氷は硬い物質なので、氷床が氷の塊だと聞けば、動きのない静的なものという印象をもつ人も多いだろう。しかしそれは、氷床の時間スケールが、人間の時間スケールより少しばかり長いから、そう見えるだけだ。たしかに、家庭の冷凍庫の中で作られる氷は、まぎれもなく「固体」である。ところが、氷床ほど大きなサイズになると、状況は異なってくる。まず、さきにも述べたように、氷床は流れている。氷床は「粘性の高い液体」と表現してもよいくらい、非常にダイナミックな動きをもつ物質である。氷床の中心から縁辺部に向かって、一日にふつう一メートル、速いところでは一〇メートルくらいのスピードで流れている。

一方、氷床の表面には、雪という氷の「原料」が供給されつづけている。そのまま雪が降りつづけば、氷床はどんどん果てしなく大きくなってしまうが、実際はそんなことにはならない。氷床を小さくするプロセスがあるためだ。それは、氷床縁辺部における融解、周縁部からの氷山の流出、そして表面からの蒸発(昇華)である。現在のグリーンランド氷床では、こういった供給と消失のバランスが取れているので、その大きさや形はほぼ一定に保たれている。とくに、氷床が流れて、氷床の周縁部が氷山となって流出するプロセスは、氷床の形や大きさを決める要因として重要である。

氷床がどちらの方向に、どのくらいのスピードで流れているのかを知るために、これまで数多くの研究が行なわれてきた。しかし、アイスコアの研究が始まった当時も今も、この問題は相変わらず研究者の頭を悩ませつづけている。もっとも単純なケースとして、

図9-5に示したような、平坦な基盤岩の上に氷床が形成された場合を想定してみよう。3章で話をしたように、巨大な氷床が乗っかった基盤岩はアイソスタシーの効果で凹むので、実際はまな板上の鏡餅のようにはならない。しかし、話を単純にするために、この際、正確さは少々犠牲にしよう。

たとえば、この氷床上に、氷と同じ密度をもつ仮想の小さな物体を置いたとしよう。この仮想物体の動きを何千年あるいは何万年にもわたって追いかけたものが、図9-5に示した氷の流線である。この物体を氷床のどこに置いたとしても、毎年氷床の内部へ埋まっていく。降雪が、つねに氷床に氷(雪)を供給しているからだ。それと同時に、氷床の流れに乗って縁辺部に向かって移動する。

氷床掘削のように何年もかかるような研究の場合、氷床上に建設された建物は年々氷の中に沈んでいくと同時に、年々横方向に移動していく。そして、歪みの力がかかっていずれ壊れてしまう。氷床に開けたパイプ孔も同じだ。時間とともに、徐々に曲がって変形してしまう。キャンプ・センチュリーが閉鎖に追い込まれたのも、このためだ。氷床がもつ粘性体的な性質は、アイスコアの掘削を想像以上に大変なものにしている。

積もった雪は、時間が経つにつれて上に乗った雪の重さによって固められ、氷に変わっていく。理想的な形をした氷床の中心部「サミット」では、氷はその上に乗った氷自身の重さによって四方八方に押し広げられていく。氷床の中心部でアイスコアを採取し

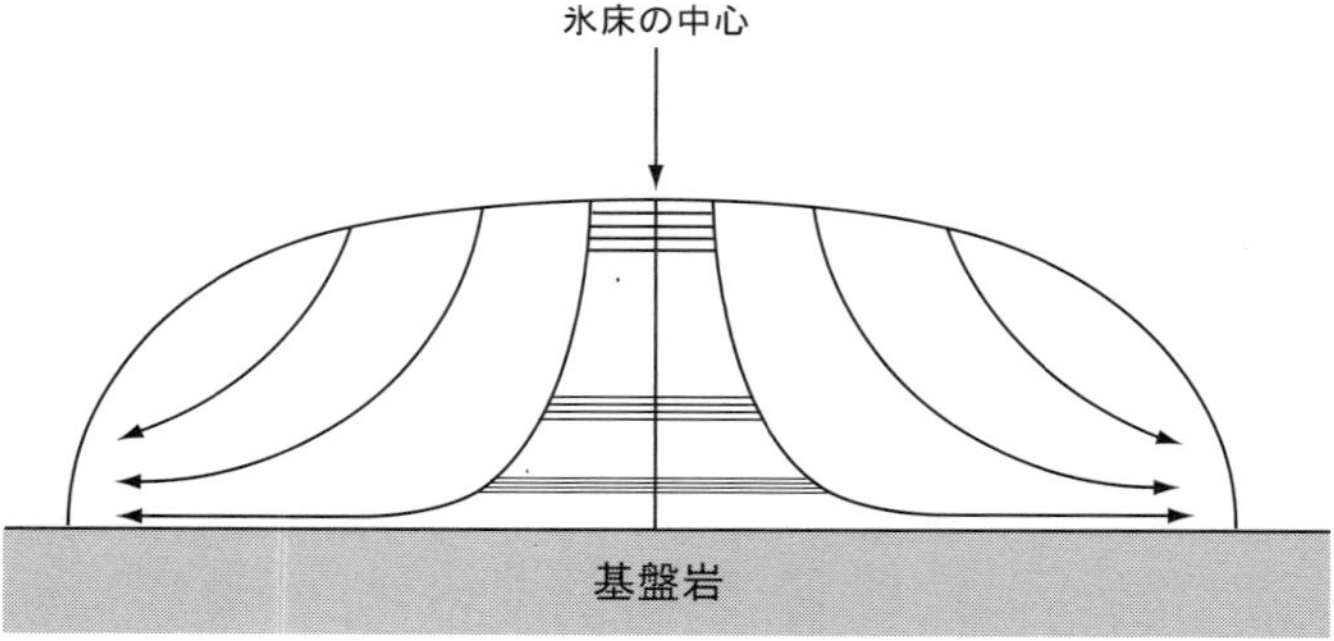

図 9-5　模式的な氷床の断面図．氷床の流線を矢印で示した．氷床の中心付近の横線は，1 年間に形成される氷の厚さが薄くなっていく様子を示している．縦方向に大きく誇張して描いてあることに注意．実際の氷床の平面的な広がりは，氷床の厚さに対して，数百〜1000 倍にも達する．したがって，氷床とは，ここで示したような鏡餅のような形状というよりは，ごく薄い板状と考えるべきである．まさしく ice sheet（氷の板）である．Dansgaard *et al.*(1971)を改変．

た場合、その年層の厚さは、氷床の深い部分ほど薄くなっている。しかもその厚さは、指数関数的に減少していく。このことは、氷床の下部へ行けばいくほど、ある一定の厚さをもつ氷の中に、より長期間の情報が詰め込まれていることを示している。

たとえば、キャンプ・センチュリーでは、長さ一三八七メートルのアイスコアの中におよそ一〇万年にわたる記録が保存されていたが、一〇万年前から一万年前までの記録は、コア下部の二四〇メートルの部分に圧縮されて記録されている(図9-4)。すなわち、氷床の底からわずか一七パーセントの部分に、過去の時間の九〇パーセント以上が圧縮されて記録されているわけだ。

ただし、古い年代の気候変動の詳細な記録を得ようとするならば、長いコアを採取するだけでは不十分だ。氷の下にある基盤岩が傾いておらず、氷床の下部で不規則な流動が起こらない場所を選ぶことが重要なのである。このことから、アイスコアを採取するには、氷がもっとも分厚い氷床の中心部付近の、基盤岩が平坦な場所が一番適していることがわかる。しかし、実際の氷床は、山あり谷ありのデコボコの基盤岩の上に乗っている。さらに、降雪量や融解量が場所によって異なるため、氷床の形は鏡餅のような理想的な形からはほど遠い。したがって、氷床の流れの方向・スピードといった情報は、氷床掘削の位置を選ぶに際して重要になる。

この氷床の流動に関する知見は、採取されたアイスコアの年代を決定するうえで必須のものだ。たとえば、キャンプ・センチュリーのアイスコアでは、主として氷床の流動モデルによって年代が決定された(9)。キャンプ・センチュリーの掘削から五〇年近く経った現在でも、アイスコアの年代決定に氷床流動モデルは欠かせない。しかし、氷が深くなればなるほど、すなわち古い時代になればなるほど、モデルの計算結果は誤差が大きくなり、実際の年代とずれてくる。深い層の氷ほど、動きが基盤岩の形状に左右され、理論的に再現しにくいからだ。現在では、氷床の流動モデル以外にも年層を一枚ずつカウントしたり、二酸化炭素やメタンなどの気体の濃度変化を用いて他のコアとクロスチェックするなど、いくつもの異なった手法の結果を照らし合わせて、総合的に年代を決定する。アイスコアの年代を決定することは、海底堆積物の年代決定とはまた違った意味で、難しく大変な仕事なのである。

さらなる挑戦

グリーンランド氷床の底まで届く二本目の長いアイスコアが、グリーンランド南部のアメリカ軍のレーダー基地、ダイ・スリー(Dye 3)で掘削されたのは、一九八一年八月のことであった。このアイスコアは、その一〇年前に始まったアメリカ、デンマーク、スイス三カ国共同のグリーンランド氷床プロジェクト「ギスプ(GISP：Greenland Ice Sheet Project)」の一環として掘削された。このプロジェクトでは、アメリカからチェスター・ラングウェイ、デンマークからウィリ・ダンスガードというキャンプ・センチュリーのコンビに、今回からスイス・ベルン大学のハンス・オシュガーが新たに加わった。

オシュガーはもともと、一九五〇年代に低濃度のベータ線を測定する検出器を作り、それを用いて雪の中からはじめてトリチウムを見出した地球化学者である。[10]オシュガーが作ったベータ線カウンターを用いた研究は、雪や氷が、放射性核種を用いた古環境研究にとって重要な記録媒体であることを示した。オシュガーが加わることにより研究グループは、さらに幅を増した強力なチームとなった(図9-6)。

さて、このダイ・スリーと呼ばれるサイトは、北緯六五度のグリーンランド南部に位置し、キャンプ・センチュリーから直線距離にして南南東方向に一四〇〇キロメートル以上も離れている(図9-2)。このレーダー基地は、東西冷戦真っ只中の一九五〇年代に、国土の北側から侵入する航空機やミサイルを監視するために、アメリカがアラスカからアイスランドにいたるライン上に作ったレーダー基地の一つである。そのうち、グリーンランド南部を東西に横切るライン上には、ダイ・ワン(Dye 1)からダイ・フォー(Dye 4)まで四つのレーダー基地が建設された。このうちのダイ・スリー(Dye 3)において、一九七九年から一九八一年までの約三年にわたって氷床の掘削が行なわれ、長さ二〇三七メートルのアイスコアが採取された。コア下部の二二メートルは、泥を多く含

図 9-6　グリーンランドにおける氷床コア研究の黎明期を牽引した3人．1981年，ダイ・スリーにて．左からウィリ・ダンスガード(Willi Dansgaard, 1922–2011)，チェスター・ラングウェイ(Chester C. Langway Jr., 1929–)，ハンス・オシュガー(Hans Oeschger, 1927–1998)．
Photograph by J. Murray Mitchell, courtesy AIP Emilio Segrè Visual Archives/Gift of Chester C. Langway Jr.

んだ茶褐色の氷で、その最下部には小石が多数含まれており、このコアが明らかに氷床を貫通し、基盤岩に到達したことを示していた。

ダイ・スリーは、グリーンランド北西部のキャンプ・センチュリーから遠く離れている。そのため、もしキャンプ・センチュリーと同様の分析結果が出た場合、それを気候変動のシグナルとみなしてもよいことになる。グリーンランド南部が、気候変動に重要な役割を果たしている北部北大西洋域に比較的近いため、ダイ・スリーはその影響をみる好地点でもある。このダイ・スリーで掘削されたアイスコアは、現場で次々とサンプリングされ、コペンハーゲンのダンスガードの研究室に運ばれていった。

その九〇〇〇サンプル近くもの分析結果をまとめた論文が発表されたのは、アイスコアの掘削がすべて終了した翌年の一九八二年一二月のことである[11]。その結果は当初のダンスガードの予想どおりであった。キャンプ・センチュリーとそっくりな酸素同位体比記録が得られたのである。とくに、一一万年前から二万年前までつづいた氷期に、暖かくなったかと思えば、すぐにまた寒くなるという短期間の温暖な時期が、何度も明瞭にくり返されていた。これにより、キャンプ・センチュリーの酸素同位体比記録が、氷床の流動や変形といった要因によるものではないことが証明された。それは、まさしく本当の気候変動を記録していたのだ。キャンプ・センチュリーの酸素同位体比記録の解釈に懐疑的だった多くの古気候研究者も、今回ばかりは信じないわけにはいかなかった。

この短い温暖期の数は、規模の小さなものも含めると計二四回にもおよび、後にウィリ・ダンスガードとハンス・オシュガーの名前を冠して「ダンスガード-オシュガー・イベント」という名で呼ばれるようになる。この気候イベントは、後に見出されるハインリッヒ・イベントとともに、気候変動が短期間で起きるという重要な知見をもたらした。このことについては、11章であらためて解説しよう。

決定版をめざして

一九八九年、グリーンランド氷床でもっとも標高が高い地点「サミット」(北緯七二度三五分、西経三七度三八分、標高三二〇〇メートル)において、ヨーロッパ八カ国の研究グループによって再びアイスコアを採取するプロジェクトが開始された。プロジェクト名は、グリーンランド・アイスコア・プロジェクト(Greenland Ice-core Project)といい、これをつづめて「グリップ(GRIP)」と呼ばれた(図9-2)。ほぼ同じ頃、そのわずか二八キロメートル西側では、アメリカの研究グループによって、同じくアイスコアを掘削するプロジェクトが開始された。こちらは、グリーンランド氷床プロジェクト2(Greenland Ice Sheet Project 2)の頭文字をとって、「ギスプ・ツー(GISP2)」と呼ばれた。アメリカ側のプロジェクト名は、もちろんダイ・スリーを掘削したプロジェクトの第二弾という意味である。

さきにも述べたように、氷床の流れの「源流」にあたるサミットは、理論的には氷床の流動がほとんどないうえ、氷の変形がもっとも小さい場所である。さらに、氷が厚いため、年代を古くまで遡ることができる、古気候を復元する研究にとって最適の掘削場所だと考えられていた。どちらのプロジェクトも、キャンプ・センチュリーやダイ・スリーで得られた結果を確認するだけでなく、さらに古い時代の気候復元も含めて、グリーンランドにおける第四紀後期の気候変動の決定版をめざしていた。年平均気温がマイナス三一℃という極寒のグリーンランド氷床の頂上で、これら二つの大型研究プロジェクトは、互いに協力し、時に刺激しあいながら進行した(12)。

グリップでの掘削には、キャンプ・センチュリーとダイ・スリーでの掘削の際に開発・改良された伝統的な掘削システムが用いられた。一方、ギスプ・ツーでの掘削には、密度、温度、圧力など計一六項目にわたる氷の物性を測定するセンサーが装着された、新しい掘削システムが用いられた。掘削しながら、それらのセンサーが氷の物性を逐次モニターできるという、当時の掘削技術の粋を集めたものである。季節変動する氷中の溶存物質やエアロゾル粒子など、氷に含まれる不純物のわずかな変化を連続的にとらえ、一年に一枚ずつ形成される氷の層を正確に数えることができた。この技術革新によって、ギスプ・ツーではアイスコアの年代が過去四万五〇〇〇年前までかなり正確に決定された。

一方、グリップでは、掘削を開始してから三年後の一九九二年八月に、三〇二九メートルの氷床底に達するアイスコアの掘削に成功した。そしてギスプ・ツーが、基盤岩を含む計三〇五三メートルのアイスコアの掘削に成功したのは、グリップに遅れること一年、翌年の七月のことだった。

図9-7には、グリップとギスプ・ツーの酸素同位体比記録を並べて示した。[13] 過去一〇万年の古気候変動研究にとって第一級に重要なこの図を、とくとご覧いただきたい。完新世と呼ばれる過去一万年に相当する時代は、いずれの結果も、ほとんどの測定値がマイナス三六〜マイナス三四パーミルの範囲内に収まり、驚くほど安定した気候であることを示している。このことは、キャンプ・センチュリーやダイ・スリーでも見られたことであり、グリーンランドの気候が過去一万年近くにわたって非常に安定していたことを示唆している。また、これまでのアイスコアの記録と同じく、一一万年前から二万年前までに、数多くの短期間の温暖期、すなわちダンスガード-オシュガー・イベントをはさんでいる。この気候イベントが、グリーンランド全域で起こった実際の気候変動を示していることは、もはや疑う余地はない。

しかし、サミットで採取された二本のアイスコアの分析結果には、大きな問題点があった。ひとつ前の間氷期(温暖期)にあたる一三万年前から一一万年前の間に、激しい酸素同位体比の変動が見られるのだ。分析結果によると、温暖な間氷期とはいえ、一時的

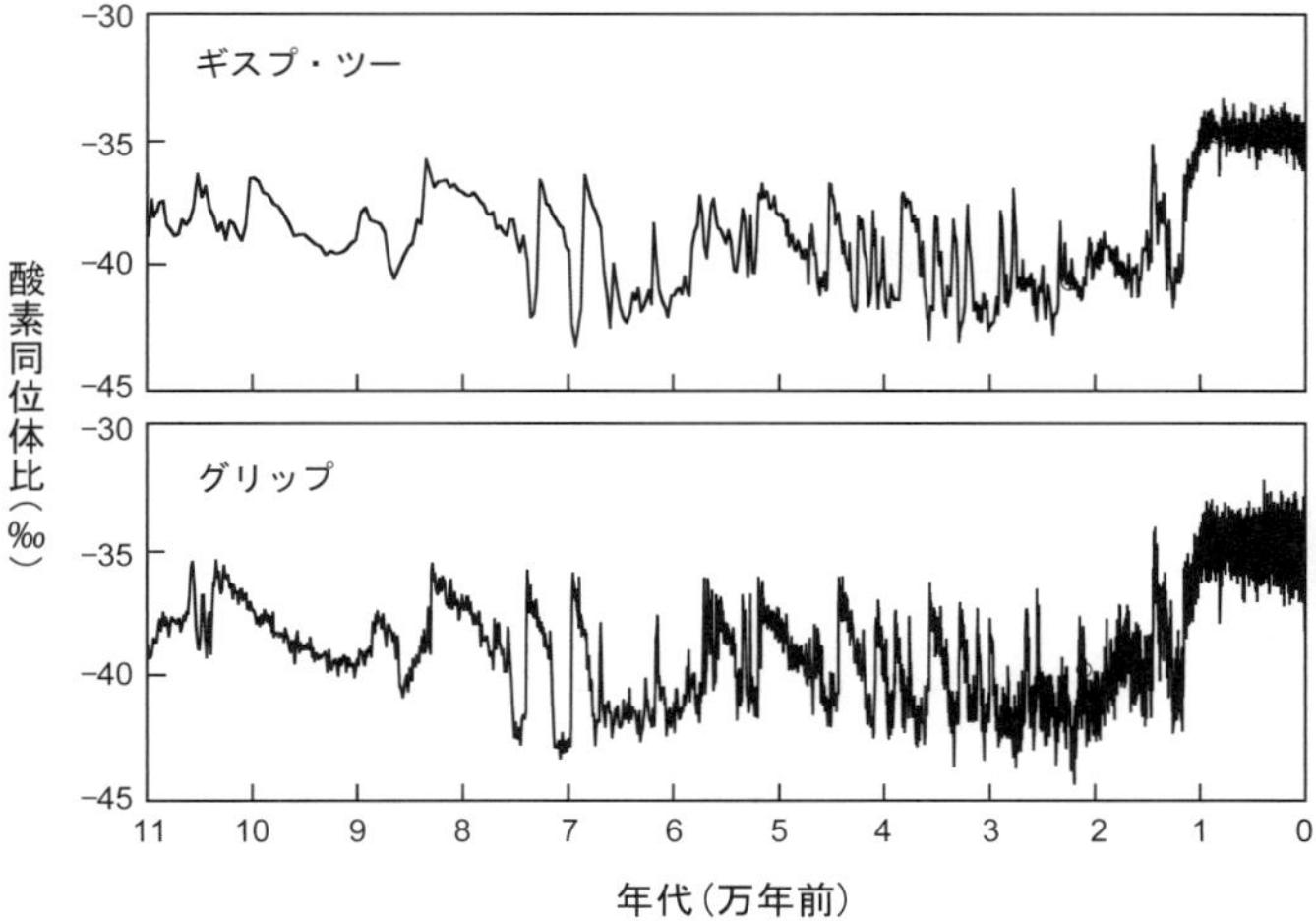

図 9-7　グリーンランド中央部「サミット」におけるギスプ・ツー(上)とグリップ(下)の酸素同位体比記録．年代はそれぞれのアイスコアで独自に決定されているため，わずかに異なっている．Grootes *et al.*(1993)を改変．

に最終氷期に匹敵するくらいに気温が低下している。現在わたしたちが生活している間氷期(完新世)が、過去一万年近くにわたって非常に安定した酸素同位体比をもっているのとは対照的である。しかしその後、研究者たちが綿密に検討し直した結果、氷床の底に近い部分で起きた不規則な氷の流動が原因で、記録が乱れたためと判明した。[14] もし氷床の乗っている岩盤が平坦であれば、さきにも述べたように、氷床中央部のサミットは理論的には氷床の流動のない地である。しかし、氷床の底のでこぼこが当初考えられていたよりも大きく、その結果、上に積もった氷が反転してしまっていた。サミットで掘削された二本のコアはあまりにも近すぎたために、どちらも氷の流動の影響を同じように受けていたのである。そんなわけで、ひとつ前の間氷期の気候に関しては、この二本のコアは残念ながら決定版とはならなかった。

その後、一九九九年に、この「ひとつ前の間氷期」の気候変動を明らかにする目的で、日本を含む国際共同チームによって、さらなるアイスコアの掘削が開始された。今回は氷床底の基盤岩の形状がくわしく調査され、グリップやギスプ・ツーのように複雑な氷の変形が起こっていない場所が注意深く選ばれた。そして、ノース・グリップ(North GRIP)と呼ばれる、サミットよりも北に八〇〇キロメートルほど離れた地点で、新たな掘削計画が始動した(図9-2)。およそ四年後の二〇〇三年七月には、全長三〇八五メートルにおよぶアイスコアの掘削が完了した。もっとも深い部分は一三万五〇〇

○年前、課題であった「ひとつ前の間氷期」にまで達していた。氷に乱れのないノース・グリップの酸素同位体比記録には、予想したとおり、大きな変動は見られなかった。[15]ひとつ前の間氷期の気候は、完新世と同じくやはり安定していたのである。

　ダンスガードは、グリップがアイスコアの掘削に成功した一九九二年に引退し、研究の第一線を退いた。いまから半世紀前、ダンスガードの脳裏をよぎる夢物語でしかなかったアイスコアの分析から古気候を復元するという研究が、いまや大きく花開き、気候変動の謎の重要な一面を明らかにするまでになった。こうした研究を着想しただけでなく、つねに先頭を歩みながらそれを実現していき、さらにはひとつの科学にまで育て上げた、ウィリ・ダンスガードに敬意を表したい。

第10章　地球最後の秘境へ

求む男子。至難の旅。僅かな報酬。極寒。暗黒の長い日々。
絶えざる危険。生還の保証なし。成功の暁には名誉と賞賛を得る。
アーネスト・シャックルトンによる
南極探検隊員を募集する新聞求人広告

南極のアイスコア研究の幕開け

現在の地球上に存在する最大の氷床は、言うまでもなく南極大陸にある。南極大陸は、一部の沿岸域やドライバレー[1]、さらに山岳部を除いた九九パーセント以上が「南極氷床」と呼ばれる巨大な氷の塊によって覆われている。その南極氷床の面積は一四〇〇万平方キロメートルにもおよび、日本の陸地面積のおよそ三七倍にも達する。この氷床はグリーンランド氷床より一キロメートル以上も厚く、もっとも厚いところでは四キロメートル以上もある(図10-1)。

南極大陸は、二〇世紀初頭にロアール・アムンセン[2]、ロバート・スコット[3]、アーネス

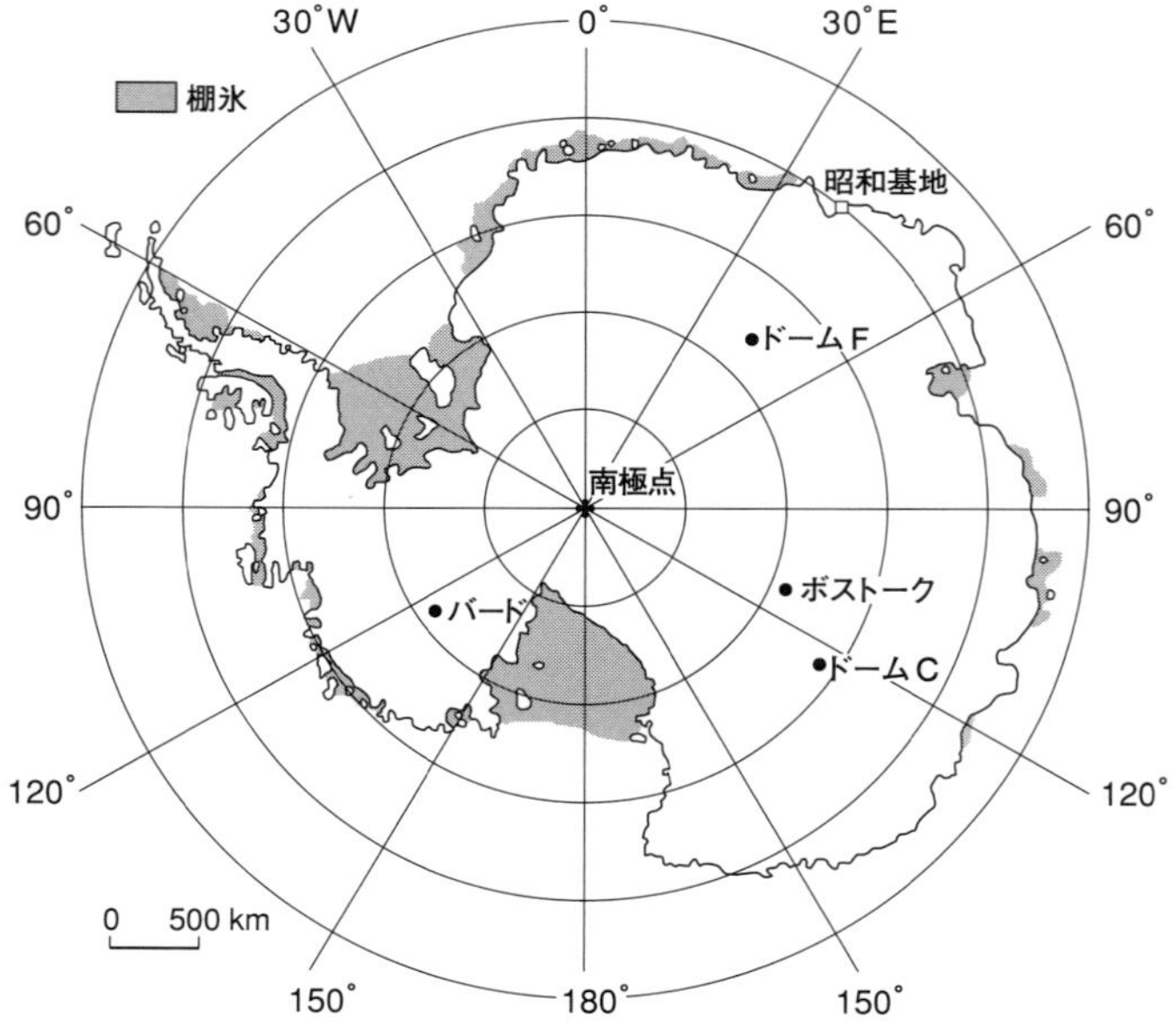

図 10-1　南極大陸．●印は，本書で紹介する，アイスコアの採取位置．

ト・シャックルトンといった不世出の冒険家が命を張って挑んだ大陸である。それから一〇〇年あまり経った現在でも、冒険家の野心を駆り立ててやまない大陸でありつづけている。前章で述べたように、一九六〇年代初頭に始まったグリーンランド氷床のアイスコアの研究は、氷床が気候の歴史を記録する、よいレコーダーであることを明らかにした。そうなると、古気候学者の目は当然、この南極に向く。冒険家気質の強い古気候学者たちは、南極氷床に刻まれている気候の歴史を紐解くために、競い合うように極寒の大地へと向かった。

南極大陸で、最初に氷床の底に到達するアイスコアの掘削が始まったのは、一九六七年にまでさかのぼる。ニュージーランドのちょうど南方に位置し、南極大陸の大きな凹みであるロス海から、一〇〇〇キロメートルほど内陸に入ったところに、アメリカのバード基地がある(図10-1)。ここに、キャンプ・センチュリーと同じく、アメリカ軍寒冷地工学研究所のライル・ハンセンらのグループが降り立った。この年はちょうど、彼らがグリーンランドのキャンプ・センチュリーで、氷床を貫通するコアの採取に成功した翌年に当たる。ハンセンらの掘削チームは、グリーンランドでの掘削を終えるとすぐに、自分たちが開発したドリル・システムを南極のバード基地まで空輸し、そこで再びアイスコアの掘削を開始したのである。

すでに氷床掘削のノウハウは、グリーンランドで得られていたため、バード基地での

表 10-1　本書に登場するグリーンランドおよび南極で掘削されたアイスコア．

アイスコア名	掘　削 終了年	標高 (m)	コア長 (m)	参加国
グリーンランド				
サイト・ツー	1957	1990	411	米　国
キャンプ・センチュリー	1966	1885	1387	米　国
ダイ・スリー	1981	2480	2037	米・デンマーク・スイス
グリップ	1992	3200	3029	ベルギー・デンマーク・仏・英・独・アイスランド・イタリア・スイス
ギスプ・ツー	1993	3200	3053	米　国
ノース・グリップ	2003	2917	3085	デンマーク・日本・仏・スイス・米・独・アイスランド・ベルギー・スウェーデン
南　極				
バード	1968	1530	2163	米　国
ボストーク 3G	1984	3488	2202	ソ　連
ボストーク 4G	1990	3488	2546	ソ連・フランス
ボストーク 5G	1993	3488	2755	ロシア・フランス
ボストーク 5G	1998	3488	3623	ロシア・フランス・米国
ドーム C	2004	3233	3270	仏・伊・英・スイス・デンマーク・独・スウェーデン・ロシア・ベルギー・オランダ・ノルウェー
ドーム F	2007	3810	3035	日　本

掘削は格段にスムーズだった。そして翌年の一九六八年一月には、掘削されたアイスコアの長さはすでにキャンプ・センチュリーの一・五倍に達していた。ところが、最後に誤算が待ち受けていた。掘削もほぼ終わりに近づいていたとき、突然、コアの底面から融氷水がコア中に流れ込んできて、コア掘削ドリルの中で再凍結したのだ。はるか二〇〇〇メートルもの深さで、掘削ドリルはスタックして、抜けなくなってしまった。ハンセンが数百万ドルもかけて苦労して開発し、キャンプ・センチュリーで大活躍した、なけなしの氷床コア掘削装置は、放棄せざるをえなくなった。しかし、苦い幕切れで終わったとはいえ、アイスコアの採取には成功し、南極大陸におけるアイスコア研究の記念すべき幕開けとなった。

南極大陸は居住者が一人もいないため、どこの国の領土でもなく、人類共通の財産として認知されている。とはいえ南極大陸の氷床掘削は、東西冷戦に絡んで、当時そこに大量に眠っていると考えられていた石油や鉱物資源の利権が見え隠れしながら進んでいくことになる(表10-1)。

地球最果ての地、ボストーク基地

グリーンランドのキャンプ・センチュリーやサミットで掘削されたアイスコアと同じく、気候変動の研究に大きなインパクトを与えたアイスコアがもう一つある。東《ひがし》南極氷床のボストーク基地(図10-1)で掘削された一連のアイスコアだ。

ボストーク基地とは、ソ連が誇る世界初の有人宇宙飛行船「ボストーク」[4]の名前を取って付けられた、南極のもっとも「奥深い」場所にあるソ連(現ロシア)の基地である。国際地球物理学年の一九五七年一二月、東南極氷床のほぼ中央部、南緯七八度二七分、東経一〇六度五二分、標高三四八八メートルの地に建設された(図10-2)。年平均気温はマイナス五五℃。最低気温の記録にいたっては、なんとマイナス九一℃(地球上で観測されたもっとも低い気温)という、まさしく「極寒の地」である。ドライアイスの温度がマイナス七九℃だから、大気中の二酸化炭素も凍りつく想像を絶する世界だ。このボストーク基地は、海岸から一四〇〇キロメートルも離れていて、南極にあるどの基地からももっとも遠い、孤絶の基地でもある。

この「地球最果ての地」において、氷床コアがはじめて掘削されたのは一九七〇年のことだ。キャンプ・センチュリーでのダンスガードの研究に刺激を受けたソ連の古気候研究者たちは、ここで長さ九五〇メートルのアイスコアの採取に成功した。そのコアの酸素同位体比は、わずか四〇〇メートルの深さに、最終氷期にできたと考えられる氷が存在することを示していた。この結果によい感触を得たソ連の研究者たちは、一九八〇年から、さらに長いコアの掘削プロジェクトを開始した。そして一九八四年一〇月には、ボストーク3Gと呼ばれる深さ二二〇二メートルに達する歴史的なアイスコアの採取に

図 10-2　ソ連が開設した南極ボストーク基地．まさしく地球最果ての地にある．
写真提供）NOAA Paleoclimatology Program / Department of Commerce. Todd Sowers, LDEO, Columbia University, Palisades, New York

成功したのだ。

南極とグリーンランドの気候のもっとも大きな違いは、南極は降水(雪)量がグリーンランドより格段に少ないことである。南極大陸では、一年間に平均して一〇〇ミリメートルほどの降水量しかない(積雪量に換算すると年三〇センチメートル)。場所によっては、年間降水量は二〇ミリメートルにも満たない。東京の年間降水量がおよそ一五〇〇ミリメートルであることを考えると、南極の降水量がいかに少ないかがわかる。砂漠が数多く分布する亜熱帯域と同じく、極域は下降気流が卓越するため、降水(雪)が少なく、非常に乾燥している。

南極では、このようにドライな環境にもかかわらず、気温の低さが幸いして、雪や氷はあまり蒸発(昇華)[5]することなく、年々わずかずつだが積もりつづけている。ただし、積雪量が少ないことは、古気候の研究にとって諸刃の剣だ。最大の短所は、南極で掘削されたアイスコアは年層が薄くて見にくいことである。さきにも述べたように、アイスコアの年代を知るためには、氷床の流動モデル、火山灰層との対比、年層のカウントなど多くのテクニックを駆使し、総合的に判断する必要がある。その中でも年層が見にくいことは、南極のアイスコアの年代決定をグリーンランドのそれよりもはるかに難しく不確実なものにしている。それに対して、最大の長所は、短いコアでも長期間の記録が得られることだ。たとえば、グリーンランドでは三〇〇〇メートル以上の氷床を掘削しても、たかだか過去一三万年程度しかさかのぼれない。ところが、南極では、同じ長さがあれば過去五〇万年以上、場所によっては一〇〇万年近くさかのぼれる。すなわち、南極のアイスコアは、より長い気候の歴史を記録しているというわけだ。

ボストーク基地で一九八四年に掘削された、ボストーク3Gと呼ばれるアイスコア試料の一部は、フランス南東部、アルプス山麓の町グルノーブルにある環境氷河学地球物理学研究所に運ばれ、そこで水素同位体比をはじめ、多くの化学成分の測定が行なわれた。フランスのグループによるボストーク3Gコアの一連の分析結果は、掘削が終了した翌年の一九八五年頃からネイチャー誌などに続々と発表されることになる。(6) 図10-3は、ボストーク3Gの水素同位体比の結果を示したものだ。(7) ただし、この結果を解説する前に、氷の水素同位体比について少し説明しておかねばなるまい。

一九五〇年代半ばに、エミリアーニが有孔虫の酸素同位体比を用いて革命的な仕事をまとめた後も、シカゴ大学のユーリーの研究室では、自然界に存在するさまざまな元素の安定同位体比を用いて、多様な分野で画期的な成果を生み出していった。世界中で採取された雨水、河川水、湖水など、さまざまな「天水」の酸素同位体比と水素同位体比を測定していたハーモン・クレイグ(8)は、両者の間にきれいな直線関係を見出していた。(9)

海面から蒸発した水分子は、風に流されて漂い、雲を作り、いずれは雨や雪となって

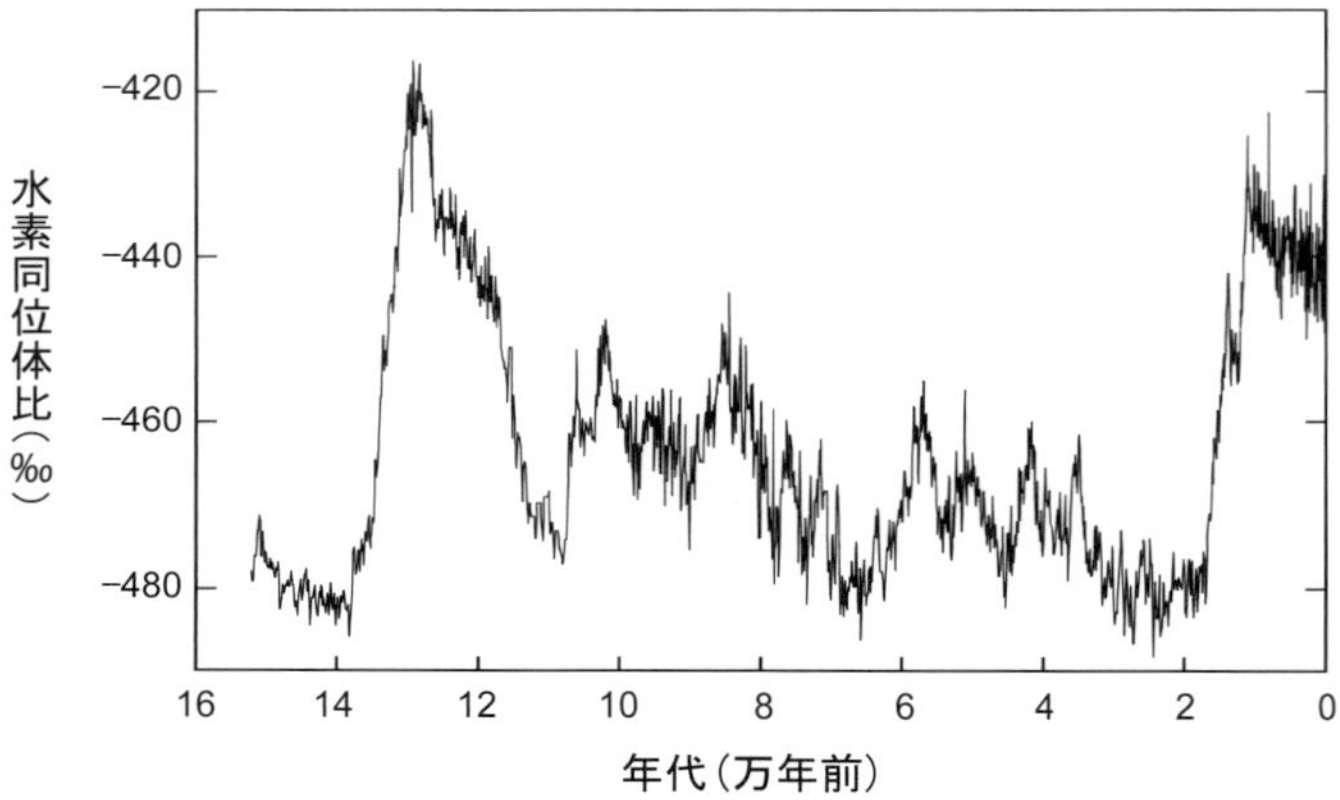

図 10-3　南極ボストーク基地で採取された「ボストーク 3G」アイスコアの水素同位体比記録．グリーンランドの記録よりも，氷期と間氷期の差が明瞭である．Jouzel *et al.*(1987)を改変．

再び海面や地表面にもどってくる。2章で述べたように、水分子の酸素同位体比は、この蒸発→移流→凝縮という一連のプロセスを通して変動する(図2-10参照)。クレイグが見出したのは、水分子の水素同位体比が酸素同位体比と一定の比率で同じように変化するということだった。このようなプロセスによって作り出される酸素同位体比と水素同位体比は、たがいに直線関係にある(図10-4)。その直線は、「天水ライン」と呼ばれている。つまり、氷の水素同位体比は、酸素同位体比と同じように「古気温計」として使うことができる。年平均気温が高ければ高いほど、水素同位体比は大きくなるのだ。

ここで、図10-3に示したアイスコアの記録にもどろう。過去一六万年にわたる水素同位体比の記録は、9章で紹介したグリーンランドの酸素同位体比の記録(たとえば、図9-7に示したグリップやギスプ・ツーの記録)とは少々雰囲気が異なっている。氷期と間氷期が明瞭にわかる、メリハリの効いたパターンを示すのだ。しかし、氷期の最中に極端に温暖化したダンスガード-オシュガー・イベントのような、短期間の気候変動は見られない。海底堆積物の酸素同位体比カーブに見られるゆったりとしたパターンに、より近いと言ってよいだろう。

グリーンランドは気候変動に敏感な北大西洋の北方に位置している。そのため、アイスコアには、北大西洋の大きく振動する気候を強く反映した古気候の記録が刻まれている。それに対して、南極のアイスコアは、同じ氷床ながらも、その記録はより「バック

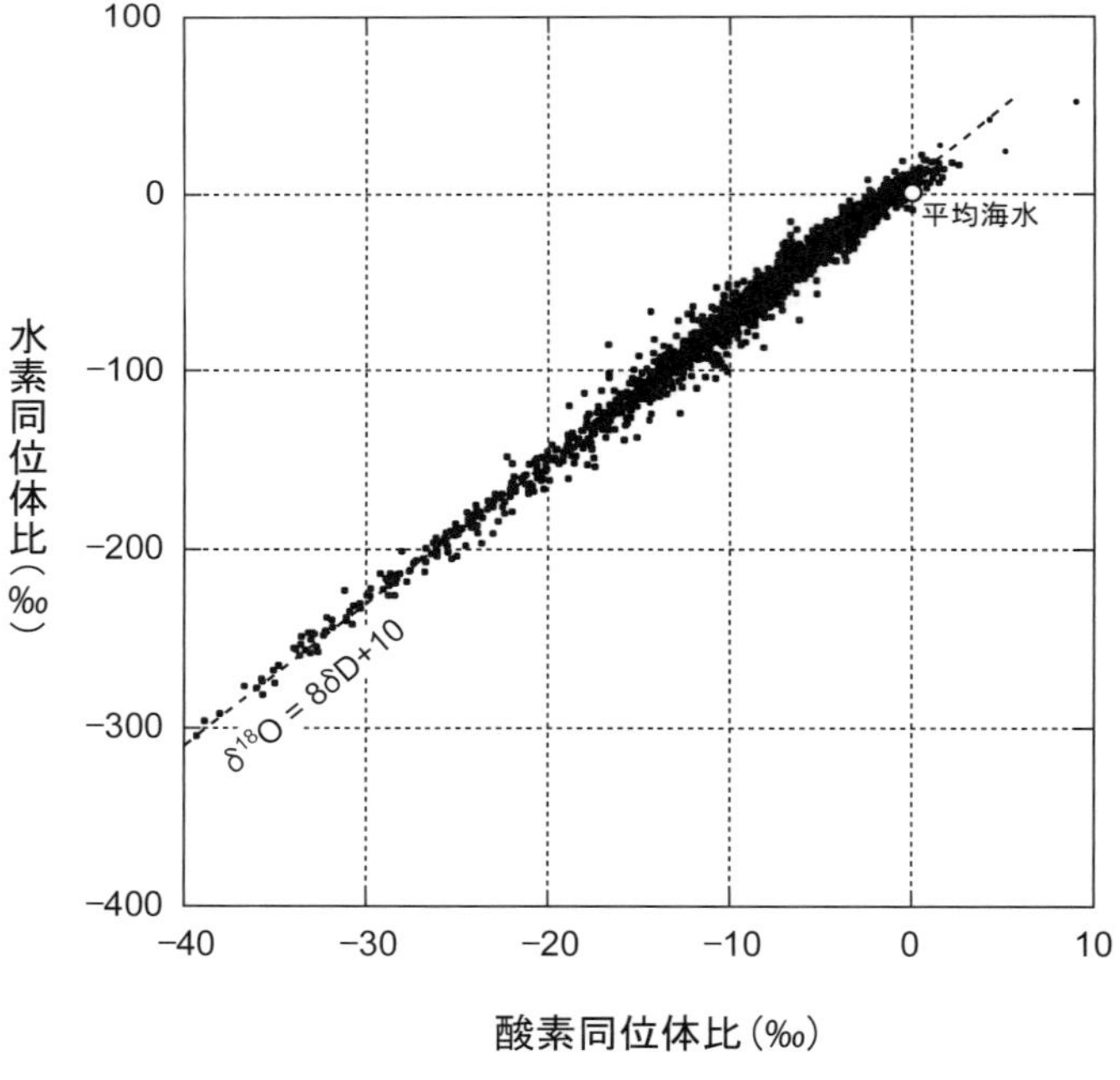

図 10-4　世界各地の雨水に見られる酸素同位体比と水素同位体比の関係．ほとんどの雨水は「天水ライン」と呼ばれる直線上に乗ることがわかる．ここで示したデータは，1961 年から 2001 年にかけて世界各地で測定されたデータを，国際原子力機関(IAEA)がまとめたもの．平均海水の値(酸素同位体比，水素同位体比ともに 0 パーミル)も示した．IAEA のデータをもとに作成．

グラウンド的」な気候を反映している。したがって、地球の平均的な姿を見るにはグリーンランドより南極大陸の方が適していると言えそうだ。

大気の化石

ボストーク3Gコアを用いた一連の研究成果は、古気候研究者のみならず、将来の気候変動を研究している研究者たちにも大きなインパクトを与えた。その中でも最たるものは、過去一六万年間にわたる大気中の二酸化炭素濃度を復元した研究だろう。

空からひらひらと舞い降りてくる雪は、積もった直後はふわふわしている。歩くたびに、足が雪の中にすっぽり埋まってしまうなんてことは、北国の冬では毎朝経験することだ。しかし、どんどん積もっていくにつれて、その雪自身の重さによって下にある雪が固められていく。まず、雪でもなく氷でもない「ザラメ状の雪」になる。さらに時間が経つと、自らの重さでさらに固められ、小さな穴がたくさん開いた氷が形成される。このような氷のことを、専門家は「フィルン」と呼んでいる(図10-5)。

フィルンは一立方センチメートルあたり〇・五グラム程度の重さをもっている。氷自身の重さは、一立方センチメートルあたりおよそ〇・九グラムだから、フィルンは氷半分、空気半分といったところだ。さらに、それがどんどん押し固められていくと、最後にはカチカチの氷になってしまう。冬の雪国で車の通る轍《わだち》が、カチカチに凍ってツルツ

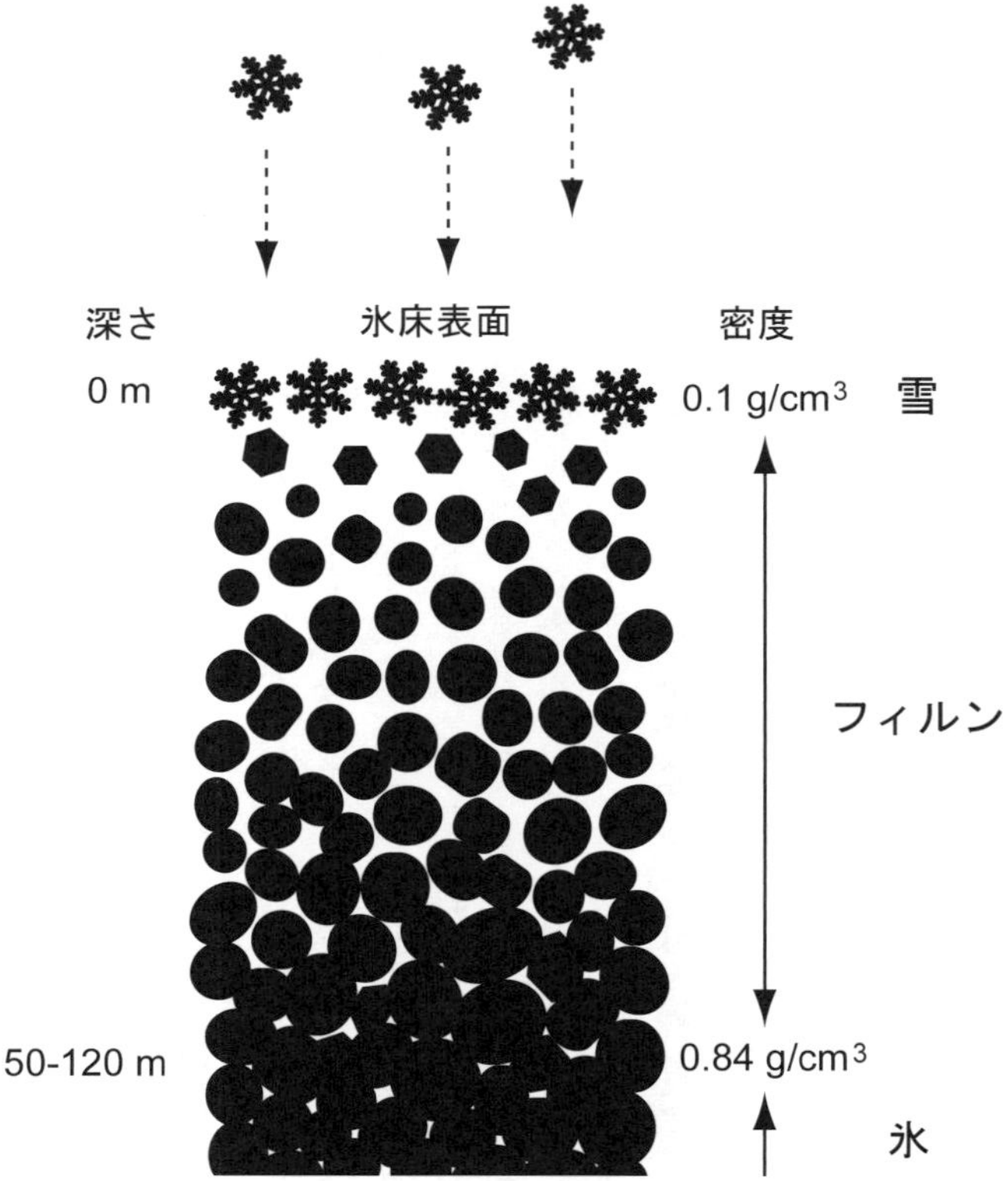

図 10-5　雪からフィルンを経て，氷へと変化する様子を模式的に示した図．東北大学理学系研究科大気海洋変動観測研究センター物質循環学分野 web site をもとに作成．

ルの状態になっているのと同じだ。ただし、南極やグリーンランドの場合、上に乗るのがふわふわの軽い雪だから、カチカチになるまでに数十年から場合によっては数千年もかかる。

氷屋さんで買った氷は透き通ったきれいな氷だ。それなのに、家の冷凍庫で作った氷はたいがい、中が白く濁っている。これは、家で作った氷には小さな泡がたくさん閉じ込められているからだ。その小さな泡が、氷の透明度を下げているのだ。白濁した氷を虫眼鏡で覗いて見ればわかる。そこには、小さな泡がぎっしり詰まっている。水が凍って氷になっていくとき、水の中に溶けていた空気が逃げ場を失い、気泡となって閉じ込められてしまったのである。一度氷の中に閉じ込められると、氷が融けたり割れたりしないかぎり、泡の中の空気は外に出ていくことはない。

グリーンランドや南極の氷床でも、これと似たようなことが起きている。雪がフィルンになり、さらにそれが固まって氷に変化していく過程で、結晶の間に入り込んでいた空気が閉じ込められるのだ。実際、グリーンランドや南極で掘削されたアイスコアも、透明ではなく少しくすんでいる。これは、フィルンから氷になる段階で、当時の大気が閉じ込められたからだ。

積もったばかりのふわふわの雪は通気性がよいから、中に空気が入り込みやすい。ではそこに、上からどんどん雪が積もっていったら、どうなるだろう？　雪の通気性は徐々に悪くなり、ついには締め固まって氷になる。そして、雪の中に入り込んでいた空気は、その過程で気泡として氷の中に閉じ込められ、大気から隔離されてしまう。もしその氷が何万年もの間、融けずに保存されたとしたらどうだろう？　もちろん、気泡中に含まれる空気の組成は、気泡が閉じた当時の大気の化学組成に一致する。[10]ということはつまり、氷の中に含まれている空気は、「大気の化石」となるわけだ。これは、古気候学者にとって格好の研究素材だ。この大気の化石を分析すれば、昔の大気の化学組成を復元することができるのである。

アイスコアに含まれる気泡の分析から、過去の大気の化学組成が推定できることは、アイスコア掘削が始まった当時から知られていた。雪の結晶の研究で有名な日本の中谷宇吉郎[11]は、一九五〇年代に、グリーンランド北西部のサイト・ツー(図9-2参照)で得られた試料を日本に持ち帰った。その際、「この中には源頼朝が吸っていた空気があるよ」と周囲に語っている。[12]しかし、実際にこの気泡の化学成分が詳細に分析されるのは、ずっと後のことだ。アイスコアの中の気泡から空気を抜き取るサンプリング技術と、微量ガスの分析技術の発展を待たねばならなかった。

アイスコアに含まれる気泡の二酸化炭素濃度を初めて精密に測定したのは、ベルン大学のハンス・オシュガーのグループである。一九八二年のことで、中谷の没後二〇年目に当たる。彼らはグリーンランドのキャンプ・センチュリー、南極のバード基地とドームCで採取された三本のアイスコアを分析し、最終氷期最寒期(二万年前)の大気は二酸化炭素濃度が二〇〇ppm程度であったことを明らかにした。[13] ボストークでのアイスコアの分析結果も、ほぼ同じ値を示し[14](図10-6)、オシュガーらの分析結果を裏付けた。間氷期の(人間活動の影響を受ける前の)大気中の二酸化炭素濃度がおよそ二八〇ppmだから、氷期には三〇パーセントも減少していたことになる。

ボストーク・アイスコアの二酸化炭素記録でとくに興味深い点は、その時間変動のパターンが、氷の酸素同位体比、すなわち南極の気温変動にそっくりのノコギリ刃状であることだ。図10-6も縦軸の説明がなければ、氷の酸素や水素の同位体比と間違えてしまうところだ。さらに二酸化炭素だけでなく、もう一つの重要な温室効果ガスであるメタンの濃度も、そっくりな時間変化をしてきたことが明らかにされた。[15] こうした大気中の温室効果ガスの濃度は、いったいどのようなメカニズムによって変化してきたのだろうか？　この問いに答えようと、古気候学者や海洋学者はこぞって謎解きに乗り出した。そして、大気中の二酸化炭素濃度の増加による地球温暖化の研究を、さらに勢いづけることになる。

注意すべきことは、気泡が閉じて「大気の化石」ができた年代と、その大気の化石を取り囲む氷がかつて雪として降った年代との間には、少々時間差があることだ。両者の時間差は、おもに積雪量と雪の結晶の成長速度によって決まっており、いつ、完全に気

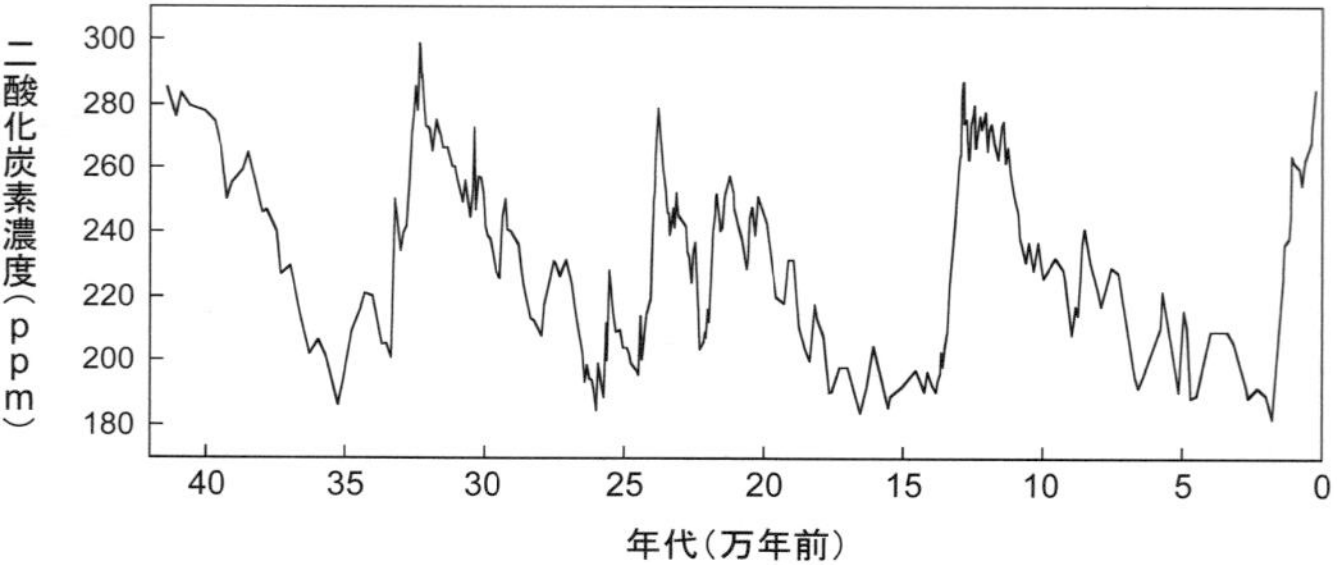

図 10-6　ボストーク・アイスコアの気泡分析から得られた，過去 42 万年にわたる大気中の二酸化炭素濃度の変化．Petit *et al.*(1999)を改変．

泡が閉じたかを厳密に知ることは容易ではない。しかし、雪氷学者らは多くの室内実験の結果をもとに、氷の密度が一立方センチメートルあたり〇・八四グラムになったときに、氷の中の気泡が完全に閉じることを明らかにした。

では、気泡が閉じるまでいったいどれくらいの時間がかかるのだろうか？　雪氷学者たちの推定によると、一年間の積雪量が三〇センチメートルあまりあるキャンプ・センチュリーでは、およそ一三〇年だ。[16]しかし、年間積雪量がわずか二センチメートルしかないボストークでは、三〇〇〇年近くもかかる。[17]しかも、この値は大きな誤差をともなっている。正確な年代決定の難しさが、大気の化石記録をもとに気候変動を詳細に論じるうえで、大きな足かせとなっている。とはいえ、氷期に大気中の二酸化炭素が二〇〇ppmという低い濃度であったという結果はゆらぐものではない。

二酸化炭素は温室効果ガスのひとつだから、それが最終氷期から後氷期にかけて増加したということは、それにともなって「地球温暖化」が起きたことを示唆する。つまり原理的には、この温暖化が氷期から間氷期への気候状態のシフトを引き起こしたと考えうる。しかし、二酸化炭素が増加しはじめるタイミングは、氷床が融けはじめた一万九〇〇〇年前よりも後だ。しかも、氷床の大規模な融解は、気候変動を引き起こす外力に対して時間差をもって応答する。そのことを考えると、単純に二酸化炭素濃度の上昇が氷期から間氷期へ気候をシフトさせたとみなすのは早計だ。気候モデルを用いた計算結果も、二酸化炭素が増加したから地球が温暖化して氷床が融けた、という単純な理屈は成り立たないことを示している。そもそも、二酸化炭素の濃度が二〇〇ppmから二八〇ppmへ増えたくらいでは、気温にして一℃程度の上昇にしかならない。最終氷期から後氷期にかけては平均気温が八℃も上昇したのに、これでは十分な説明にならないのは明らかだ。このようなことから研究者たちは、大気中の二酸化炭素やメタンの濃度の変動は、気候変動の「原因」ではなく、気候変動にともなって地球環境中の炭素のサイクルが変化したことによる「結果」だと考えている。つまり、因果関係が逆なのだ。

では、どのような自然のプロセスが、大気中の二酸化炭素濃度の八〇ppmにもおよぶ変動を引き起こすのだろうか？　大気中の二酸化炭素が自然に変動するプロセスを知ることは、現在、人間活動によって大気中に放出されている二酸化炭素の行く末を論じるうえでも、重要な示唆を与えてくれるに違いない。

一九八〇年代初頭から現在にいたるまで、この事実を説明するために多くの学説が登場した。たとえば、氷期に陸化した大陸棚から流れ込んできたり、大気を経由して運ばれてくる栄養塩が増加することで、海洋における生物生産量が増加したという生物ポンプ説(18)や、氷期に深層水循環が変化して、アルカリ度が上昇したというアルカリポンプ説(19)がある。また、海底に沈殿する炭酸塩と有機態の炭素のバランスが変化したという説(20)、エアロゾル中に含まれる炭酸カルシウムが海洋の化学組成を変えたという説(21)などもある。

最近では、ミネソタ大学の松本克美らが、「南大洋」と呼ばれる、南極大陸を囲む海域の重要性を指摘している。氷期には、海流の変化にともなって南極海にもたらされる栄養塩の量が増加し、極域の海洋の生物生産量が増加して二酸化炭素を減少させたというシナリオである。[22] 現在、このシナリオの妥当性については、さまざまな場で議論されている。今後も決定的な証拠が出てくるまで議論はつづくだろう。

埃っぽい氷河期

アイスコアは、過去の大気の化学組成以外にも、数多くの有用な古環境情報を記録している。たとえば、一年分の氷の厚さは、おもにその年の降雪量を反映している。したがって、氷の厚さから降雪量の時代変化を知ることができる。また空から降ってくるのは、雪や雨だけではない。大気中に浮遊している物質や、雨や雪に溶けている各種のイオンなど、いろいろなものが降ってくる。火山が噴火すれば、火山灰だって降ってくるだろう。したがって、氷そのものではなく、それに含まれている「不純物」を分析すれば、同位体とはひと味違った過去の地球環境の一面を切り出すことができる。

氷の不純物の代表が、「エアロゾル」と呼ばれる大気中を浮遊している微粒子だ。日本では春先になると、しばしば空が黄色っぽい色合いに変わることがある。いわゆる「黄砂現象」である。これは、中国の黄土高原やゴビ砂漠、タクラマカン砂漠の周辺域

(巻頭地図を参照)で、微細な土壌粒子が強風にあおられて高度数キロメートルにまで一気に巻き上げられ、偏西風に乗ってはるばる日本に運ばれてくる現象である。黄砂の一部は地上に降り注ぐ。春先の朝に、車のフロントガラスなどに黄色く細かい粒子がうっすら溜まっていたという経験は、多くの方がお持ちであろう。その多くは直径〇・〇一ミリメートル(一〇マイクロメートル)以下という、肉眼では識別するのが難しいほど小さな粒子である。しかし、まれに一ミリメートル近いサイズの「巨大な」粒子が運ばれてくることもある。[23]

現在のグリーンランドは、日本のように大規模なエアロゾル形成場の下流には位置していない。そのため、黄砂のように多量の土壌粒子が空から降ってくるようなことはない。しかし、気温が非常に低い極域では、大気中を浮遊している細粒の物質が吸着しやすく、結果的に大気の掃除機のような役目を果たしている。したがって、グリーンランドや南極に沈着するエアロゾルの量は、地球大気全体の「埃っぽさ」を表すものさしになる。

図10-7には、グリーンランド中央部のサミットでのアイスコアに含まれるカルシウムの濃度変動と、南極ボストーク基地のアイスコアに含まれるエアロゾル粒子の濃度変動を示した。[24] 氷の中に含まれるカルシウムの濃度は、土壌粒子の濃度の目安になることが知られている。図は、大気から降ってくるエアロゾル粒子の量が、氷期にはグリーン

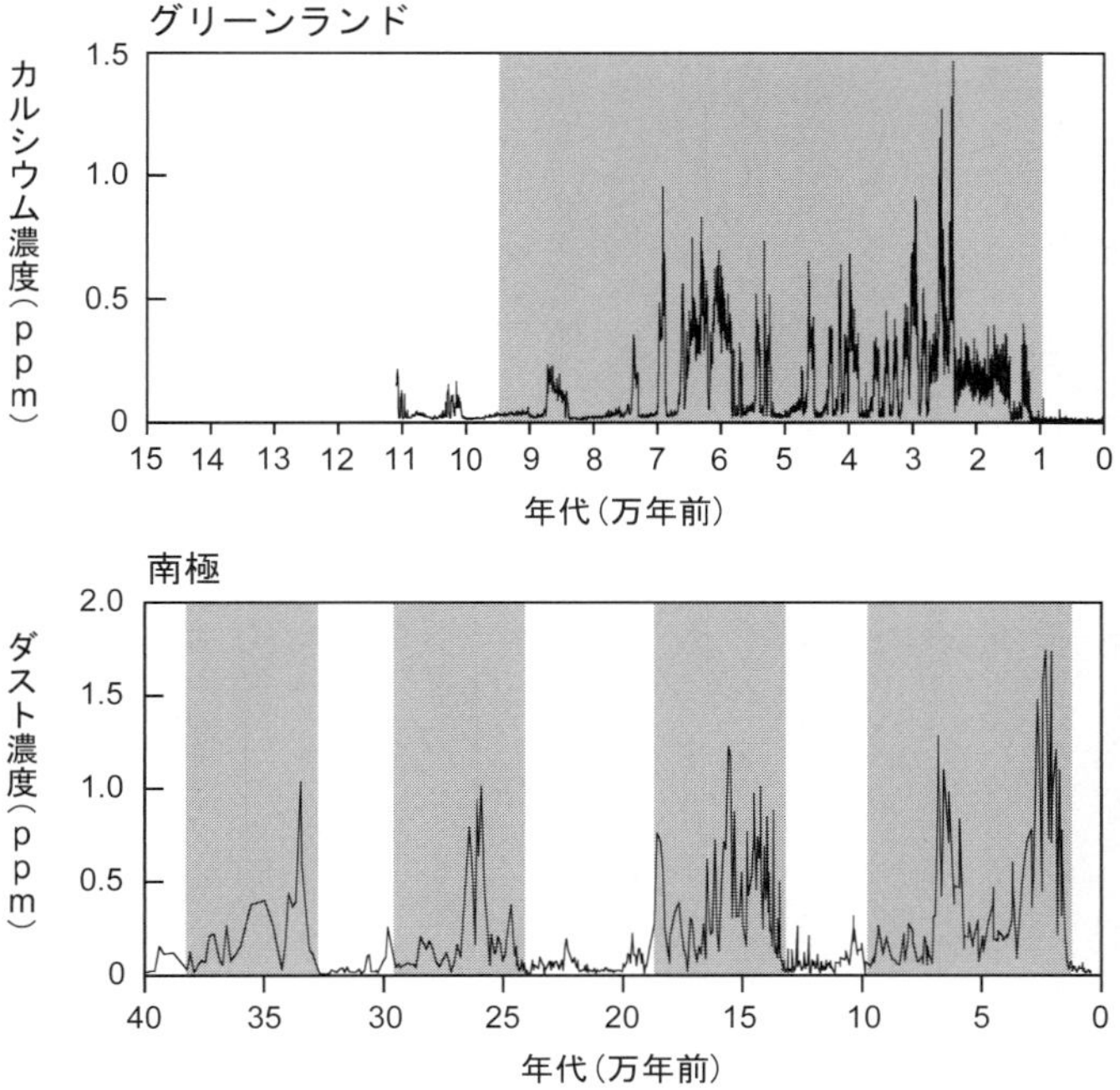

図 10-7　グリーンランド・ギスプ・ツー(上)および南極ボストーク基地(下)のアイスコア中にみられるエアロゾルの記録．ギスプ・ツーはカルシウム濃度，ボストークはダスト濃度を示した．影をつけた部分は氷期を表し，氷期が間氷期よりも埃っぽかったことがわかる．Mayewski *et al.*(1997), Petit *et al.*(1999)を改変．

ランドも南極もともに、一〜二桁も大きかったことを示している。現在に比べて、氷期の大気は桁違いに埃っぽかったのだ。

氷期が埃っぽかったことには、二つの原因が考えられている。一つは、赤道域と極域の温度差が大きくなったことである。氷期における表層水温の低下は、赤道域よりも高緯度域に顕著に現れている。[22] 地球の極と赤道間の温度差が大きくなると、大気の南北方向の循環が強まることは物理的に十分予想されることだ。つまり、風が強くなったわけだ。風が強くなれば、それだけ陸上から巻き上がる埃も多くなる。氷期が埃っぽいもう一つの理由は、中緯度域で乾燥地帯が広がったことである。大気の循環が強くなったことを反映して、亜熱帯域で下降流が強化され、乾燥気候が拡大しただろう。また、海面の低下によって陸化した大陸棚地域からも多くの埃が巻き上がり、グリーンランドや南極にまで運ばれていたようだ。氷の中に含まれる微粒子の詳細な化学分析は、その起源についても教えてくれる。[25] その結果は、グリーンランドのアイスコアに含まれるエアロゾルはおもに東アジアから、南極のそれはおもにパタゴニアの乾燥地帯からやってきたことを示唆している。[26]

氷の不純物は埃だけではない。氷を融かすと、その中には多種多様な化学物質が含まれている。それらはもともと大気中に存在していた化学物質が、雪片の核になったり、雪の表面に吸着したりして、氷床の上に降ってきたものである。たとえば、ナトリウムイオンや塩素イオンは、海水中に含まれる「塩」が主たる起源だ。こういった海塩は、風の強い冬季に、海面からはじけ飛んだ海水の飛沫中に含まれる塩が、風に乗って内陸にまで運ばれてきたものだ。[27] したがって、海塩成分の濃度は、風の強さや向き、海氷の張り出し具合などの指標になる。

氷を融かした水溶液の酸性度を測定すると、その中に含まれている酸の全量を知ることができる。酸性度は一般に「ペーハー」、あるいは「ピーエッチ」(pH)として知られる指標で表される。これは水素イオンの濃度を対数で表し、マイナス符号を取り去ったものである。よく知られているように、中性はピーエッチが約七である。ピーエッチが小さくなれば酸性が強い(水素イオン濃度が高い)ことを、大きくなればアルカリ性が強い(水素イオン濃度が低い)ことを表している。氷の水素イオンの濃度は簡単に測定できるだけでなく、非海塩起源の硫酸イオンと硝酸イオンの濃度の和にほぼ一致するため、有用な指標となっている。[28] たとえば、火山の噴火ガスには大量の硫酸イオンが含まれているため、火山噴火の影響を受けた大気からは、硫酸に富んだ雪が降ってくる。したがって、大規模な噴火があった年に形成された氷の層は、ピーエッチが大きく低下する。またこれらのイオンは、化石燃料の燃焼によっても大気中に放出される。そこで、一九世紀以降にみられる人間活動の大気への影響を見るためにも使われている。

それ以外にも氷の不純物はある。たとえば、メタンスルホン酸は、海洋に生息する藻類によって合成される硫化メチル(いわゆる「磯の匂い」のもと)の酸化分解物だ。したがって、氷の中に含まれるメタンスルホン酸の濃度は、海洋表層における生物生産量の指標として用いられている。また氷の中の過酸化水素は、大気中における光化学プロセスの産物であるため、大気中のオキシダント濃度を間接的に表している。アイスコアは、大気や海洋に関する多様な情報を、化学成分という形で記録しているのだ。

さらに古い氷を求めて

ボストーク3Gの掘削が終盤に差し掛かっていた一九八四年から、ボストーク基地ではさらに深層をめざした掘削が開始された。ボストーク3Gが掘削した氷の下には、まだ一〇〇〇メートル以上に及ぶ氷の層が残されていたからだ。そこにはさらなる過去の気候記録が刻まれていることは間違いない。そこで、一九九〇年二月には、長さ二五四六メートルのボストーク4Gコアが、そして一九九三年九月には、長さ二七五五メートルのボストーク5Gコアが掘削された。その後、ソ連の政情が不安定になった余波を受けて、基地は一時閉鎖に追い込まれる一幕もあったが、間もなくアメリカの支援を受けて再開され、一九九八年一二月には長さ三六二三メートルにも達するアイスコアの掘削に成功した。

ボストーク5Gコアは、氷床の底まであと一二〇メートルのところまで到達したが、そこで掘削を中止せざるをえなくなった。ボストーク基地の真下四〇〇〇メートル付近に、面積一万四〇〇〇平方キロメートル、最大水深一二〇〇メートルにもおよぶ巨大な湖が発見されたからである[29]。日本最大の湖である琵琶湖の二〇倍以上もの面積をもち、貯水量にいたってはさらに大きく、琵琶湖のおよそ二〇〇倍にも達する。そんな巨大な湖が、基地の真下に眠っていたのだ。この湖は、ボストーク湖と名づけられた。

　氷床は、基盤岩からの地熱の影響を受けているため、深くなるにつれて、わずかずつだが温度が上昇していく。地熱は、エネルギー量としてはふつう微々たるものであるが、氷でフタをされている分だけ熱が逃げにくい。そのため、氷床の深い部分の温度をじわじわと上げ、場所によっては氷を融かしている。また、実態はいまだに謎だが、ボストーク湖の底では、火山活動が起きているのではないかという推測もある。ボストーク湖は、わたしたち人類にとっては未知の環境であり、独自に進化した微生物が独自の生態系を築いているかもしれない。その環境は、火星や木星の衛星ユーロパ[30]など、生物が存在している可能性のある惑星や衛星の環境に似ている、と言われている。現在、このような観点からボストーク湖を調査するプロジェクトが実施されている。今後「アストロバイオロジー[31]」と呼ばれる新しい研究分野で、おもしろい話題を提供してくれるだろう。氷床掘削がもたらした、大きな副産物といえよう。冷戦が過去のものとなった現在、このボストーク基地はロシアだけでなく、フランスとアメリカによって共同運営されている。

さて、二一世紀に入ると、さらに二本の長いアイスコアが、南極氷床で掘削された。一つは、東南極氷床のドームC(図10-1)と呼ばれるサイトで掘削されたものだ。「エピカ(EPICA：European Project for Ice Coring in the Antarctic)」と呼ばれる、ヨーロッパ一一カ国にわたる研究グループによるものである。このプロジェクトでは、初めて東南極氷床を貫く三二七〇メートルにおよぶアイスコアの掘削に成功した。その結果、ボストーク・コアの年代を大きく上回る、七四万年前にまでさかのぼる同位体比記録が得られた(32)。

わたしたち日本の研究グループも負けてはいない。「ドームF」と呼ばれるアイスコアの掘削が、一九九五年に「ドームふじ」基地(図10-1)で始まった。ドームふじ基地は、東南極氷床の頂上に位置し、富士山よりも高い三八一〇メートルの地点にある。南極で氷がもっとも分厚い場所でもある。したがって、理論上もっとも長い古気候記録が得られるだけでなく、氷床の流動による記録の変質も最小限に抑えられる。ドームFコアの掘削は、二〇〇七年一月、深さ三〇三五メートルに達したところで終了した。今後、多くの分析結果が公表され、おもしろい話題を提供してくれるだろう(33)。

一九九〇年代以降、グリーンランド氷床ではグリップとギスプ・ツー、さらにはノース・グリップが掘削され、他方、南極では氷期を四回またぐボストークや、それを凌ぐエピカ・ドームCが掘削され、ドームFも掘削された。これら一連のアイスコアの研究によって、氷床に記録されている気候変動の大枠は、ほぼ明らかになったといっていいだろう。今後は、分析技術や計測技術の革新にあわせた、新しい時代に見合った科学計画を待ち、再び掘削が行なわれるであろう。本格的な氷床掘削が始まって半世紀経った現在、探検の時代はもはや終わり、新しい時代へと衣替えを始めている。

キリマンジャロの雪

年々氷が積み重なるのは、グリーンランドと南極の氷床だけではない。世界中に点在する高い標高をもつ山岳地帯には、「山岳氷河」や「氷冠」と呼ばれる小規模な氷床がある。こういった山岳氷河や氷冠のサイズは、氷床とは比較にならないくらい規模は小さい。しかし、高緯度域だけでなく、中緯度や低緯度域にも分布するという特長がある。そこに目を付けたのが、オハイオ州立大学バード極域研究センターのロニー・トンプソンだ。太陽のエネルギーの多くは、地球の表面積にして半分を占める北緯三〇度から南緯三〇度の部分に差し込んでくる。また、わたしたち人類の多くは、その中低緯度域に暮らしている。そこでどのような気候変動が起こってきたか、より直接的なシグナルをとらえようというのが、トンプソンのねらいだ。

トンプソンの率いる研究グループが、ヒマラヤ、キリマンジャロ、アンデスなど、世界各地の山岳に分布する氷河の調査を行なった回数は、のべ四〇回にも及ぶ。山岳氷河を掘削する仕事は、六トンもの機材を山頂まで運ぶ仕事から始まる重労働だ。現地のポーターや登山家、そして時にはその国の軍隊まで雇い入れ、それらを高山に運び上げる。空気の薄い高山での作業は想像以上に大変で、山を下りるときは、氷のサンプルが加わるため、荷物はさらに数トン重くなっている。それだけではない。チベットやペルー、ボリビアなど、氷冠をかかえた山岳地帯は、政治的に不安定であることも多い。掘削前に政府機関から許可を得るための交渉や、安全の確保も重要な仕事の一部なのだ。たとえば、タンザニアのキリマンジャロでアイスコアを掘削するためには、二五もの公式な許可を得ねばならなかったという。科学計画を実行する以前の段階でも、苦労の種は尽きないのである。

ともあれ、トンプソンらのグループが世界各地の山岳氷河を掘削して得たデータは、数々の貴重な研究成果を生み出した。アフリカの最高峰であるキリマンジャロ山には、アーネスト・ヘミングウェイの小説で有名な「キリマンジャロの雪」がある。赤道直下にそびえるにもかかわらず、六〇〇〇メートルに近い頂は、つねに氷で覆われている。トンプソンらは、二〇〇〇年に、このキリマンジャロ山頂の氷帽で六本のアイスコアの掘削に成功した。それらのアイスコアは、もっとも長いものでも五〇メートルしかなく、南極やグリーンランドのアイスコアに比べると桁違いに短い。しかし、その中には、過

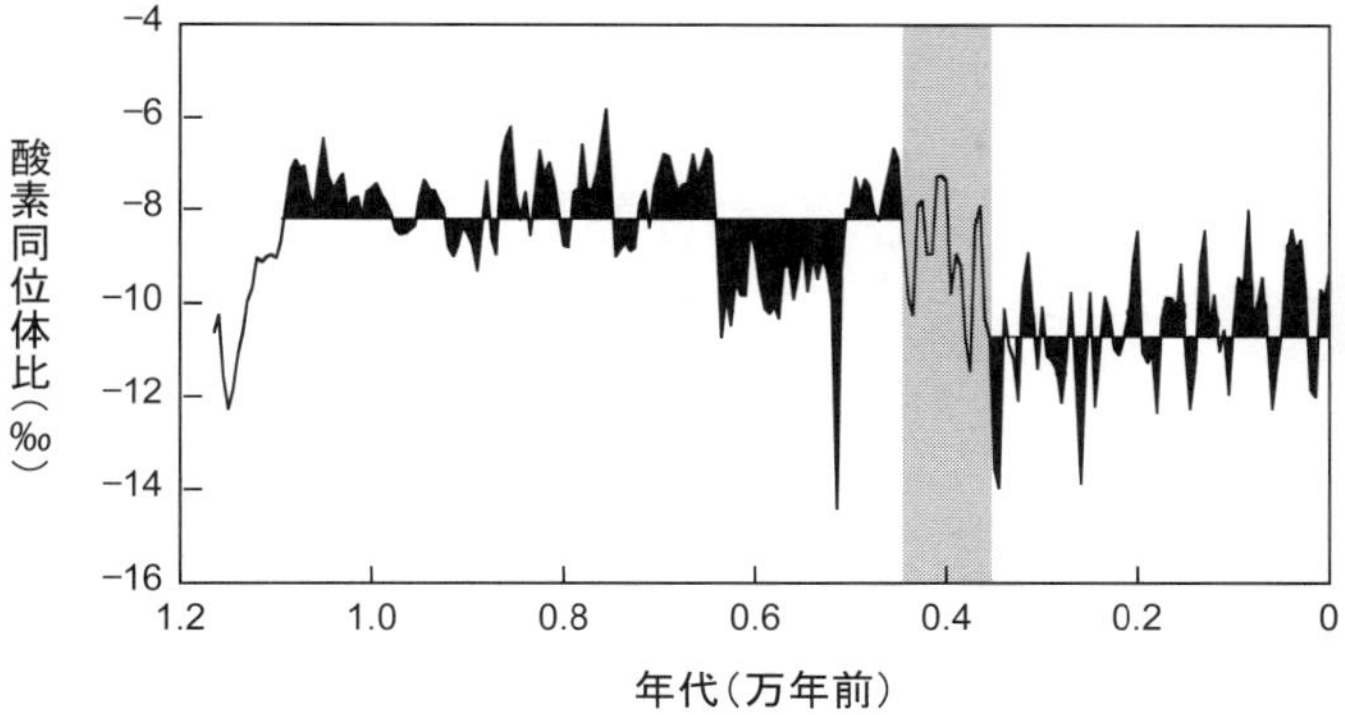

図 10-8　赤道直下，キリマンジャロ山頂(標高 5895 メートル)の氷帽で採取されたアイスコアの酸素同位体比記録．非常に大きな振幅をもち，およそ 4000 年前(影をつけた部分)に 3 パーミルほど負へシフトする．Thompson *et al.*(2002)を改変．

去一万一〇〇〇年にわたる赤道域の気候の歴史が記録されていた(34)(図10-8)。

これまで何度も述べたように、地球全体でみれば、気候は過去一万年にわたって安定していた。ところが、図10-8に示したトンプソンたちが掘り出したアイスコアの酸素同位体比記録を見てみよう。時代を通して、八パーミルにも及ぶかなり大きな酸素同位体比の変動が見られる。とくに目につくのは、およそ四〇〇〇年前のところで同位体比がガクンと低い値へシフトしていることだ。ちょうどその頃、大気中のエアロゾル量も急増している。いまから四〇〇〇年前とは、アフリカから「緑のサハラ」が消え、乾燥した気候へと突入した時代に一致する。こうしたことから、トンプソンらはそれを、アフリカにおける気候状態のシフトを記録したものだと考えている。

現在、キリマンジャロの雪は、地球温暖化にともなって年々減少しつづけている。予測によると、二〇六〇年までにすべて融けてなくなってしまうという(35)。ヘミングウェイが小説のモチーフにした神々しい雪が、アフリカ熱帯地域の古気候記録もろとも永遠に失われようとしている。この地球上から、貴重な歴史の遺産がまた一つ失われてしまうことになるのだろうか。

第11章　気候が変わるには数十年で十分だ

科学はやはり不思議を殺すものではなく、
不思議を生み出すものである。

寺田寅彦

短期間に起きた気候変動

ミランコビッチが確立した理論は、第四紀に起きた周期的な気候変動の原因について、部分的に説明することに成功した。しかし、過去数万年間にわたる地球の気候をさらにくわしく調べてみると、天文学的な要因では決して説明できない短い周期をもった気候変動や、明瞭な周期性をもたない短期間の気候変動がいくつもある。9章で軽く触れた、ダンスガード–オシュガー・イベントがその一例だ。一九八〇年代以降、古気候学者らは、このような気候変動の記録を次々と見出し議論してきた。そうした過去の気候変動の記録が、現在、世界中の気候学者たちが共有している、地球温暖化に対する危惧の大きな背景にもなっている。

気候変動が、天文学的な時間スケールよりもずっと短い時間スケールで起こってきたことは、じつはずいぶん以前から地質学者には広く知られていた。氷河時代から間氷期(完新世)にいたる途中に見出される「寒の戻り」ともいうべき、「ヤンガー・ドリアス・イベント」である。これは元来、かつて存在したフェノスカンジア氷床の周辺で見出された変動で、氷床の一時的な拡大や縮小を反映した地域的な気候変動だろうと長い間考えられてきた。しかし研究が進むにつれて、北ヨーロッパ以外でもほとんど同じ時期に、「寒の戻り」のあったことが報告されるようになる。一九八〇年代になると、それに輪をかけるかのように、ヤンガー・ドリアス・イベント以外にも、「ダンスガード–オシュガー・イベント」と「ハインリッヒ・イベント」と呼ばれる二種類の短期間の気候変動が見出された。

こういった短期間の気候変動の発見は、気候学者たちに、「いったい、どんなメカニズムでそれが起きるのか?」という難題を突きつけた。ヤンガー・ドリアス・イベントのような短期間の気候変動が見出されるまでは、気候変動とは、数千年から数万年におよぶ長い時間スケールの、周期的な変動であると考えられていた。隕石の衝突といった、突発的でかなり大きなインパクトをもつ要因でもないかぎり、気候変動はミランコビッチ・フォーシング(地球の軌道要素の変動)に支配されると信じられていたのだ。しかし、短期間の気候変動の発見は、それ以外にも地球の気候を大きく変動させる「何か」があることを示唆している。その正体はいったい何なのか？　古気候学者たちは、その謎解きに乗り出した。

短期間の気候変動は、場所によっては数十年という時間スケールで起こったことがわかっている。これは、現在、わたしたちが恐れている地球温暖化とまさに同じ時間スケールだ。過去に実際に起きた短期間の気候変動の原因を探り、そのプロセスを知ることは、近い将来に危惧される地球温暖化を予測する際にも役立つに違いない。多くの古気候学者はそう考え、この難問を解くことに熱中した。一方、海洋地質学者たちは、海底堆積物の分析をこれまでになく高い時間精度で行ない、気候変動の記録を一〇〇年、あるいは数十年という、さらに高い時間分解能で調べはじめた。

ヤンガー・ドリアス・イベント

冬が終わりを告げ、桜の蕾が開いた後、再び凍えるような寒さが日本列島を覆うことがある。「花冷え」とか「寒の戻り」と呼ばれるものだ。時間スケールは異なるが、このように寒冷な気候のぶり返しが、最終氷期が終わり、間氷期に向かう温暖化の途中にも見られる。海底堆積物にしろ、アイスコアにしろ、最終氷期から間氷期に向かう融氷期の気候変動をくわしく見ていくと、多くの場合、細かな温暖化と寒冷化を交互に何度もくり返しながら、全体として温暖化してきたことがわかる。

この融氷期の最中に何度か見られる、一時的な寒冷化の中でも、ヤンガー・ドリアス期と呼ばれる時代の「寒の戻り」は規模が大きく、多くの地質学者と気候学者が昔から興味を示してきた。なぜなら、ダンスガード-オシュガー・イベントやハインリッヒ・イベントが見出される前は、ヤンガー・ドリアス期の「寒の戻り」が、唯一、ミランコビッチ・フォーシングでは説明できない気候変動だったからである。ヤンガー・ドリアス・イベントは、グリーンランドでアイスコアが掘削されるずっと以前から、北ヨーロッパの湖沼堆積物の研究によって知られており、地質学者がくわしく研究してきた。そのため、その地質学的な記録はたくさん蓄積されている。

さて、ヤンガー・ドリアス・イベントについてくわしく述べる前に、二万年前から七〇〇〇年前にいたる融氷期の時代区分について簡単にまとめておこう。まずは図11-1を見ていただきたい。こういう図を見てうんざりする人もいるだろう。じつは、わたしもその一人だ。伝統的な地質学にはよくあることだが、時代を区分するためにいささか奇妙な固有名詞が用いられ、しかもそれらが少々混乱気味に用いられている。巨大な氷床が融けて、気候が温暖化していくこの時代も例外ではない。こういった奇妙な固有名詞が、地質学をとっつきにくく洗練されない学問に感じさせる主たる原因でもある。しかし、コツは二通りある。一つは、あまり深く考えないこと。年代に読み替えることさえできればよいのだ。たとえば、ジュラ紀と聞けば、およそ二億年前といったように。

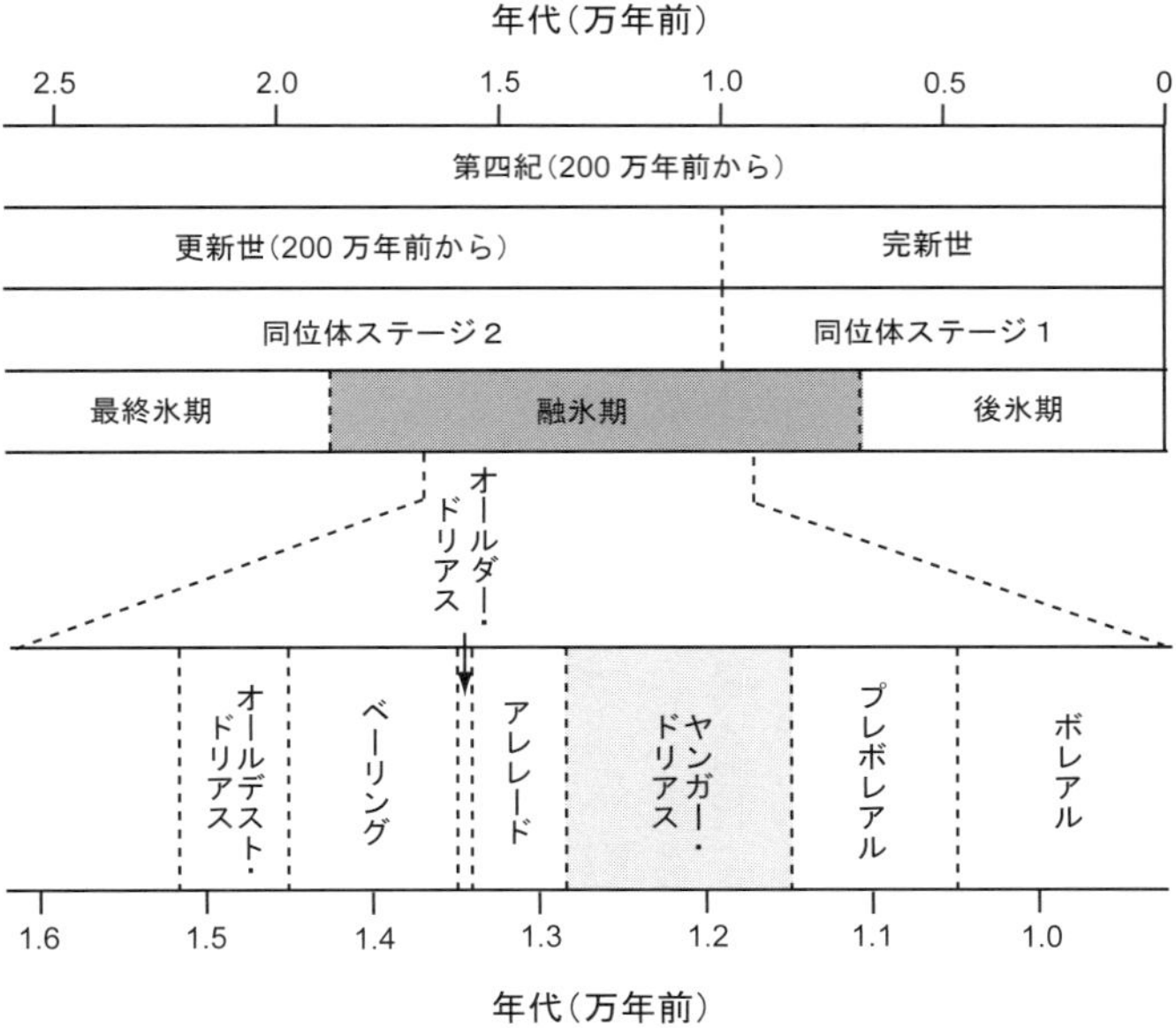

図 11-1　最終氷期以降の時代区分の名称についてまとめた図．この過去 2 万年については，さまざまな時代区分の名称が混合して用いられることが多く，混乱した使い方もしばしば見受けられる．最下部に示したのが，1 万 6000 年前から 1 万年前にかけての北欧域における陸上地質の時代区分である．もともとローカルな気候変化を表すために用いられていた時代区分名称だが，最近ではグローバルな気候変動についても用いられることが多い．

もう一つは、その固有名詞の起源について少し考えてみることだ。

この章の主題である「ヤンガー・ドリアス(Younger Dryas)」というのも、何やら奇妙な固有名詞だ。このヤンガー・ドリアスという名は、*Dryas Octopetala* という学名をもつバラ科の植物に由来する(図11-2)。この草本は、日本では一般にチョウノスケソウと呼ばれているものだ。このチョウノスケソウは北米、ヨーロッパ、アジアの山岳地帯のツンドラ(1)の植生帯に広く分布し、黄色い部分を中心に八枚の(Octa-)白い花びら(Petala)をもった可憐な花を咲かせる。日本アルプスなどでも、このチョウノスケソウは山頂付近にしばしば群生している。

ヤンガー・ドリアス・イベントは、もともとスカンジナビア半島で採取された湖沼堆積物に含まれる花粉の分析から見出された現象だ。フェノスカンジア氷床が融解しはじめると、縮小していく氷床の周りには、まず最初にチョウノスケソウなどツンドラに特徴的な植生が現れた。そしてさらに氷床が縮小し、気候が温暖化するに従って、カラマツ、モミ、トウヒなどが生える針葉樹林へと変わっていった。ところが花粉分析の結果は、一万年前ごろ、一時的に針葉樹林に代わって再びチョウノスケソウが急増したことを示している。気候が再びツンドラに逆戻りしたこの時期を、ヤンガー・ドリアス期と呼んでいるのである(2)。

「ヤンガー・ドリアス」という時代があるからには、もちろん「オールダー・ドリア

図 11-2　*Dryas Octopetala* の花．日本ではチョウノスケソウと呼ばれており，山岳地帯に広く分布している．
写真提供）Ⓒ Alamy/PPS 通信社

ス(Older Dryas)」と呼ばれる時代もある。ここで再び、図11-1を見てほしい。時代の名称を簡単に整理しておこう。オールダー・ドリアス期とは、一万三五〇〇年前ごろに、気候(植生)が二〇〇年間ほど寒冷化した時代のことを指している。さらに、それよりも古い「オールデスト・ドリアス(Oldest Dryas)」という時代もある。この時代は、フェノスカンジア氷床が後退して、はじめてツンドラ植生が現れた時代に当たる。いずれの時代も、チョウノスケソウの花粉が急激に増加することで特徴づけられる寒冷な時代だ。

一方、このオールデスト・ドリアス期とオールダー・ドリアス期に挟まれる比較的温暖な時代を、ベーリング期(Bølling 期)と呼ぶ。また、オールダー・ドリアス期からヤンガー・ドリアス期までの時代を、アレレード期(Allerød 期)と呼ぶ。ただし、オールダー・ドリアス期は、地質記録中に明瞭に見出されない場合が多いため、両者をまとめて、ベーリング・アレレード期(Bølling-Allerød 期)と呼ぶことも多い。これは、約一万四五〇〇年前ごろから一万二九〇〇年前ごろまでの比較的温暖な時代だ。さらに、ヤンガー・ドリアス期が終了した一万一五〇〇年前から一万五〇〇年前にかけての、急激に温暖化した時期をプレボレアル期と呼ぶ。その後、気候は安定期に入り、七八〇〇年前までの時代がボレアル期と呼ばれる。

こういった気候の寒暖は、元来、グローバルなものではなく、フェノスカンジア氷床を間近に控えた、北欧地域特有の気候のゆらぎだろうと考えられていた。ところが一九八〇年代以降、世界各地で採取された海底堆積物や陸上の地質記録から、ヤンガー・ドリアス期とほぼ同時期に気候の寒冷化を示すシグナルが続々と報告されるようになってくる。ローレンタイド氷床やフェノスカンジア氷床に囲まれた北部北大西洋域はもちろんのこと、赤道大西洋や日本を含む西太平洋域、さらにはインド洋といった氷床からはるか離れた地域からも、ほぼ同時期に寒冷化した明瞭なシグナルが見出された(3)。このことは、ヤンガー・ドリアス期の「寒の戻り」が、かなり広域的な気候変動であったことを示している。

ヤンガー・ドリアス・イベントは、とくにグリーンランドのアイスコア中にはっきりと記録されている。一万二九〇〇年前のヤンガー・ドリアス・イベントの始まりは、酸素同位体比が二〜三パーミルほど急激に低下し、それが終了する一万一五〇〇年前には四パーミル近く急上昇する(4)(図11-3)。これら一連の酸素同位体比の変動を年平均気温の変動に換算すると、ヤンガー・ドリアス期が始まると同時に三〜四℃も急低下し、終わるときには六℃も急上昇したことになる。とくにヤンガー・ドリアス期終了時の温暖化は、わずか五〇年あまりの急激な出来事だった。

グリーンランドのアイスコアに記録されたヤンガー・ドリアス期の急激な気候変動は、

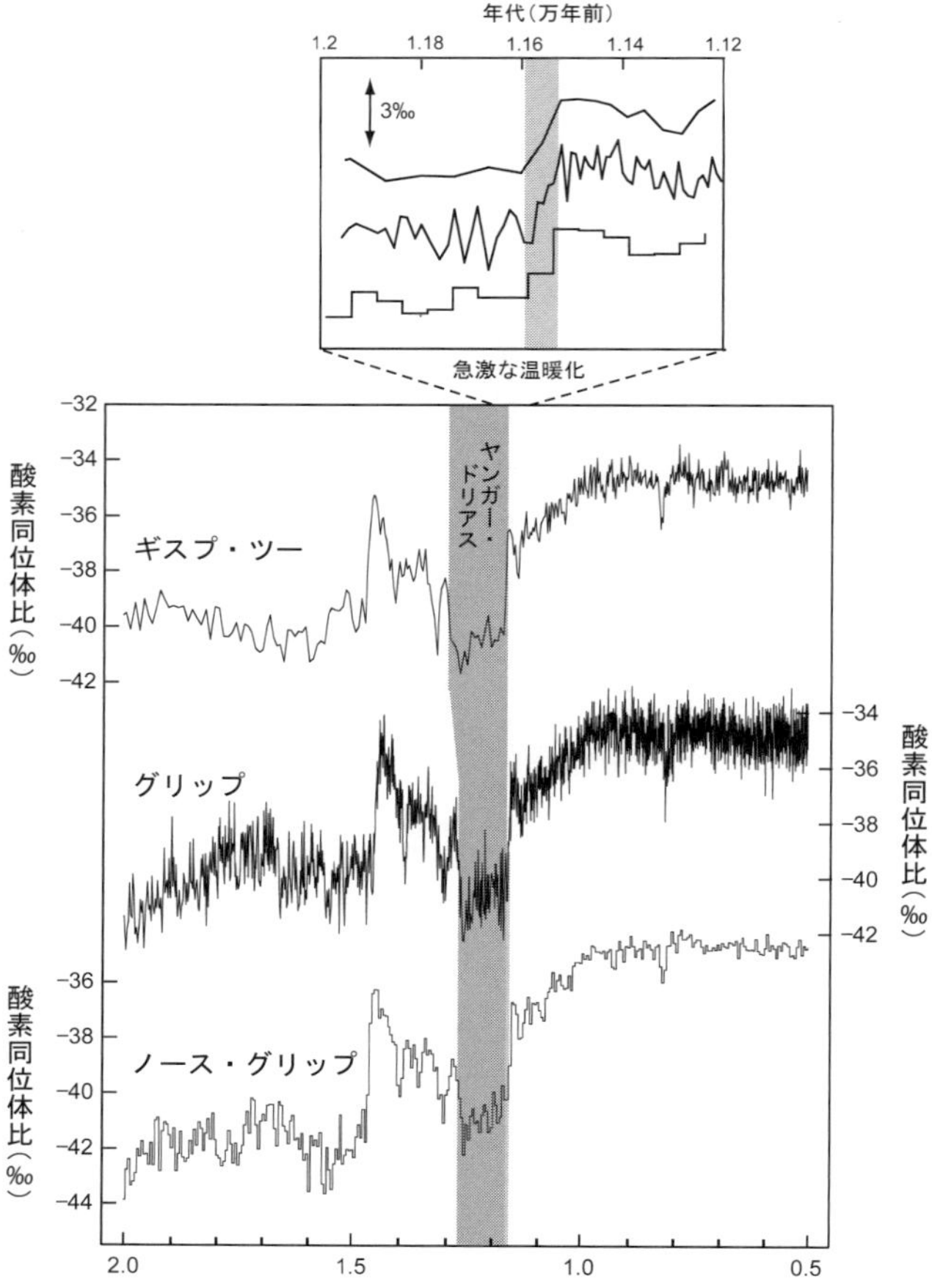
年代(万年前)
1.2
1.18
1.16
1.14
1.12
3‰
急激な温暖化
酸素同位体比(‰)
-32
-34
-36
-38
-40
-42
ヤンガー・ドリアス
ギスプ・ツー
グリップ
-34
-36
-38
-40
-42
ノース・グリップ
-36
-38
-40
-42
-44
2.0
1.5
1.0
0.5
年代(万年前)

当時多くの気候学者を驚かせた。気候とは数千年かけて、ゆっくり変動するものだと、彼らは考えていたからである。しかし、アイスコアの記録は、ある条件がそろえば、気候は「ジャンプ」するものであることを示唆している。現在の地球温暖化を考えた場合、気候のジャンプがもっとも恐れるべきシナリオだ。ヤンガー・ドリアス期にともなう気候のジャンプが見出されて以降、古気候研究者たちの間では、「急激な気候変動(abrupt climate change)」というキーワードが生まれた。

海洋地質学者たちは、急激な気候変動ハンティングに熱中し、あらゆる堆積物をくわしく調べはじめた。ヤンガー・ドリアス・イベントを記録した数多くの地質記録の中でも、とくに南米ベネズエラの沖にある小さな海盆の堆積物に残されている記録は、すばらしく明瞭だ。東西方向に二〇〇キロメートルほど細長く伸びたこの海盆は、カリアコ海盆と呼ばれている。水深はもっとも深いところで一四〇〇メートル程度だが、周囲が地形的に高

図 11-3　グリーンランドで採取された 3 本のアイスコア中に見られる，ヤンガー・ドリアス・イベント(下図の影をつけた部分)．いずれの場合も，ヤンガー・ドリアス期の開始時(1 万 2900 年前頃)と終了時(1 万 1500 年前頃)には，酸素同位体比の急激な変動を示している(各コアによって年代は少々ずれていることに注意)．上には，ヤンガー・ドリアス期終了時の部分を拡大した図を示した．ヤンガー・ドリアス期の終了時の温暖化は，わずか 100 年足らずで起きている(上図の影をつけた部分)．その 4 パーミル近い同位体比の急上昇は，6℃ 近い気温の上昇に相当する．Stuiver *et al.*(1995)，Johnsen *et al.*(1997)，North Greenland Ice Core Project Members(2004)を改変．

まっているおかげで、この海盆の深い部分では海水がよどんでいる。ここが重要な点だ。よどんだ海水には酸素が含まれていないため、ヒトデ、ゴカイ、ナマコなどといった動物は棲めない。海底にふつうに見られるこういった動物は、海底をズルズルと這い回って堆積物をひっかき回し、過去の気候変動の記録を数百年、時によっては数千年分もかき混ぜてしまう。海底堆積物から過去の地球環境の記録を読み取る海洋地質学者にとって大いなる敵だ。ところが幸いなことに、海水のよどんだカリアコ海盆には、そうした「天敵」がいない。堆積物が乱される心配はないのだ。

カリアコ海盆では、冬はプランクトンが繁殖し、炭酸カルシウムを含む白っぽい堆積物が形成される。一方、夏は、ベネズエラ奥地のジャングルに源をもつオリノコ川が雨季にともなって大量の土壌成分をカリアコ海盆に注ぎ込み、黒っぽい堆積物が形成される。こうした白黒の堆積物がセットになって一年分というわけだ。その一セットの厚さは、わずか一ミリメートルほどの薄いものだ(図11-4a)。カリアコ海盆は、薄い白黒の縞が積み重なった堆積物が、過去何千年分にもわたって美しく保存された世界でも稀有な海なのだ。

一九九〇年代半ばに、このカリアコ海盆の海底堆積物を研究していたコロラド大学の大学院生コンラッド・ヒューエンは、ヤンガー・ドリアス期に相当する堆積物が、急激に明るい色に変化していることを見出した。(5) 色の変化を数値化してみると、なんとそこ

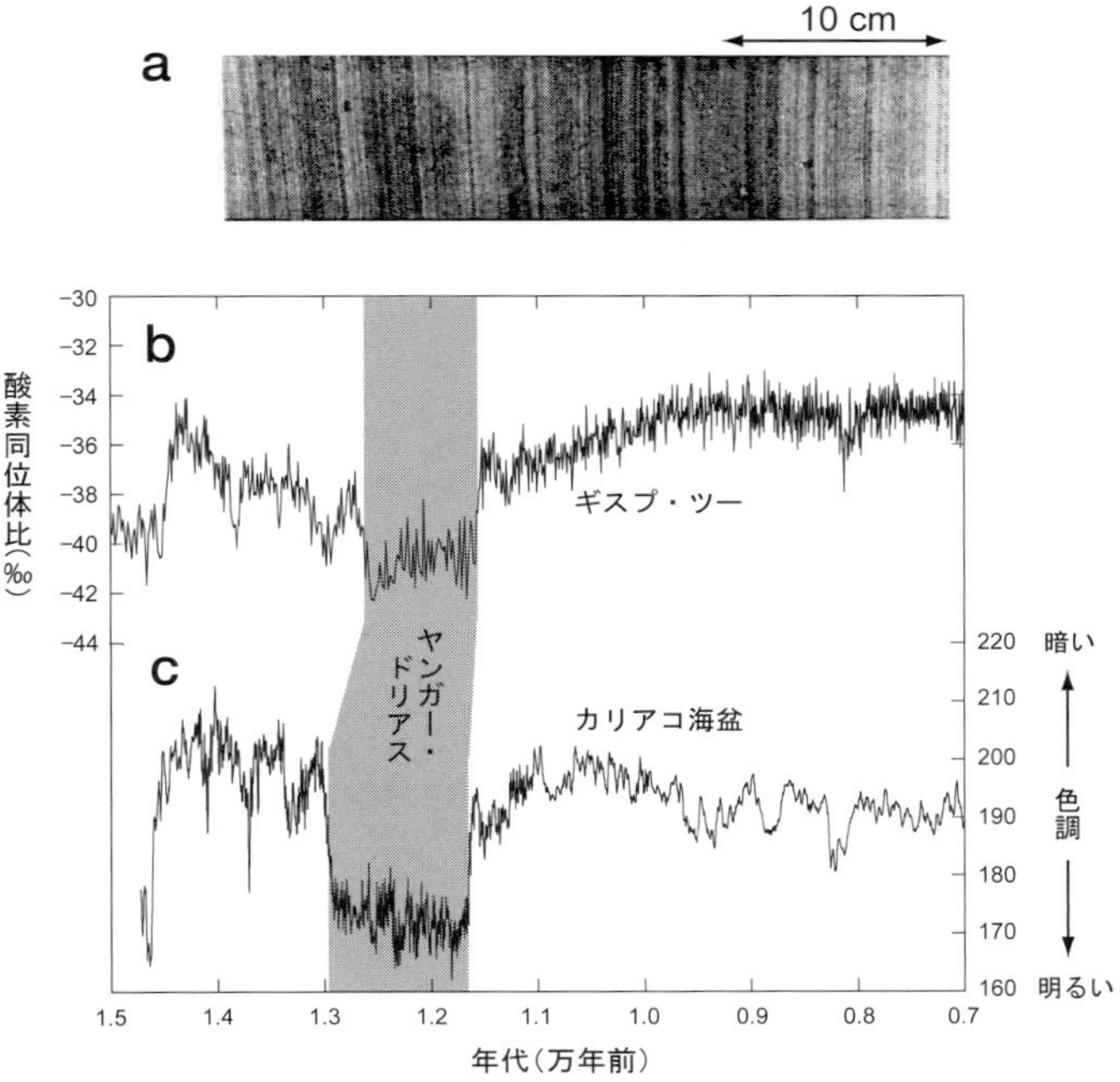

図 11-4　a) カリアコ海盆の堆積物の写真．全体としてオリーブ色だが，夏は土壌粒子を含む黒っぽい層が，冬は炭酸カルシウムを含む白っぽい層が形成されている．b) グリーンランドのアイスコア(ギスプ・ツー)の酸素同位体比記録．c) カリアコ海盆で採取された海底コアの色調の変化．カリアコ海盆の記録には，ヤンガー・ドリアス期とほぼ一致する時期に，堆積物の色が明るくなっている．Lea *et al.*(2003)，Stuiver *et al.*(1995)，Hughen *et al.*(1996)を改変．

にはグリーンランドのアイスコアの酸素同位体比とそっくりのパターンが現れたのである(同図b、c)。両者の間に何らかの強い関係があることは間違いない。

明るい色をもつヤンガー・ドリアス期の堆積物には、有孔虫の殻など白い炭酸カルシウムの化石が多くみられ、海洋表層に生息するこういった生物の個体数が当時増大したことを示している。ヒューエンらは、ヤンガー・ドリアス期の堆積物が明るくなる理由を、当時カリアコ海盆付近で貿易風が強くなり、栄養塩を海洋表層にもたらす湧昇が強くなったためと考えた。[6] 栄養塩が海洋表層にもたらされると、そこには植物プランクトンや、それを餌にする有孔虫などの動物プランクトンが大量に繁殖するのだ。グリーンランドのサミットから六〇〇〇キロメートルも離れた熱帯の海に、ほとんど時間差なしに海洋環境の変動が起きていたというわけだ。

カリアコ海盆以外にも、ヤンガー・ドリアス・イベントに同期する環境変動は、北半球のさまざまな場所で見出されている。ところが南半球に行くと、それがぷっつりと見られなくなる。[7] 南極のアイスコアにも、ヤンガー・ドリアス期の寒冷化は明瞭に見られない。一般的に言って、ヤンガー・ドリアス期のシグナルは、北部北大西洋やそれを取り囲む海域および地域でもっとも強く現れ、そこから離れていくに従って弱まっていくようだ。これが、北部北大西洋にこの気候イベントの起源があると推定される所以である。

アガシ湖の決壊

「寒の戻り」であるヤンガー・ドリアス・イベントは、いったいどのような原因で起きたのだろうか？　現時点で多くの研究者が信じている直接の原因は、この時期に北大西洋深層水が一時的にストップしたためというものだ。北部北大西洋域で形成されて、大西洋の深層をゆっくりと南下する海洋深層流が、地球上のエネルギー分配に大きな影響力をもっていることは、8章でくわしく解説したとおりだ。このコンベヤーベルトが、ヤンガー・ドリアス期に一時的に弱まったか、あるいは完全に停止(オフ)したというのである。(8)

では、いったいなぜ停止したのか？　一つの考えは、当時ローレンタイド氷床の縁辺に存在していたアガシ湖が急に決壊し、大量の淡水がこのコンベヤーベルトの「入り口」とでも言うべき北部北大西洋に流れ込んで、表層水にフタをしてしまったからという説だ。

巨大な氷床が融けると、当然ながら大量の融氷水ができる。この融氷水は最終的には海に流れ込む運命にあるのだが、一時的に氷床の淵にそって湖を形成することがある。アイソスタシーの効果によって、氷床が乗っている大地は周囲より凹んでいるから、氷床の縁辺部は構造的に「水たまり」ができやすい。アガシ湖は、ローレンタイド氷床が後退していく時代に、その南縁に沿って一時的に形成されたそういった湖の一つである。ただし、その大きさは群を抜いていた。現在のアメリカのミネソタ州からノースダコタ州、カナダのサスカチュワン州、マニトバ州、オンタリオ州にわたる広大な地域にアガシ湖の記録が残されている。その大きさと形は時代とともに多様に変化し、詳細な歴史をたどることは容易ではない。しかしこれまでの研究によると、その面積は現在の五大湖を足したものよりも大きく、最盛期には日本の国土よりも広い四四万平方キロメートルにも及んだと考えられている[9](図11-5)。

このような氷床の縁辺部に形成された湖は、氷床自身がダムとして働いている場合が多い。したがって、その安定性は非常に悪い。氷床が融けるとその分、湖面は上昇するし、湖水を堰き止めている部分の氷が融けると、湖として蓄えられていた融氷水が、一気に下流に向かって流れ出し、洪水を引き起こすことになる[10]。

一九七〇年代半ばに、ロードアイランド大学のジム・ケネットとケンブリッジ大学のシャックルトンは、メキシコ湾から採取された堆積物中から、興味深いシグナルを見出した[11]。図11-6の、一万四〇〇〇年前頃(融氷水パルス1Aの時期にあたる)の部分に着目してみよう。ご覧のとおり、酸素同位体比が二パーミル軽い方向へシフトしていることがわかる。彼らはこれを、当時、ローレンタイド氷床の南を縁取っていたアガシ湖が決壊し、湖水が大量にメキシコ湾に流れ込んだ「洪水」の証拠だと考えた。

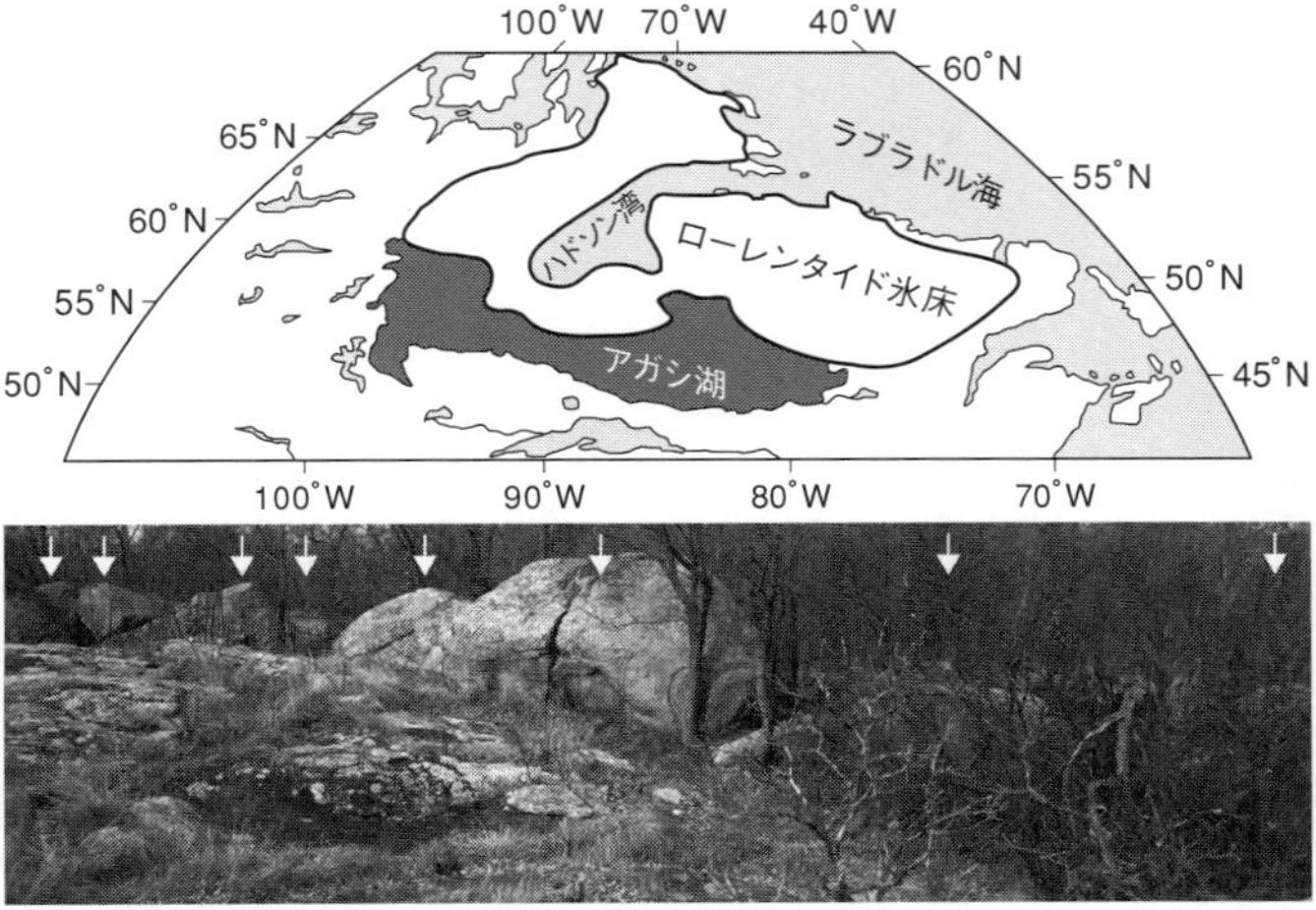

図 11-5　上の地図は，およそ 8000 年前のアガシ湖の分布図．北縁はローレンタイド氷床によって規定されている．Clarke *et al.*(2003)をもとに作成．下の写真は，アガシ湖の洪水によって運ばれたと考えられている，ミネソタ州の巨岩群(矢印)．洪水の流れに沿って，きれいに一列に並んでいる．Fisher(2004)から引用．

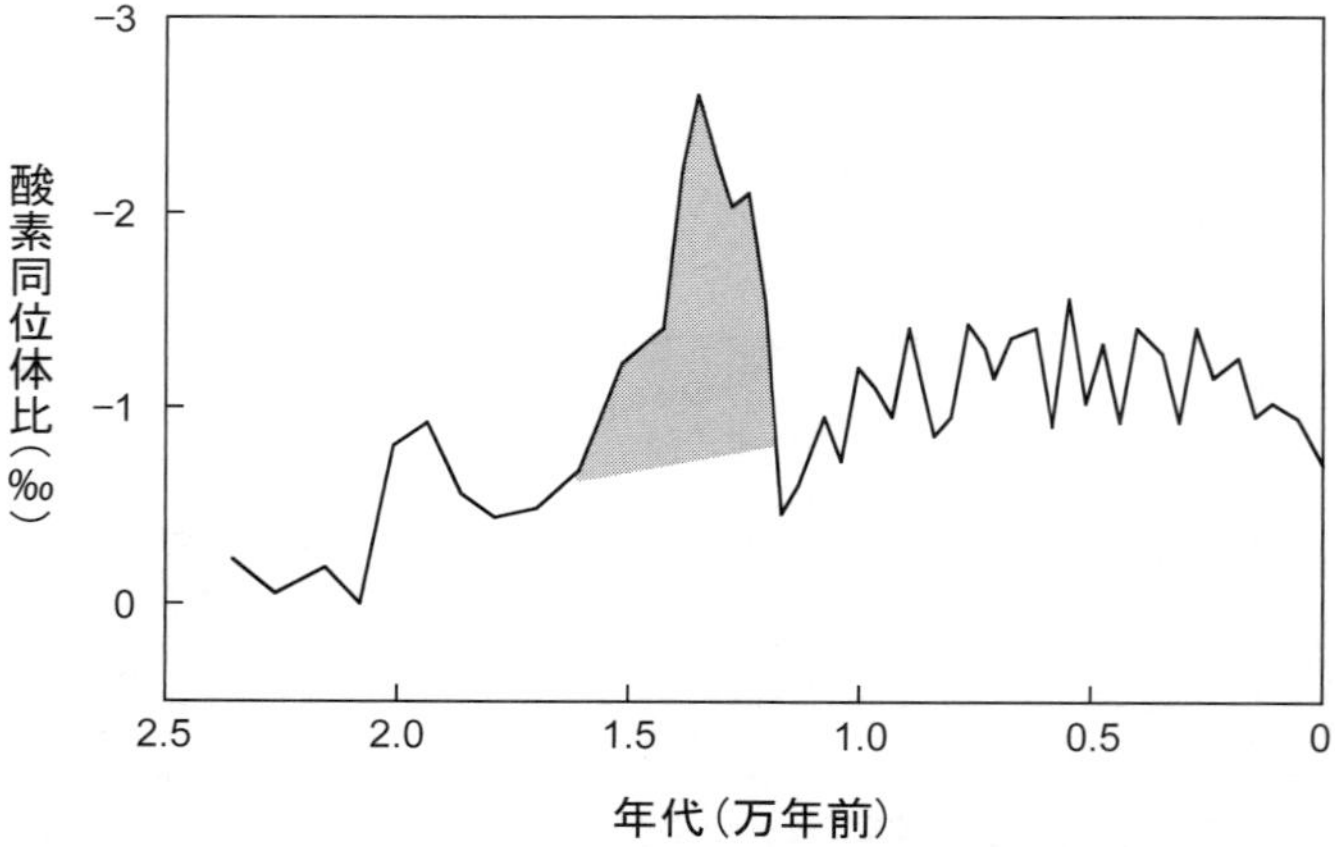

図 11-6　メキシコ湾の堆積物中に見られる，酸素同位体比の負の異常（影をつけた部分）．軽い酸素同位体比をもつローレンタイド氷床の融氷水が，メキシコ湾に流入し，海水の酸素同位体比を軽い値へと変化させたことを記録している．Kennett and Shackleton (1975) を改訂．

融氷水が溜まったアガシ湖の酸素同位体比は、およそマイナス三〇パーミルである。海水よりも重い水分子($H_2{}^{18}O$)にかなり乏しいこの融氷水が、海(およそ〇パーミル)へ大量に流れ込んだら、その海域の海水の酸素同位体比は、それに引きずられて大きく下がるはずだ。このメキシコ湾に流れ込んだ大量の融氷水は、地形的に凹んだ現在のミシシッピ川付近を、大洪水を引き起こしながら流れ下ったことだろう。

気候変動のメカニズムから考えると、たとえメキシコ湾に大量の淡水が流れ込んだとしても、グローバルな気候変動を引き起こすことはまずないだろう[12]。ところが、アガシ湖から流れ出た大量の淡水が、もし突然ルートを変えて、北部北大西洋に一気に流れ込んだとしたら、どうなるだろう？　ローレンタイド氷床の南縁にある五大湖付近からセントローレンス川沿いに、あるいは氷床北東部のラブラドル海を経由して、北部北大西洋に流れ込んだとしたら？(図11-7)

この大量の淡水は、海水に比べると格段に軽い(密度が小さい)。そのため、海洋の表層は、この淡水でフタをされる格好になる。淡水でフタをされた表層水は、やがて北大西洋深層水の形成を止めてしまうだろう。コンベヤーベルトがオフになったことは容易に想像できる。8章で解説したストンメルの2ボックスモデル(図8-14参照)で考えると、北大西洋の淡水の蛇口を開けた状態に相当するわけだ。コンベヤーベルトの停止は、太陽エネルギーの再分配パターンを変え、グローバルな気候変動を起こしたに違いない。

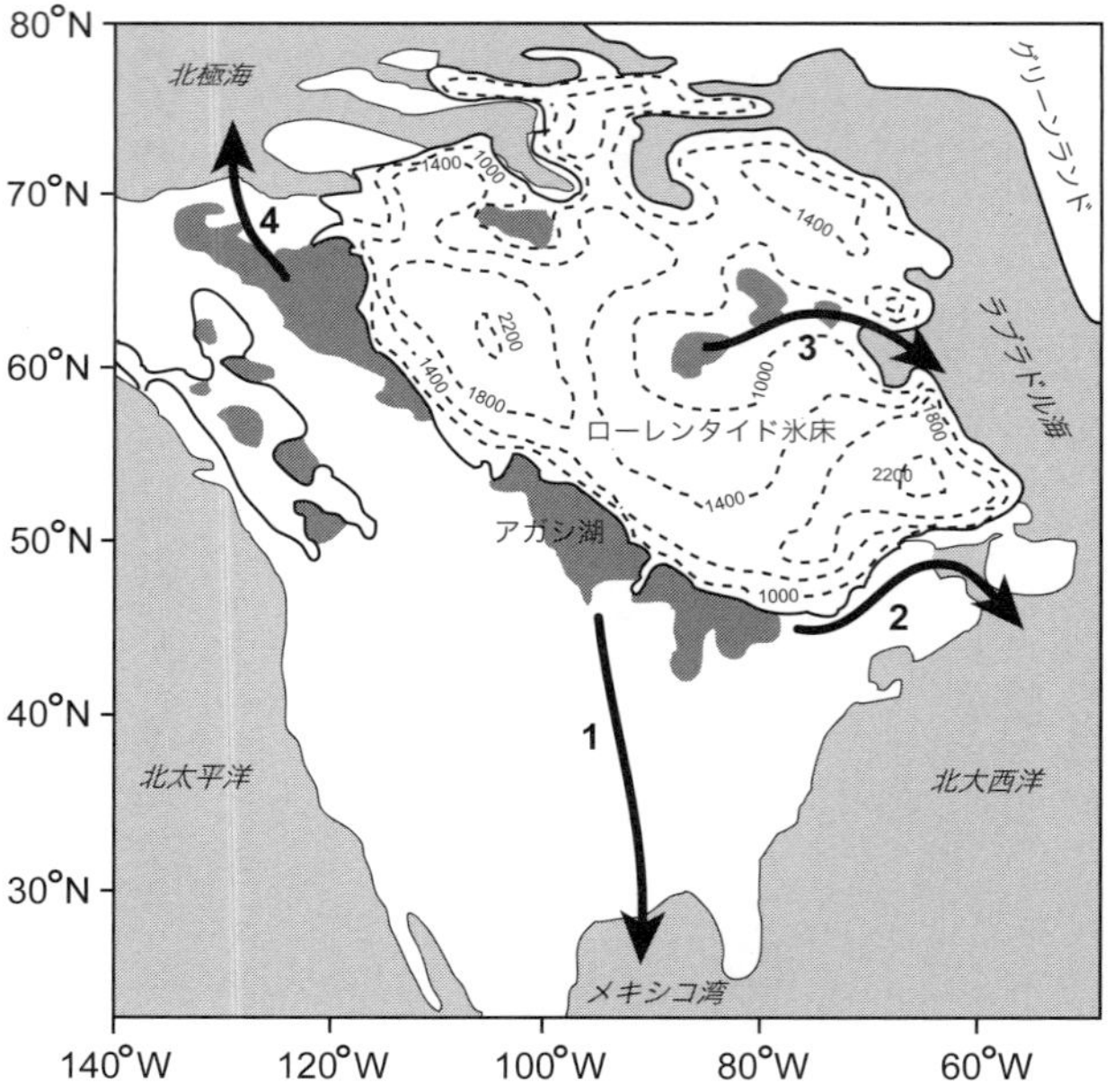

図 11-7　北米大陸に発達したローレンタイド氷床の融氷水が，海洋へ流入するルート．1)アガシ湖から現在のミシシッピ川を経由してメキシコ湾へ流入するルート，2)現在のセントローレンス川を経由して北大西洋の北部海域へ流入するルート，3)現在のハドソン湾付近にあった氷床のくぼみからラブラドル海を経由して北大西洋の北部海域へ流入するルート，4)氷床西縁に形成された湖から北極海へ流入する経路．これら 4 つのルートのうち，気候に大きく影響を及ぼす可能性があるのは，2 と 3 である．濃い灰色で示した部分が氷床が融けて形成された湖である．海岸線や氷床の大きさは，およそ 1 万 3000 年前のもので，等高線の単位はメートル．Tarasov and Peltier (2006) を改変．

では、こういった気候変動のメカニズムを、もう少し定量的に解析できないものだろうか？　その問題に挑んだのが、真鍋淑郎の研究グループだ。真鍋らは、自ら開発した大循環モデルを駆使し、この問題に正面から取り組んだ。真鍋らが行なったコンピューター・シミュレーションによると、たとえ大量の融氷水が海に流れ込んだとしても、流れ込んだ先がメキシコ湾ならグローバルな気候変動は起こらない。ところが予想どおり、流れ込む場所が北大西洋の高緯度海域なら話は別だ。シミュレーションによると、毎秒一〇万立方メートル(〇・一スベルドラップ)の融氷水が、北大西洋の高緯度海域に流入したとすると、二〇〇年以内に水温が五℃以上も低下し、北大西洋深層水の形成量は、現在の二割程度にまで減少するというのだ[13]。ちなみに、このモデル実験で使われた〇・一スベルドラップという量は、一年間におよそ一センチメートルの海面上昇をもたらす流量に相当する。これは19Kイベントや、融氷水パルス1Aにともなう海面上昇速度よりも、数倍小さな数字である(図3-6参照)。これは、コンベヤーベルトのオン・オフのシナリオが、実際に起こりうることを初めて定量的に示した画期的な成果である。

アガシ湖が決壊して、大量の淡水が北大西洋に直接流れ込んだという考え方は、ヤンガー・ドリアス期の成因についての魅力的な説である。しかし、湖の決壊にともなう洪水を示唆する陸上地質記録は断片的に残されているものの、北大西洋の北部海域ではいまだに、メキシコ湾のように洪水が流入したシグナルは見出されていない。そのため、このシナリオは、いまだに思考実験的な域を出ていない。とはいえ、考える価値は十分あるシナリオであることは間違いない。現在もその努力はつづいている。

ダンスガード-オシュガー・イベント

グリーンランドで採取されたアイスコア記録には、最終氷期のさなかに短期間の温暖な時代をくり返すパターンが見られる。これらを、ウィリ・ダンスガードとハンズ・オシュガーの名前を冠して、「ダンスガード-オシュガー・イベント」と呼んでいることはさきに述べた通りだ。このダンスガード-オシュガー・イベントは、氷期にだけみられ、間氷期にはまったくみられない気候変動である。これまでの詳細な研究によると、一一万年前から二万年前までつづいた最終氷期に、大小あわせて二四回も見出されている（図11-8）。

個々のイベントを細かく観察すると、数十〜一〇〇年という短期間で起こる温暖化と、それに引きつづいて起こる比較的ゆっくりとした寒冷化、というノコギリ刃状の特徴をもっていることがわかる。始まってから終わるまでの時間スケールは、短いものでは五〇〇年弱、長いものでは二〇〇〇年と、かなりの幅をもっていることも特徴の一つだ。このことからもわかるように、グリーンランドにおける氷期とは、寒冷な時代だっただけでなく、振れ幅の大きい不安定な気候の時代でもあった。

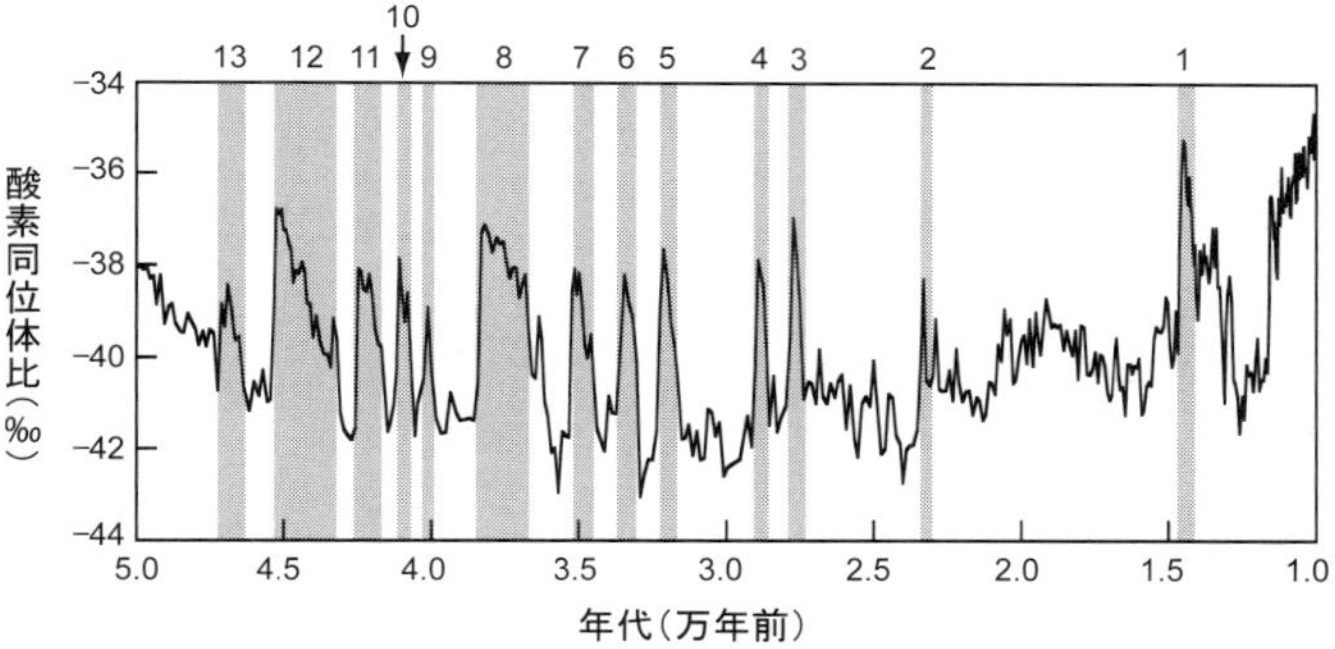

図 11-8　グリーンランドのアイスコア(ギスプ・ツー)中に，5 万年前から 1 万年前にかけてみられるダンスガード-オシュガー・イベント(影をつけた部分)．上に記した数字が，各イベントに割り振られた番号である．Grootes and Stuiver(1997)を改変．

グリーンランド中央部のサミットで採取された二本のアイスコアで観察されるダンスガード-オシュガー・イベントは、酸素同位体比の変動幅がもっとも大きいところで五パーミルにも達している。これは、キャンプ・センチュリーやダイ・スリーでみられた酸素同位体比の変動よりも、さらに大きな変動である。これらの記録をもとに、ダンスガード-オシュガー・イベントにともなうグリーンランド中央部の気温上昇は、最大で一六℃にもおよんだと推定されている。(14)

こういった気候変動は、グリーンランド以外でも見出されるのだろうか？　当初多くの研究者は、ヤンガー・ドリアス期と同じく、北半球、とくにグリーンランドや北大西洋周辺といった比較的限られた場所で起きた気候変動だろうと考えていた。しかし、やはり、その気になって調べればぞろぞろ出てくるものである。中国南部の鍾乳洞、(15)アラビア半島南東海岸沖、(16)日本海、(17)オホーツク海(18)など地球上のあらゆる場所で、このダンスガード-オシュガー・イベントと時期的にほぼ一致するシグナルが見出された。(19)それらは降水量の増加であったり、湧昇が強くなって海洋表層の栄養塩が増えたり、必ずしもグリーンランドで見出された温暖化という気候変動ではない。何千キロメートルも離れた気候条件がまったく異なる地点で、ほとんど同時にさまざまな環境変化のシグナルが見出される現象のことを、専門家は「テレコネクション」と呼んでいる。テレコネクションがみられること自体、気候変動が、大気循環パターンの再編(reorganization)という形で、広域で起こっていた証拠でもある。そしてこのテレコネクションを通して、世界各地のさまざまなタイプの気候変動が、一本の線で結ばれるのだ。

とはいえ、ダンスガード-オシュガー・イベントはヤンガー・ドリアス・イベントと同じく、北半球、とくに北大西洋で強いシグナルとして現れている。こうしたことから、ほとんどの古気候研究者は、この急激な気候変動には、北大西洋における深層水の形成が深く関わっていたはずだと睨んでいる。氷期にオフであったコンベヤーベルトが、ダンスガード-オシュガー・イベント時にオンになった[20]。そうして、北部北大西洋に南から温かい表層水が供給されるようになり、北部北太平洋付近が大きく温暖化したというわけだ。

では、南極のアイスコア中にダンスガード-オシュガー・イベントは記録されていないのだろうか？　アイスコアの水素同位体比(図10-3参照)をくわしく見ると、規模はかなり小さいながらも、氷期に温暖化している時代が何度もあることがわかる。アイスコアの詳細な年代決定からすると、こういった水素同位体比の変動は、グリーンランドのアイスコア中に見出されたダンスガード-オシュガー・イベントのうち、大規模なものと関連する可能性がある。短期間の気候変動は、北半球に特異的なものではなく、規模は小さいとはいえ、南半球でも起こっていたようなのだ。

ただし、北半球と南半球とでは、時間的なずれがある。詳細な研究によると、グリーンランドがダンスガード-オシュガー・イベントにともなって急激に温暖化する時期は、南極が暖まる時期に比べて数千年遅れている。そして、氷期の南極にみられる小規模な温暖化のピークは、グリーンランドが温暖化する直前のもっとも寒冷な時期に当たるという。[21]

この南北間でみられる温暖化の時間差は、「バイポーラー・シーソー」と呼ばれるメカニズムで説明されている。[22]このメカニズムは簡単にいうと、ダンスガード-オシュガー・イベントが終わり、コンベヤーが再びオフになると、それまで北大西洋で北向きに運ばれていた大量の熱エネルギーの行き場がなくなり、南大西洋にまであふれてくるというものである。北半球高緯度が寒冷化する分、南半球が温暖化するというわけだ。地球全体における熱エネルギーの分配を考えたら、これはごく当たり前の話だ。

現在の気候を研究するだけでは、こういった短くかつ急激な気候変動が自然状態で起こりうると知るのは難しい。古気候研究の重要性を示す、格好の例といえよう。近い将来の急激な地球温暖化を危惧する気候学者たちの脳裏には、こういったダンスガード-オシュガー・イベントや、ヤンガー・ドリアス・イベントの知見がある。気候はゆるゆると変化するものではない。ジャンプするものなのだ。

ハインリッヒ・イベント

一九八八年三月、その後の気候変動の研究に大きなインパクトを与える論文が、クォタナリー・リサーチ誌という学術誌から出版された。「過去一三万年間の北東大西洋における氷礫の起源とその重要性」という地味なタイトルのこの論文は、当時無名のハートムット・ハインリッヒという、ハンブルグにあるドイツ水文学研究所の若い海洋地質学者によって書かれたものだった(23)。

ハインリッヒはこの論文の中で、北緯四七度付近の北東大西洋域で採取された、三本の海底コア中に含まれる細かな「岩くず」の数をカウントした結果を報告している。ハインリッヒによれば、氷期の最中に、計六回も岩くずが異常に多くなる層が見出された。ハなかには、直径三ミリメートル以上もの、ごつごつした石英粒子も含まれていた。ハインリッヒは、その角ばった大きな粒子は、どこかの陸地から氷山に乗って運ばれてきたものに違いない、と考えた。

氷床が流れるとき、氷床の底面が基盤岩と擦れることで、多量の岩くずができる。その岩くずの多くは、流れる氷床の中に取り込まれる。かつてタイタニック号が衝突した海面を漂う氷山は、もとはといえば氷床の一部だった氷の塊だ。そして、その中にはこういった岩くずが多く含まれている。そうした氷山によって外洋まで運ばれる岩くずのことを、専門家は、「漂流岩屑《がんさい》」あるいは「アイ・アール・ディー」(ＩＲＤ：ice rafted debris)と呼んでいる(図11-9)。ハインリッヒが観察したものは、まさしくこのア

図 11-9　北部北大西洋の海底堆積物中に見られるアイ・アール・ディー（漂流岩屑）．角張っていて，サイズもまちまちである．
写真提供）NOAA Paleoclimatology Program / Department of Commerce. Anne Jennings, Institute of Arctic and Alpine Research, University of Colorado-Boulder Boulder, Colorado

イ・アール・ディーだった。

一見地味なハインリッヒ論文の重要性に、誰よりもいち早く目を付けたのが、コロンビア大学のブロッカーだ。すばらしい先見の明である。ハインリッヒが得た結果の妥当性と、気候学的な重要性を確認するために、早速、コロンビア大学のコア保管庫へと向かったのだ。そして、ハインリッヒが用いたコアの近くで採取された海底コアを選び出し、より詳細な分析を行なった。[24] 深海掘削計画第九四次航海によって採取されたその堆積物の分析結果は、アイ・アール・ディーが桁外れに増大した時期が、氷期の間に五回もあったことをきれいに再現した(図11-10)。詳細な年代測定の結果は、こういった時期がおよそ一万年間隔で存在することを示していた。ブロッカーらはこの結果をもとに、このイベント時にはローレンタイド氷床が急速に融解し、その結果生じた大量の氷山が北大西洋域にまで流されてきたのではないかと考えた。その論文で、ブロッカーらは、ハインリッヒが見出したアイ・アール・ディーのイベントを「ハインリッヒ・イベント」と名付け、五回のハインリッヒ・イベントを新しい方から順番に、H1(ハインリッヒ・イベント1)、H2、H3、H4、H5と命名した。[25]

その後、この研究をブロッカーから引き継いだ、同じくコロンビア大学のジェラルド・ボンドらの研究によると、[26] ハインリッヒ・イベントにともなって海底に堆積したアイ・アール・ディーには、方解石[27]や赤鉄鉱[28]などの特徴的な鉱物によってコーティングさ

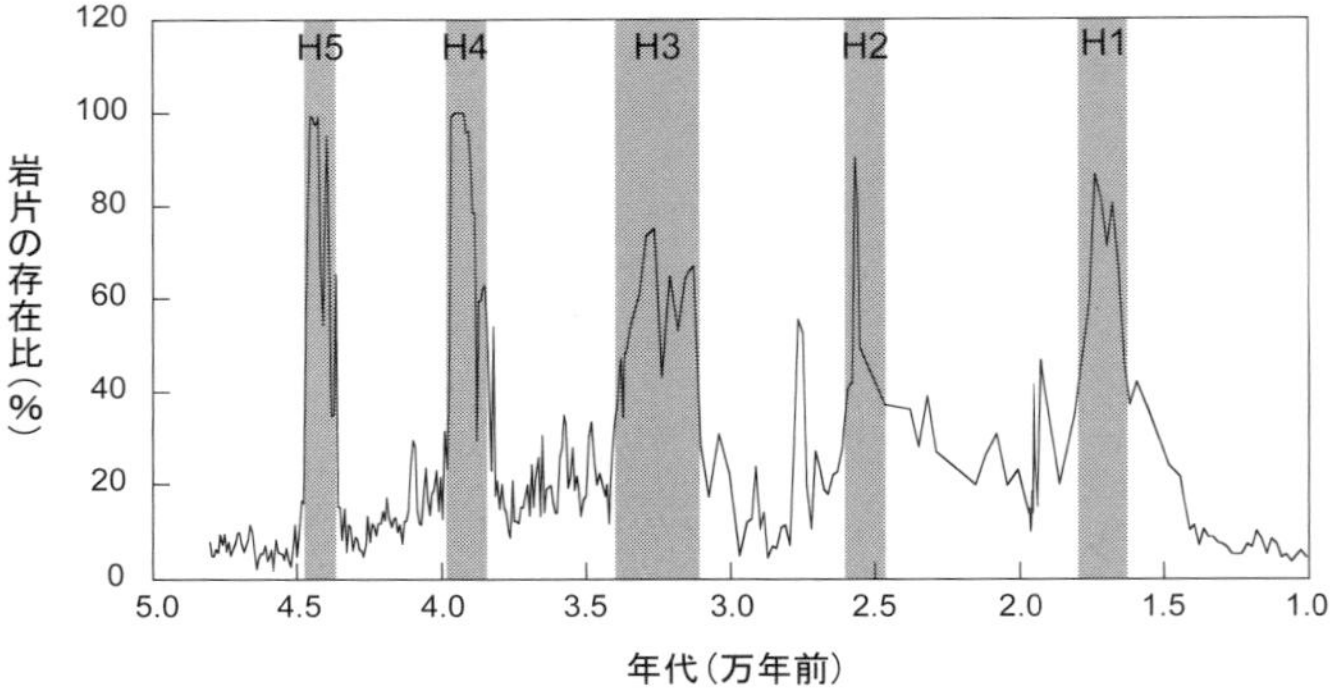

図 11-10　北部北大西洋域において，5 万年前から 1 万年前までの堆積物中に含まれる岩片の存在比．深海掘削計画サイト 609 において採取された海底コアの分析結果を示した．H1 から H5 はハインリッヒ・イベントを示す．Broecker *et al.*(1992)を改変．

れた粒子が多数含まれている。それらの粒子に含まれる微量金属元素の濃度や年代測定の分析結果は、それらがおもにハドソン湾近辺の岩石に起源をもつことを示していた。つまり、ハインリッッヒ・イベントとは、おもにローレンタイド氷床の北部、ハドソン湾周辺にあった氷床の一部が、何らかの原因で多量に北大西洋にまでもたらされたイベントと解釈してよい。

ハインリッヒ・イベントは、時間にして五〇〇年程度の気候変動である。そして、各々のイベントによって流出する氷の量は、四〇〇〇万立方キロメートルに達すると見積もられている[29]。これは海面変動に換算すると、およそ一〇メートルの上昇になる。こういった推定にはまだ大きな誤差が含まれているが、これらの数字をそのまま用いると、ハインリッヒ・イベントにともなう海面変動速度は、一年間に数センチメートルに達し、これは19Kイベントや融氷水パルス1Aに匹敵する大きな海面上昇速度だったことになる[30]。

古気候研究者たちは、ハインリッヒ・イベントの究極的な原因は、「サージ」と呼ばれる現象だろうと考えている。サージとは、大地の上にどっかりと乗っている氷床の一部が起こす大規模な「すべり」現象のことである。さしずめ、地すべりの氷床版とも呼べる現象だ。氷床がどんどん厚くなると、逃げ場を失った地熱が氷床を温め、さらに氷床の重みで圧力が上昇して、氷床の底面が融けはじめる。それが氷床の底面と基盤岩の摩擦係数を大きく低下させ、サージを引き起こすのである。(31)

サージが起きると、氷床の縁辺部から多量の氷山が放出される。ローレンタイド氷床の北縁部から放出された多量の氷山は、カナダ北東部とグリーンランドの間にあるラブラドル海に流れ出した(図11-11)。当時のラブラドル海は、バフィン島、グリーンランド氷床、そしてローレンタイド氷床に囲まれた冷たい海であった。ローレンタイド氷床から放出された大量の氷山は、ほとんど融けることなく、「大艦隊」を形成して北大西洋にまでぷかぷかと流れていっただろう。大量の氷山が流れ込む北部北大西洋は、メキシコ湾流の影響を受ける温かい海域だ。それらの氷山は海流に乗って東へ運ばれるとともに融解していった。そして、氷山の中に含まれていた砂や礫などの岩くずが海底に撒き散らされた、というわけだ。

ハインリッヒの発見は、決して真の意味での「発見」ではない。北緯四〇度から五〇度の北部北大西洋域は、一九七〇年代半ばに、当時コロンビア大学の研究員だったウィリアム・ラディマンによって詳細に研究され、アイ・アール・ディーが多く見られる海域として指摘されていた。(32) この海域には「アイ・アール・ディー・ベルト(IRD Belt)」という名前まで付けられていた。ところが、ラディマンはアイ・アール・ディーがある期間に集中して堆積していることを明確に指摘しなかった。そのため、気候変動におけ

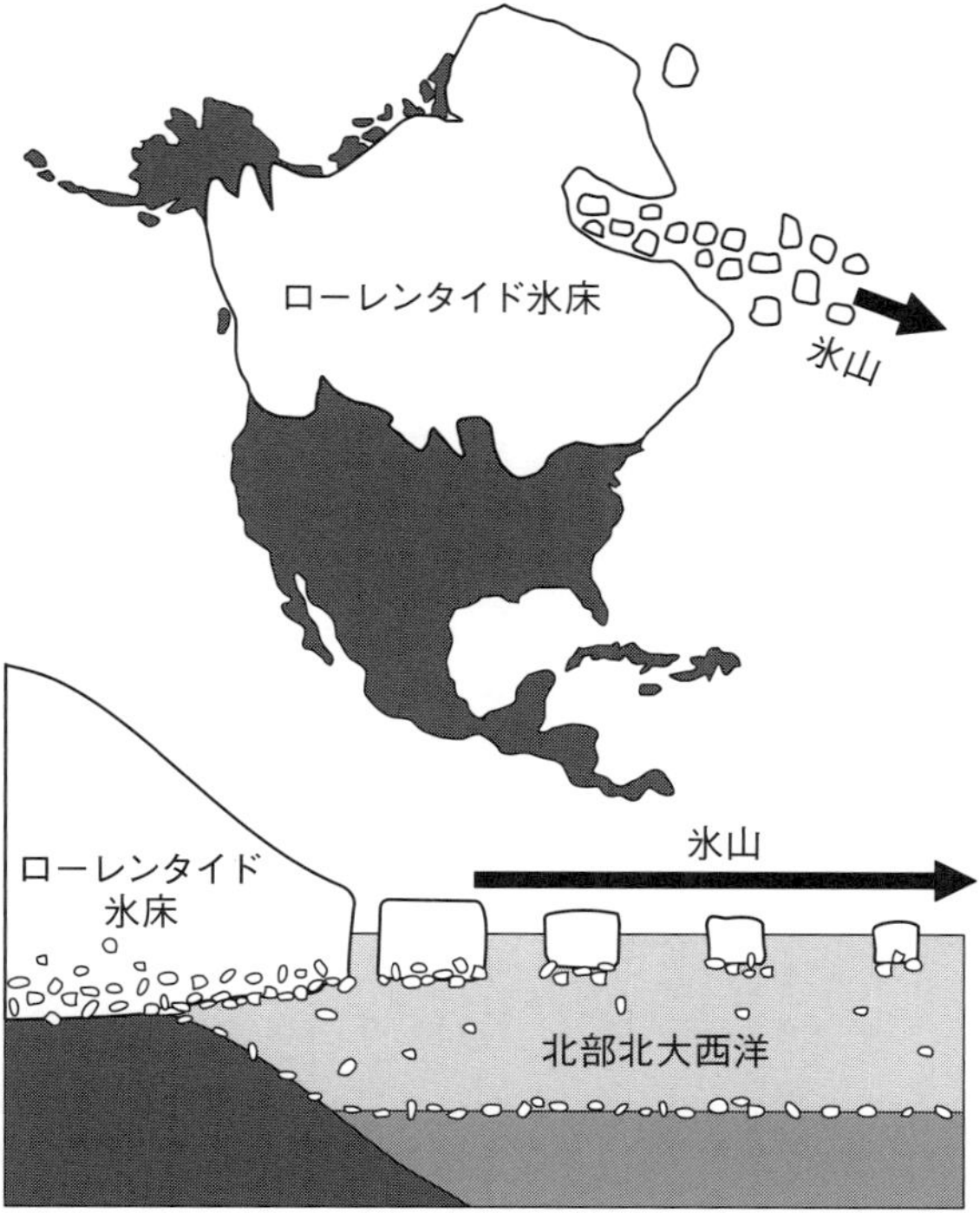

図 11-11　ハインリッヒ・イベントの模式図．ローレンタイド氷床のサージによって，その北縁部(現在のハドソン湾付近)から，大量の氷山がラブラドル海を経由して北部北大西洋に流出した．氷山に含まれるアイ・アール・ディーは，氷山が融けるとともに海底にばら撒かれた．Bard(2000)を改訂．

るその重要性もあまり理解されなかった。そして、長らく顧みられず、その名前も忘れ去られようとしていた頃に、ようやくその気候学的な意義が明らかにされたのである。

短期間の気候変動の原因

ハインリッヒ・イベントの全貌が明らかになりつつあった一九九〇年代前半は、グリーンランドのサミットにおいて、二本のアイスコアの掘削が終了した時期とも重なっている。古気候学者たちは、ダンスガード-オシュガー・イベントとハインリッヒ・イベントという二つの気候変動の原因だけでなく、両者の関係についても考えはじめていた。ダンスガード-オシュガー・イベントは、アイスコアに、同位体比の変動として記録された気候変動だ。したがって、直接的にはグリーンランドの気温が急上昇したか、あるいは大気循環が大きく変化した現象といえる。それに対してハインリッヒ・イベントは、ローレンタイド氷床が急速に融解して、北大西洋域に多量の氷山が放出された現象だ。このように、いずれも氷期に起きた「短期間の温暖化傾向を示す気候変動」とはいえ、両者はかなり違う現象である。

現在、多くの研究者は、ダンスガード-オシュガー・イベントに先立ってハインリッヒ・イベントが起こったのだろうと考えている。[33] 大雑把な言い方だが、ローレンタイド氷床のサージがハインリッヒ・イベントを引き起こして北大西洋上の大気を冷却し、それがダンスガード-オシュガー・イベントにつながったというシナリオである。ハインリッヒ・イベントの回数の方が圧倒的に少ないため、ダンスガード-オシュガー・イベントのうち規模の大きなものは、このシナリオで説明できるかもしれない。しかし、規模の小さなものについては、その原因はいまだ霧の中だ。

ダンスガード-オシュガー・イベントを周期解析すると、一五〇〇年周期がみえることから、(34)「確率共鳴」という物理プロセスが効いていると考える研究者もいる。(35)確率共鳴とは、周期的に変動する外力(たとえば、ミランコビッチ・フォーシング)が加わることで二つの安定状態を交互にくり返すシステムに、ノイズ(たとえば、降水量の変動)が重なることによって引き起こされる振動現象のことである。もともと一〇万年周期で起きる氷期のメカニズムを説明するために編み出された信号理論である。(36)氷期の理論としてはいまや否定されてしまったが、ダンスガード-オシュガー・イベントを説明するメカニズムとして近年リバイバルしている。

ハインリッヒ・イベントとダンスガード-オシュガー・イベントの関係を厳密に理解するためには、まず両者が起きた正確なタイミングを知ることが、重要なヒントになる。どちらが原因で、どちらが結果かを教えてくれるからだ。しかし、現実は厳しい。両イベントのどちらが先に起こったのか、という一見簡単そうなことを決めるのも、じつは思いのほか難しいのだ。さきに述べた両イベントをつなぐシナリオも、現時点では作業仮説にすぎない。

ハインリッヒ・イベントが記録された海底堆積物については、二万年前までは放射性炭素による年代測定とその較正により、二〇～三〇〇年程度の誤差で暦年代を推定することができる。しかし、それより昔になると、測定誤差が大きくなるだけでなく、暦年代への較正式が(二〇〇八年初頭時点で)まだ詳細に確立されていないため、推定誤差が急に大きくなる。ところが、この時代は残念ながら、放射性炭素による他に精度の高い年代決定法がない。不確かな仮定をおいた間接的な年代に頼らざるをえないのである。

一方、ダンスガード-オシュガー・イベントが記録されたアイスコアの年代も、昔にさかのぼればさかのぼるほど、誤差が大きくなる。氷床の流動モデルを用いる年代決定法も年代とともに誤差が拡大するし、年層をカウントしていくやり方も、氷が古くなり年層が薄くなるほど読み違えが多くなっていくからだ。このような理由で、海底堆積物とアイスコアの厳密な時間対比は、二万年前以前になると急に難しくなり、確たる数字が出せないのが現状だ。

短期間の気候変動は、ミランコビッチ・フォーシングのような地球外部の要因ではなく、地球の気候システムの内部に潜む要因によって起こると考えられる。そこには、気候システムを解き明かすための重要な手掛かりが隠されているはずだ。そして、その仕組みを解き明かすためには、海底堆積物やアイスコアの年代測定技術の向上が不可欠だ。

年代測定技術の進展、とくに二万年前以前における放射性炭素年代の測定精度と暦年代較正の正確性の向上など、地道な努力がもう少し必要なのである。

第12章　気候変動のクロニクル

「あにさん寒かろ」
「おまえ寒かろ」
小泉八雲「鳥取のふとんの話」

安定した気候へ

最終氷期の象徴たるローレンタイド氷床と北ヨーロッパ氷床がほとんど消滅してしまったのは、いまからおよそ七〇〇〇年前(紀元前五〇〇〇年)のことである。その頃には、海面は現在よりわずか四メートルほど低い水準にまで達し、海面上昇も急激にスピードダウンした。(1) 一方、グリーンランドのアイスコアの酸素同位体比記録を見ると、それより三〇〇〇年ほど昔の一万年前ごろには、グリーンランド内陸部の気温は、すでに現在と大差ないものになっている(図12-1)。氷床の縮小は急速な気候の再編に追いつけず、三〇〇〇年ほどの時間差が生じたのである。

一万年前から現在にいたる時代は、地質学の世界では「完新世」と呼ばれている。これらの記録は、完新世の初期には、地球の気候は、もう一つの「気候の安定解」に無事着地したことを示している。それ以降、現在にいたるまでの地球の気候は、それまでとは打って変わったように安定している。海底堆積物の記録を見ても、アイスコアの各種化学組成の変化を見ても、その変動の幅はごくわずかだ。とくにアイスコアの同位体比記録をみると、氷期の激しい変動がまるで嘘のようだ。しかし、もっと注意深く観察してみよう。この完新世の中にも、いくつかの細かい気候変動を読み取ることができる。この章では、そういった細かい気候変動について話をしよう。わたしたちの暮らす時代につながる物語だ。

なかには、そんなに細かい気候変動の記録を読んでもつまらない、と思われる方もいるだろう。しかし、わたしたちが現在直面している問題について考えれば、その考えは当たっていない。わたしたちはいま、将来起こりうる数十センチメートルから一メートルという規模の海面上昇に大騒ぎしている。海面が一メートル上がれば、世界各地の大都市のウォーターフロントは水没してしまうし、国の存亡がかかる島国もある。被害を受ける人口は全世界で一億人以上に達するという研究結果もあるから(2)、大騒ぎするだけの理由は十分にあるのだ。完新世の気候変動は、近い将来起きる気候変動を予測するだけでなく、こういった気候変動が、わたしたちの生活にどのような影響を及ぼすのかを知るうえで重要なヒントをあたえてくれる。

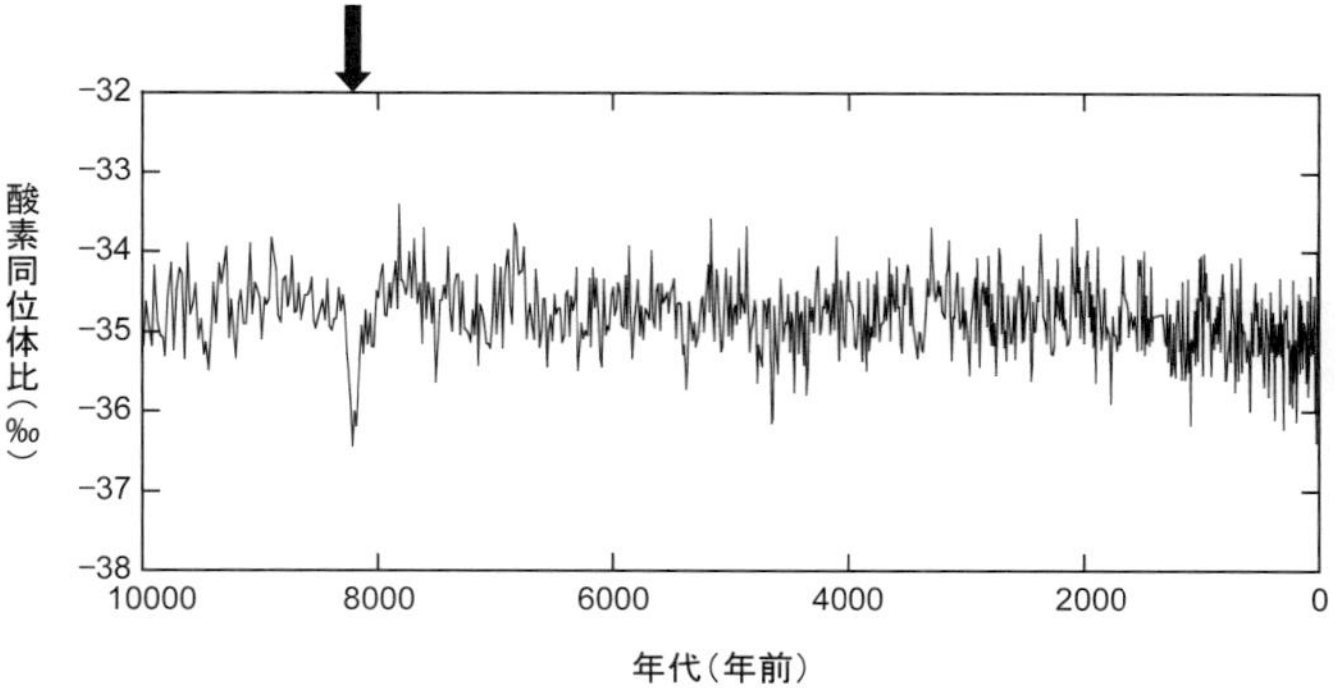

図 12-1　グリーンランドで採取されたアイスコア（ギスプ・ツー）の，過去 1 万年にわたる酸素同位体比記録．およそ 8200 年前に酸素同位体比が負にシフトした時代がある（矢印）．Stuiver *et al.*（1995）を改変．

まずは過去一万年のグリーンランドのアイスコア記録を、これまでよりも少し注意深くみてみよう(図12-1)。いまからおよそ八二〇〇年前(紀元前六二〇〇年)に、酸素同位体比がピクリと二パーミルほど小さくなった時代がある。この頃にグリーンランドの気温が、短期間低下した証拠だ。この八二〇〇年前の寒冷化は、過去一万年間に北大西洋付近で見られる、もっとも大きな気候変動である。現在の気候の安定解で起きた気候変動という点で、十分研究に値する現象だ。

これまでグリーンランドで採取された、四本のアイスコアの酸素同位体比記録を総合して、その八二〇〇年前付近を拡大したのが図12-2である。[3]それによると、グリーンランドの気温はおよそ一六〇年間にわたって平均値を下回り、とくに中心部の七〇年間は酸素同位体比で二パーミル近く、気温に換算すると三℃ほど低下している。また、この寒冷化はわずか三〇年で起きていたこともわかる。その後の研究によると、この時期のグリーンランドでは、積雪量がいくらか減少したもののイオン濃度は変わらず、火山噴火に見舞われたわけでもなく、大気の循環パターンにも大きな変化はなかったようだ。[3]

八二〇〇年前の気候が寒冷化した記録は、南極のアイスコアからは見出されていない。しかし、その一方で、北部北大西洋、北米大陸、ヨーロッパ大陸、カリアコ海盆など、北大西洋を囲む地域や海域では、同時期に何らかのかたちで「気候変動」が見出されている。たとえば、この時期にアイルランドの鍾乳石には、乾燥した時代が三七年間にわ

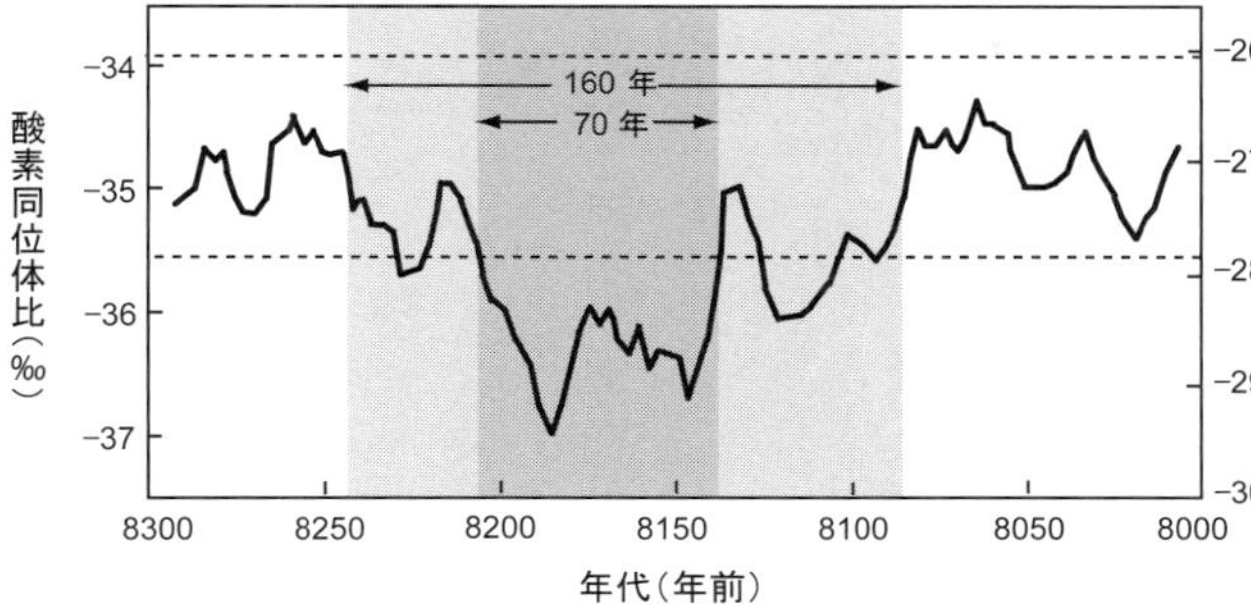

図 12-2　グリーンランドのアイスコア中の酸素同位体比記録に見られる8200 年前付近の寒冷化イベント．4 本のアイスコア（ダイ・スリー，グリップ，ギスプ・ツー，ノース・グリップ）の酸素同位体比をまとめたもの（Thomas *et al.* (2007) を改変）．図中の横破線は，完新世における酸素同位体比が示す範囲を表す．寒冷な気候は 160 年にわたってつづいたが，そのうちとくに 70 年間は，非常に寒冷であったことを示している．

たってつづいた記録が残されているし、(4) 北アフリカやアジアでは降水量が顕著に減少したことが知られている。(5)

この八二〇〇年前の寒冷化の原因も、ヤンガー・ドリアス期などと同じく、北大西洋深層水の形成と関連づけて説明されることが多い。当時かなり小さくなっていたローレンタイド氷床によって堰き止められていた湖が決壊し、流れ出た淡水がハドソン湾経由で北大西洋に流入して、北大西洋深層水の形成を一時期、減少させたというシナリオである。(6) これがヤンガー・ドリアス・イベントのような大規模な寒冷化に発展しなかったのは、北大西洋に流入した水量がヤンガー・ドリアス期よりかなり少なく、コンベヤーベルトを完全に止めるまでにはいたらなかったためと考えられている。

中世温暖期と小氷期

時代を大きく下って歴史時代をみてみよう。ヨーロッパおよびその周辺域においては、一〇世紀から一四世紀にかけて、その前後の時代に比べていくらか温暖であったことが知られている。そのため、この時代は一般に、「中世温暖期(Medieval Warm Period)」として知られている。(7) 当時は、イギリス南部でワイン製造のためのブドウ栽培が広く行なわれていた。現在では、もっと南に下って、フランス南西部のボルドー地方や東部のブルゴーニュ地方で盛んで、イギリス南部ではほとんど行なわれていない。ワインの風味を醸し出すブドウを育てるには日照量が足りず、夏の気温も低すぎるからだ。当時のイギリス南部は現在よりも温暖で降水量も少なく、ブドウ栽培に向いていたのだろう。

　また9章で少し触れたように、グリーンランドに赤毛のエリックが入植地を作ったのは、この中世温暖期が始まる頃である。入植は、一四世紀半ばに入植者が全滅して終焉を迎えるが、この時期はちょうど中世温暖期が終わり、寒冷な時代の入り口にあたる。この一五世紀にはじまる寒冷な時代は「小氷期(Little Ice Age)」と呼ばれ、以後、一九世紀の終わり頃まで、およそ四〇〇年にわたってつづく。

　こういった中世の歴史記録は、ヨーロッパからもたらされることが多いため、ヨーロッパ地域の気候が地球の平均的な気候のように拡大解釈される恐れがある。そこで科学者たちは、データに代表性と客観性をもたせることに苦心してきた。図12-3をみてみよう。これは、本書の冒頭にも載せた図だが、過去一三〇〇年間にわたる北半球の平均気温を復元したものである[8]。これくらい現在に近くなってくると、世界各地の木の年輪、サンゴ、古文書、そして実測された気温の記録にいたるまで、より多面的な情報をもとに気候の復元が可能になってくる。それらをある一定のルールのもとに数値化して地域ごとにまとめ、その上で平均化したものが図12-3だ。この図は、ＩＰＣＣが二〇〇七年に発表した第四次報告書に載せられたもので、現時点で大多数の専門家が認めている復元像といえる。

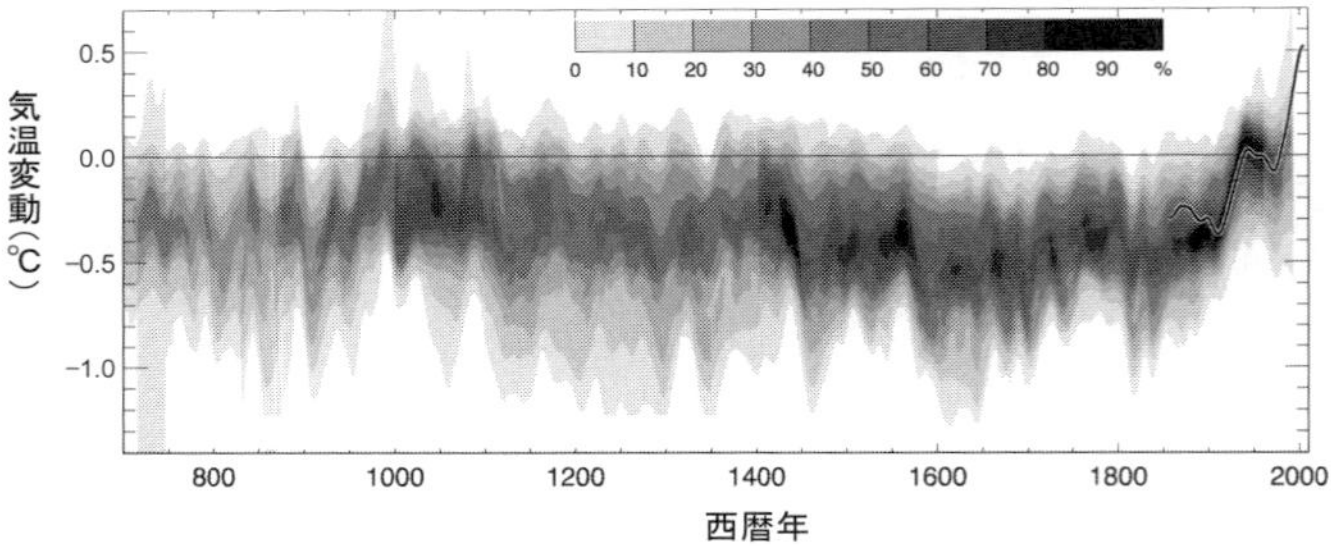

図 12-3　過去約 1300 年にわたる北半球の平均気温の変化．数多くの地質学的記録や古文書記録をもとに復元した多数の研究成果を重ね合わせ，それらの重なりの度合い(%)として示している．1850 年以降の実線は，機器測定の結果を示している．1961〜90 年の平均気温を基準にしている．IPCC(2007)を改変．

この図によると、北半球では一一世紀頃の気温は、その前後に比べて少々高い。それに対して南半球では、八世紀ぐらいにもっとも気温の高い時期がみられる。そして、それにつづく時代、とくに一五世紀初めから一九世紀終わりにかけては、北半球ではその前の時代に比べて、わずかに〇・二℃ほど低い。これが小氷期である。地球平均としての数字は小さなものだが、各地の記録をくわしくみると、これが「立派な」気候変動だったことがわかる。

オハイオ州立大学のトンプソンのグループが、ペルー・アンデスの高地を覆うケルカヤ氷帽の標高五六七〇メートルの地点からアイスコアを採取している。それを詳細に分析したトンプソンらは、この地に小氷期の記録が明瞭に刻まれていることを見出した（図12-4）[9]。その記録は、西暦一五〇〇年頃から一八八〇年頃までの、およそ四〇〇年近くにわたる期間、酸素同位体比が相対的に低い値にシフトし、気候が寒冷化したことを示唆している。「小氷期」という気候変動が、ヨーロッパのような中緯度域だけでなく、熱帯域にも影響を及ぼしていたことを示している。また、別の研究者は、中国の歴史記録をもとに、当時の気温を推定している[10]。それによると、中国では一六五〇年頃を中心に、一五世紀初頭から一九世紀後半にかけて、平均気温が〇・七℃ほど相対的に低くなっている。

それにしても、いったい何が原因で、この寒冷化が引き起こされたのだろうか？　興

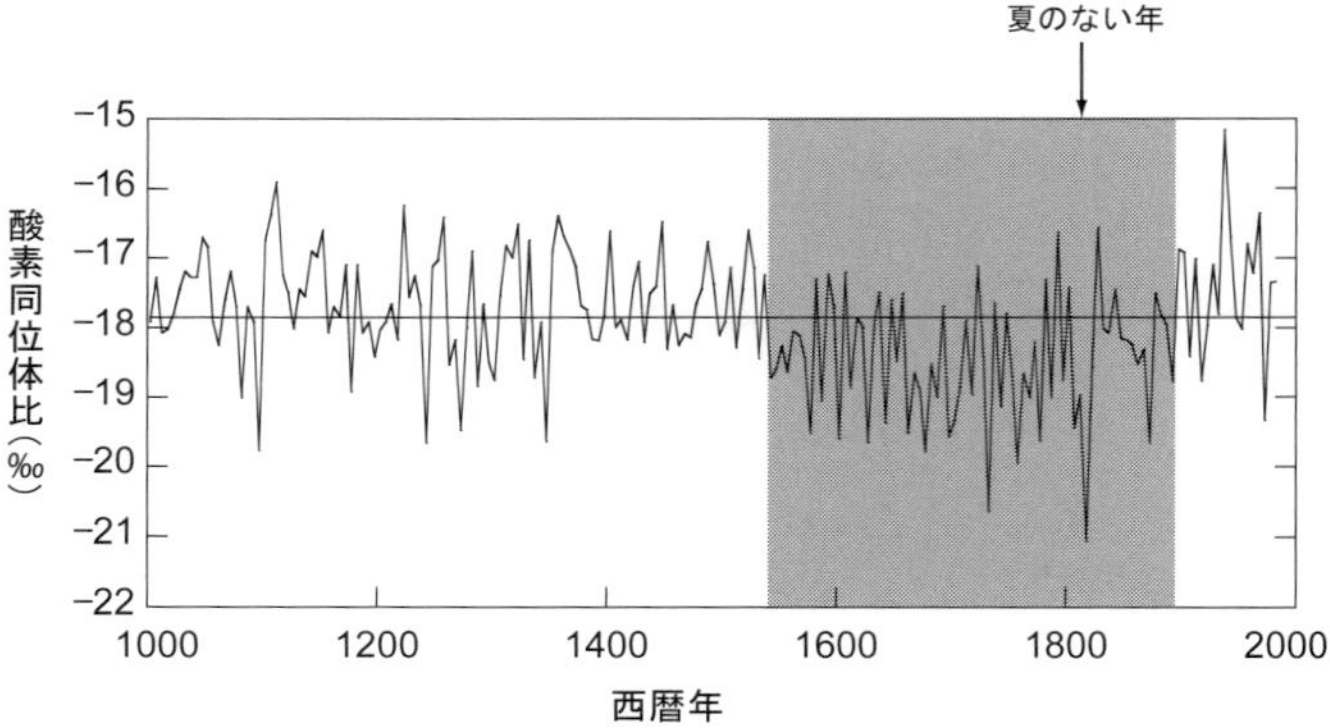

図 12-4　ペルー・アンデスにおけるケルカヤ氷帽のアイスコアの，過去 1000 年にわたる酸素同位体比記録．小氷期(影をつけた部分)において，酸素同位体比が全体として負にシフトして，寒冷化が起きた可能性があることを示している．1800 年代初頭にみられる極小値は，タンボラ火山の噴火にともなう「夏のない年」(西暦 1816 年)に相当する．詳細は本文を参照．Thompson *et al.*(1986)を改変．

味深いことに、この小氷期の中でも、もっとも寒かった一七世紀中頃は、太陽の表面にできる黒いしみ、すなわち太陽黒点[11]の数が顕著に減少した時代とよく一致している。このことから、太陽活動が気候寒冷化の究極的な原因ではないかという説が、以前から一部の研究者の間で囁かれてきた。太陽黒点は、紀元前に中国の天文学者らによって見出されたものだ。それを、一七世紀初頭に望遠鏡で初めて天文観測を行なったガリレオ・ガリレイらが再発見した。以降、詳細な記録が残されている。その記録によると、西暦一六四五年から一七一五年にかけての時期は、太陽黒点がほとんどみられない。このことをはじめて指摘した一九世紀のイギリスの天文学者エドワード・マウンダーの名を冠して、この時期は「マウンダー極小期」と呼ばれている。

黒点とは、太陽表面上において温度の低い部分である。面白いことに、黒点が多くみられるときは、周囲よりも温度の高い「白斑」も多く、太陽表面が活発に活動(対流)している時期にあたる。すなわち、太陽が放射するエネルギーは、黒点が多いときは大きく、少ないときは小さい。したがって、黒点がなくなってしまったマウンダー極小期は、太陽から地球が受け取る熱量が、他の時代に比べて少なかった。だから小氷期の原因になりうる、というわけである。

しかし、最近の人工衛星による太陽観測の結果からすると、黒点数の変化にともなう入射エネルギーの変動は、一平方メートルにつき一〜二ワット程度(大気上端における

a
b
c
d
e
USA
34
f

全入射エネルギーのおよそ〇・一パーセントに相当）と非常に小さい。このことから現在では、太陽の放射エネルギーの減少が小氷期という気候の寒冷化に直接結びついたとは考えられていない。[12] 紫外線放射の減少の二次的な影響、火山活動の活発化にともなうエアロゾルの増加、深層水形成量の低下、宇宙線強度の変動など、いくつかの可能性が模索されている。[13]

中世温暖期から小氷期へといたる気候変動は、わたしたちが現在直面している温暖化とは逆の寒冷化である。気候変動のスケールとしても少々小さめのサイズだ。とはいえ、小氷期という気候変動が人間活動にどのような影響を及ぼしたのかを知ることは、今後の地球温暖化で引き起こされる人間活動への影響を予測するうえで参考にもなるだろう。そして、さまざまな歴史記録を紐解いてみると、数字の上ではわずかなこの気候の寒冷化が、当時ヨーロッパ北部に住んでいた人々の生活に、多面にわたって影響を及ぼしてきたことがうかがえる（図12-5）。

図 12-5　小氷期に関わるイメージ．a)オランダの画家ヘンドリック・アヴァーカンプによる 17 世紀初頭のオランダの冬の様子を描いた「Ice Scene」(1610 年)．b)1677 年冬に凍ったロンドンのテムズ川の様子を描いた絵画．c)1850 年頃に撮影されたフランスのシャモニーの町の遠景写真．町の近くまで氷河が押し寄せていることがわかる．d)1815 年に大噴火を起こしたインドネシアのタンボラ火山の衛星写真．e)アメリカのイラストレーター，ロバート・フォーセットが，1816 年の「夏のない年」に氷を切る農夫をイメージしたイラストの切手．f)フランスの画家オノレ・ドミエが描いた，1832 年にパリで起きたコレラの大流行の様子．

たとえば、グリーンランド北東部では、グリーンランド氷床から伸びている氷河が前進し、沿岸部にも人が住める場所はほとんどなくなってしまった。アルプスでは各地の氷河が前進し、川を一時的に堰き止めて山間部でしばしば洪水を引き起こすなど、氷河の前進にともなう災害が各地で報告されている。オランダでは、冬に運河が凍って、船が閉じ込められてしまう事故が多発し、ロンドンでは、テムズ川が毎冬凍って、そこに毎朝市場が開かれた。いずれも現在は見られない現象だ。

ヨーロッパ最北に位置するノルウェーやスコットランドでは、気温の低下だけでなく頻発する雪崩や洪水のため、中世に比べて耕作地の面積は大きく減少した。オランダ、イタリア、イギリスなどでは、パンの原料である小麦の金に対する価格は、一五〇〇年頃からじわじわ上昇し、一八〇〇年頃には一〇倍にも達している。ドイツでもこの小氷期に合わせてライ麦の価格が大幅に上昇した。(10) これらの経済現象は、気候の寒冷化にともない作物の生産量が減少したことと関係づけて説明されている。またフランスでは、ワインの原料のブドウの収穫が大きく遅れる年が幾度となく記録されている。一七八九年に起きたフランス革命は、このような不順な天候にともなう食糧不足が遠因になったとさえいわれている。(14)

北ヨーロッパの気候が寒冷化した一五世紀以降は、疫病が人々の命を脅かした時代である。とくにイギリスでは、麦角菌《ばっかく》という小麦やライ麦に寄生する細菌の中毒により、一三世紀後半から一五世紀にかけて、平均寿命が四〇歳代後半から三〇歳代後半まで一〇歳ほど低下した。また、ネズミが媒介するペストも一四世紀半ば以降にしばしば猛威をふるい、ヨーロッパの人口の三分の一にも及ぶ人々が感染して亡くなった。このように気候の寒冷化は、ヨーロッパに住む人々を振り回し、その生活に暗い影を落としていた。

日本に目を転じてみよう。江戸時代中期から後期にかけて、しばしば飢饉が起きたことはよく知られている。これらのうち、寛永(一六四一～四二年)、享保(一七三二年)、天明(一七八一～八九年)、天保(一八三三～三八年)の飢饉はとくに大きく、四大飢饉と呼ばれている。東北地方で数十万人もの餓死者が出たといわれている天明の大飢饉は、一七八三年の浅間山の噴火とともに、次節で述べる同年のアイスランド・ラキ火山の噴火にともなう気候の寒冷化も一因だったと考えられている。しかし、享保の大飢饉は西日本での長雨と冷夏が原因で、天保の大飢饉も、天候不順にともなうコメの不作が原因と考えられている。これらがヨーロッパで記録されている気候の寒冷化と、どのような関係にあるのかは定かではない。日本の場合、エルニーニョなど、太平洋特有の現象がもたらす影響が大きい可能性がある。

小氷期は、地球規模でならすとわずか〇・二℃の寒冷化だが、これから来たるべき地球温暖化では、今後一〇〇年間で一・八～三・四℃もの気温上昇が予測されている。小氷期の頃と比べれば、科学技術や医療が格段に進んだとはいえ、この一・八〜三・四℃という数字が長期間にわたってわたしたちの生活へ及ぼす影響は、この数字から直感的に想像されるものよりはるかに大きい。それは、小氷期の例をみれば明らかだ。

夏のない年

ヨーロッパや北米では、いくつかの巨大な火山噴火が、小氷期という寒冷な時代にさらに輪をかけた。一七八三年に起きたアイスランドのラキ火山の巨大噴火は、その中でももっとも規模の大きなものの一つである。この噴火は八カ月にわたってつづき、噴出した大量の火山灰は偏西風に乗って運ばれて、遠く中東シリアでも視界がかすんだという記録が残っている。グリーンランドのアイスコアは、この噴火にともなって硫酸イオンの濃度が桁違いに大きくなったことを示す。

ラキ火山の巨大噴火から三〇年あまり経った一八一五年、さらに激烈な火山噴火が起こった。今度は、当時オランダの植民地であったインドネシアが舞台である。四月一〇日から一一日にかけて、ジャワ島のジャカルタから東におよそ一〇〇〇キロメートル離れたスンバワ島のタンボラ火山が、過去一〇〇〇年間で最大規模ともいわれる爆発的な噴火を起こしたのだ。この噴火は言葉では表現し難いほどすさまじく、一五〇〇キロメートル以上離れたスマトラ島でも、大砲を撃つような爆発音が聞こえたという。もともと標高が四二〇〇メートルあったタンボラ山は、この噴火で上部一四〇〇メートル分が吹き飛んだ。放出された火山灰の総量は一五〇立方キロメートルにも及び、タンボラ山周辺にあった町々は、あっという間に火山灰に埋もれてしまった。当時、スンバワ島で暮らしていた、およそ一万二〇〇〇人の住民のうち、生き残ったのはわずかに二六人だったという。さらに、崩壊した山体の一部が海に流れ込み、高さ数十メートルにもおよぶ津波が近隣の島々を襲った。インドネシアでは、この噴火により計一〇万人近くの人が亡くなったと推定されている。タンボラ山の噴火と当時の気候変動については、深層水循環の理論を築いたヘンリー・ストンメル（8章参照）が晩年、妻エリザベスとともに著した『火山と冷夏の物語』にくわしく記されている[15]。

タンボラ山の噴火にともなう被害は、インドネシアだけにとどまらなかった。噴火によって放出された大量の火山灰は貿易風に乗って西向きに運ばれ、ハンガリーやイタリアに黄色や茶色の雪を降らせた。さらに、多量の細かい火山灰が、対流圏を突き抜け成層圏に達した。わたしたちが住む対流圏は、山へ登ればわかるように、高度が上がるほど気温が下がる。6章で解説したように、大気はおもに地表面から放射される赤外線を吸収して暖まるからだ。空気は温度が高いほど軽く、温度が低いほど重い。そのため、対流圏では空気が文字どおりぐるぐる対流している。ところが、対流圏の上にある成層圏（高度約九〜一七キロメートル）では、オゾン層が紫外線を吸収して太陽光を熱エネルギーに変えているため、高度が上がるほど気温が上昇する。つまり、空気が成層していて上下に混じりにくいわけだ。そのため、対流圏から水蒸気があまり供給されず、雲すらほとんどできない。国際線の飛行機に乗ればわかる。飛行機の窓の外はいつも晴れていて、まぶしい太陽の光が差し込んでくる。窓から下の方をのぞくと、そこには雲海が果てしなく広がっている。そしてその雲海の頂上は、たいがい高さがそろっていることに気づくだろう。飛行機が巡航するのは高度三万三〇〇〇フィート、およそ一〇キロメートルだ。そこはすでに成層圏で、その少し下に広がる雲の頂上が、対流圏の頂上(圏界面)というわけだ。

細かい火山灰がいったん成層圏に紛れ込んでしまうと、地表面に落ちてくるまで数年もかかってしまう。グリーンランドのアイスコアでは、水素イオン濃度が噴火の翌年の夏をピークに、一八一七年の初頭まで顕著に上昇した。火山灰の影響が、噴火後も二年にわたってつづいたことを示している。(16) 成層圏に達した大量の火山灰は、太陽光を遮り、気候を寒冷化させるだけでなく、大気の循環パターンをも変化させた。その結果、各地で異常気象を引き起こした。

タンボラ山が噴火した翌年の一八一六年は、ヨーロッパや北米東海岸では記録的な冷夏に見舞われ、「夏のない年(The Year Without a Summer)」として語り継がれてきた(17)(図12-5)。フランスではこの年、ブドウの収穫が実質上ゼロにまで落ち込み、ワイン生産者を直撃した。季節外れの降雪の記録も数多く残っている。たとえばロンドン近郊では、真夏の八月三一日に雪が降り、アメリカ北東部ニューイングランド地方の内陸部では、六月六日から八日にかけて吹雪に見舞われ、場所によっては一五センチメートルもの積雪を観測した。この地方では、七月や八月に凍えるほど寒い日が何日もあったことが、当時の新聞や日記など多くの記録に残されている。おかげでニューイングランド地方では、その年の農作物は壊滅的な状況で、多くの農村部では食糧難に陥った。これを契機に多くの人々がアメリカ大陸を横断し、気候が温暖で安定している西海岸に移住した。

また、タンボラ火山から貿易風の下流にあたるインドのベンガル地方でも天候不順による凶作に見舞われ、コレラが大流行した。コレラはもともとインドとその周辺地域だけに流行する疫病だったが、この年のコレラは旅行者を介して年々西向きに伝播し、一八三二年にはヨーロッパに到達して大流行した。死者は、フランスのパリ市だけでも二万人に達したという(図12-5f)。そしてその数年後、この疫病は海を渡ってアメリカ東海岸にまで到達した。

一八一六年は、日本では江戸後期の文化一三年(第一一代将軍、徳川家斉)に当たるが、そのときに大規模な飢饉などの記録はなく、異常気象に見舞われた証拠はとくに見あたらない。韓国では一八一六年に集中豪雨が記録されているものの、中国でも異常気象や大規模な飢饉の報告は見出されていない。火山灰は地球規模に広がったはずだが、その気候への影響は、北大西洋の両岸など一部の地域に集中したようだ。このような地域差は、おそらく大気循環のパターンなどに起因するものだろう。

最近でもっとも大きな火山噴火は、一九八二年三〜四月に起きたメキシコのエルチチョン火山と、一九九一年六月に起きたフィリピンのピナツボ火山の噴火だ。噴出した火山灰の量は、両方あわせてもタンボラ火山の二〇分の一程度でしかない。それでも成層圏に達した火山灰は、翌年の北半球の平均気温を〇・五℃低下させるだけの効果があった。

火山は地球上のさまざまな場所に分布しており、火山噴火はいつでも起こりうる。エルチチョン火山やピナツボ火山よりひと回り大きな火山噴火に備えて、その気候に及ぼす影響だけでなく、経済や生活に及ぼす影響のシミュレーションをしておく必要があるだろう。

小氷期後から現在、そして未来へ

さて、いよいよわたしたちが暮らす時代へと話は移る。一九世紀の後半から二〇世紀の前半にかけて、各国では富国強兵策が布かれ、戦略的な理由により、各地で気象観測が開始された。現代のハイテク兵器なら風が吹こうが嵐が来ようが関係ないが、当時は気象条件を知ることは、戦争の勝敗に直接関わる戦略的な重要事項であった。さきに述べたグリーンランドでも、このような時代背景のもとで気象観測が始まっている。そのため、気象に関する基礎的な観測データがこの頃から飛躍的に増加し、それを説明する理論も大きく発展した。

これまで一部の研究者によって、こういった昔の気象観測の記録を掘り起こして、まとめる努力がなされてきた。もう一度、図12-3をみてみよう。小氷期が終わる一九世紀半ば以降、地球の平均気温は明らかに上昇傾向へ転じた。その上昇幅は、二一世紀初頭までで、地球全体の平均気温として〇・八℃に達している。さらにくわしくみると、この気温の上昇は、一九一五年から一九四〇年までと、一九七五年以降と、二段階で起こっていることがわかる。両者の間の一九四〇年から一九七五年にかけては、やや下降傾向にある。この傾向が、一九七〇年代初頭の地球寒冷化キャンペーンを引き起こしたことは、プロローグですでに述べたとおりだ。[18]

小氷期以降の温暖化は、山岳氷河の後退という形で明瞭に現れている。図12-6は、フランス・アルプスの山岳氷河について、一九世紀に描かれた絵画と、二一世紀初頭に撮影された写真とを比較したものである。氷河がこの一〇〇年間に大きく後退したことは明らかだ。専門家たちは、このような記録を世界各地の山岳氷河についてまとめ、二〇世紀における後退が北半球にかぎらず、南半球においても同様に起きたことを明らか

図 12-6　アルプスのメール・ド・グラース氷河の時代比較．左は小氷期にあたる 1826 年に描かれた絵画，右は 2000 年に撮影された氷河の写真．氷河の幅，厚さともに，過去 200 年近くの間に大きく減じていることがわかる．
Photograph by Michael Hambrey ©, www.glaciers-online.net

にした[19]。一九世紀の終わりから始まった温暖化傾向が、世界中の山岳氷河のこのような衰退を招いたことは間違いない。このような温暖化にともなって、南極海で形成される深層水量が減少してきたという指摘もあり、深層水循環がこの温暖化に大きな影響を与えた可能性もある[20]。

では、この先につづく地球の気候は、いったいどうなるのだろうか？　3章で解説したように、七〇〇〇年ほど前に現在とほぼ同じレベルにまで海面は上昇し、それ以降、海水面や気候は、少々の変動はあったものの安定している。過去七〇〇〇年間をそれ以前の一〇万年間と比較すると、数十メートルにおよぶ激しい海水面の変動や、グリーンランドでみられた数十年間に一〇℃もの気温変化など、まるで嘘のようだ。むしろ異常なほど安定な気候と言った方がお似合いだ。とりあえず人間活動による地球温暖化は考えないとして、この安定した気候状態は、いったい、いつまでつづくのだろうか？

一九七〇年代前半に流布していた地球は寒冷化していくという考えは、すでに間氷期が一万年近くつづき、そろそろ次の氷河期に向かう頃ではないか、という漠然とした危惧が背景にあった。日本にいれば氷期が来ようとも、少々気温が下がる程度で済むかもしれない。しかし、北米やヨーロッパでは、そうはいかない。国土の中に巨大な氷床が成長しはじめるのだ。一度成長しはじめたら、もはや人間の力ではどうにもできないだろう。そう考えると、北米やヨーロッパの人たちが、次の氷期の到来を恐れるのも、も

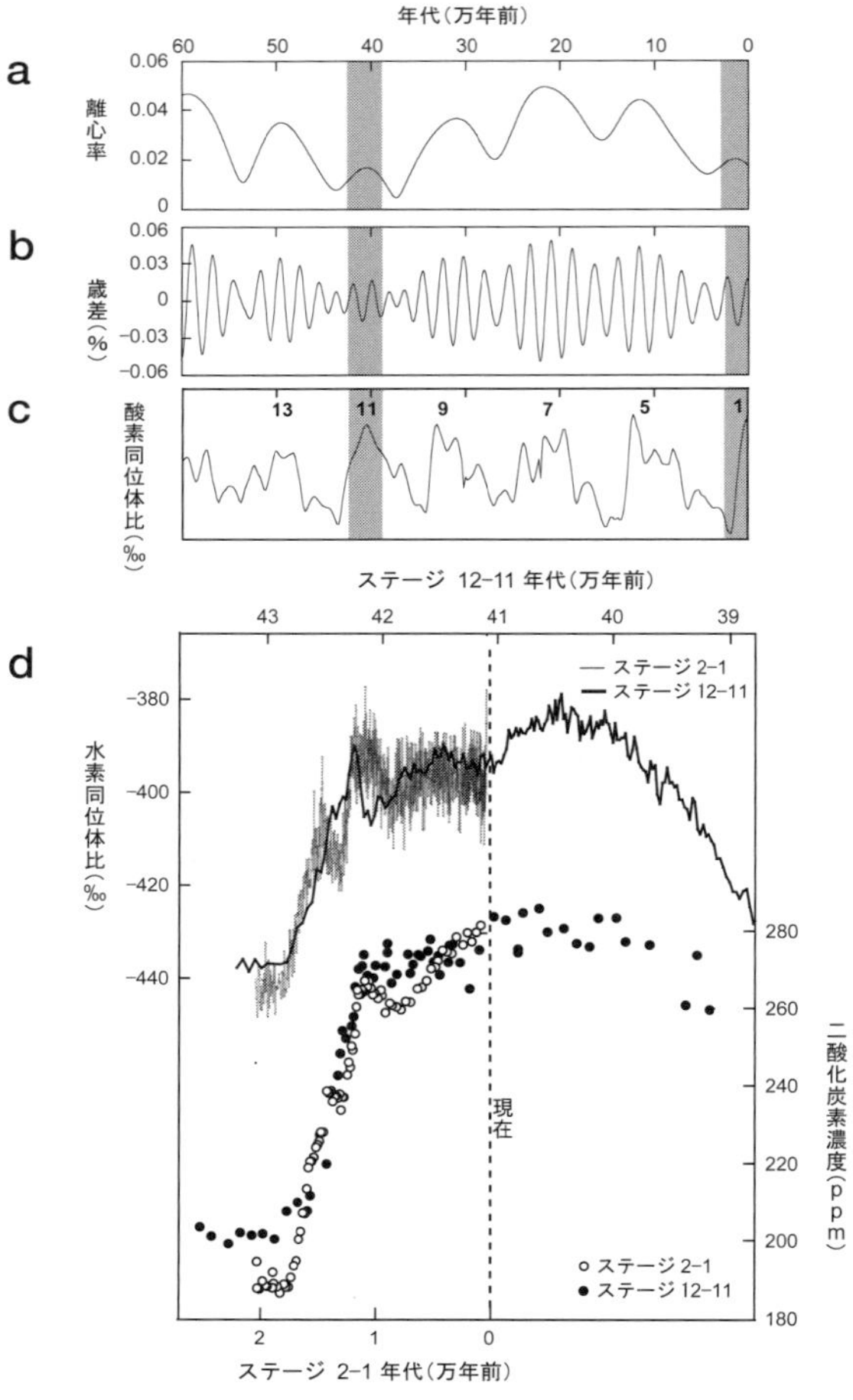

年代（万年前）
60 50 40 30 20 10 0
a
離心率
0.06 0.04 0.02 0
b
歳差（%）
0.06 0.03 0 −0.03 −0.06
c
酸素同位体比（‰）
13 11 9 7 5 1
ステージ 12−11 年代（万年前）
43 42 41 40 39
d
— ステージ 2−1
━ ステージ 12−11
水素同位体比（‰）
−380 −400 −420 −440
現在
○ ステージ 2−1
● ステージ 12−11
二酸化炭素濃度（ppm）
280 260 240 220 200 180
2 1 0
ステージ 2−1 年代（万年前）

っともな話かもしれない。

こういった将来の気候変動を考えるにあたっても、古気候変動を読み解くことは決して無駄ではない。ミランコビッチ・フォーシングだけをとってみれば、現在に似た条件がじつは過去にもあった。およそ四〇万年前の、同位体ステージ11（いまから四つ前の間氷期）である。図12-7をみればわかるように、小さな離心率、小さめの歳差などは、現在の間氷期に非常によく似ている。そしてこのときは、温暖で比較的安定した間氷期がおよそ三万年にわたってつづいた。これは、ひとつ前の間氷期（およそ一三万年前）が、わずか三〇〇〇年しかつづかなかったこととはおよそ対照的だ（図10-3参照）。

図12-7dは、南極ドームCのアイスコア中に記録された、同位体ステージ11付近の気候変動を、現在の間氷期と直接比較したものだ。氷期から間氷期にいたる時期も含めて、氷の水素同位体比として記

図 12-7　過去 60 万年間にわたる，a)離心率の変動，b)歳差の変動，c)標準酸素同位体比カーブ．標準酸素同位体比カーブの上に示した番号は，同位体ステージ番号を表している．影をつけた部分は，同位体ステージ 11 と同位体ステージ 1（完新世）付近を示している．d)は南極ドーム C のアイスコアの分析結果を，同位体ステージ 11 付近と同位体ステージ 1 付近を比較したもの．d の上半分は氷の水素同位体比を比較したもので，濃い線は同位体ステージ 11 を，薄い線は完新世の記録を表している．d の下半分は大気中の二酸化炭素濃度を比較したもので，●は同位体ステージ 11 を，○は完新世の記録を表す．現在に相当するタイミングを破線で示した．Berger and Loutre（1991），Imbrie *et al.*（1984），EPICA Community Members（2004），Broecker and Stocker（2006）を改変．

録された気温や、大気中の二酸化炭素濃度の変化は、驚くほど似通ったパターンを示している。もしこの比較が正しければ、わたしたちはまだ長い間氷期の半ばにいるということだ。(21) つまり、現在のような暖かい間氷期は、あと一万年ほどつづくことになる。一九七〇年代に危惧されたような、次の氷期は当分やってこないというわけだ。もっとも、人間活動が気候に影響を与えなかったら、という仮定での話だが。

第13章　気候変動のからくり

地球上のサンソ、チッソ、フロンガスは
森の花の園にどんな風を送っているの
井上陽水「最後のニュース」

線形性と非線形性の共存

ここまで解説してきたように、過去数万年にわたって、さまざまな種類の気候変動が起きてきた。しかしその原因については、まだわからないことも多い。とはいえ、最後にこれまで個々に解説してきたことを総合して、気候という屋台の骨組みとその変動のからくりについてまとめてみよう。

氷期は間氷期に比べて、地球全体の平均気温がおよそ八℃低下しただけでなく、巨大な氷床が北大西洋を囲む地域に形成され、その結果、海面がおよそ一四〇メートルも低下していた。しかし、4章でも述べたことだが、氷期は間氷期に比べて、地球に入射する太陽エネルギーが決して少なかったわけではない。気候にもっとも敏感な北半球高緯度の夏の日射量は、氷期も間氷期も平均すると一平方メートルあたりおよそ四五〇ワットだ(図4-3参照)。このことは、非常に重要なことを示唆している。すなわち、地球全体で考えると、同じエネルギー・インプットに対して氷期と間氷期という少なくとも二つの気候状態が存在するのだ。つまり、地球の気候は、複数の解をもつ方程式で表される。実際、5章で解説したきわめて単純なエネルギーバランス・モデルを用いた計算でも、地球の気候が複数の解をもちうることが示せる。したがって、氷期から間氷期へといった大規模な気候変動は、これまで何度も述べてきたように、気候の方程式のある一つの安定解から、別の安定解へと移動する現象と捉えることができる。

ミランコビッチ・フォーシングという天文学的な要素は、過去に氷床の量を変化させてきた重要な原因の一つであることは間違いない。太陽から地球に入射するエネルギーの総量や分布が変わることによって、地球の気候は徐々に、かつ、その変化に見合った分だけ変化した。すなわち、気候は「線形的に」変化してきたわけである。しかし、この線形的なメカニズムだけでは、過去数万年を通してもっとも大規模な気候変動である、氷期から間氷期への大規模な気候のシフトを直接的には説明できない。

こういった大きな気候変動を起こすには、安定解の間にある「障壁」を乗り越えねばならない。それには、地球の気候システムに対して、何らかの力を加えてやる必要がある(図13-1)。その力が、気候を障壁の頂上に押し上げるほどの大きさをもっているな

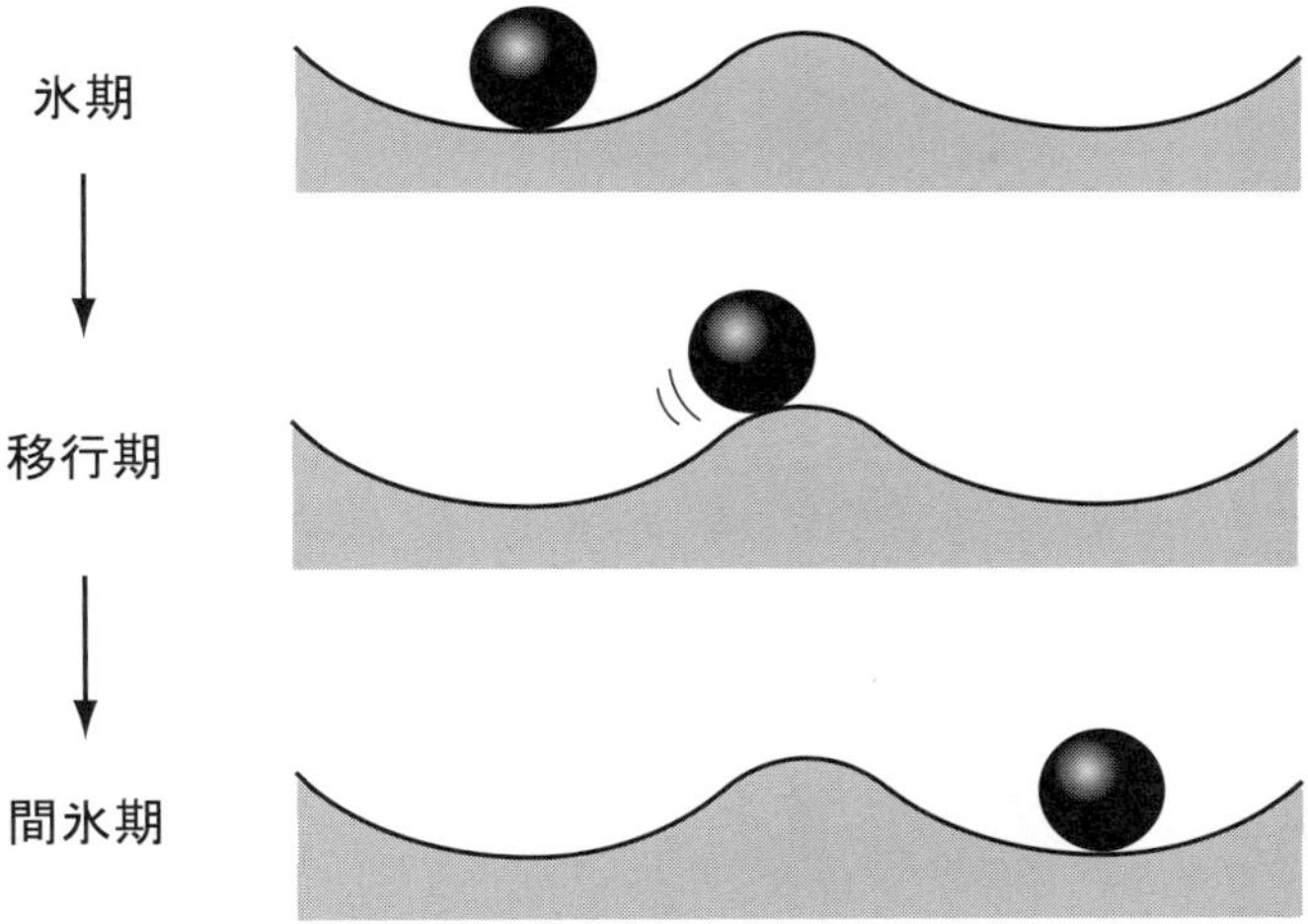

図 13-1　安定状態にある気候(氷期)から，もう 1 つの安定状態(間氷期)へと移るときの状況を模式的に示した．5 章でも解説したが，気候を大きくシフトさせるには，気候の安定状態(ここでは氷期と間氷期)の間にある山(障壁)を乗り越えるだけの大きな力を加えなければならない．気候のように，一時的な力の影響が，その後の長期的な状態に影響を及ぼすシステムのことを「ヒステリシス」と呼ぶ．

ら、あとはもう一つの安定解へとすべり落ちるだけだ。「気候はジャンプする」という古気候記録にみられた証拠は、こういった「非線形的な」メカニズムによって説明できる。気候システムとは、線形性と非線形性の両方を兼ね備えたシステムというわけだ。(1)

2章で解説した海底堆積物の酸素同位体比記録は、気候変動に対してレスポンスの遅い氷床量の影響を強く受けているため、気候は数千年かけて線形的に(バーナーで温めたフラスコ内の水のように)変動するかのような印象を与えがちだ。しかし、9章と10章で解説した大気の影響を直接受けるアイスコアの記録は、気候が数十年という短期間で急激に変動する、非線形な側面も強くもっていることを如実に物語っている。

さらにもう一つの重要なエッセンスは、気候とは数多くのパーツの総合体であり、気候変動という観点から見た場合、それは一つの「システム」として振舞うことだ。地質学者たちは、そのシステムの個々の構成要素の履歴と、それぞれがどのようなプロセスでつながっているのかを知るために、世界各地の記録を集めては相互比較してきた。点と点を線で結び、その線を紡いで面を描き出し、それをもとに立体感のある気候の歴史を組み立ててきた。そうして、その背後に隠された「怪物」を理解することに心血を注いできたわけである。その結果、わたしたちは、地球の気候システムが数十年という短い時間スケールで大規模に再編(reorganize)されうるものであることを学んだ。氷期から間氷期への移行は、まさしくこのような「気候の再編」の好例である。ダンスガードーオシュガー・イベントや、ヤンガー・ドリアス・イベント時に世界各地で見られたテレコネクションもまた、その良い例といえるだろう。

ヤンガー・ドリアス期の「寒の戻り」やダンスガードーオシュガー・イベントも含めて、急激な気候変動は、コンベヤーベルトのオン・オフが、直接的な原因だと考えられている。コンベヤーベルトを駆動している海水の密度の差は非常に小さいため、ちょっとしたことでコンベヤーのスピードが低下したり、場合によっては故障して止まってしまう。そういったところに、この「工場」の難点がある。この「ちょっとしたこと」とは、たとえば、氷床の融氷水が北大西洋に流れ込んだり、大気中の水蒸気の移動量やパターンが変化することである。こういった地球の表面を駆け巡る淡水の動きが、コンベヤーベルトを通して太陽エネルギーの再分配パターンを変化させ、ひいては気候の安定解の間にある障壁を乗り越えさせるだけの「ひと押し」に、一役買っているわけだ。現在の気候システムを支える屋台骨は、地球上の水の動きに関わる微妙なバランスの上に成り立っているのである。

気候の歴史を紐解けば、このことがよく理解できる。とくに氷期という安定解は、間氷期という安定解よりも安定度はかなり低かった。氷期には、間氷期には見られない短期間の非線形的な気候変動が数多く見出されている。これは、ストンメルの2ボックスモデルをもとにして考えると、氷床(あるいは融氷水)という「爆弾」を抱えていたからと考えることができる。わたしたちが暮らす間氷期の気候下では、安定で線形的な変動しか見られない。これは、気候が深い「谷底」に落ちているか、あるいは氷床という爆弾を抱えていないから、という理由で説明できるだろう。

ヒステリシス

気候システムのように、線形性と非線形性とを兼ね備え、一時的な力がその後の長期的な状態に影響を及ぼす現象は、「ヒステリシス」と呼ばれる。図13-2に、ベルン大学のトーマス・ストッカーらによって提唱された、気候のヒステリシスを示した(2)。これは、深層水の形成を左右する北部北大西洋の表層水中に含まれる塩分を横軸にとり、北大西洋域の表層水温あるいは気温を縦軸にとった概念図だ。

たとえば、11章で紹介したヤンガー・ドリアス期の「寒の戻り」について、このヒステリシスの概念で説明してみよう。氷期から間氷期へと気候が移りかわって、北半球高緯度ではベーリング・アレレード期に入った。この時期には、北大西洋深層水は現在のように活発に形成されはじめていた。気候は、間氷期の安定解にほぼ落ち着きつつあった(図13-2①)。ここがスタート・ポイントだ。そこへ、まだ融け残っていたローレンタイド氷床の融氷水が北大西洋の北部海域に流れ込み、塩分が低下する(同図②)。融氷水の流入がどんどん増加していくと、あるところで急に水温が低下する(同図③)。これ

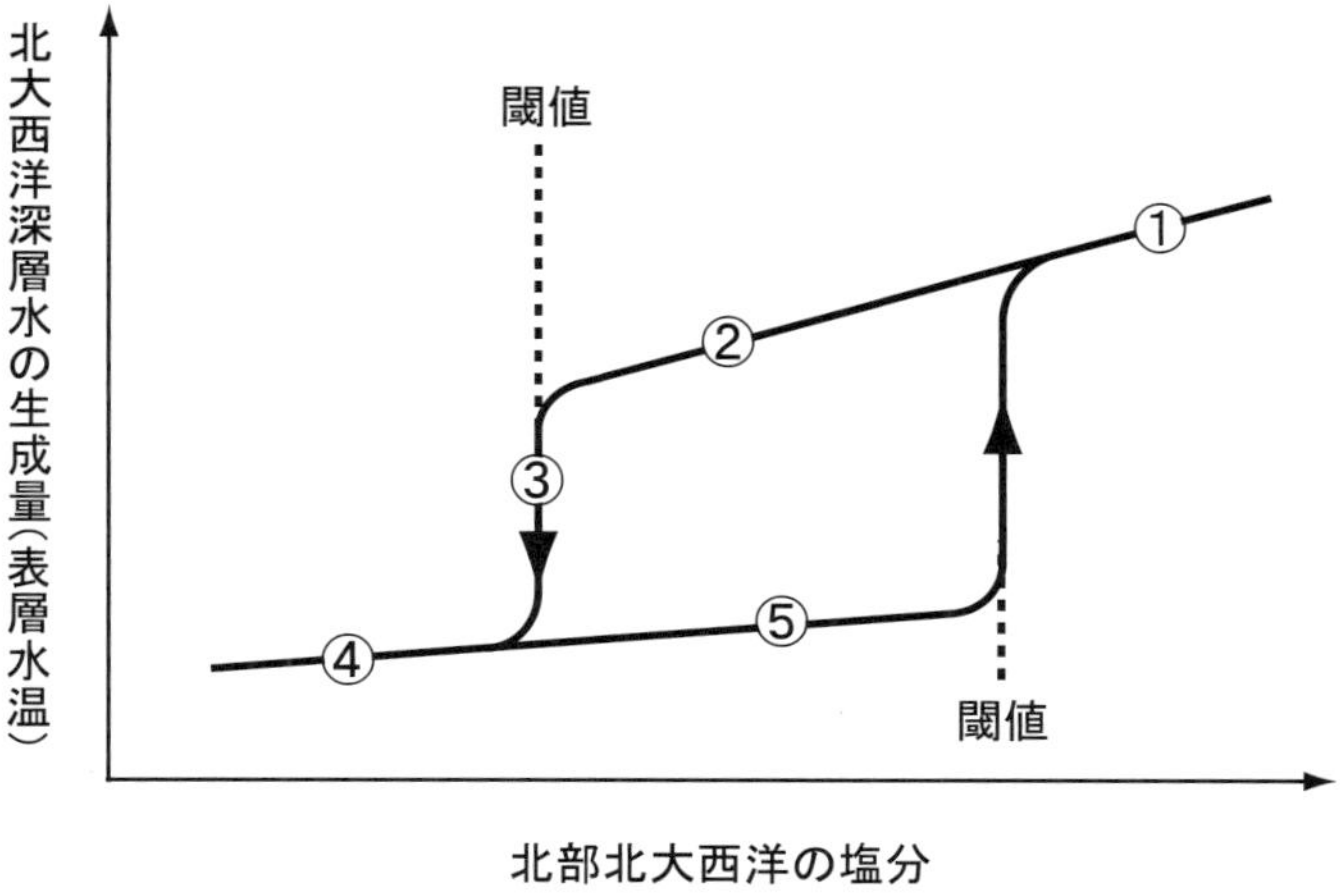

図 13-2　北大西洋深層水の形成に関して想定されているヒステリシス・メカニズム．縦軸は北大西洋深層水の生成量で，北部北大西洋域における表層水温に読み替えることもできる．また横軸は北部北大西洋域における表層水の塩分で，融氷水の流入量の変動や降水量の変動などによって変化する．Stocker and Marchal(2000)を改変．

は、別の視点から見ると、安定解の障壁を乗り越えて、寒冷な時代に一気に「すべり落ちた」ともいえる(同図④)。しかし、融氷水の流入が一段落すると、北部北大西洋域の塩分は再び大きくなりはじめ(同図⑤)、やがてまた障壁を乗り越えて、再び温暖なプレボレアル期へと逆戻りするというわけだ。

ヒステリシスという考え方を導入することによって、一時的な気候の寒冷化はうまく説明できるようにみえる。しかし、実際の地質記録を理解することは、一筋縄ではいかない。図13-3を見てみよう。これは、グリーンランドのアイスコアの酸素同位体比記録と、海面変動から推定した融氷水量とを並べて比較したものである。地質記録によると、数十メートルにおよぶ海面の上昇を引き起こした「融氷水パルス1A(MWP-1A)」は、およそ一万四〇〇〇年前にそのピークがある。その頃は、平均すると一秒間に二五万立方メートル(〇・二五スベルドラップ)にもおよぶ大量の融氷水が、数百年にわたって海洋に流れ込んでいる。それにたいして、ヤンガー・ドリアス・イベントの寒冷化は、融氷水パルス1Aから遅れること一〇〇〇年あまり、およそ一万二九〇〇年前ごろから始まっていることがわかる。ところが、真鍋らによるコンピューター・シミュレーションによると、わずか〇・一スベルドラップの融氷水が北大西洋の北部海域に流れ込むだけで、その気候への影響はほとんど時間差なく現れる。[3]つまり、実際の記録に見られる一〇〇〇年あまりもの時間差は、理論上生じえないわけだ。

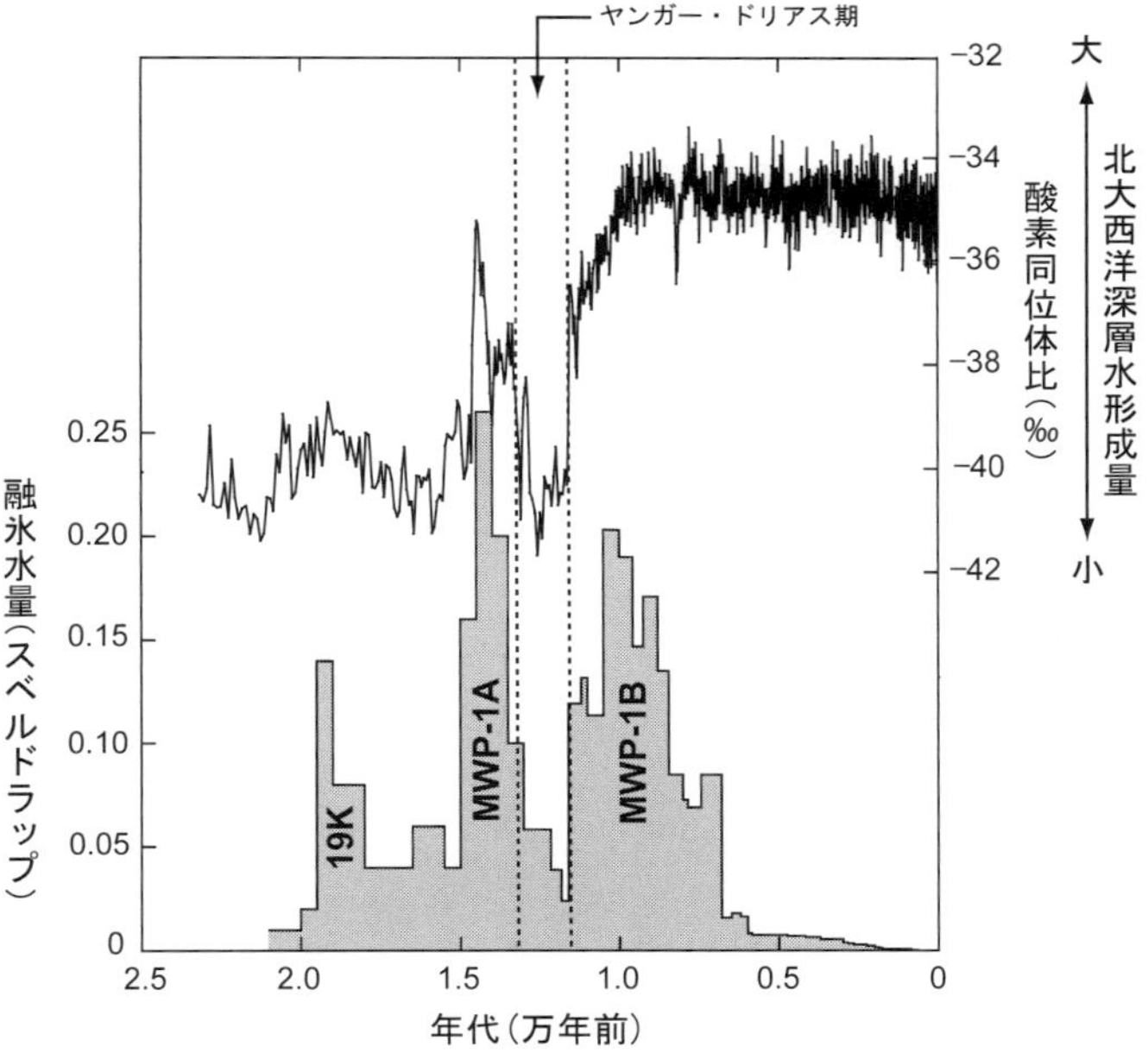

図 13-3　グリーンランドで採取されたアイスコア(ギスプ・ツー)の酸素同位体比(上)と，融氷水量の変動(下)の時間対比．ヤンガー・ドリアス期は融氷水量が大きく減じる時代とも一致している．MWP とは融氷水パルスのこと．Stuiver *et al.*(1995)を改変．

この矛盾を説明するために、融氷水が海洋に流れ込むルートの重要性が指摘されてきた。11章で触れたように、ちょうど融氷水パルス1Aにあたる一万四〇〇〇年前は、アガシ湖が決壊して、大量の融氷水がメキシコ湾に流入した時期と一致する。つまり、当時大幅な海面上昇を引き起こした融氷水は、気候に敏感ではないメキシコ湾に流れ込んだのだ。これでは気候変動は起きない。急激な気候変動を説明するためには、海に流れ込む融氷水の総流量だけではなく、流れ込む場所についても、くわしく知る必要があるというわけだ。ヤンガー・ドリアス・イベントが開始する頃、海に流れ込む融氷水の総流量は、一万四〇〇〇年前に比べてかなり小さくなっていた。しかし、それがすべて北大西洋に直接流れ込んだとしたら、ヤンガー・ドリアス・イベントを引き起こすだけの力を十分にもっている。実際にこのようなことが起きたのかどうか、地質学者はその証拠を探している。

もう一度、図13-3を見てみよう。ヤンガー・ドリアス期が終わって急激に温暖化した一万一五〇〇年前は、「融氷水パルス1B(MWP-1B)」が始まった時期とほぼ一致している。これも奇妙なことだ。融氷水が流入したのなら、逆に寒冷化しそうなものなのだが……。もしかすると、まだ専門家も気づいていないまったく異質の重要なメカニズムが、どこかに隠されている可能性があるのではないだろうか?

気候の屋台骨

気候システムを構成する個々のピースの研究は確実に進展してきたものの、気候学者がそれらを組み合わせて形作りつつある屋台骨は、まだ綻びだらけといわざるをえない。氷期から間氷期へといたる気候変動に統一的な解釈を与えるには、今後も多くの努力を必要としている。線形性と非線形性とを兼ね備えたヒステリシスといえども、研究の途中段階における作業仮説にすぎない。これをより確かなものへと改良していくために、地質学的証拠のさらなる検証と、コンピューター・シミュレーションの質をさらに高めていくという両輪ががっちりとかみ合うことが必要だ。

現在、わたしたち人類が行なっている、化石燃料の燃焼によって大気中に二酸化炭素を放出するという行為は、地球の気候に対してラディカルな「ひと押し」を加えていることに相当する。力がまだ小さいうちは、気候は線形的に徐々に変化する。また、負のフィードバックが効いているため、気候が急速にジャンプすることはないだろう。だから、少々二酸化炭素濃度が上昇しても、氷期から間氷期に移ったような大規模な気候の再編は起きない。しかし、この「ひと押し」がどんどん大きくなっていったら、どうなるだろう？　気候システムが異常をきたしたとしても、それは決して不思議なことではない。いずれ「障壁」を乗り越え、別の安定解へとまっしぐらに突き進む非線形性が現れるかもしれない。気候の暴走である。それが、気候学者が現在もっとも恐れていることとなのである。

実際、グリーンランド近傍の海域では、現在でも数年スケールで表層水の塩分の分布に変動が見られ、これにともなって北大西洋深層水の形成量が変化している(4)。現時点では、幸いにして、それが気候を大きく変動させるところまで達してはいない。しかし、深層水が形成されているこの重要な海域で、塩分の長期的な傾向が変化すれば、コンベヤーベルトのスピードやパターンが根本的に変わってしまうこともありうる。そうなれば、現在の気候を支えている屋台骨が、がらりと様変わりする可能性もあるのだ。

この観点からすると、現在の気候システムがもっている安定解の数、安定解の間を仕切っている「障壁」の高さ、負のフィードバックのメカニズムとその強さを知ることは、非常に重要な意味をもつ。しかし、残念ながら、いかに強力なコンピューターを用いてシミュレーションしたとしても、現時点でその全容を知ることは難しい。

「地球の気候の方程式に「氷期」と「間氷期」以外の解は存在しない」などと、いったい誰が確信をもって言えるだろうか？　人類が危険な火遊びをしていることは間違いないのである。

エピローグ

科学とは社交的なプロセスである。そして、それは人間の一生よりも長いスケールで起きる。もし私が死ねば、私の役割は他の誰かが取って代わるだろう。あなたが死んでも、それは同じことだ。重要なことは、やり遂げることである。

アルフレッド・ウェゲナー

気候を形作っているシステムと、それを維持したり変動させたりするメカニズムの研究は、過去一世紀以上にわたってつづけられてきた。そしてそれは、基礎から応用にまで幅広くまたがる無数の成果を生み出してきた。最後に再び、本書のプロローグを読み返してみるといいだろう。過去三〇年あまりにわたる、気候変動研究の成果が実感できるはずだ。それと同時に、気候を短期的な視点や一面的にとらえることが、気候変動という複雑な現象の真の姿をいかに歪曲させるかがわかるだろう。

科学史という観点から見ると、気候変動の科学には、過去半世紀の間に少なくとも二つのパラダイム・シフト(1)があった。一つは、天文学的な要素が、過去の氷期や間氷期といった気候状態を生みだす重要な原因である、という考えが研究者に浸透したこと。もう一つは、気候変動が数十年という非常に短い時間スケールでも起こりうると認識されるようになったことである。前者のパラダイム・シフトは一九七〇年代半ばに、後者のパラダイム・シフトは一九八〇年代から九〇年代初頭にかけて起こった。とくに後者は、わたしたちの社会に暗い影を落とす地球温暖化にも深くかかわっている。こうしたパラダイム・シフトには、なにより、地質学者や古気候学者たちの、長きにわたる地道な研究の積み重ねが大きく貢献している。一見、無関係に見える過去の気候変動を研究することが、今後の気候変動を考えるうえで、いかに重要なことであるかがわかるだろう。

今後、温室効果ガスはどのくらい増えるのだろうか? その結果、地球はどのくらい温暖化するのだろうか(2)? そして、海面はどのくらいの速さで上昇するのだろうか? こういった問題は地球全体の問題であるがゆえに、包括的な対策が求められる。したがって、研究者や国家が個々のビジョンで取り組むのではなく、国際的な場でコンセンサスを作り上げたうえで、足並みのそろった対策を講じなければならない。このような理由から、一九八八年に、「気候変動に関する政府間パネル(Intergovernmental Panel on Climate Change)」(通称、IPCC)が立ち上げられた。

IPCCが発足した一九八八年は、「気候は数十年で変わりうる」という第二のパラダイム・シフトが起こった時期と重なっている。「地球環境問題」という言葉がさまざまなメディアに登場しはじめたのも、ちょうどこの頃だ。一九九二年にはブラジルのリオ・デ・ジャネイロで「地球サミット」が開催され、気候変動が科学者の研究テーマという枠を超えて、人類全体の問題として認識されるようになった。

本書ではあえて触れてこなかったが、地球温暖化問題には、倫理的な側面があることも忘れてはならない。「共有地の悲劇」という概念がある。コミュニティーの誰もが自由に利用できる共有資源が、乱獲されて資源の枯渇を招いてしまい、結局、コミュニティー全体がその損失を被るというものである。[3] 共有地の悲劇は、以前は特定の地域に限られた現象だった。それが、時代とともにスケールが大きくなった。地球温暖化とは、大気という共有財産に、いわばゴミを捨てていることに起因している。この点に関して、一九八七年にブロッカーが発表した、ある論文中のフレーズが的を射ている。[4]

過去一〇〇年間に人類が放出した温室効果ガスが、地球温暖化を引き起こしていると、われわれが証明できないという事実は、さして重要なことではない。むしろ、赤外線を吸収するガスを大気に加えることにより、われわれの気候に対してロシアン・ルーレット[5]で遊んでいること自体が問題なのだ。

もっとも、この論文が発表された一九八七年以降、地球温暖化にかかわる研究は大きく進み、このブロッカーによるフレーズの前半部も、ほぼ確かなものになった。そして、わたしたちの生活の重要な基盤である地球環境をもてあそんでいること自体が悪であるのは、当時も今も変わりはない。

何かが起こりはじめる可能性があると最初に知るのは、科学者だ。ならば、それが起きないように警鐘を鳴らすのは、科学者の務めではなかろうか。可能性を認識しつつも無作為なのは、罪を犯しているのと同じことだ。

わたしたち人類、とくに先進国は、紆余曲折を経ながらも二〇世紀を通して豊かな社会へと発展することに成功してきた。その背景には、「安定した気候」という隠れた条件があったことを忘れてはなるまい。もし、気候が変動したり、海面が上昇していたなら、その対策に莫大なエネルギーと予算を費やし、今日の繁栄はなかったに違いない。今年も去年とだいたい同じ量の雨が降ること、三年前とほとんど同じ気温であること、そして海面が一〇年前とほとんど同じ高さにあること。そういうごく当たり前だったことに、わたしたちはもっと感謝しなければならないのである。

謝　辞

本書は、一〇年以上かけて集めてきた資料を文章としてまとめたものである。その間、大変多くの方の助力とアドバイスを得ている。とくに、大学院時代の恩師で、現海洋研究開発機構理事長の平朝彦先生、地球化学と海洋学の基礎を教わった東京大学大気海洋研究所の川幡穂高教授には、もっともお世話になった。また、東京大学の横山祐典教授には、共同研究者としてだけでなく良き友人として、古気候のあらゆるトピックに関して、日頃から大いに刺激を受けてきた。さらに、徳山英一、北里洋、阿部彩子、山中康裕、大場忠道、多田隆治、田近英一、岡田尚武、河村公隆、中塚武、和田英太郎、松本克美、真鍋淑郎、三浦英樹、坂本竜彦、黒田潤一郎、力石嘉人、高野淑識、山口耕生、小川奈々子、菅寿美、谷水雅治、柏山祐一郎、原田尚美、内田昌男、岡田誠、村山雅史、阿波根直一、塚本すみ子、池原実、江口暢久、徐垣、米倉伸之、吉田尚弘、野尻幸宏、Timothy Eglinton、John Hayes、Lloyd Keigwin の方々との議論が、この本の骨格の基礎を作り上げてきた。わたしの普段の研究活動を支えてくれている海洋研究開発機構にも、深く感謝の意を表したい。本書を執筆中の二〇〇七年に、平朝彦先生が学士院賞を受賞されたニュースが飛び込んできた。また原稿がほぼ仕上がった二〇〇八年には、著者のポスドク時代の恩師である和田英太郎先生が学士院エジンバラ公賞を受賞された。平先生と和田先生の業績を讃え本書を捧げたいと思う。

インターネットの発展により、オフィスにいても、家の書斎にいても、また、たとえ寝そべっていても、欲しい情報が世界各地から即座に手に入るようになり、この本の執筆を大いに助けてくれた。インターネットが陰の立役者であることは間違いない。岩波書店編集部の永沼浩一氏には、丁寧に粗稿を手直ししていただいた。

最後に、妻であり共同研究者である小川奈々子、息子の知明と祐司は、この本を執筆するにあたって大いなる勇気を与えてくれた。この場をお借りして、これらの方々に深くお礼申し上げます。

二〇〇八年四月一五日

大河内直彦

文庫版あとがき

本書が世に出て、はや六年の時が過ぎた。その間、一般の読者を含め随分多くの方々から反響とコメントをいただいた。もとはと言えば、気候変動の歴史を学ぶ学生のための副読本のつもりで執筆した本だから、正直言ってこれはうれしい誤算だった。出版翌年には講談社科学出版賞までいただいたうえ、それが今回さらに岩波現代文庫の一冊として加わることになった。私としては望外の喜びの連続である。

本書では、すでに「ほぼ確かなサイエンス」と考えられていることを中心に述べたため、出版から六年の時を経たとはいえ、文庫版への版替えに際して大幅な改訂は行なっていない。内容的には二〇一四年末の時点でも、十分に役立つ本である。とはいえ二点だけ付け加えておきたい。

一つは、第四章で取り上げたミランコビッチ・サイクルのうち、一〇万年周期に関する話題である。東京大学の阿部彩子らが二〇一四年にネイチャー誌に発表した成果によると、古気候記録にみられる一〇万年周期とは、氷床自身がもつ内因的な周期の可能性があるという。つまり、氷床があるサイズ以上にまで成長すると、氷床底面が融け始め、摩擦係数を引き下げる。氷床は滑り、海へ流れて融けてしまう。こんなシナリオが大気・海洋・地殻・マントルまで含めた包括的なモデル・シミュレーションによって見えてきたのである。もしこれが本当だとしたら一〇万年周期の謎が解けるだけでなく、スペクマップ時間スケールに少々ずれが生じることになろう。図４―14で示した最終間氷期の年代の食い違いも、これで説明できるかもしれない。今後、阿部らの考えを支持する研究成果が出てくるか注意深く見守っていきたい。

二つ目は、二〇一三年九月にＩＰＣＣ第五次第一作業部会報告書が発表されたことである。その内容は、第四次報告書を追認するものであった。つまり、地球が温暖化していることについては「疑う余地がない」事実であると認め、より踏み込んだ二酸化炭素の排出削減が早急に必要であることを説いている。しかし、相変わらず気候変動枠組条約国際会議(ＣＯＰ)での二酸化炭素排出削減の議論は足踏み状態だ。これから発展しようとする途上国と、ほぼ成長の止まった先進国との対立が尖鋭化していることが大きな要因だ。トーマス・フリードマンがベストセラー『グリーン革命』(日本経済新聞出版社)の中で引いたエジプト政府の閣僚の話が的を射ている。

先進国は、オードブルとメイン料理とデザートを食べてから、発展途上国をコーヒーに招待する。「それから、勘定はぜんぶもってくれと言い出す……」

ヨーロッパ各国はより高い目標を掲げて、見合った対価を支払おうとしているのに対し、日本とアメリカは明らかに及び腰である。世界最大の排出国である中国も削減義務を負っていない。

　わが国は二〇一一年に起きた東日本大震災の後、すべての原発は止まり、原発を再開するかしないかという選択を前に足踏み状態が続いている。原発の稼働を再開すれば二酸化炭素は削減できる余地はあるが、原発を止めたままにすれば二酸化炭素排出削減が進むことは当面ないだろう。

　ただし、暗い話題だけではない。再生可能エネルギーの伸びがこの間加速しつつある。もちろん大震災の副産物でもある。特に太陽光発電量は過去三年で大きく飛躍し、今や平均的な原子力発電機一機分の発電量に匹敵するにまで成長してきた。また、人工光合成の技術革新が年々進み、日光と二酸化炭素を使って有機物を生み出す技術開発が進んでいる。温暖化問題だけでなく、エネルギー問題も同時に解決する夢の技術である。科学が進化し、問題点が洗い出され、それが技術革新を引き起こし、最終的に問題解決へと導く……という美しい流れは生まれるだろうか。

　思い返せば、本書を執筆した動機は単純だった。それらは今もなお健在である。一般に「科学的な真理」とされる研究成果だけを直列につなげたストーリーは、研究の本当の姿を語ってはいない。自然科学の最先端とは、無数の袋小路の中に潜む、たった一筋の抜け道を探り出す孤独な旅である。コンパスは、知識量や理論の構成力といった「知能的」な部分だけではない。科学者としての嗅覚や情熱といった「本能的」な部分も重要な拠り所だ。人脈や政治能力といった「人間的」な要素が役立つこともある。自信に満ちては前に進み、壁にぶち当たっては悔しさに涙する「旅人」の心を理解して初めて、研究の営みも真に理解できる。

本書には、生前その考えがまったく相手にされなかった研究者が何人も登場する。闘いに連戦連敗し、不遇に胸を痛めたままこの世を去ったのだろうか。私には決してそうは思えない。自然現象に秘められた真理の探究に捧げた人生に誇りをもちつつ、複雑な自然と科学という息の長いプロセスに少しだけ苦笑しながら舞台から去っていったのである。本の執筆という、科学者にとって時間の無駄遣いともいえる作業を始めた一因には、すばらしい仕事を成し遂げた先人の研究者人生を辿ることで、闘いの苦悩を僅かなりとも慰められるかもしれないという秘かな想いがあった。

自然科学ならどんな分野であっても、最前線は激しい議論が繰り広げられる。時には誹謗中傷などもある。現に私自身もしばしば経験してきたことである。あまり語られることはないが、研究者にはこういったものをまとめて飲み下す、ハートの強さや図太さも要求される。スポーツの現場とさほど変わりはない。科学の最前線に身をおく研究者の立ち位置は、まさに「カッティング・エッジ」なのである。このような科学の裏側についても、なるべく盛り込んだ内容にしたいと考えた。研究者の間で繰り広げられた人間ドラマや、歴史に翻弄される科学の姿も読めるような本をイメージしたのである。

こんな想いから始まった私の中の小さなプロジェクトは、長い時間をかけて一冊の本として結実した。最近は、本書を高校時代に読んでこの分野を目指し、私の研究室の門を叩く大学院生まで現れた。驚くべきことである。そして今回、より多くの人と触れる文庫として版を改めることになる。今後本書から、高い志をもってこの憂うべき問題の解決を目指す骨太の若者が一人でも多く現れることを切に願っている。

最後にお礼を述べねばならない。過去六年間にわたって、多くの方々から本文中の誤りについてご指摘いただいた。岩波書店の永沼浩一氏には、今回も丹念かつ丁寧な編集作業をしていただいた。また、いつものことながら妻の奈々子には世話になりっぱなしである。そして今回解説まで執筆していただいた成毛眞氏には、発刊当初から書評サイトなどを通じて本書を広くご紹介いただいた。今回の文庫への版替えも、成毛氏の書評なくしてありえないことである。この場をお借りして深くお礼申し上げる次第である。

平成二六年一一月一八日

大河内直彦

解説

成毛眞

ノンフィクション専門の書評サイトＨＯＮＺを開始する前の二〇〇八年、たまたま書店店頭で見つけた本書を手にとった。そして強い衝撃を受けた。日本人にこのような素晴らしい、出版史に残るような科学読み物が書ける日が来るとは思わなかった。このような本こそ世の中に紹介しなければならないという義務感を感じた。それまで個人ブログを利用して簡単な書評を書いていたのだが、組織化して専門のサイトを立ち上げる覚悟を決めた。それが現在のＨＯＮＺである。素晴らしい本は、新たな挑戦を生み出す力を持っているのである。もちろん本書はＨＯＮＺに常設している「成毛眞オールタイム・ベスト10」の筆頭である。

科学読み物は伝統的にイギリス人作家が上等だ。一九世紀の大英帝国は世界中から文物と情報を集め、観察し、分類し、科学した。その結果として、彼らの末裔たるイギリスのサイエンス・ライターたちはつねに物事をグローバルに捉えるという視点をもち、テーマに沿った情報を徹底的に収集し、それを網羅的に過不足なく記述し、脚注や索引の制作に時間を割いて、後世に残る科学読み物をものにしてきたように思われる。

比較してアメリカのサイエンス・ライターは、アメリカ国内の出版市場が大きいため、国内読者だけを対象とした記述が多く、アメリカ人だけに通用するスポーツ選手などの固有名詞を使った比喩を多用し、宣伝文句につかえるセンセーショナルな記述を好み、次作のセールスに繋がるような、尻切れ感のある本を書くことが多いように思う。

いっぽうで、残念ながら日本には科学読み物を専門とするライターすらいないのが現状だ。ほとんどの科学読み物は現役の学者が編集者に懇願され、研究の合間に書いているようだ。なかには上手い書き手もいるのだが、自分の研究をわかりやすく紹介するということが中心になり、初心者に向けての啓蒙的な本が多いため、多くは新書に収まるような分量で歯ごたえがない。科学専門の下書きライターも少ないため、出版点数も英米にはるかに及ばない。

ところが例外的に本書は、ひとたび英訳されることがあれば、英米でも間違いなくベストセラーになるであろう素晴らしい科学読み物に仕上がっている稀有な本なのだ。スムーズだが起伏にとんだ章立て、文章と構成の快適なスピード感、読書家特有の語り口のうまさ、膨大だが正確な科学的知見、センセーショナリズムに陥ることのない立ち位置、過不足のない図版と丁寧な注の読み応え、巻末の用語索引と人名索引および注と図版出典一覧は、本書が日本の出版史に残るものであることの証である。

巻末の人名索引で紹介されている科学者らは六七名におよび、注だけでも五一ページ。図版出典一覧は注とは別立てで八ページもある。ちなみに本文は三九四ページである。単行本の価格は二八〇〇円と高額だったが、じつは本当にお買い得な本だったのだ。それゆえに単行本はまだ店頭で売れつづけ、版を重ねているという。その本を今回文庫化するという。著者と岩波書店の英断には読者を代表して敬意を表したい。

内容について簡単に説明しよう。本書は長期的な気候変動のメカニズムとそれを解明した科学者たちの物語である。

第1章で、まず海底堆積物について説明がある。映画「グラン・ブルー」を引き合いに出し、読者の視覚記憶に訴えることで親近感をもたせ、一気にまさに深海に引き込んでゆく手つきがじつに巧みだ。海底堆積物の採取法を説明したうえで、堆積物に含まれるプランクトンの遺骸などを調べる意味の説明はまさに導入に相応しい。

第2章では、その海底堆積物から得られる情報の一つに太古の海水温があると明かされる。実際には酸素同位体を使って測定するのだが、その歴史や理論も丹念に語られる。先駆者たちの写真を大きく掲載することで、彼らへの畏敬や感謝だけでなく、科学が研究の積み重ねで成立していることを深く理解することもできる。それだけではない。同位体を計測する質量分析器の構造から、同位体比とその表記方法まで取り扱う丁寧さには驚かされるはずだ。科学読み物を読みなれた読者であれば、この第2章までで新書一冊分の情報量があるということに気づくだろう。

第3章では、一転して巨大氷床の形成とアイソスタシー、氷床の融解と海面上昇などが取り上げられ、つづく第4章では地球の公転軌道と離心率・歳差や自転軸の首振り運動という事象をジャンプボードにして、ミランコビッチ仮説まで一気に着地する。ミランコビッチは二〇世紀初頭に生きた科学者であり、氷河時代は一〇万年周期でおこり、地球の公転軌道や自転軸の変動にともなう日射量の変動が原因であるという理論を打ち立てた。この一〇万年周期については、日本のスーパーコンピュータ「地球シミュレータ」で再現できたというもっとも新しい知見も紹介される。

この四章のごく簡単な概略を読んだだけでも、知的興奮を覚える読者は多いだろう。本書は一三章立てであるから、読者はさらに九章の物語を楽しめることになるのだ。ここですべての章の概略を書くことはやめておくが、その中から印象的な見出しを列挙してみよう。第6章「悪役登場」、第9章「もうひとつの探検」、第10章「地球最後の秘境へ」などはまさに、本書が単に研究成果をまとめた啓蒙書ではなく、小説に勝るとも劣らない起伏にとんだ読み物に仕上がっている証左だ。

ちなみに第6章は、温室効果ガスとしての二酸化炭素についてである。二酸化炭素分子には平均的な姿とそうではない姿があり、そうではない姿、すなわち振動し極性をもった場合にのみ赤外線と共鳴して、温暖化ガスとしての効果をもつということなど、まったく知らなかったばかりか、自然の不思議さに驚かされる。

「もうひとつの探検」の第9章にいたっては、冒頭から驚くばかりの事実が明かされる。なんと米ソ冷戦の真っ最中、一九五〇年代の終わり頃、グリーンランドにアメリカ軍の基地が秘密裏に建設されていたというのだ。大型トラックもすれ違うことができる巨大なトンネルが四〇〇メートル以上掘られ、その両側には軍事施設だけでなく、教会や映画館まで作られていたという。それ以上に驚くことは、その基地は地表ではなく氷床の内部に建設されたのだ。その基地が気象学にどう関係するかは読んでのお楽しみである。

第10章「地球最後の秘境へ」とはもちろん南極のことだ。一九九八年一二月ボストーク基地で長さ三六二三メートルのアイスコア、すなわち垂直に氷床を掘削することで得られる棒状の氷が採取された。氷床の底まであと一二〇メートルの深さに到達したのだが、掘削は中止された。なんとボストーク基地の真下四〇〇〇メートルのところに琵琶湖の二〇倍以上の面積を持つ巨大な湖が見つかったからなのだ。地球を研究することの壮大さが良く分かるエピソードだ。

……いけない、もう見出しの紹介でやめるつもりだったのに、つい説明してしまった。

さて、おおまかにいって、本書の構成は冒頭に導入部があり、中盤は海洋における深層水循環と循環停止のメカニズム、後半は気候変動における時間スケールの話が中心となる。そして、最終章で著者は、気候システムはヒステリシスで説明することができるため、問題を放置することは劇的で短期間の気候変動をもたらす可能性があると警告する。

ヒステリシスとは履歴効果とも呼ばれ、加える力を最初の状態のときと同じに戻しても、状態が完全には戻らないことを意味する。角が曲線になった平行四辺形のようなグラフを思い出す人も多いだろう。つまり著者は現在の気候が、ある時を境に一気に変化し、元の気候に戻ることはなくなることを憂慮しているのだ。その変化の方向は温暖化か、寒冷化か、あるいは我々の知らない未知なる気候であることも考えられる。

解説の前半では本書の読み物としての面白さを強調しすぎたかもしれない。いっぽうで、このヒステリティックな気候変動の可能性とその理論を、多くの人が知らなければならないのは自明であり、本書の真の価値だ。温暖化を防ぐためには二酸化炭素などの温室効果ガスの抑制が必要である。そのために全地球規模でのエネルギー消費の抑制が可能なのか、原子力の利用は必須なのか、などの検討については今後の課題ではなく、今日現在の課題であることが良く分かる。

本書はまた高校生や大学生も読むべき本でもある。本書は単に気候の科学を紹介した本ではない。科学者たちのさまざまな逸話を紹介しながら、科学における知識・研究の積み重ねの重要性を教えてくれるのだ。過去に世に知られていない無数の発見や失敗があったからこそ、その上にノーベル賞級の研究がなされるのだ。

アインシュタインの名言のひとつに、

過去から学び、今日のために生き、未来に対して希望をもつ。大切なことは、何も疑問を持たない状態に陥らないことである。

というものがある。まさに「太古の地球を学び、今日のために生き、未来の地球に対して希望をもつ。大切なことは、現状に疑問を持ち続けることだ」。

本書はそれゆえに、やがて地球を救う科学者たちを育てる最良のテキストである。

（なるけ　まこと、ＨＯＮＺ代表）

本書は二〇〇八年一一月、岩波書店より刊行された。

用語索引

ア 行

カ 行

サ 行

タ 行

ナ 行

ハ 行

マ 行

ヤ 行

ラ 行

人名索引

ア 行

カ 行

サ 行

タ 行

ナ 行

ハ 行

マ 行

ヤ 行

ラ 行

注

プロローグ

(1) “The Cooling World” *Newsweek*, 4月28日号, 1975.

(2) “Another Ice Age?” *Time*, 6月24日号, 1974. ここでは, 以下の記事も参考にした. Benoit G (1997) Hot and cold running alarmism. *The New American*, **13**(25), 12月8日号.

(3) Intergovernmental Panel on Climate Change. 国連環境計画(UNEP)と国連の専門機関である世界気象機関(WMO)によって, 1988年に立ち上げられた政府間の機構. 気候変動の科学的, 技術的な知見および社会的な影響を評価して, 各国の政府にアドバイスする組織である. これまで, 1990年, 1995年, 2001年, 2007年, 2013年に計5回の報告書を発表している. 2007年に発表された第4次報告書(AR4)および2013年に発表された第5次報告書(AR5)では, 日本の海洋研究開発機構, 国立環境研究所, 東京大学気候システム研究センター(当時)で共同開発された気候モデルが広く用いられた. 松野太郎 (2007) 地球温暖化と気候変化の予測〜IPCC第4次報告〜. *Japan Geoscience Letters*, **3**(2), 1-3. 周知のとおり, IPCCはアメリカのアル・ゴア元副大統領とともに, 2007年のノーベル平和賞を受賞した.

(4) IPCCの報告書は, http://www.ipcc.ch/ から誰でもアクセスできる. それに引用されている古気候記録が, ヨーロッパなど一部の地域だけから求めた偏った結果だと考える人もいるようだ. 確かにデータは地球の偏った地域からもたらされている. しかし, 原論文を読めば明らかだが, ヨーロッパなどデータが

豊富な一部の地域の気候に左右されないように，非常に注意深い手続きがとられている．

(5)　Broecker WS (1975) Climate change: Are we on the brink of a pronounced global warming? *Science*, **189**, 460–464.

第1章　海をめざせ！

(1)　世界最深の海淵．北緯11度22分，東経142度20–30分付近にある．もともとこの海淵は，1951年にイギリスの「チャレンジャー8世号」によって発見され，その名がつけられた．そしてその6年後には，ソ連(現ロシア)の「ビチャーシ号」によって，さらに深い11000メートルを超えるところが報告された．しかし，この11000メートルを超えるところはその後発見されず，現在公式に認定されているチャレンジャー海淵の最深部の水深は，日本の海上保安庁の「拓洋」とアメリカの「トーマス・ワシントン号」の測量結果をもとに10920メートルとされている．

(2)　最近の研究によると，非常にわずかな光がそこに到達することが知られている．そのため，水深が200メートルから1000メートルの部分を，「トワイライトゾーン」と呼ぶこともある．

(3)　1988年に公開されたフランス映画．素潜り世界一を競うジャックとエンゾという二人と，その恋人との人間模様を描いた作品．実在のダイバーで，当時素潜り世界最深記録をもっていたジャック・マイヨール(1927–2001)がモデルになっている．マイヨールは，少年時代に佐賀県の唐津に住み，そこで素潜りを覚えたという．

(4)　堆積物の表層は，海底に生息している生物によって引っかき回されることが多く，その記録は多くの場合，5–10センチ

メートルが平均化されたものになっている．この平均化されることを，生物(bio)と攪乱(perturbation)を合わせて「バイオターベーション(bioturbation)」と呼ぶ．

(5) 日本では，海洋研究開発機構(www.jamstec.go.jp)や東京大学大気海洋研究所(www.aori.u-tokyo.ac.jp)などで，このような研究が行なわれている．

(6) 1944年12月7日，現在の愛知県沖を震源とするマグニチュード7.9の「東南海道地震」が起き，その2年後の1946年12月21日には，紀伊半島沖を震源とするマグニチュード8.0の「南海道地震」が起きた．両地震とも南海トラフにおけるプレートの沈み込みにともなうもので，巨大な津波が四国や本州の沿岸部を襲い，死者はいずれも1000名を超えた．歴史的にみても，この2つの地震はほぼ同期してくり返してきたため，両者の地震発生メカニズムには関連性があると考えられている．その地震発生メカニズムの解明のために，2007年以降，ちきゅう号は紀伊半島沖の熊野灘で掘削を行なっている．また2012年には，2011年3月11日に起きた東日本大震災を引き起こした大地震の震源断層を掘り抜くことにも成功した．

第2章　暗号の解読

(1) 質量数2の水素のこと．天然に存在する水素原子の99.984パーセントは，陽子1個と電子1個から成り立っている．しかし，残りの0.016パーセントは，陽子1個，中性子1個，電子1個からなる質量数2の「重水素」である．この重水素はデューテリウム(Deuterium)とも呼ばれ，その頭文字Dで表されることも多い．これに対して，^{1}Hはプロチウム(Protium)と呼ばれることもある．

(2) Paul Niggli (1888–1953)：元スイス連邦工科大学教授．エ

ックス線を用いて各種鉱物の結晶の形態や構造の解析を行ない，結晶鉱物学の基礎を確立した．

(3)　Urey H (1947) The thermodynamic properties of isotopic substances. *Journal of Chemical Society*, 1947, 562–581.

(4)　Emiliani C (1982) A new global geology. In *The Oceanic Lithosphere, The Sea Vol. 7*, C Emiliani ed., John Wiley & Sons, pp. 1687–1728. 1982年に出版されたこの論文集の編集者としてエミリアーニが著したエッセイ．エミリアーニがユーリーのグループで有孔虫の酸素同位体比を測定しはじめた経緯や，当時の研究室の雰囲気などが回顧的に述べられている．ここで述べた内容は，主としてこの文献を参考にしている．さらに，1998年12月に行なわれた，以下のハーモン・クレイグへのインタビューも参考にした．Sturchio N (1999) A conversation with Harmon Craig. *The Geochemical News*, **98**, 13–21.

(5)　エミリアーニは研究テーマが決まると，まずカリフォルニア州サンペドロを訪れた．そして，そこに露出している「ロミタ大理石」と呼ばれている第四紀の石灰岩(炭酸カルシウムでできている岩石)を採取し，その中に含まれる有孔虫の酸素同位体比を測定して，氷期と間氷期の水温差がおよそ7℃であることを見出した．この結果は，Emiliani C, Epstein S (1953) Temperature variations in the lower Pleistocene of Southern California. *Journal of Geology*, **61**, 171–181. として発表されている．残念なことに，この研究で用いられた堆積物の正確な年代が不明であったため，現在ではあまり顧みられることはない．しかし，エミリアーニがその後，海底コアの分析へと進んでいくための重要なステップになった．

(6)　Samuel Epstein (1919–2001)：ポーランド生まれの同位体地球化学者．元カリフォルニア工科大学教授．1947年から

1952年まで6年間にわたって，シカゴ大学のハロルド・ユーリーの研究室で助手を務め，酸素同位体温度計の確立に貢献する．その後，ハリソン・ブラウン(6章の注8)に誘われてカリフォルニア工科大学に移った．酸素，炭素，水素といった軽元素の安定同位体組成を武器にして，地球環境や生物に関する応用研究を行なった．

(7) McCrea JM (1950) On the isotopic chemistry of carbonates and a paleotemperature scale. *Journal of Chemical Physics*, **18**, 849-857. Epstein S, Buchsbaum R, Lowenstam HA, Urey HC (1953) Revised carbonate-water isotopic temperature scale. *Bulletin of the Geological Society of America*, **64**, 1315-1326. さらに，酸素同位体温度計については，以下の解説や教科書にくわしい説明がある．堀部純男，大場忠道 (1972) アラレ石水および方解石-水系の温度スケール．*化石*，**23**，69-79．酒井均，松久幸敬 (1996) 安定同位体地球化学．東京大学出版会．

(8) ポストドクトラル・フェロー(Post-doctoral fellow)，あるいはそれを略して「ポスドク」とも呼ぶ．学位(博士号)を取得した後，助教や准教授あるいは研究員として採用される前の数年間，多くの研究者はこのポスドクと呼ばれる立場になり，正式な就職口を探す．欧米の場合，その給与は研究室の教授の研究費から支払われ，その見返りとして研究室が遂行している研究の一部を分担する．日本の場合は，日本学術振興会がその申請から採用にいたるまでのプロセスと，給与の負担を一括して請け負っている場合が多い．

(9) 左手の親指を上向き，人差し指を正面向き，中指を右向きにしたとき，中指が電流の流れの方向，人差し指が磁場の方向，そして親指が電磁力の働く方向になるという法則．イギリスの

電気工学者であったジョン・フレミング（John A. Fleming: 1849–1945）が，学生に教えるために考案した暗記法である．

(10)　McKinney CR, McCrea JM, Epstein S, Allen HA, Urey HC (1950) Improvements in mass spectrometers for the measurement of small differences in isotope abundance ratios. *Review of Scientific Instruments*, **21**, 724–730.

(11)　エミリアーニがこの研究で用いた12本のコアのうち8本はヨーテボリ大学から，残りの4本はコロンビア大学ラモント・ドハティ地質学研究所から分けてもらったものである．

(12)　酸素は水素より電気陰性度が大きいため，酸素と水素が共有している電子の分布の重心は両原子の中間にはなく，より酸素原子側に引き寄せられている．6章の注1も参照のこと．

(13)　Majoube M (1971) Fractionnement en oxygène-18 et en deuterium entre l'eau et sa vapeur. *Journal de Chimie Physique*, **10**, 1423–1436. Kakiuchi M, Matsuo S (1979) Direct measurements of D/H and $^{18}O/^{16}O$ fractionation factors between vapor and liquid water in the temperature range from 10 to 40℃. *Geochemical Journal*, **13**, 307–311.

(14)　Emiliani C (1955) Pleistocene temperatures. *Journal of Geology*, **63**, 538–578.

(15)　Sir Ernest Henry Shackleton (1874–1922)：アイルランド生まれの南極探検家．最初はスコット隊に参加した．その後，シャックルトンが隊長を務めたエンデュアランス号による南極探検（1914–1916）は熾烈を極めた．1年半にわたる氷上でのキャンプや小型ボートでの漂流の後，全員奇跡的に生還した．その後に行なわれた4回目の南極探検中に心臓発作により死去．墓は，南大西洋のサウスジョージア島（英領）にあり，南極に向いて建てられている．シャックルトン自身が著した『エンデュ

アランス号漂流記』(木村義昌・谷口善也訳，中公文庫)や，アルフレッド・ランシング著『エンデュアランス号漂流』(山本光伸訳，新潮文庫)に，その緊迫した航海の様子が描かれている．

(16) Shackleton NJ (2005) 旭硝子財団ブループラネット賞受賞記念講演抄録.

(17) Shackleton NJ (1965) The high-precision isotopic analysis of oxygen and carbon in carbon dioxide. *Journal of Scientific Instruments*, **42**, 689–692.

(18) Nomaki H, Ogawa NO, Kitazato H, Ohkouchi N (2008) Benthic foraminifera as trophic links between phytodetritus and benthic metazoans: carbon and nitrogen isotopic evidence. *Marine Ecology Progress Series*, **357**, 153–164.

(19) じつはエミリアーニ自身も底生有孔虫殻の酸素同位体比を測定し，Emiliani(1955)で報告している．しかし，測定数が少なかったため，シャックルトンが見出したトレンドを不運にも見過ごしてしまった．

(20) Shackleton NJ (1967) Oxygen isotope analyses and Pleistocene temperatures re-assessed. *Nature*, **215**, 15–17.

(21) 現在，海底堆積物中に含まれている間隙水(最終氷期の深層水の化石)の酸素同位体比などの証拠をもとに，氷期と間氷期の酸素同位体比の差は，1.0–1.1 パーミル程度だったと推定されている．Schrag D, Adkins JF, McIntyre K, Alexander JL, Hodell DA, Charles CD, McManus JF (2002) The oxygen isotopic composition of seawater during the Last Glacial Maximum. *Quaternary Science Reviews*, **21**, 331–342. もし，これが正しいとすると，氷河時代の深層水は，ほぼ結氷温度(マイナス 1.9℃)まで低下していたことになる．

(22) 海洋における生物の分布は，水温や塩分といった環境因子

に強く支配されている．ブラウン大学のインブリーとキップは，多変量解析という数学的手法を堆積物中に含まれる有孔虫などの微化石群集に応用することにより，微化石の群集組成から水温を推定する「変換関数」を求めるという手法を開発した．Imbrie J, Kipp N (1971) A new paleontological method for quantitative paleoclimatology: application to a late Pleistocene Caribbean core. In *The Cenozoic Glacial Ages*, KK Turekian ed., Yale University Press, pp. 71-181. この研究は，その後「クライマップ計画」と呼ばれる，第四紀の気候変動を研究する大型研究プロジェクトに発展し，世界各国から研究員を動員して膨大な数の深海底コアの解析が行なわれた．このプロジェクトには，シャックルトンをはじめ，日本人としては東北大学名誉教授の斎藤常正や，北海道大学名誉教授の岡田尚武も含まれていた．その最初の成果は，以下の論文として発表された．CLIMAP Project Members (1976) The surface of ice age Earth. *Science*, **191**, 1131-1144. それによると，最終氷期の表層水温の低下が大きいのはおもに高緯度で，とくに北部北大西洋域に顕著である．それに対して，低緯度域では水温はあまり低下していない．カリブ海でも，氷期と間氷期の表層水温の差は，夏冬ともにわずかに2℃ 程度でしかない．この成果によって，シャックルトンとエミリアーニの論争は，シャックルトンに軍配が上がって決着をみる．氷期-間氷期間の酸素同位体比の変動は，その大部分が氷床量の変動に起因していたのである（2章の注21も参照）．こういった研究の経緯や成果に関しては，以下の論文がくわしい．斎藤常正(1977) 大西洋地域の第四紀気候 ── CLIMAP 計画の成果を中心にして．*科学*，**47**，592-601．岡田尚武 (1977) 氷河時代の環境復元 ── CLIMAP 計画．*科学*，**47**，602-606.

(23) Emiliani C, Ericson DB (1991) The glacial/interglacial temperature range of the surface water of the oceans at low latitudes. In *Stable Isotope Geochemistry: A Tribute to Samuel Epstein*, HP Taylors Jr, JR O'Neil, IR Kaplan eds., The Geochemical Society, Special Publication No. 3, pp. 223–228.

(24) 1990年代半ばに，氷期の熱帯域における水温は，エミリアーニの言うように，やはり大きく低下していたという結果が報告された．たとえば，Guilderson TP, Fairbanks RG, Rubenstone JL (1994) Tropical temperature variations since 20,000 years ago: Modulating interhemispheric climate change. *Science*, **263**, 663–665. それに対して，筆者らのグループはアルケノンという有機分子を用いて古水温を復元し，クライマップを支持する結果を得ている．Ohkouchi N, Kawamura K, Nakamura T, Taira A (1994) Small changes in the sea surface temperature during the last 20,000 years: Molecular evidence from the western tropical Pacific. *Geophysical Research Letters*, **20**, 2207–2210. その後，Guildersonらの水温の復元方法自体に問題があることが明らかになり，その結果は基本的に棄却されている．以下の報告に当時の学界の様子が記されている．Anderson DM, Webb RS (1995) Ice-age tropics revisited. *Nature*, **367**, 23–24.

第3章　失われた巨大氷床を求めて

(1) 上部マントルの粘性係数は10^{20}–10^{21}パスカル・秒と推定されている．たとえば，Nakada M, Lambeck K (1988) The melting history of the late Pleistocene Antarctic ice sheet. *Nature*, **333**, 36–40.

(2) 一般にそのように言われているが，じつはあまり厳密な表

現ではない．冷たい深海に好んで生息し，小規模な礁をつくる深海サンゴと呼ばれるものもある．

（3）　バルバドス島は，島の東側から南アメリカ・プレートが，バルバドス島の乗ったカリブ海プレートの下に沈み込んでいるため，日本のように地震の多い国である．バルバドス島はしばしば巨大地震に襲われ，そのたびに島全体が隆起するということをくり返してきた．海岸から段々畑のようにつらなっている海岸段丘は，サンゴ礁の化石からできていて，かつてそこが海面下にあったことを物語っている．

（4）　Fairbanks RG（1989）A 17,000-year glacio-eustatic sea level record: influence of glacial melting dates on the Younger Dryas event and deep ocean circulation. *Nature*, **342**, 637–642.

（5）　Yokoyama Y, Lambeck K, DeDeckker P, Johnston P, Fifield LK（2000）Timing of the Last Glacial Maximum from observed sea-level minima. *Nature*, **406**, 713–716.

（6）　大陸の縁辺域に見られ，水深が約200メートルより浅い遠浅の海域のこと．大陸棚は，突然急斜面になり深海底へと落ち込んでいることが多い．大陸棚の縁辺部の水深は，多くの場合100メートルから200メートルの間にあり，この深さが，氷河期に海面が低下した水深をおおざっぱに示していると考えられてきた．

（7）　Lambeck K, Chappell J（2001）Sea level change through the last glacial cycle. *Science*, **292**, 679–685.

（8）　この時代のことを最終氷期最寒期といい，専門家の間ではしばしば，LGM(Last Glacial Maximum)と省略されて呼ばれる．

（9）　Weaver AJ, Saenko O, Clark PU, Mitrovica JX（2003）Meltwater pulse 1A from Antarctica as a trigger of the

Bølling-Allerød warm interval. *Science*, **299**, 1709-1713.
(10) Ryan WBF, Pitman WC (1998) *Noah's Flood: The New Scientific Discoveries about the Event that Changed History.* Simon & Schuster, New York.『ノアの洪水』川上紳一監修, 戸田裕之訳, 集英社.
(11) 最終氷期最寒期の海水準が低かった時期以降に堆積した地層のことを沖積層と呼ぶ。海面が上昇している時期, およびその直後の堆積物なので, 現在の関東平野や大阪平野など大きな河川の周囲の低地は, ほとんどがこの沖積層によって形成されている. 新しい地層のためまだ多くの水を含んでおり, 地下水が豊富である一方, 地震の際に液状化を起こしやすいなどの欠点がある.

第 4 章　周期変動の謎

(1) 地球内部にはわずかではあるが, ウランなどの核種が崩壊することによる熱源がある. しかし, 地球表層におけるその量は, 平均すると太陽エネルギーのおよそ 1/20000 という小さい値なので, 詳細な議論をするときを除けば, 地球表層のエネルギーは太陽から与えられていると近似できる.
(2) 楕円の中心を原点(0, 0)に置き, 長い方(長軸)の半径を a, 短い方(短軸)の半径を b とすると, 楕円を表す一般的な数式は, $x^2/a^2+y^2/b^2=1$ である.
(3) 楕円の長軸上には「焦点」と呼ばれる点が 2 つ存在する. いま楕円上を移動する点 P を考えると, 焦点(F_1, F_2)とは, P が楕円上を 1 周する間, PF_1+PF_2 の長さが一定($=2a$)という条件を満たしている点である. それらは座標上では, $(-(a^2-b^2)^{1/2}, 0)$ と $((a^2-b^2)^{1/2}, 0)$ に位置する. 焦点は, 楕円を描くときに役に立つ. 3 本の鉛筆と 1 枚の紙, それから両端を結んで輪

にした 1 本のヒモを用意しよう．紙の上に 2 本の鉛筆を少し間隔をあけて立て，ヒモの輪をその先端にからめて固定し，引っ張りながら 3 本目の鉛筆の軌跡をトレースしてみよう．その鉛筆が描く軌道が楕円形であり，ちょうど地球の公転軌道にあたる．固定された 2 本の鉛筆が焦点で，太陽の位置はそのいずれかにあたる(左右対称な図形なので，どちらの鉛筆の位置であってもよい)．

(4)　公転軌道の平均半径は 1/(1－[離心率]^2)，すなわち，「長径／短径」の 2 乗に比例する．

(5)　わたしたちが現在用いている暦は，グレゴリオ暦と呼ばれるもので，太陽が公転軌道を周回するのに必要な時間を基本とした暦である．16 世紀後半にローマ教皇グレゴリウス 13 世が，当時用いられていたユリウス暦のずれを修正するように命じたもの．以下の文献は，こういった歴史的経緯や「時」の考え方など，時間に関する多様な話題について科学的な視点から論じた良書．Steel D (2000) *Marking Time: The Epic Quest to Invent the Perfect Calendar*. Wiley.

(6)　Berger A, Loutre MF (1991) Insolation values for the climate of the last 10 million years. *Quaternary Science Reviews*, **10**, 297–317.

(7)　ミランコビッチ自身も，第一次大戦が始まった 1914 年にオーストリア・ハンガリー軍によって捕らえられ，一時期投獄されている．

(8)　Milankovitch M (1920) *Théorie Mathématique des Phénomènes Thermiques produits par la Radiation Solaire* (*Mathematical theory of thermal phenomena caused by solar radiation*). Gauthier-Villars, Paris.

(9)　Milankovitch M (1941) *Kanon der Erdbestrahlung und*

seine Anwendung auf das Eiszeitenproblem（*Canon of Insolation and the Ice Age Problem*）. Belgrade. Translated by Israel Program for Scientific Translations, Jerusalem, 1969.

(10) ミランコビッチ理論に関しては，以下の文献にまとめられている．Berger A (1988) Milankovitch theory and climate. *Reviews of Geophysics*, **26**, 624–657. 日本語で書かれたわかりやすい解説が，以下の2つの文献にある．増田耕一 (1993) 氷期・間氷期サイクルと地球の軌道要素．*気象研究ノート*，**177**, 223–248. 増田耕一，阿部彩子 (1996) 第四紀の気候変動．岩波講座「地球惑星科学」11 巻『気候変動論』，pp. 103–156.

(11) James Croll (1821–1890)：スコットランドの気候学者．地球の公転軌道や自転軸の時間的変動について，初めてくわしい計算を行ない，ミランコビッチ理論の下地を作った．

(12) Urbain J. J. Le Verrier (1811–1877)：フランスの数学者．海王星の存在を計算によって予言したことでも知られる．

(13) 氷河時代に対する人々の考え方の歴史，ミランコビッチやその先人であるクロールの研究成果と生き様などは，ジョン・インブリーとその娘キャサリン・インブリーによる以下の本にくわしく記されている．Imbrie J, Imbrie KP (1979) *Ice Ages, Solving the Mystery*. Enslow Publishers.『氷河時代の謎をとく』小泉格訳，岩波書店．古い本になってしまったが，気候変動の研究を志す人には，ぜひ一読をお勧めする．

(14) 20 世紀初頭に，ドイツのアルブレヒト・ペンクとエドゥアルド・ブルックナーは，スイスアルプスにおけるモレーンなど，氷河堆積物の分布と編年の研究を以下の本に集大成し，かつてギュンツ，ミンデル，リス，ウルムと呼ばれる4回の氷期があったことを提案した．Penck A, Bruckner E (1909) *Die Alpen im Eiszeitalter*. Leipzig. これらの氷期の名前は，氷期

の証拠が見つかった谷の名前に由来しており，古いものからアルファベット順に名前が割り振られている．一方，アメリカでは，独自の地質学的な証拠から，20世紀の初めごろまでには，かつて5回の氷期があったことが提唱されていた．ヨーロッパの4つの氷期に対応するものは，それぞれネブラスカ氷期，カンザス氷期，イリノイ氷期，ウィスコンシン氷期と呼ばれる．

(15)　Oerlemans J (1991) The role of ice sheets in the Pleistocene climate. *Norsk Geologisk Tidsskrift*, **71**, 155–161.

(16)　Wladimir P. Köppen (1846–1940)：ロシア生まれで，後にドイツ・オーストリアに移住した地理学者・気候学者．有名なケッペンの気候(植生)区分は，ケッペンがライプツィヒ大学で行なった学位論文の研究(1870年)を基礎として考案され，1923年に発表されたものである．

(17)　Alfred L. Wegener (1880–1930)：ドイツの気象学者・地球物理学者．1915年に出版した『大陸と海洋の起源』(都城秋穂・紫藤文子訳，岩波文庫)で，大陸移動説を唱えたことで広く知られている．当時は異端論であったが，この考えは後にプレートテクトニクス理論へと受け継がれていく．ケッペンは義理の父に当たる．気象学者としても有能で，気球を使った気象観測はウェゲナーが始めたものである．1930年にグリーンランドで遭難．その科学者としての人生は，以下の著書に記されている．Dudman C (2004) *One Day The Ice Reveal All Its Dead*. Penguin USA.

(18)　Köppen WP, Wegener AL (1924) *Die Klimate der Geologischen Vorzeit* (*The climates of the geological past*). Berlin.

(19)　よく知られているように，コンパスはN極が北を向き，S極が南を向く．すなわち，「地球という磁石」は北がS極，南がN極である．この地球磁場は地質時代を通して何度も反転

したことが知られている．フランスのベルナルド・ブリュンヌは，1906年に地磁気が反転することを初めて明らかにした．さらに1929年には京都大学の松山基範が，独自に地球の磁気の逆転があったことを見出し，「学士院紀要」に発表している．松山は1958年に74歳で亡くなるが，その頃から各地で古地磁気測定が盛んになり，ブリュンヌや松山が提唱した説が認められる．現在，松山基範の名前は「Matuyama逆磁極期」という260万年前から78万年前にいたる，地球の北極側がN極で南極側がS極であった時代を指す名称として残っている．また，このMatuyama逆磁極期が終わった78万年前以降は，現在と同じ方向をもつ磁極期になり，「ブリュンヌ正磁極期」と呼ばれている．そして，両者の境は「ブリュンヌ–松山境界」という名で呼ばれ，第四紀の時間スケールを決めるのに重要な時間面(78万年前)として現在でも重用されている．

(20)　気候を周期的に変動させた原因として，太陽活動の変動，太陽と地球の間にある星間物質の変動，大気中の火山物質の濃度変化，地磁気の変動，大気中の二酸化炭素濃度の変化，海洋の深層水循環の変化などが提案された．

(21)　Richard F. Flint (1902–1976)：元イェール大学教授．第四紀地質学者．ロッキー山脈や南米など各地に残されている氷河時代の地質記録を研究した．また，放射性炭素年代測定に当初から興味をもち，その手法を氷河の編年などに応用した最初の地質学者でもある．1971年に研究を集大成した *Glacial and Quaternary Geology* (John Wiley & Sons)を著した．同じ年に出版された，フリントの退職を祝って開かれたシンポジウムの出版物 *The Cenozoic Glacial Ages* (KK Turekian ed., Yale University Press)は，引用度の高い論文を数多く掲載している．

(22)　とはいえ，一部の研究者はミランコビッチ理論を支持して

いた．以下の研究は，いずれも堆積年代の推定誤差，データ密度の低さ，記録の短さなどの問題をはらんでいたため，決定打とはならなかったものの，その後のミランコビッチ理論の復権の土台を作っている．Broecker WS, Thurber DL, Goddard J, Ku T, Matthews RK, Mesolella KJ（1968）Milankovitch hypothesis supported by precise dating of coral reefs and deep-sea sediments. *Science*, **159**, 1-4. Mesolella KJ, Matthews RK, Broecker WS, Thurber DL（1969）The astronomical theory of climatic change: Barbados data. *Journal of Geology*, **77**, 250-274. Broecker WS, van Donk J（1970）Insolation changes, ice volumes, and the O^{18} record in deep-sea cores. *Reviews of Geophysics and Space Physics*, **8**, 169-198. Chappell J（1973）Astronomical theory of climatic change: status and problem. *Quaternary Research*, **3**, 221-236.

(23) Hays JD, Imbrie J, Shackleton NJ（1976）Variation in the Earth's orbit: pacemaker of the ice ages. *Science*, **194**, 1121-1132.

(24) Imbrie J（1985）A theoretical framework for the Pleistocene ice ages. *Journal of Geological Society of London*, **141**, 417-432.

(25) 時系列の関数を周波数の関数に変換する数学的操作は，フーリエ変換と呼ばれる．

(26) Imbrie J, Hays JD, Martinson DG, McIntyre A, Mix AC, Morley JJ, Pisias NG, Prell WL, Shackleton NJ（1984）The orbital theory of Pleistocene climate: support from a revised chronology of the marine ^{18}O record. In *Milankovitch and Climate*, A Berger, J Imbrie, J Hays, G Kukla, B Saltzman eds., Reidel, pp. 269-306. この論文をさらに発展させたのが次の論

文. Martinson DG, Pisias NG, Hays JD, Imbrie J, Moore TC, Shackleton NJ (1987) Age dating and the orbital theory of the ice ages: Development of a high-resolution 0 to 300,000-year chronostratigraphy. *Quaternary Research*, **27**, 1–29.

(27) Henderson GM, Slowey NC (2000) Evidence from U-Th dating against Northern Hemisphere forcing of the penultimate deglaciation. *Nature*, **404**, 61–66. Slowey NC, Henderson GM, Curry WB (1996) Direct U-Th dating of marine sediments from the two most recent interglacial periods. *Nature*, **383**, 242–244.

(28) Winograd IJ, Coplen TB, Landwehr JM, Riggs AC, Ludwig KR, Szabo BJ, Kolesar PT, Revesz KM (1992) Continuous 500,000-year climate record from vein calcite in Devils Hole, Nevada. *Science*, **258**, 255–260.

(29) Kawamura K, Parrenin F, Lisiecki L, Uemura R, Vimeux F, Severinghaus JP, Hutterli MA, Nakazawa T, Aoki S, Jouzel J, Raymo ME, Matsumoto K, Nakata H, Motoyama H, Fujita S, Goto-Azuma K, Fujii Y, Watanabe O (2007) Northern Hemisphere forcing of climatic cycles in Ant-arctica over the past 360,000 years. *Nature*, **448**, 912–917.

(30) Imbrie J, Imbrie JZ (1980) Modeling the climatic response to orbital variations. *Science*, **207**, 943–953.

(31) Abe-Ouchi A (1993) Ice sheet response to climatic changes: a modeling approach. *Zürcher Geographische Schriften*, No. 54, 134 p.

(32) Shackleton NJ (2000) The 100,000-year ice-age cycle identified and found to lag temperature, carbon dioxide, and orbital eccentricity. *Science*, **289**, 1897–1902.

(33)　Huybers P, Wunsch C (2005) Obliquity pacing of the late Pleistocene glacial terminations. *Nature*, **434**, 491-494.

(34)　海洋研究開発機構に設置されたスーパー・コンピューター．2002年の運用開始から2004年秋まで，世界最速を誇った．2007年に発表されたIPCCの第4次報告書においては，地球温暖化のシミュレーションに大きく貢献した．

(35)　Abe-Ouchi A, Segawa T, Saito F (2007) Climatic conditions for modeling the Northern Hemisphere ice sheets throughout the ice age cycle. *Climate of the Past*, **3**, 423-438.

第5章　気候の成り立ち

(1)　人間の目に見える電磁波の波長は，少々個人差はあるものの，400-800ナノメートル（$\times 10^{-9}$メートル）である．

(2)　理論的にすべての物質が凍りつき，分子振動もなくなる温度を基準（0度）とした温度目盛りのこと．単位はケルビン（K）．0ケルビンはマイナス273.15℃にあたり，逆に0℃はプラス273.15ケルビンにあたる．

(3)　オーストリアの物理学者ヨーゼフ・シュテファン（Josef Stefan: 1835-1893）とその弟子のルートビッヒ・ボルツマン（Ludwig E. Boltzmann: 1844-1906）による黒体の放射エネルギーに関する理論．黒体とは熱的な理想物体のことで，この黒体が放射する電磁波エネルギーの大きさはその絶対温度の4乗に比例する．

(4)　熱的な理想物体である黒体の放射は，最大エネルギー波長が黒体の表面温度と反比例する．この法則は，ドイツの物理学者ウィルヘルム・ウィーン（Wilhelm Wien: 1864-1928）によって見出され，ウィーンの変位則と呼ばれる．

(5)　以下の文献は，地球表面のエネルギーバランスについて，

よりくわしく解説している．阿部彩子，増田耕一（1993）氷床と気候感度：モデルによる研究のレビュー．*気象研究ノート*，**177**，183–222．余田成男（1996）気候および気候変動の数理モデル．岩波講座「地球惑星科学」11巻『気候変動論』，pp. 221–266．田近英一（1996）気候システム．岩波講座「地球惑星科学」2巻『地球システム科学』，pp. 99–143.

第6章　悪役登場

(1)　2つの原子によって共有されている電子が，片側の原子により強く引き寄せられる現象は，電気陰性度の違いによって説明される．酸素やフッ素などはこの電気陰性度が大きく(電子を引き寄せる力が強く)，炭素や水素は比較的小さい．

(2)　Manabe S, Wetherald RT (1967) Thermal equilibrium of the atmosphere with a given distribution of relative humidity. *Journal of the Atmospheric Sciences*, **24**, 241–259. 二酸化炭素が吸収する15マイクロメートル付近の波長をもつ赤外線は，大気中にすでに含まれている二酸化炭素や水蒸気によって，その多くがすでに吸収されている．このことから，二酸化炭素が今後増加したとしても，大気の赤外線吸収効果は変わらないのではないかという議論が，かつてあった．このことに関する理論と議論の経緯は，以下の文献にくわしく述べられている．田近英一（1996）気候システム．岩波講座「地球惑星科学」2巻『地球システム科学』，pp. 99–143. Weart SR (2003) *The Discovery of Global Warming*. Harvard University Press.『温暖化の〈発見〉とは何か』増田耕一・熊井ひろ美訳，みすず書房.

(3)　Arrhenius S (1903) The propagation of life in space. *Die Umschau*, **7**, 481–485. 後にこの考えは，イギリスの天文学者フレッド・ホイルや，DNAを構造決定した分子生物学者のフ

ランシス・クリックらに受け継がれていく．しかし，現時点で，多くの研究者の支持を受けているとは言い難い．

(4)　Arrhenius S (1896) On the influence of carbonic acid in the air upon the temperature of the ground. *Philosophical Magazine and Journal of Science*, **41**, 237–276.

(5)　アレニウスは論文中で，大気中の二酸化炭素が氷河時代を引き起こした原因であることを主張するとともに，ジェームズ・クロールによる天文学的な要素が氷河時代の原因だという仮説(後のミランコビッチ理論)を否定し，批判している．

(6)　Jean-Baptiste-Joseph Fourier (1768–1830)：フーリエ解析の確立など，数多くの業績を挙げたフランスの物理学者・数学者．1827年に，地球の大気は太陽放射に対しては透明だが，地表面からの放射には不透明という「温室効果」の基本概念を初めて指摘した．温室効果と命名したのも，このフーリエである．

(7)　John Tyndall (1820–1893)：アイルランドの物理学者．音響や光に関する多くの研究を行なった．粒子が多量に含まれる流体に光を当てると，その光が散乱されて光の流路が見える，いわゆる「チンダル現象」を発見したことで知られる．また，以下の著書の中で，大気中の水分子や二酸化炭素分子が温室効果ガスとして働くことを指摘した．Tyndall (1865) *Heat: A Mode of Motion*. 2nd ed., Longman.

(8)　Harrison Brown (1917–1986)：アメリカの地球化学者・社会科学者．元カリフォルニア工科大学教授．第二次大戦中には，マンハッタン計画に参加し，プルトニウムの抽出を行なった．戦後は反核運動に参加し，自然科学だけでなく社会科学に関する数多くの本の編者として社会的な活動を行なった．

(9)　二酸化炭素などの気体分子は，それぞれ固有の波長域の赤

外線を吸収する．この吸収強度が濃度に対応することを利用した測定方法．

(10) Slocum G (1955) Has the amount of carbon dioxide in the atmosphere changed significantly since the beginning of the twentieth century? *Monthly Weather Review*, **83**, 225-231.

(11) 1955年2月20日に，スカンジナビア半島で一斉に行なわれた測定では，大気中の二酸化炭素濃度は310 ppmから360 ppm以上まで，地理的に大きく変動するという分析結果が報告されている．Fonselius S, Koroleff F, Warme KE (1956) Carbon dioxide variations in the atmosphere. *Tellus*, **8**, 176-183. こういった結果をもとに，大気中の二酸化炭素濃度は気塊によって大きく変わるものと考えられていた．

(12) 国際地球物理学年(International Geophysical Year)は，国際極年(International Polar Year)として1882年に第1回，1932年に第2回が実施されている．その当初の目的は，当時未知の大陸であった南極大陸を調査することであった．これを拡大する形で25年後の1957年に実施されたのが，この国際地球物理学年である．1957年7月から翌年12月までの期間，太陽の磁場が地球に与える影響をはじめ，地球や大気・海洋に関する多くの観測が開始された．グリーンランドではサイト・ツーにおける氷床掘削(9章参照)，南極のボストーク基地の建設(10章参照)，ハワイ，マウナロア山頂における大気中の二酸化炭素濃度の測定なども，この予算を用いて始められた．日本もIGYに参加し，1957年1月に昭和基地を建設した．そのちょうど50年後の2007年も国際極年として実施された．Korsmo FL (2007) The genesis of the International Geophysical Year. *Physics Today*, July, 38-43.

(13) Keeling CD (1960) The concentration and isotopic abun-

dance of carbon dioxide in the atmosphere. *Tellus*, **12**, 200–203.「ppm」とは，相対濃度の単位で100万分の1のこと．すなわち，314 ppmは0.0314パーセントのことである．二酸化炭素のような気体の場合，体積比であることが多く，「ppmv」とも記される（vはvolumeの意味）．

（14）Hans E. Suess（1909–1993）：オーストリア・ウィーン生まれの化学者．ウィーン大学化学科で重水の実験的研究により学位を取った後，ナチスドイツの原子爆弾製造計画に参加する．戦後アメリカへ移住し，シカゴ大学のハロルド・ユーリーの下で研究員，スクリップス海洋研究所研究員などを経て，カリフォルニア大学サンディエゴ校教授．放射性炭素やトリチウムを用いた海洋化学の先駆者の一人である．放射性炭素年代の暦年代への較正など，広い分野で先駆的な研究を行なった．

（15）石油や石炭などの化石燃料の燃焼は，大気中に^{14}Cを含まない二酸化炭素を放出する．そのため大気中の^{14}C濃度が20世紀前半に徐々に減少してきたことが，ハンス・スースによって明らかにされた．大気中の^{14}C濃度が19世紀から20世紀前半にかけて減少したこの現象を，スース効果と呼ぶ．

（16）Revelle R, Suess H（1957）Carbon dioxide exchange between atmosphere and ocean, and the question of an increase of atmospheric CO_2 during the past decades. *Tellus*, **9**, 18–27.

（17）田中正之（1990）二酸化炭素濃度の変動．『地球環境の危機——研究の現状と課題』内嶋善兵衛編，岩波書店，pp. 3–10.

（18）地球温暖化現象の研究の歴史を知りたい人は，以下の2つの文献が参考になる．Weart SR（1997）Global warming, Cold War, and the evolution of research plans. *Historical Studies in the Physical and Biological Sciences*, **27**, 319–356. Weart SR（2003）*The Discovery of Global Warming*. Harvard Universi-

ty Press(『温暖化の〈発見〉とは何か』増田耕一・熊井ひろ美訳，みすず書房)．以下のウェブサイトには，さらに豊富な情報がある．http://www.aip.org/history/climate/index.html.

第7章　放射性炭素の光と影

(1)　1939年10月にアルバート・アインシュタインのサイン入りの手紙が，当時のアメリカの大統領フランクリン・ルーズベルトに送られた．その中には，核反応の連鎖により巨大なエネルギーが生み出せるため，それが潜在的に兵器となりうることと，それをナチスドイツが研究していることが書かれていた．ルーズベルトはこれを読んで，原子爆弾の開発を決意したと言われる．実際，当時のナチスドイツは核兵器の製造を計画していた．

(2)　Robert Oppenheimer (1904-1967)：元プリンストン高等研究所所長，アメリカの核物理学者．第二次大戦中に行なわれたマンハッタン計画ではロスアラモス研究所の所長を務め，「原爆の父」とも呼ばれた．大戦後は，アメリカの原子力委員会の委員として核兵器の拡散防止に努めた．水爆の開発に反対したため「マッカーシーの赤狩り」の対象にされ，不遇の後半生を過ごした．

(3)　Enrico Fermi (1901-1954)：元シカゴ大学教授．イタリア生まれの核物理学者．ベータ壊変の理論の確立などの業績により，1938年にノーベル物理学賞を受賞．夫人がユダヤ人だったため受賞直後，ナチスによる迫害を逃れてニューヨークへ移住．第二次大戦中はマンハッタン計画に参加し，世界最初の天然ウラン-黒鉛型原子炉を完成させただけでなく，原子炉内で制御された原子核の連鎖反応に初めて成功し，原子爆弾製造への道を開いた．

(4)　Richard P. Feynman (1918-1988)：元カリフォルニア工科大学教授．アメリカの理論物理学者．量子電磁力学の発展の寄与により，1965年に朝永振一郎らとともにノーベル物理学賞受賞．いまも人気の高い教科書『ファインマン物理学』(岩波書店)や，エッセイ集『ご冗談でしょう，ファインマンさん』(大貫昌子訳，岩波現代文庫)などの著者としても有名．マンハッタン計画に参加したときは，まだ学位を取っていない大学院生であった．

(5)　Ernest O. Lawrence (1901-1958)：元カリフォルニア大学バークレー校教授．円型加速器サイクロトロンを発明した核物理学者．1932年にサイクロトロンを初めて完成させ，それを用いて多くの核種の合成に成功した．この成果により，1939年にノーベル物理学賞受賞．第二次大戦中のマンハッタン計画では，ウラン235を工業的な規模で濃縮することに成功し，原子爆弾の製造に大きく貢献した．戦後は，進駐軍によって破壊された日本の理化学研究所のサイクロトロンの再建に力を貸した．

(6)　その他にも，マンハッタン計画に参加した地球科学に関連のある研究者として，白亜紀／第三紀境界の隕石衝突説を提唱したルイス・アルバレスがいる．アルバレスは，広島に原爆が投下された際，エノラ・ゲイに追随したB29爆撃機に乗っていた唯一の科学者でもある．ちなみにアルバレスは，カリフォルニア大学バークレー校においてフィリップ・エイベルソンの共同研究者でもあり，後にノーベル物理学賞を受賞する．なお，広島・長崎で使用された原爆のほかに，もう1個，実験用の原爆が作られた．これは，1945年7月16日に，ニューメキシコ州アラモゴードで行なわれた世界初の核実験で使われた．

(7)　強い磁場中に閉じ込めたイオン粒子に高周波の電場をかけ，

そのイオン粒子を加速する装置．この高エネルギー化させたイオン粒子を他の粒子と衝突させて，人工の放射性同位体の製造や，原子核の人工破壊に用いる．

(8) アルファ線，ベータ線，ガンマ線などの放射線を検出，定量する機器．まず1908年にハンス・ガイガーによって，アルファ線を検出するカウンターが発明された．その後1928年に，ガイガーとその弟子ミュラーによって改良され，ベータ線やガンマ線の検出も可能となった．

(9) 大気の上層において，宇宙線が大気中のさまざまな原子や分子と衝突することにより形成されている放射性核種のこと．

(10) 宇宙線の実体は，宇宙空間のはるか彼方から飛んでくる陽子やヘリウム原子核など，高いエネルギーをもった粒子群で，その多くは超新星の爆発などによって形成されるものと考えられている．

(11) 原子核に中性子が捕獲・吸収されて，ガンマ線を放出する核反応．陽子を放出して核分裂を起こす場合があり，大気上層における放射性炭素の形成はこれにあたる．

(12) 放射線の一種で，電子の流れである．トリチウム(^{3}H)，^{14}C など特定の放射性原子の自然崩壊によって発生する．ちなみに，アルファ線はヘリウム分子で，ガンマ線は波長の短い電磁波である．

(13) この高感度ガイガー・カウンターのプロトタイプは，リビーの学位論文の研究で製作されている．

(14) Arnold JR, Libby WF (1949) Age determinations by radiocarbon content: Checks with samples of known age. *Science*, **110**, 678–680.

(15) Godwin H (1962) Half-life of radiocarbon. *Nature*, **195**, 984.

（16） Flint RF（1971）*Glacial and Quaternary Geology*. John Wiley & Sons.

（17） Libby WF（1952）*Radiocarbon Dating*. University of Chicago Press.

（18） Pearson A, McNichol AP, Schneider RJ, von Reden KF（1998）Microscale AMS ^{14}C measurement at NOSAMS. *Radiocarbon*, **40**, 61–76.

（19） Bard E（1998）Geochemical and geophysical implications of the radiocarbon calibration. *Geochimica et Cosmochimica Acta*, **62**, 2025–2038.

（20） DeVries H（1958）Variation in concentration of radiocarbon with time and location in earth. *Koninklijke Nederlandse Akademie van Wetenschappen, Proc., Ser. B*, **61**, 94.

（21） 地球上における炭素の循環パターンの変化が，大気中の ^{14}C 濃度を変化させる一因にもなっている．たとえば，生物量が減少したり，8章でくわしく述べる深層水循環の速度が変わることによって，大気–海洋間の分配が変化し，大気中の ^{14}C 濃度も少し変化する．宇宙の彼方から地球に向かって飛んでくる宇宙線も，大気上層で ^{14}C を作り出しているが，宇宙線の強度は宇宙スケールの現象に依存しているため，超新星の爆発などでもないかぎり，その量はほとんど変化しない．

（22） Suess H（1965）Secular variations in the cosmic ray-produced carbon-14 in the atmosphere and their interpretations. *Journal of Geophysical Research*, **70**, 5937–5952. Stuiver MH（1971）Evidence for the variation of atmospheric ^{14}C content in the late Quaternary. In *The Cenozoic Glacial Ages*, KK Turekian ed., Yale University Press, pp. 57–70.

（23） Bennett CL, Beukens RP, Clover MR, Gove HE, Libbert

RB, Litherland AE, Purser KH, Sondheim WE (1977) Radiocarbon dating using electrostatic accelerators: Negative ions provide the key. *Science*, **198**, 508–510. Nelson DE, Korteling RG, Stott WR (1977) Carbon-14: Direct detection at natural concentrations. *Science*, **198**, 507–508.

(24) ^{14}C と大気中に多量に存在する ^{14}N の質量数は同じ 14 だが，加速器質量分析計では最終的にマイナスイオンとして加速するため，不安定な ^{14}N イオンの干渉は受けない．さらに，$^{12}CH_2^-$ や $^{13}CH^-$ などの質量が近いイオンも，排除することができる．

(25) ワシントン大学による「Calib」と，オックスフォード大学による「OxCal」の 2 種類があり，いずれも無料でダウンロードできる．

(26) Melvin Calvin (1911–1997)：放射性炭素でラベルした二酸化炭素を用いて，光合成における炭素固定経路(いわゆるカルビン・サイクル)を，アンドリュー・ベンソンやジェームズ・バシャムらと共同で明らかにした．この業績により，1961 年にノーベル化学賞を受賞．その後，有機地球化学など多方面の分野に進出した．

(27) Ruben S, Kamen MD (1940) Radioactive carbon of long half-life. *Physical Review*, **57**, 549.

(28) 両親の苗字はカメネツキーであった．ちなみに，ケイメンの仕事の後を継いだメルビン・カルビンも，両親はロシア移民である．

(29) 第二次世界大戦後のアメリカにおける反共思想統制のこと．とくに，1950 年にマッカーシー上院議員が国務省内に多数の共産主義者がいると指摘して以降，マッカーシーの煽動のもとに「赤狩り」が推し進められた．この「赤狩り」の標的となった著名人は，「原爆の父」ロバート・オッペンハイマー，喜劇

俳優チャールズ・チャップリン，映画監督のウィリアム・ワイラーなど多数いる．

(30)　*Chicago Tribune*, 1951年7月7日号.

(31)　カルシウムイオンを細胞の外から取り込んだり，細胞の外へ排出したりする，細胞膜内のカルシウム濃度をコントロールする仕組みのこと．ちなみに，2003年のノーベル化学賞は，水チャンネルやカリウムなどのイオンを通すイオンチャンネルの仕組みを解明した研究者が受賞している．

(32)　Kamen MD (1985) *Radiant Science, Dark Politics: A Memoir of the Nuclear Age*. University of California Press.

第8章　気候変動のスイッチ

(1)　1リットルの海水中には，平均するとおよそ35グラムの塩が溶けている．この海水1リットル中に溶けている塩量(重さ)を塩分と呼び，無単位あるいはpsu(practical salinity unit)という単位で表す．塩分は，太平洋，インド洋，大西洋を通してほぼ一定だが，くわしくみると場所によってわずかに異なっている．これは海域によって，降水量，蒸発量，あるいは大陸からもたらされる淡水の量が多少異なっているからである．もちろん，塩をより多く含む海水はより重い．とはいえ，世界中の海洋における塩分の変化は，多くの場合1リットルの海水につき1〜2グラム程度である．実際の海洋では，このようなわずかな塩分の変化で，海水の挙動ががらりと変わってしまうことがある．

(2)　北極海は地形的に閉じた海で，ロシアのレナ川，エニセイ川，オビ川，カナダのマッケンジー川など，大河川が数多く流入している．その結果，北極海の海水の塩分は，他の海域よりも少し低くなっている．もっとも低い季節には，表層水は30

単位近くにまで下がる.

(3) スベルドラップ(Sv)とは流量の単位で，1秒間に100万立方メートル(1 Sv = $10^6 m^3 s^{-1}$)を示す．元スクリップス海洋研究所所長ハラルド・スベルドラップ(Harald Ulrik Sverdrup: 1888–1957)に由来している.

(4) クロロフルオロカーボン(CFC)が正式な名称(「フロン」という用語は，日本でしか通用しない)．CFCには各種あるが，CFC-12はその代表的なものの一つで，その化学式は CCl_2F_2 である．ちなみに，このCFCを分析するための高感度検出器(電子捕獲型検出器)を発明したのは，ガイア仮説を提唱したジェームズ・ラブロックである.

(5) Orsi AH, Johnson GC, Bullister JL (1999) Circulation, mixing, and production of Antarctic Bottom Water. *Progress in Oceanography*, **43**, 55–109.

(6) William Maurice Ewing (1906–1974)：アメリカの海洋地質学者．元コロンビア大学ラモント・ドハティ地質学研究所所長.「ドク」という愛称で親しまれ，その強烈な個性とリーダーシップで多くの研究者や学生を惹きつけ，ラモント・ドハティ地質学研究所を世界に名だたる地球科学の研究所に育て上げた．スクリップス海洋研究所の所長だったロジャー・レベルと並び，20世紀半ばから後半にかけてのアメリカ地球科学界の「大ボス」である.

(7) Stommel H (1948) The westward intensification of wind-driven ocean currents. *Transaction of American Geophysical Union*, **29**, 202–206.

(8) Stommel H (1958) The abyssal circulation. *Deep Sea Research*, **5**, 80–82.

(9) 海洋に普遍的にみられる直径数十〜数百キロメートルの,

巨大かつゆっくりとした流れをもつ渦のこと．複雑な挙動をもち，海洋における物質やエネルギーの輸送に一役買っている．西向きに移動していく傾向がある．

(10)　1970年代に，総額およそ50億円を投じて実施されたアメリカの大型研究プロジェクト「Geochemical Ocean Section Study（地球化学横断研究）」の略称．世界中の海洋で採取された海水試料中に含まれる溶存物質の濃度や同位体組成を，同一の手法と基準で分析した．当時のアメリカ海洋化学コミュニティの総力を結集したビッグ・プロジェクトで，これによって得られたデータは，その後の海洋化学の発展，とくに中層水や深層水の挙動に関する研究に大きく寄与した．

(11)　Broecker WS (1957) Application of radiocarbon to oceanography and climatic chronology. Ph.D. thesis, Columbia University.

(12)　正式名は「大気圏内，宇宙空間及び水中における核兵器実験を禁止する条約（Treaty Banning Nuclear Weapon Tests in the Atmosphere, in Outer Space, and under Water: PTBT）」．1963年にアメリカ，イギリス，ソ連によって調印され，日本は1964年（昭和39年）に批准した．この条約の締結後，核実験は地下へその舞台を移すことになる．

(13)　Broecker WS, Peteet DM, Rind D (1985) Does the ocean-atmosphere system have more than one stable mode of operation? *Nature*, **315**, 21–26.

(14)　光合成の暗反応において，二酸化炭素が固定される際に働くルビスコと呼ばれる酵素は，^{12}C を選択的に取り込むため，合成されたグルコースをはじめ生体を構成する種々の有機物は，大気や海洋に溶存している二酸化炭素よりも ^{13}C に乏しい．

(15)　Lynch-Stieglitz J, Adkins J, Curry WB, Dokken T, Hall

IR, Herguera JC, Hirschi JJM, Ivanova EV, Kissel C, Marchal O, Marchitto TM, McCave IN, McManus JF, Mulitza S, Ninnemann U, Peeters F, Yu EF, Zahn R (2007) Atlantic meridional overturning circulation during the last glacial maximum. *Science*, **316**, 66–69.

(16) Ohkouchi N, Kawahata H, Murayama M, Okada M, Nakamura T, Taira A (1994) Was deep water formed during the Late Quaternary? Cadmium evidence from the northwest Pacific. *Earth and Planetary Science Letters*, **124**, 185–194.

(17) 北部北大西洋における気温は，北部北太平洋の同緯度域に比べて 5-7℃高い．

(18) Manabe S, Stouffer RJ (1988) Two stable equilibria of a coupled ocean-atmosphere model. *Journal of Climate*, **1**, 841–866.

(19) Broecker WS (1997) Thermohaline circulation, the Achilles heel of our climate system: Will man-made CO_2 upset the current balance? *Science*, **278**, 1582–1588.

(20) Stommel H (1961) Thermohaline convection with two stable regimes of flow. *Tellus*, **13**, 224–230.

(21) 2004 年に封切られたローランド・エメリッヒ監督によるアメリカ映画．大気中の二酸化炭素の増加によって引き起こされた地球温暖化が引き金となり，気候が次の氷河期へ向かうというパニック映画．ブロッカーのコンベヤーベルト説にヒントを得ている．

(22) オーストラリア放送会社(Australian Broadcasting Corporation)によるブロッカーへのインタビュー(2004 年 5 月 26 日放送)．ただし，IPCC 第 4 次報告書にも記されていることだが，今後地球温暖化にともなってグリーンランド氷床が融解す

ると，0.1スベルドラップもの融氷水が北部北大西洋に流れ込む可能性がある．これがコンベヤーベルトをオフにして，北米・ヨーロッパ付近を寒冷化させる可能性がある．

第9章　もうひとつの探検

(1)　その物理的な説明については，以下の論文を参照．Dansgaard W (1964) Stable isotopes in precipitation. *Tellus*, **16**, 436–468. 図9-1に示した関係は，地域によって異なるので，グリーンランドで決められた式を，他の地域で得られたサンプルに適用することはできない．

(2)　Dansgaard W (1954) The O^{18}-abundance in fresh water. *Geochimica et Cosmochimica Acta*, **6**, 241–260.

(3)　Dansgaard W (2004) *Frozen Annals: Greenland Ice Cap Research*. Narayana Press. ダンスガードの回想録．グリーンランドで採取されたアイスコアの研究に関する内容だけでなく，氷床掘削に関わる多くの逸話が語られている．

(4)　Eric the Red (950?–1003?)：ノルウェー南部生まれの海賊．「アイスランド」の名付け親も，この人である．こちらは正直か．

(5)　このアイスコアの掘削に先立って，国際地球物理学年に当たる1957年に，グリーンランド北西部に位置するサイト・ツー（北緯76度59分，西経56度04分，図9-2参照）において，長さ411メートルに達するアイスコアが試験的に掘削されている．

(6)　Hansen BL, Langway CC Jr. (1966) Deep core drilling in ice and core analysis at Camp Century, Greenland, 1961–1966. *Antarctic Journal*, **1**, 207–208.

(7)　現在は，コロラド大学とアメリカ地質調査所が共同運営す

るコロラド州デンバーの冷凍庫に保管されており，すべての研究者がアクセスできるようになっている．

(8) Dansgaard W, Johnsen SJ, Moller J, Langway CC Jr. (1969) One thousand centuries of climatic record from Camp Century on the Greenland ice sheet. *Science*, **166**, 377–381.

(9) Dansgaard W, Johnsen SJ (1969) A flow model and a time scale for the ice core from Camp Century, Greenland. *Journal of Glaciology*, **8**, 215–223. Dansgaard W, Johnsen SJ, Clausen HB, Langway CC Jr. (1971) Climatic record revealed by the Camp Century ice core. In *The Cenozoic Glacial Ages*, KK Turekian ed., Yale University Press, pp. 37–56.

(10) Houtermans FG, Oeschger H (1955) Proportional counter for the measurement of weak activities of soft rays (in Germany). *Helvetica Physica Acta*, **28**, 464–466.

(11) Dansgaard W, Clausen HB, Gundestrup N, Hammer CU, Johnsen SF, Kristinsdottir PM, Reeh N (1982) A new Greenland deep ice core. *Science*, **218**, 1273–1277.

(12) 掘削の様子は，以下の著書にくわしく述べられている．Alley RB (2000) *The Two-mile Time Machine: Ice Cores, Abrupt Climate Change, and Our Future*. Princeton University Press.『氷に刻まれた地球 11 万年の記憶 ── 温暖化は氷河期を招く』山崎淳訳，ソニー・マガジンズ．

(13) Grootes PM, Stuiver M, White JWC, Johnsen S, Jouzel J (1993) Comparison of oxygen isotope records from the GISP2 and GRIP Greenland ice cores. *Nature*, **366**, 552–554.

(14) Boulton GS (1993) Two cores are better than one. *Nature*, **366**, 507–508.

(15) North Greenland Ice Core Project Members (2004) High-

resolution record of Northern Hemisphere climate extending into the last interglacial period. *Nature*, **431**, 147–151.

第10章　地球最後の秘境へ

(1)　南極大陸の沿岸部にみられる氷床に覆われていない谷のこと．ロス海の西側にあるビクトリアランドなど南極大陸の周縁部に断片的にみられる．湖沼が点在し，コケ類や地衣類などの植物が特殊な生態系を築いているため，生態学的にも興味深い研究対象となっている．

(2)　Roald E. G. Amundsen (1872–1928)：ノルウェーの探検家．南極および北極の探検で知られる．ノルウェー隊を率いて，1911年12月14日に人類で初めて南極点に到達した．1928年，北極探検中に北極海上で消息不明になった飛行船の救出に行く途中で遭難．1920年代の彼の北極探検隊には，海洋学者で後にスクリップス海洋研究所の所長になるハラルド・スベルドラップが隊員として含まれていた．

(3)　Robert F. Scott (1868–1912)：イギリスの南極探検家．南極ロス海の探検で名を挙げた後，南極点の人類初の到達を目指す．1912年1月17日イギリス隊を引き連れて南極点に到達する．しかしそこで，アムンセンの率いるノルウェー隊に1カ月あまり先を越されたことを知る．その帰途，悪天候により遭難．現在，南極点にあるアメリカの基地は，アムンセンとスコット両者の名を冠して，アムンセン-スコット基地と命名されている．スコット隊に助手として参加したチェリーガラードによる以下の著書に，その様子が記されている．Cherry-Garrard A (1922) *The Worst Journey in the World*.『世界最悪の旅 ―― スコット南極探検隊』加納一郎訳，中公文庫．

(4)　ソ連が誇る人類を宇宙へ送る計画「ボストーク計画」の名

前に由来する．ボストーク1号は，1961年4月に世界で初めて有人宇宙飛行を行ない，地球の大気圏外を108分かけて1周して無事帰還した．成功する確率が50パーセントと言われたボストーク1号に乗って，初めて宇宙を旅した当時27歳のユーリ・ガガーリン少佐は「地球は青かった」という名言を残した．

(5)　固体から流体を経ずに気体へと相変化することを昇華と呼ぶ．

(6)　Lorius C, Jouzel J, Ritz C, Merlivat L, Barkov NI, Korotkevich YS, Kotlyakov VM (1985) A 150,000-year climatic record from Antarctic ice. *Nature*, **316**, 591-596.

(7)　Jouzel J, Lorius C, Petit JR, Genthon C, Barkov NI, Kotlyakov VM, Petrov VM (1987) Vostok ice core: a continuous isotope temperature record over the last climatic cycle (160,000 years). *Nature*, **329**, 403-408.

(8)　Harmon Craig (1926-2003)：元スクリップス海洋研究所教授．安定同位体比を用いた地球化学の創始者の一人．シカゴ大学のユーリーの研究室で，天然物中の炭素同位体比に関する研究で学位を得た後，スクリップス海洋研究所で半世紀近く研究生活を送った．その間，「天水ライン」の確立，ヘリウム同位体比を用いた熱水活動に関する研究，溶存酸素の同位体比を用いた海洋循環の研究など，地球化学や海洋化学の分野において，数多くのパイオニア的な研究を行なった．

(9)　Craig H (1961) Isotopic variations in meteoric waters. *Science*, **133**, 1702-1708.

(10)　厳密に言うと，氷にトラップされる気体と大気の化学組成は，わずかに異なっている．たとえば，窒素ガスと酸素ガスを比較すると，酸素ガスの方が氷の気泡中にわずかに濃縮する．

この現象は，氷の結晶の隙間をすりぬける気体分子のスピードが，分子のサイズや熱拡散係数の違いに依存しているためである．ただし，分子サイズがある程度より大きくなると，この効果はほとんど無視できるほど小さくなる．したがって，氷にトラップされる二酸化炭素やメタンなどの気体分子の濃度は，大気中の組成とほぼ等しい．Huber C, Beyerle U, Leuenberger M, Schwander J, Kipfer R, Spahni R, Severinghaus JP, Weiler K (2006) Evidence for molecular size dependent gas fractionation in firn air derived from noble gases, oxygen, and nitrogen measurements. *Earth and Planetary Science Letters*, **243**, 61–73.

(11)　中谷宇吉郎（1900–1962）：元北海道大学教授．雪の結晶の人工製作に成功し，種々の結晶形の生成条件を明らかにした．この研究によって1941年に学士院賞を受賞．雪の結晶を表現した「雪は天から送られた手紙である」という言葉は有名．第二次大戦中は，戦闘機「ゼロ戦」のプロペラ着氷の実験的研究や，飛行場の霧消散方法の研究など，数多くの軍のプロジェクトに関わった．東京大学時代の恩師である寺田寅彦と同じく，随筆家としても知られる．

(12)　樋口敬二，渡辺興亜，加藤喜久雄（1977）氷床コアからみた氷河時代．*科学*，**47**，630–636.

(13)　Neftel A, Oeschger H, Schwander J, Stauffer B, Zumbrunn R (1982) Ice core sample measurements give atmospheric CO_2 content during the past 40,000 yr. *Nature*, **295**, 220–223.

(14)　Barnola JM, Raynaud D, Korotkevich YS, Lorius C (1987) Vostok ice core provides 160,000-year record of atmospheric CO_2. *Nature*, **329**, 408–414.

(15) Chappellaz J, Barnola JM, Raynaud D, Korotkevich YS, Lorius C (1990) Ice-core record of atmospheric methane over the past 160,000 years. *Nature*, **345**, 127–131.

(16) Oeschger H, Stauffer B, Finkel R, Langway CC Jr. (1985) Variations of the CO_2 concentration of occluded air and of anions and dust in polar ice cores. In *Carbon Cycle and Atmospheric CO_2: Natural Variations Archean to Present. Geophys. Monogr. Series*, **32**, 132–142.

(17) Bender M, Floch G, Chappellaz J, Suwa M, Barnola JM, Blunir T, Dreyfus G, Jouzel J, Parrenin F (2006) Gas age-ice age differences and the chronology of the Vostok ice core, 0–100 ka. *Journal of Geophysical Research*, **111**, doi: 10.1029/2005JD006488.

(18) Broecker WS (1982) Glacial to interglacial changes in ocean chemistry. *Progress in Oceanography*, **11**, 151–197. Martin JH (1990) Glacial-interglacial CO_2 change: The iron hypothesis. *Paleoceanography*, **5**, 1–13.

(19) Boyle EA (1988) Vertical oceanic nutrient fractionation and glacial/interglacial CO_2 cycles. *Nature*, **331**, 55–56. Broecker WS, Peng TH (1989) The cause of the glacial to interglacial atmospheric CO_2 change: A polar alkalinity hypothesis. *Global Biogeochemical Cycles*, **3**, 215–239.

(20) Archer D, Maier-Reimer E (1994) Effect of deep-sea sedimentary calcite preservation on atmospheric CO_2 concentration. *Nature*, **367**, 260–263.

(21) Oba T, Pedersen TF (1999) Paleoclimatic significance of eolian carbonates supplied to the Japan Sea during the last glacial maximum. *Paleoceanography*, **14**, 34–41.

(22) Matsumoto K, Sarmiento J (2008) A corollary to the silicic acid leakage hypothesis. *Paleoceanography*, **23**, doi: 10.1029/2007PA001515.

(23) Betzer PR, Carder KL, Duce RA, Merrill JT, Tindale NW, Uematsu M, Costello DK, Young RW, Feely RA, Breland JA, Bernstein RE, Greco AM (1988) Long-range transport of giant mineral aerosol particles. *Nature*, **336**, 568–571.

(24) Petit JR, Jouzel J, Raynaud D, Barkov NI, Barnola JM, Basile I, Bender M, Chappellaz J, Davis M, Delaygue G, Delmotte M, Kotlyakov VM, Legrand M, Lipenkov VY, Lorius C, Pepin L, Ritz C, Saltzman E, Stievenard M (1999) Climate and atmospheric history of the past 420,000 years from the Vostok ice core, Antarctica. *Nature*, **399**, 429–436. Mayewski PA, Meeker LD, Twickler MS, Whitlow SI, Yang Q, Lyons WB, Prentice M (1997) Major features and forcing of high-latitude northern hemisphere atmospheric circulation using a 110,000-year-long glaciochemical series. *Journal of Geophysical Research*, **102**, 26345–26366.

(25) Biscaye PE, Grousset FE, Revel M, van der Gaast S, Zielinski GA, Vaars A, Kukula G (1997) Asian provenance of glacial dust (stage 2) in the Greenland Ice Sheet Project 2 Ice Core, Summit, Greenland. *Journal of Geophysical Research*, **102**, 26765–26781.

(26) Basil I, Grousset FE, Revel M, Petit JR, Biscaye PE, Barkov NI (1997) Patagonian origin of glacial dust deposited in East Antarctica (Vostok and Dome C) during glacial stages 2, 4 and 6. *Earth and Planetary Science Letters*, **146**, 573–589.

(27) Fischer H, Siggaard-Andersen ML, Rothlisberger R, Wolff

E (2007) Glacial/interglacial changes in mineral dust and sea-salt records in polar ice cores: Sources, transport, and deposition. *Reviews of Geophysics*, **45**, 2005RG000192.

(28) 非海塩起源とは，氷に含まれる硫酸イオンや硝酸イオンから海塩として飛んでくるものを差し引いた値のこと．

(29) Kapitsa AP, Ridley JK, Robin GQ, Siegert MJ, Zotikov IA (1996) A large deep freshwater lake beneath the ice of central East Antarctica. *Nature*, **381**, 684–686.

(30) 木星の第２衛星．ガリレオ・ガリレイとシモン・マリウスによって1610年に発見された．直径は3000キロメートルあまりで，地球の約半分，月よりわずかに小さい．その表面はクレーターがみられず，氷に覆われている．氷の下には大量の水が存在すると考えられており，生命が存在する可能性も指摘されている．

(31) 直訳すると「宇宙生物学」．宇宙に生命体が存在するか？ということ以外に，初期地球における生命体の誕生や，その後の生命圏の成立にいたるまで，多様なトピックを扱う学問分野でもある．松井孝典 (2003) 宇宙人としての生き方 ── アストロバイオロジーへの招待．岩波新書．

(32) EPICA Community Members (2004) Eight glacial cycles from an Antarctic ice core. *Nature*, **429**, 623–628.

(33) これまでの成果は，以下の論文を参照．Watanabe O, Jouzel J, Johnsen S, Parrenin F, Shoji H, Yoshida N (2003) Homogeneous climatic variability across East Antarctica over the past three glacial cycles. *Nature*, **422**, 509–512. 藤井理行 (2005) 極域アイスコアに記録された地球環境変動．*地学雑誌*，**114**, 445–459. Kawamura K, Parrenin F, Lisiecki L, Uemura R, Vimeux F, Severinghaus JP, Hutterli MA, Nakazawa T, Aoki

S, Jouzel J, Raymo ME, Matsumoto K, Nakata H, Motoyama H, Fujita S, Goto-Azuma K, Fujii Y, Watanabe O（2007）Northern Hemisphere forcing of climatic cycles in Antarctica over the past 360,000 years. *Nature*, **448**, 912–917.

（34）　Thompson LG, Mosley-Thompson E, Davis ME, Henderson KA, Brecher HH, Zagorodnov VS, Mashiotta TA, Lin P-N, Mikhalenko VN, Hardy DR, Beer J（2002）Kilimanjaro ice core records: Evidence of Holocene climate change in tropical Africa. *Science*, **298**, 589–593.

（35）　Cullen NJ, Sirguey P, Mölg T, Kaser G, Winkler M, Fitzsimons SJ（2013）A century of ice retreat on Kilimanjaro: the mapping reloaded. *The Cryosphere*, **7**, 419–431.

第11章　気候が変わるには数十年で十分だ

（1）　土壌が1年を通して凍結しているような気候状態を指す．土壌が発達しないため，植生は地衣類やコケ類などが中心で，草本類はまばらに存在する程度である．樹木は生育できない．

（2）　北ヨーロッパ氷床の西端にあたるイギリスでは，カブトムシの化石の研究から，ヤンガー・ドリアス期が見出されている．

（3）　たとえば，Nakagawa T, Kitagawa H, Yasuda Y, Tarasov PE, Nishida K, Gotanda K, Sawai Y, Yangtze River Civilization Program Members（2003）Asynchronous climate changes in the North Atlantic and Japan during the last termination. *Science*, **299**, 688–691. Kudrass HR, Erlenkeuser H, Vollbrecht R, Weiss W（1991）Global nature of the Younger Dryas cooling event inferred from oxygen isotope data from Sulu Sea cores. *Nature*, **349**, 406–409.

（4）　Alley RB（2000）The Younger Dryas cold interval as

viewed from central Greenland. *Quaternary Science Reviews*, **19**, 213–226.

(5) Hughen KA, Overpeck JT, Peterson LC, Trumbore S (1996) Rapid climate changes in the tropical Atlantic region during the last deglaciation. *Nature*, **380**, 51–54.

(6) 湧昇とは，表層以深にある海水が，表層にまで湧き上がってくる現象を指す．この湧昇によって海洋表層へもたらされる海水は，栄養塩や各種のミネラルに富んでいるため，そこでは植物プランクトンなどが大量に繁殖する．

(7) Turney *et al.* (2006) Climatic variability in the southwest Pacific during the Last Termination (20–10 kyr BP). *Quaternary Science Reviews*, **25**, 886–903.

(8) Broecker WS, Denton GH (1988) The role of ocean-atmosphere reorganization in glacial cycles. *Geochimica et Cosmochimica Acta*, **53**, 2465–2501.

(9) アガシ湖の湖水量は，8400年前には16万立方キロメートルに達したと推定されている．Leverington DW, Mann JD, Teller JT (2002) Changes in the bathymetry and volume of glacial Lake Agassiz between 9200 and 7700 ^{14}C yr BP. *Quaternary Research*, **57**, 244–252. ただし，この湖水量とて，最終氷期以降に融解した氷床量4800万立方キロメートルのわずか0.3パーセントあまりにすぎず，すべて海洋に流出したとしても海面は40センチメートルあまりしか上昇しない．

(10) Teller JT, Leverington DW, Mann JD (2002) Freshwater outbursts to the oceans from glacial Lake Agassiz and their role in climate change during the last deglaciation. *Quaternary Science Reviews*, **21**, 879–887.

(11) Kennett JP, Shackleton NJ (1975) Laurentide ice sheet

meltwater recorded in Gulf of Mexico deep-sea cores. *Science*, **188**, 147–150. 以下の研究では，この洪水イベントの正確な年代が示されている．Flower BP, Hastings DW, Hill HW, Quinn TM (2004) Phasing of deglacial warming and Laurentide ice sheet meltwater in the Gulf of Mexico. *Geology*, **32**, 597–600.

(12)　Clark PU, Alley RB, Keigwin LD, Licciardi JM, Johnsen SJ, Wang H (1996) Origin of the first meltwater pulse following the last glacial maximum. *Paleoceanography*, **11**, 563–577.

(13)　Manabe S, Stouffer RJ (1997) Coupled ocean-atmosphere model response to freshwater input: Comparison to Younger Dryas event. *Paleoceanography*, **12**, 321–336 (Correction: **12**, 728).

(14)　Lang C, Leuenberger M, Schwander J, Johnsen S (1999) 16℃ rapid temperature variation in central Greenland 70,000 years ago. *Science*, **286**, 934–937. 氷床コアの孔内温度を測定した結果によると，酸素同位体比の差をもとに計算した氷期／間氷期のグリーンランドの気温差は，過小評価されているという．たとえば，Cuffey KM, Clow GD, Alley RB, Stuiver M, Waddington ED, Saltus RW (1995) Large Arctic temperature change at the Wisconsin-Holocene glacial transition. *Science*, **270**, 455–458. 彼らの結果は，酸素同位体比1パーミルの増加は気温3℃分の上昇に相当することを示し，これは図9-1で示した関係によって求めたものの2倍にもなる．

(15)　Wang YJ, Chen H, Edwards RL, An ZS, Wu JY, Shen CC, Dorale JA (2001) A high-resolution absolute-dated late Pleistocene monsoon record from Hulu Cave, China. *Science*, **294**, 2345–2348.

(16)　Altabet MA, Higginson MJ, Murray DW (2002) The ef-

fect of millennial-scale changes in Arabian Sea denitrification on atmospheric CO_2. *Nature*, **415**, 159–162.

(17) Tada R, Irino T, Koizumi I (1999) Land-ocean linkages over orbital and millennial timescales recorded in late Quaternary sediments of the Japan Sea. *Paleoceanography*, **14**, 236–247. 筆者らの最近の研究によっても，日本海の堆積物の色や有機物濃度がダンスガード-オシュガー・イベントとほとんど同時に大きく変動していたことが明瞭に見出されている．

(18) Sakamoto T, Ikehara M, Uchida M, Aoki K, Shibata Y, Kanamatsu T, Harada N, Iijima K, Katsuki K, Asahi H, Takahashi K, Sakai H, Kawahata H (2006) Millennial-scale variations of sea-ice expansion in the southwestern part of the Okhotsk Sea during 120 kyr: Age model, ice-rafted debris in IMAGES Core MD01-2412. *Global and Planetary Change*, **53**, 58–77.

(19) Voelker AHL, workshop participants (2002) Global distribution of centennial-scale records for Marine Isotope Stage (MIS) 3: a database. *Quaternary Science Reviews*, **21**, 1185–1212.

(20) Ganoporski A, Rahmstorf S (2001) Rapid changes of glacial climate simulated in a coupled climate model. *Nature*, **409**, 153–158. ただし，この意見にも反論はある．たとえば，マサチューセッツ工科大学のカール・ウンシュは，ダンスガード-オシュガー・イベントを，コンベヤーベルトのオン・オフで説明する理論的な根拠は乏しいと，以下の論文で指摘している．Wunsch C (2006) Abrupt climate change: An alternative view. *Quaternary Research*, **65**, 191–205. これまでに得られた地質学的なデータを，数学的に厳密にチェックしたウンシュは，

それが海洋のイベントではなく，大気の，しかもローレンタイド氷床近傍で起きた大気循環の変動を表しているのであって，海洋のコンベヤーベルトが止まったことが引き金ではないと主張している．

（21） Blunier T, Chappellaz J, Schwander J, Dallenbach A, Stauffer B, Stocker TF, Raynaud D, Jouzel J, Clausen HB, Hammer CU, Johnsen SJ（1998）Asynchrony of Antarctic and Greenland climate change during the last glacial period. *Nature*, **394**, 739–743. Blunier T, Brook EJ（2001）Timing of millennial-scale climate change in Antarctica and Greenland during the last glacial period. *Science*, **291**, 109–112. いずれの結果も，アイスコアの気泡中のメタン濃度で時間対比を行なっている．

（22） Stocker TF, Johnsen SJ（2003）A minimum thermodynamic model for the bipolar seesaw. *Paleoceanography*, **18**, doi: 10.1029/2003PA000920.

（23） Heinrich H（1988）Origin and consequences of cyclic ice rafting in the northeast Atlantic Ocean during the past 130,000 years. *Quaternary Research*, **29**, 142–152.

（24） Broecker WS, Bond G, Klas M, Clark E, McManus J（1992）Origin of the north Atlantic's Heinrich events. *Climate Dynamics*, **6**, 265–273.

（25） Deep Sea Drilling Project（DSDP）のこと．アメリカの深海掘削船グローマー・チャレンジャー号やジョイデス・レゾリューション号を用いて行なわれた深海底を掘削するプロジェクト．現在行なわれている統合国際深海掘削計画（IODP）の前身である．

（26） Bond G, Heinrich H, Broecker WS, Labeyrie L, McManus

J, Andrews J, Huon S, Jantschik R, Clasen J, Simet C, Tedesco K, Klas M, Bonani G, Ivy S (1992) Evidence for massive discharges of icebergs into the North Atlantic ocean during the last glacial period. *Nature*, **360**, 245–249. Bond G, Broecker WS, Johnson S, McManus J, Labeyrie L, Jouzel J, Bonani G (1993) Correlations between climate records from North Atlantic sediments and Greenland ice. *Nature*, **365**, 143–147.

(27) 炭酸カルシウム($CaCO_3$)の鉱物の一つ．カルサイト(calcite)とも呼ばれる．

(28) 酸化鉄鉱物で，その化学組成はFe_2O_3．ヘマタイト(hematite)とも呼ばれる．

(29) Hemming SR (2004) Heinrich Events: Massive late Pleistocene detritus layers of the North Atlantic and their global climate imprint. *Reviews of Geophysics*, **42**, 2003RG000128.

(30) この推定は，独立に行なわれた以下の結果と整合的である．Yokoyama Y, Esat TM, Lambeck K (2001) Coupled climate and sea-level changes deduced from Huon Peninsula coral terraces of the last ice age. *Earth and Planetary Science Letters*, **193**, 579–587.

(31) ハインリッヒ・イベント時には，ローレンタイド氷床だけでなく，北ヨーロッパ氷床やアイスランド起源のアイ・アール・ディーも観察されるという報告もある．Jullien E, Grousset FE, Hemming SR, Peck VL, Hall IR, Jeantet C, Billy I (2006) Contrasting conditions preceding MIS3 and MIS2 Heinrich events. *Global and Planetary Change*, **54**, 225–238. これが正しいなら，ローレンタイド氷床の内部に潜む要因だけでは説明がつかず，北部北大西洋域を取り囲む広範なエリアに影響を及ぼす温暖化など，外部要因も考えなければならない．

(32)　Ruddiman WF (1977) Late Quaternary deposition of ice-rafted sand in the subpolar North Atlantic (lat 40° to 65° N). *Geological Society of America Bulletin*, **88**, 1813–1827.

(33)　Rahmstorf S (2002) Ocean circulation and climate during the past 120,000 years. *Nature*, **419**, 207–214.

(34)　Grootes PM, Stuiver M (1997) Oxygen 18/16 variability in Greenland snow and ice with 10^3- to 10^5-year time resolution. *Journal of Geophysical Research*, **102**, 26455–26470.

(35)　Alley RB, Anadakrishnan S, Jung P (2001) Stochastic resonance in the North Atlantic. *Paleoceanography*, **16**, 190–198.

(36)　Benzi R, Parisi A, Sutera A, Vulpiani A (1982) Stochastic resonance in climatic change. *Tellus*, **34**, 10–16.

第 12 章　気候変動のクロニクル

(1)　Fleming K, Johnston P, Zwartz D, Yokoyama Y, Lambeck K, Chappell J (1998) Refining the eustatic sea-level curve since the Last Glacial Maximum using far- and intermediate-field sites. *Earth and Planetary Science Letters*, **163**, 327–342.

(2)　Rowley RJ, Kostelnick JC, Braaten D, Li X, Meisel J (2007) Risk of rising sea level to population and land area. *EOS*, **88**, 105–107.

(3)　Thomas ER, Wolff EW, Mulvaney R, Steffensen JP, Johnsen SJ, Arrowsmith C, White JWC, Vaughn B, Popp T (2007) The 8.2 ka event from Greenland ice cores. *Quaternary Science Reviews*, **26**, 70–81.

(4)　Rohling EJ, Palike H (2005) Centennial-scale climate cooling with a sudden cold event around 8,200 years ago. *Nature*,

434, 975–979.

(5) Gasse F (2000) Hydrological changes in the African tropics since the last glacial maximum. *Quaternary Science Reviews*, **19**, 189–211.

(6) 詳細な放射性炭素年代測定により，アガシ湖やその東に位置する同じく氷縁湖のオジブウェイ湖の決壊がおよそ8400年前に起きたことが，以下の論文によって明らかにされた。Barber DC, Dyke, A, Hillaire-Mercel C, Jennings AE, Andrews JT, Kerwin MW, Bilodeau G, McNeely R, Southon J, Morehead MD, Gagnon JM (1999) Forcing of the cold event of 8,200 years ago by catastrophic drainage of Laurentide lakes. *Nature*, **400**, 344348. その後の研究によると，10–50万立方キロメートルにおよぶ融氷水が0.5–100年間にハドソン湾に放出されたという。その平均流量は最大5スベルドラップになり，北大西洋深層水を大きく弱める威力をもっていたと推定されている。

(7) Hughes MK, Diaz HF (1994) Was there a 'Medieval Warm Period', and if so, where and when? *Climatic Change*, **26**, 109–142. Crowley TJ, Lowery TS (2000) How warm was the Medieval Warm Period. *Ambio*, **29**, 51–54.

(8) Jansen E *et al.* (2007) The physical science basis. Contribution of Working Group I to the Fourth Assessment Report of the IPCC. S Solomon *et al.* eds., Cambridge University Press, pp. 433–497. 個々の引用文献は当文献を参照のこと.

(9) Thompson LG, Mosley-Thompson E, Dansgaard W, Grootes PM (1986) The Little Ice Age as recorded in the stratigraphy of the tropical Quelccaya Ice Cap. *Science*, **234**, 361–364.

(10) Lamb HH (1995) *Climate, History and the Modern*

World. Methuen, London.

(11)　周囲より低温のため，黒く見える太陽表面の点．その太陽表面における温度は，約2000℃低く，4000ケルビンくらいと推定されている．太陽黒点数は11年周期で変化し，ここ数サイクルについては20-160個程度の間で変動している．しかし，西暦1460-1550年のスポラー極小期，および西暦1645-1715年のマウンダー極小期には，その数はほとんどゼロになっている．黒点数が周期的に変動するくわしい原因は，いまだにわかっていない．

(12)　一部の研究者は，この太陽活動の変動が，近年の温暖化の原因であるという考え方を主張している．Kanipe J (2006) A cosmic connection. *Nature*, **443**, 141-143. しかし，これまでの観測結果によると，少なくとも17世紀以降に起きた気候変動を説明するには太陽輝度の変化は小さすぎ，またそれによって間接的に引き起こされる気候への影響も現時点では評価が難しい．たとえば，Foukal P, Frohlich C, Spruit H, Wigley TML (2006) Variations in solar luminosity and their effect on the Earth's climate. *Nature*, **443**, 161-166.

(13)　増田耕一（1992）小氷期の原因を考える．*月刊地理*，**37**, 56-65. Broecker WS (2000) Was a change in thermohaline circulation responsible for the Little Ice Age? *Proceedings of the National Academy of Science*, **97**, 1339-1342.

(14)　フランスでは1764年から14年間にわたって，寒冷で多雨の夏がつづき，小麦，ジャガイモ，牛乳の生産量が大きく低下した．

(15)　Stommel H, Stommel E (1983) *Volcano weather: the story of 1816, the year without a summer*. Seven Seas Press.『火山と冷夏の物語』山越幸江訳，地人書館．

(16) Hammer CU (1977) Past volcanism revealed by Greenland ice sheet impurities. *Nature*, **270**, 482–486.

(17) 『フランケンシュタイン』と『吸血鬼』は，それぞれイギリスのメアリー・シェリーとジョン・ポリドリによって書かれた怪奇小説である．タンボラ火山が噴火した翌年の1816年7月に，スイスのジュネーブ湖畔の別荘で休暇をとっていたシェリーとポリドリらは，冷夏と長引く雨に辟易して怪奇物語を書いて競い合った．その結果生まれたのが，この2つの物語である．前者は1818年に，後者は1820年に発表された．また『吸血鬼』は，後にアイルランドのブラム・ストーカーによって，怪奇小説『吸血鬼ドラキュラ』として焼き直され大ヒットした．

(18) 1970年代半ばに，地球寒冷化問題が衰退し，逆に温暖化問題がクローズアップされるようになったのは，Broecker WS (1975)論文(プロローグ参照)に端を発している．その論文における重要な根拠が，キャンプ・センチュリーで掘削されたアイスコア(9章参照)の詳細な酸素同位体比記録に見出された，過去150年以上にわたる「30年サイクル」である．後にグリーンランドや南極で掘削され，くわしく研究されたアイスコア中にこのサイクルは見出されず，ブロッカーは後に，この論文の論旨が結果的に当たったのは，「Happy accident」だったと述べている．Broecker WS (2001) Glaciers that speak in tongs and other tales of global warming. *Natural History*, **110**(8), 60–69.

(19) Oerlemans J (2005) Extracting a climate signal from 169 glacier records. *Science*, **308**, 675–677.

(20) Broecker WS, Sutherland S, Peng TH (1999) A possible 20th-century slowdown of Southern Ocean deep water formation. *Science*, **286**, 1132–1135. Broecker WS (2000) Was a

change in thermohaline circulation responsible for the Little Ice Age? *Proceedings of the National Academy of Science*, **97**, 1339–1342.

(21)　EPICA Community Members (2004) Eight glacial cycles from an Antarctic ice core. *Nature*, **429**, 623–628. Broecker WS, Stocker TF (2006) The Holocene CO_2 rise: Anthropogenic or natural? *EOS*, **87**, 27. ただし，これらの研究に対しては，以下の反論もある．Crucifix M, Berger A (2006) How long will our interglacial be? *EOS*, **87**, 352–353. Ruddiman WF (2006) On "The Holocene CO_2 rise: Anthropogenic or natural?" *EOS*, **87**, 352–353. 両者の意見の違いは，究極的には用いる年代スケールの違いに帰結する．

第 13 章　気候変動のからくり

(1)　Committee on Abrupt Climate Change (2002) *Abrupt Climate Change: Inevitable Surprises*. National Academy Press. Bard E (2002) Climate shock: abrupt changes over millennial time scales. *Physics Today*, December, 32–38.

(2)　Stocker TF (2000) Past and future reorganizations in the climate system. *Quaternary Science Reviews*, **19**, 301–319. Stocker TF, Marchal O (2000) Abrupt climate change in the computer: is it real? *Proceedings of the National Academy of Science*, **97**, 1362–1365.

(3)　真鍋淑郎は，ベーリング期からオールダー・ドリアス期にいたる寒冷化が，この融氷水パルス 1A の影響ではないだろうかと指摘している (私信)．

(4)　Dickson FR, Meincke J, Malmberg SA, Lee AJ (1988) The "Great Salinity Anomaly" in the northern North Atlantic

1968-1982. *Progress in Oceanography*, **20**, 103-151. 山形俊男 (1996) 数十年から数百年の気候変動をきめる海洋. 岩波講座「地球惑星科学」11巻『気候変動論』, pp. 69-101.

エピローグ

(1) トーマス・クーン (1971) 科学革命の構造. 中山茂訳, みすず書房.

(2) 二酸化炭素の増加にともなう地球温暖化に, 真っ向から反対している研究者もいる. とくにマサチューセッツ工科大学の気象学者リチャード・リンゼンは, マスコミにしばしば登場して, その主張を広めている. たとえば, Grossman D (2001) Dissent in the Maelstrom. *Scientific American*, November issue. リチャード・リンゼン (2007) 異常気象にだまされるな. *Newsweek* 日本語版, 5月23日号.

(3) Hardin G (1968) The tragedy of the commons. *Science*, **162**, 1243-1248.

(4) Broecker WS (1987) Unpleasant surprises in the greenhouse? *Nature*, **328**, 123-126.

(5) リボルバー式拳銃に実弾を1発だけ込めて, 対戦相手と順々に自らの頭に向けて撃つゲームで, 負けること自体が死にいたる究極のゲーム. ロシアで始まったという言い伝えから, この名前がつけられた. ベトナム戦争を題材にした, ロバート・デ・ニーロ主演の映画「ディア・ハンター」(マイケル・チミノ監督, 1978年)で有名になった.

さらに学びたい人へ

以下に挙げた書籍は，本書で解説した気候変動にかかわる諸現象の理解を助けるものである．ぜひ一読をお勧めする．

第四紀の気候変動について解説したもの

Imbrie J, Imbrie KP (1979) *Ice Ages, Solving the Mystery*. Enslow Publishers.『氷河時代の謎をとく』小泉格訳，岩波書店．

Broecker WS, Peng TH (1984) *Tracers in the Sea*. Eldigio Press.

Broecker WS (2003) *Fossil Fuel* CO_2 *and the Angry Climate Beast*. Eldigio Press.

Ruddiman WF (2001) *Earth's Climate: Past and Future*. Freeman.

Bradley RS (1999) *Paleoclimatology: Reconstructing Climates of the Quaternary*. Academic Press.

住明正，安成哲三，山形俊男，増田耕一，阿部彩子，増田富士雄，余田成男 (1996，新装版 2011) 気候変動論(岩波講座「地球惑星科学」11 巻)．岩波書店．

日本第四紀学会，町田洋，岩田修二，小野昭編 (2007) 地球史が語る近未来の環境．東京大学出版会．

長期的な気候変動について解説したもの

平朝彦 (2007) 地球史の探求(「地質学」第 3 巻)．岩波書店．

住明正，平朝彦，鳥海光弘，松井孝典編 (1996-98，新装版 2010-11) 岩波講座「地球惑星科学」全 14 巻，岩波書店．

池谷仙之，北里洋（2004）地球生物学 ── 地球と生命の進化．東京大学出版会．

丸山茂徳，磯﨑行雄（1998）生命と地球の歴史．岩波新書．
T. H. ファン・アンデル（1994）海の自然史（水野篤行・川幡穂高訳）．築地書館．

海洋と気候変動の関連性について解説したもの

野崎義行（1994）地球温暖化と海 ── 炭素の循環から探る．東京大学出版会．

蒲生俊敬（1996）海洋の科学 ── 深海底から探る．NHK ブックス．

東京大学海洋研究所編（1997）海洋のしくみ．日本実業出版社．

気候システムについて解説したもの

廣田勇（1992）グローバル気象学．東京大学出版会．

鳥海光弘，田近英一，吉田茂生，住明正，和田英太郎，大河内直彦，松井孝典（1996，新装版 2010）地球システム科学（岩波講座「地球惑星科学」2 巻）．岩波書店．

小倉義光（1999）一般気象学（第 2 版）．東京大学出版会．

Committee on Abrupt Climate Change（2002）*Abrupt Climate Change: Inevitable Surprises.* National Academy Press.

同位体の手法について解説したもの

日本地球化学会監修（2003-08）地球化学講座 全 7 巻．培風館．

酒井均，松久幸敬（1996）安定同位体地球化学．東京大学出版会．

兼岡一郎（1998）年代測定概論．東京大学出版会．
J. ヘフス（2007）同位体地球化学の基礎（和田秀樹・服部陽子訳）．シュプリンガー・ジャパン．

永田俊，宮島利宏編（2008）流域環境評価と安定同位体 ── 水循環から生態系まで．京都大学学術出版会．

最近の気候変動について解説したもの

W. J. バローズ（2003）気候変動 ── 多角的視点から（松野太郎監訳，大淵済・谷本陽一・向川均訳）．シュプリンガー・フェアラーク東京．

T. E. グレーデル，P. J. クルッツェン（1997）気候変動 ── 21 世紀の地球とその後（松野太郎監修，塩谷雅人・田中教幸・向川均訳）．日経サイエンス社．

Weart SR（2003）*The Discovery of Global Warming*. Harvard University Press.『温暖化の〈発見〉とは何か』増田耕一・熊井ひろ美訳，みすず書房．

Houghton J（1997）*Global Warming* (2nd ed.). Cambridge University Press.

小池勲夫編（2006）地球温暖化はどこまで解明されたか ── 日本の科学者の貢献と今後の展望 2006．地球温暖化研究イニシャティブ気候変動研究分野第 2 次報告書，丸善．

IPCC Working Group I（2007）*The Physical Science Basis of Climate Change*. S Solomon *et al.* eds., Cambridge University Press.

国立環境研究所地球環境センターがつくる「ココが知りたい温暖化」（以下のサイト）も役に立つ．

http://www-cger.nies.go.jp/qa/qa_index-j.html

図版出典一覧

図 0-1 Jansen E *et al.* (2007) The physical science basis. Contribution of Working Group I to the Fourth Assessment Report of the IPCC. S Solomon *et al.* eds., Cambridge University Press, pp. 433-497. を改変

図 1-4 c) http://www.educa.madrid.org/web/ies.rayuela.mostoles/deptos/dbiogeo/recursos/Apuntes/BioGeoBach1/6-Clasificacion/ActualProtistas.htm

図 2-5 McCrea JM (1950) On the isotopic chemistry of carbonates and a paleotemperature scale. *Journal of Chemical Physics*, **18**, 849-857. Epstein S, Buchsbaum R, Lowenstam HA, Urey HC (1953) Revised carbonate-water isotopic temperature scale. *Bulletin of the Geological Society of America*, **64**, 1315-1326. を改変

図 2-8 Emiliani C (1955) Pleistocene temperatures. *Journal of Geology*, **63**, 538-578.

図 2-10 Dansgaard W (2004) *Frozen Annals: Greenland Ice Cap Research*. Narayana Press. を改変

図 2-12 Emiliani C (1955) Pleistocene temperatures. *Journal of Geology*, **63**, 538-578. Shackleton NJ (1967) Oxygen isotope analyses and Pleistocene temperatures re-assessed. *Nature*, **215**, 15-17. を改変

図 3-3 Flint RF (1971) *Glacial and Quaternary Geology*. John Wiley & Sons. を改変

図 3-6 Fairbanks RG (1989) A 17,000-year glacio-eustatic sea level record: influence of glacial melting dates on the Younger Dryas event and deep ocean circulation. *Nature*, **342**, 637-642. Chappell J, Polach H (1991) Post-glacial sea-level rise from a coral record at Huon Peninsula, Papua New Guinea. *Nature*, **349**, 147-149. Bard E, Hamelin B, Arnold M, Montaggioni L, Cabioch G, Faure G, Roug-

erie F (1996) Deglacial sea-level record from Tahiti corals and the timing of global meltwater discharge. *Nature*, **382**, 241–244. Yokoyama Y, Lambeck K, DeDeckker P, Johnston P, Fifield LK (2000) Timing of the Last Glacial Maximum from observed sea-level minima. *Nature*, **406**, 713–716. Hanebuth T, Stattegger K, Grootes PM (2000) Rapid flooding of the Sunda Shelf: A late-glacial sea-level record. *Science*, **288**, 1033–1035. のデータを用いて作成

図 4–1　Shackleton NJ, Imbrie J, Hall MA (1983) Oxygen and carbon isotope record of East Pacific core V19–30: implications for the formation of deep water in the late Pleistocene North Atlantic. *Earth and Planetary Science Letters*, **65**, 233–244. を改変

図 4–3　Berger A, Loutre MF (1991) Insolation values for the climate of the last 10 million years. *Quaternary Science Reviews*, **10**, 297–317. を改変

図 4–8　Milankovitch M (1941) *Kanon der Erdbestrahlung und seine Anwendung auf das Eiszeitenproblem* (*Canon of Insolation and the Ice Age Problem*). Belgrade. Translated by Israel Program for Scientific Translations, Jerusalem, 1969. Berger A (1988) Milankovitch theory and climate. *Reviews of Geophysics*, **26**, 624–657. を改変

図 4–10　Hays JD, Imbrie J, Shackleton NJ (1976) Variation in the Earth's orbit: pacemaker of the ice ages. *Science*, **194**, 1121–1132. を改変

図 4–12　Imbrie J (1985) A theoretical framework for the Pleistocene ice ages. *Journal of Geological Society of London*, **141**, 417–432. を改変

図 4–13　Imbrie J, Hays JD, Martinson DG, McIntyre A, Mix AC, Morley JJ, Pisias NG, Prell WL, Shackleton NJ (1984) The orbital theory of Pleistocene climate: support from a revised chronology of the marine ^{18}O record. In *Milankovitch and Climate*, A Berger, J Imbrie, J Hays, G Kukla, B Saltzman eds., Reidel, pp. 269–306. を

改変
図 4-14 Henderson GM, Slowey NC (2000) Evidence from U-Th dating against Northern Hemisphere forcing of the penultimate deglaciation. *Nature*, **404**, 61-66. Winograd IJ, Coplen TB, Landwehr JM, Riggs AC, Ludwig KR, Szabo BJ, Kolesar PT, Revesz KM (1992) Continuous 500,000-year climate record from vein calcite in Devils Hole, Nevada. *Science*, **258**, 255-260. Imbrie J, Hays JD, Martinson DG, McIntyre A, Mix AC, Morley JJ, Pisias NG, Prell WL, Shackleton NJ (1984) The orbital theory of Pleistocene climate: support from a revised chronology of the marine ^{18}O record. In *Milankovitch and Climate*, A Berger, J Imbrie, J Hays, G Kukla, B Saltzman eds., Reidel, pp. 269-306. Berger A, Loutre MF (1991) Insolation values for the climate of the last 10 million years. *Quaternary Science Reviews*, **10**, 297-317. を改変

図 6-3 Jansen E *et al.* (2007) The physical science basis. Contribution of Working Group I to the Fourth Assessment Report of the IPCC. S Solomon *et al.* eds., Cambridge University Press, pp. 433-497. をもとに作成

図 6-5 Arrhenius S (1896) On the influence of carbonic acid in the air upon the temperature of the ground. *Philosophical Magazine and Journal of Science*, **41**, 237-276.

図 6-7 スクリップス海洋研究所ホームページ http://scrippsco2.ucsd.edu/data/atmospheric_co2.html のデータをもとに作成

図 6-8 Etheridges DM, Steele LP, Langenfelds RL, Francey RJ, Barnola JM, Morgan VI (1996) Natural and anthropogenic changes in atmospheric CO_2 over the last 1000 years from air in Antarctic ice and firn. *Journal of Geophysical Research*, **101**, 4115-4128. を改変

図 7-4 Willard Libby ノーベル化学賞受賞記念講演(1960 年 12 月 12 日)をもとに作成

図 7-5 Arnold JR, Libby WF (1949) Age determinations by radiocarbon content: Checks with samples of known age. *Science*, **110**,

678-680. を改変

図 7-6　Reimer PJ *et al.* (2004) IntCal04 terrestrial radiocarbon age calibration, 0-26 cal kyr BP. *Radiocarbon*, **46**, 1029-1058. を改変

図 8-1　新版 日本の自然 7『日本列島をめぐる海』岩波書店，1996

図 8-3　ウッズホール海洋研究所ホームページ http://www.whoi.edu/science/MCG/doneylab/tracer/tracer.html 掲載の図をもとに再描画

図 8-6　Trenberth KE, Caron JM (2001) Estimates of meridional atmosphere and ocean heat transport. *Journal of Climate*, **14**, 3433-3443. を改変

図 8-10　岩波講座 地球惑星科学 3『地球環境論』岩波書店，1996

図 8-11　Kroopnick P (1974) The dissolved O_2-CO_2-^{13}C system in the eastern equatorial Pacific. *Deep-Sea Research*, **21**, 211-227. Kroopnick P (1980) The distribution of ^{13}C in the Atlantic Ocean. *Earth and Planetary Science Letters*, **49**, 469-484. のデータを用いて作成

図 8-12　Lynch-Stieglitz J, Adkins J, Curry WB, Dokken T, Hall IR, Herguera JC, Hirschi JJM, Ivanova EV, Kissel C, Marchal O, Marchitto TM, McCave IN, McManus JF, Mulitza S, Ninnemann U, Peeters F, Yu EF, Zahn R (2007) Atlantic meridional overturning circulation during the last glacial maximum. *Science*, **316**, 66-69. を改変

図 8-14　Stommel H (1961) Thermohaline convection with two stable re-gimes of flow. *Tellus*, **13**, 224-230. を改変

図 9-1　Dansgaard W (2004) *Frozen Annals: Greenland Ice Cap Research*. Narayana Press. を改変

図 9-3　Dansgaard W (2004) *Frozen Annals: Greenland Ice Cap Research*. Narayana Press. から引用．photo by Henrik Clausen

図 9-4　Dansgaard W, Johnsen SJ, Moller J, Langway CC Jr. (1969) One thousand centuries of climatic record from Camp Century on the Greenland ice sheet. *Science*, **166**, 377-381. Dansgaard W (2004) *Frozen Annals: Greenland Ice Cap Research*. Narayana

Press. を改変

図 9-5 Dansgaard W, Johnsen SJ, Clausen HB, Langway CC Jr. (1971) Climatic record revealed by the Camp Century ice core. In *The Cenozoic Glacial Ages*, KK Turekian ed., Yale University Press, pp. 37-56. を改変

図 9-7 Grootes PM, Stuiver M, White JWC, Johnsen S, Jouzel J (1993) Comparison of oxygen isotope records from the GISP2 and GRIP Greenland ice cores. *Nature*, **366**, 552-554. を改変

図 10-3 Jouzel J, Lorius C, Petit JR, Genthon C, Barkov NI, Kotlyakov VM, Petrov VM (1987) Vostok ice core: a continuous isotope temperature record over the last climatic cycle (160,000 years). *Nature*, **329**, 403-408. を改変

図 10-4 国際原子力機関(IAEA)のデータをもとに作成

図 10-5 東北大学理学系研究科大気海洋変動観測研究センター物質循環学分野 web site をもとに作成

図 10-6 Petit JR, Jouzel J, Raynaud D, Barkov NI, Barnola JM, Basile I, Bender M, Chappellaz J, Davis M, Delaygue G, Delmotte M, Kotlyakov VM, Legrand M, Lipenkov VY, Lorius C, Pepin L, Ritz C, Saltzman E, Stievenard M (1999) Climate and atmospheric history of the past 420,000 years from the Vostok ice core, Antarctica. *Nature*, **399**, 429-436. を改変

図 10-7 Mayewski PA, Meeker LD, Twickler MS, Whitlow SI, Yang Q, Lyons WB, Prentice M (1997) Major features and forcing of high-latitude northern hemisphere atmospheric circulation using a 110,000-year-long glaciochemical series. *Journal of Geophysical Research*, **102**, 26345-26366. Petit JR, Jouzel J, Raynaud D, Barkov NI, Barnola JM, Basile I, Bender M, Chappellaz J, Davis M, Delaygue G, Delmotte M, Kotlyakov VM, Legrand M, Lipenkov VY, Lorius C, Pepin L, Ritz C, Saltzman E, Stievenard M (1999) Climate and atmospheric history of the past 420,000 years from the Vostok ice core, Antarctica. *Nature*, **399**, 429-436. を改変

図 10-8 Thompson LG, Mosley-Thompson E, Davis ME, Henderson

KA, Brecher HH, Zagorodnov VS, Mashiotta TA, Lin P-N, Mikhalenko VN, Hardy DR, Beer J (2002) Kilimanjaro ice core records: Evidence of Holocene climate change in tropical Africa. *Science*, **298**, 589–593. を改変

図 11–3　Stuiver M, Grootes PM, Braziunas TF (1995) The GISP2 δ^{18}O climate record of the past 16,500 years and the role of sun, ocean, and volcanoes. *Quaternary Research*, **44**, 341–355. Johnsen SJ, Clausen HB, Dansgaard W, Gundestrup NS, Hammer CU, Andersen U, Andersen KK, Hvidberg CS, Dahl-Jensen D, Steffensen JP, Shoji H, Sveinbjornsdottir AE, White J, Jouzel J, Fischer D (1997) The δ^{18}O record along the Greenland Ice Core Project deep ice core and the problem of possible Eemian climatic instability. *Journal of Geophysical Research*, **102**, 26397–26410. North Greenland Ice Core Project Members (2004) High-resolution record of Northern Hemisphere climate extending into the last interglacial period. *Nature*, **431**, 147–151. を改変

図 11–4　Lea DW, Pak DK, Peterson LC, Hughen KA (2003) Synchroneity of Tropical and High-Latitude Atlantic Temperatures over the Last Glacial Termination. *Science*, **301**, 1361–1364. Stuiver M, Grootes PM, Braziunas TF (1995) The GISP2 δ^{18}O climate record of the past 16,500 years and the role of sun, ocean, and volcanoes. *Quaternary Research*, **44**, 341–355. Hughen KA, Overpeck JT, Peterson LC, Trumbore S (1996) Rapid climate changes in the tropical Atlantic region during the last deglaciation. *Nature*, **380**, 51–54. を改変

図 11–5　Clarke GKC, Leverington DW, Teller JT, Dyke AS (2003) Superlakes, megafloods, and abrupt climate change. *Science*, **301**, 922–923. をもとに作成．Fisher TG (2004) River Warren boulders, Minnesota, USA: catastrophic paleoflow indicators in the southern spillway of glacial Lake Agassiz. *Boreas*, **33**, 349–358. から引用

図 11–6　Kennett JP, Shackleton NJ (1975) Laurentide ice sheet meltwater recorded in Gulf of Mexico deep-sea cores. *Science*, **188**,

147-150. を改訂

図 11-7 Tarasov L, Peltier WR (2006) A calibrated deglacial drainage chronology for the North American continent: evidence of an Arctic trigger for the Younger Dryas. *Quaternary Science Reviews*, **25**, 659-688. を改変

図 11-8 Grootes PM, Stuiver M (1997) Oxygen 18/16 variability in Greenland snow and ice with 10^3- to 10^5-year time resolution. *Journal of Geophysical Research*, **102**, 26455-26470. を改変

図 11-10 Broecker WS, Bond G, Klas M, Clark E, McManus J (1992) Origin of the north Atlantic's Heinrich events. *Climate Dynamics*, **6**, 265-273. を改変

図 11-11 Bard E (2000) Climate shock: Abrupt changes over millennial time scales. *Physics Today*, **55**, 32-38. を改訂

図 12-1 Stuiver M, Grootes PM, Braziunas TF (1995) The GISP2 $\delta^{18}O$ climate record of the past 16,500 years and the role of sun, ocean, and volcanoes. *Quaternary Research*, **44**, 341-355. を改変

図 12-2 Thomas ER, Wolff EW, Mulvaney R, Steffensen JP, Johnsen SJ, Arrowsmith C, White JWC, Vaughn B, Popp T (2007) The 8.2 ka event from Greenland ice cores. *Quaternary Science Reviews*, **26**, 70-81. を改変

図 12-3 Jansen E *et al.* (2007) The physical science basis. Contribution of Working Group I to the Fourth Assessment Report of the IPCC. S Solomon *et al.* eds., Cambridge University Press, pp. 433-497. を改変

図 12-4 Thompson LG, Mosley-Thompson E, Dansgaard W, Grootes PM (1986) The Little Ice Age as recorded in the stratigraphy of the tropical Quelccaya Ice Cap. *Science*, **234**, 361-364. を改変

図 12-5 a) The collection of Rijksmuseum Amsterdam, b) The collection of the Museum of London, c) Meteo Climato のホームページより (http://pagesperso-orange.fr/meteoclimato/Images/Cham/Chamonix%20ancien/Chamonix%20ancien.html). 撮影者不明, d) NASA, e) Carrier Corporation refrigeration advertisement, 1949,

f) Fabre, Antoine François Hippolyte. *Némésis médicale illustrée, recueil de satires*. Paris, Bureau de la Némésis médicale, 1840.

図 12-6 左) Gugelmann Collection, Swiss National Library, Bern.

図 12-7 Berger A, Loutre MF (1991) Insolation values for the climate of the last 10 million years. *Quaternary Science Reviews*, **10**, 297-317. Imbrie J, Hays JD, Martinson DG, McIntyre A, Mix AC, Morley JJ, Pisias NG, Prell WL, Shackleton NJ (1984) The orbital theory of Pleistocene climate: support from a revised chronology of the marine ^{18}O record. In *Milankovitch and Climate*, A Berger, J Imbrie, J Hays, G Kukla, B Saltzman eds., Reidel, pp. 269-306. EPICA Community Members (2004) Eight glacial cycles from an Antarctic ice core. *Nature*, **429**, 623-628. Broecker WS, Stocker TF (2006) The Holocene CO_2 rise: Anthropogenic or natural? *EOS*, **87**, 27. を改変

図 13-2 Stocker TF, Marchal O (2000) Abrupt climate change in the computer: is it real? *Proceedings of the National Academy of Science*, **97**, 1362-1365. を改変

図 13-3 Stuiver M, Grootes PM, Braziunas TF (1995) The GISP2 $\delta^{18}O$ climate record of the past 16,500 years and the role of sun, ocean, and volcanoes. *Quaternary Research*, **44**, 341-355. を改変

チェンジング・ブルー—気候変動の謎に迫る

2015年1月16日 第1刷発行
2021年10月25日 第6刷発行

著 者 大河内直彦《おおこうちなおひこ》

発行者 坂本政謙

発行所 株式会社 岩波書店
〒101-8002 東京都千代田区一ツ橋2-5-5
案内 03-5210-4000 営業部 03-5210-4111
https://www.iwanami.co.jp/

印刷・精興社 製本・中永製本

ISBN 978-4-00-603280-7 Printed in Japan
JASRAC 出 1416110-106

岩波現代文庫創刊二〇年に際して

二一世紀が始まってからすでに二〇年が経とうとしています。この間のグローバル化の急激な進行は世界のあり方を大きく変えました。世界規模で経済や情報の結びつきが強まるとともに、国境を越えた人の移動は日常の光景となり、今やどこに住んでいても、私たちの暮らしは世界中の様々な出来事と無関係ではいられません。しかし、グローバル化の中で否応なくもたらされる「他者」との出会いや交流は、新たな文化や価値観だけではなく、摩擦や衝突、そしてしばしば憎悪までをも生み出しています。グローバル化にともなう副作用は、その恩恵を遥かにこえていると言わざるを得ません。

今私たちに求められているのは、国内、国外にかかわらず、異なる歴史や経験、文化を持つ「他者」と向き合い、よりよい関係を結び直してゆくための想像力、構想力ではないでしょうか。

新世紀の到来を目前にした二〇〇〇年一月に創刊された岩波現代文庫は、この二〇年を通して、哲学や歴史、経済、自然科学から、小説やエッセイ、ルポルタージュにいたるまで幅広いジャンルの書目を刊行してきました。一〇〇〇点を超える書目には、人類が直面してきた様々な課題と、試行錯誤の営みが刻まれています。読書を通した過去の「他者」との出会いから得られる知識や経験は、私たちがよりよい社会を作り上げてゆくために大きな示唆を与えてくれるはずです。

一冊の本が世界を変える大きな力を持つことを信じ、岩波現代文庫はこれからもさらなるラインナップの充実をめざしてゆきます。

（二〇二〇年一月）

岩波現代文庫［社会］

S270
時代を読む
―「民族」「人権」再考―
加藤周一
樋口陽一

「解釈改憲」の動きと日本の人権と民主主義の状況について、二人の碩学が西欧、アジアをふまえた複眼思考で語り合う白熱の対論。

S271
「日本国憲法」を読み直す
井上ひさし
樋口陽一

日本国憲法は押し付けられたもので時代にそぐわないから改正すべきか？ 同年生まれで敗戦の少国民体験を共有する作家と憲法学者が熱く語り合う。

S272
関東大震災と中国人
―王希天事件を追跡する―
田原洋

関東大震災の時、虐殺された日本在住中国人のリーダーで、周恩来の親友だった王希天の死の真相に迫る。政府ぐるみの隠蔽工作を明らかにするドキュメンタリー。改訂版。

S273
NHKと政治権力
―番組改変事件当事者の証言―
永田浩三

NHK最高幹部への政治的圧力で慰安婦問題を扱った番組はどう改変されたか。プロデューサーによる渾身の証言はNHKの現在をも問う。各種資料を収録した決定版。

S274-275
丸山眞男座談セレクション（上・下）
丸山眞男
平石直昭編

人と語り合うことをこよなく愛した丸山眞男氏。知性と感性の響き合うこれら闊達な座談の中から十七篇を精選。類いまれな同時代史が立ち上がる。

S276
ひとり起つ
―私の会った反骨の人―
鎌田　慧
組織や権力にこびずに自らの道を疾走し続けた著名人二二人の挑戦。灰谷健次郎、家永三郎、戸村一作、高木仁三郎、斎藤茂男他、今も傑出した存在感を放つ人々との対話。

S277
民意のつくられかた
斎藤貴男
原発への支持や、道路建設、五輪招致など、国策・政策の遂行にむけ、いかに世論が誘導・操作されるかを浮彫りにした衝撃のルポ。

S278
インドネシア・スンダ世界に暮らす
村井吉敬
激変していく直前の西ジャワ地方に生きる市井の人々の息遣いが濃厚に伝わる希有な現地調査と観察記録。一九七八年の初々しい著者デビュー作。〈解説〉後藤乾一

S279
老いの空白
鷲田清一
〈老い〉はほんとうに「問題」なのか？　身近な問題を哲学的に論じてきた第一線の哲学者が、超高齢化という現代社会の難問に挑む。

S280
チェンジング・ブルー
―気候変動の謎に迫る―
大河内直彦
地球の気候はこれからどう変わるのか。謎の解明にいどむ科学者たちのドラマをスリリングに描く。講談社科学出版賞受賞作。
〈解説〉成毛　眞

2021.10

S281
ゆびさきの宇宙
福島智・盲ろうを生きて
生井久美子

盲ろう者として幾多のバリアを突破してきた東大教授・福島智の生き方に魅せられたジャーナリストが密着、その軌跡と思想を語る。

S282
釜ヶ崎と福音
—神は貧しく小さくされた者と共に—
本田哲郎

神の選びは社会的に貧しく小さくされた者の中にこそある！　釜ヶ崎の労働者たちと共に二十年を過ごした神父の、実体験に基づく独自の聖書解釈。

S283
考古学で現代を見る
田中琢

新発掘で本当は何が「わかった」といえるか？　考古学とナショナリズムとの危うい関係とは？　発掘の楽しさと現代とのかかわりを語るエッセイ集。〈解説〉広瀬和雄

S284
家事の政治学
柏木博

急速に規格化・商品化が進む近代社会の軌跡と重なる「家事労働からの解放」の夢。家庭という空間と国家、性差、貧富などとの関わりを浮き彫りにする社会論。

S285
河合隼雄の読書人生
—深層意識への道—
河合隼雄

臨床心理学のパイオニアの人生に影響をおよぼした本とは？　読書を通して著者が自らの人生を振り返る、自伝でもある読書ガイド。〈解説〉河合俊雄

2021. 10

S286
平和は「退屈」ですか
―元ひめゆり学徒と若者たちの五〇〇日―
下嶋哲朗

沖縄戦の体験を、高校生と大学生が語り継ぐプロジェクトの試行錯誤の日々を描く。社会人となった若者たちに改めて取材した新稿を付す。

S287
野口体操入門
―からだからのメッセージ―
羽鳥操

「人間のからだの主体は脳でなく、体液である」という身体哲学をもとに生まれた野口体操。その理論と実践方法を多数の写真で解説。

S288
日本海軍はなぜ過ったか
―海軍反省会四〇〇時間の証言より―
澤地久枝
半藤一利
戸髙一成

勝算もなく、戦争へ突き進んでいったのはなぜか。「勢いに流されて――」。いま明かされる海軍トップエリートたちの生の声。肉声の証言がもたらした衝撃をめぐる白熱の議論。

S289-290
アジア・太平洋戦争史（上・下）
―同時代人はどう見ていたか―
山中恒

いったい何が自分を軍国少年に育て上げたのか。三〇年来の疑問を抱いて、戦時下の出版物を渉猟し書き下ろした、あの戦争の通史。

S291
戦下のレシピ
―太平洋戦争下の食を知る―
斎藤美奈子

十五年戦争下の婦人雑誌に掲載された料理記事を通して、銃後の暮らしや戦争について知るための「読めて使える」ガイドブック。文庫版では占領期の食糧事情について付記した。

2021. 10

S292
食べかた上手だった日本人
—よみがえる昭和モダン時代の知恵—
魚柄仁之助

八〇年前の日本にあった、モダン食生活のユートピア。食料クライシスを生き抜くための知恵と技術を、大量の資料を駆使して復元!

S293
新版 報復ではなく和解を
—ヒロシマから世界へ—
秋葉忠利

長年、被爆者のメッセージを伝え、平和活動を続けてきた秋葉忠利氏の講演録。好評を博した旧版に三・一一以後の講演三本を加えた。

S294
新島襄
和田洋一

キリスト教を深く理解することで、日本の近代思想に大きな影響を与えた宗教家・教育家、新島襄の生涯と思想を理解するための最良の評伝。〈解説〉佐藤優

S295
戦争は女の顔をしていない
スヴェトラーナ・アレクシエーヴィチ
三浦みどり訳

ソ連では第二次世界大戦で百万人をこえる女性が従軍した。その五百人以上にインタビューした、ノーベル文学賞作家のデビュー作にして主著。〈解説〉澤地久枝

S296
ボタン穴から見た戦争
—白ロシアの子供たちの証言—
スヴェトラーナ・アレクシエーヴィチ
三浦みどり訳

一九四一年にソ連白ロシアで十五歳以下の子供だった人たちに、約四十年後、戦争の記憶がどう刻まれているかをインタビューした戦争証言集。〈解説〉沼野充義

2021. 10

S297
フードバンクという挑戦
―貧困と飽食のあいだで―
大原悦子

食べられるのに捨てられてゆく大量の食品。一方に、空腹に苦しむ人びと。両者をつなぐフードバンクの活動の、これまでとこれからを見つめる。

S298
いのちの旅
「水俣学」への軌跡
原田正純

水俣病公式確認から六〇年。人類の負の遺産「水俣」を将来に活かすべく水俣学を提唱した著者が、様々な出会いの中に見出した希望の原点とは。〈解説〉花田昌宣

S299
紙の建築 行動する
―建築家は社会のために何ができるか―
坂茂

地震や水害が起きるたび、世界中の被災者のもとへ駆けつける建築家が、命を守る建築の誕生とその人道的な実践を語る。カラー写真多数。

S300
犬、そして猫が生きる力をくれた
―介助犬と人びとの新しい物語―
大塚敦子

保護された犬を受刑者が介助犬に育てるという米国での画期的な試みが始まって三〇年。保護猫が刑務所で受刑者と暮らし始めたこと、元受刑者のその後も活写する。

S301
沖縄 若夏の記憶
大石芳野

戦争や基地の悲劇を背負いながらも、豊かな風土に寄り添い独自の文化を育んできた沖縄。その魅力を撮りつづけてきた著者の、珠玉のフォトエッセイ。カラー写真多数。

2021.10

S302
機会不平等
斎藤貴男

機会すら平等に与えられない〝新たな階級社会の現出〟を粘り強い取材で明らかにした衝撃の著作。最新事情をめぐる新章と、森永卓郎氏との対談を増補。

S303
私の沖縄現代史
―米軍支配時代を日本《ヤマト》で生きて―
新崎盛暉

敗戦から返還に至るまでの沖縄と日本の激動の同時代史を、自らの歩みと重ねて描く。日本〈ヤマト〉で「沖縄を生きた」半生の回顧録。岩波現代文庫オリジナル版。

S304
私の生きた証はどこにあるのか
―大人のための人生論―
H・S・クシュナー
松宮克昌訳

私の人生にはどんな意味があったのか？　人生の後半を迎え、空虚感に襲われる人々に旧約聖書の言葉などを引用し、悩みの解決法を提示。岩波現代文庫オリジナル版。

S305
戦後日本のジャズ文化
―映画・文学・アングラ―
マイク・モラスキー

占領軍とともに入ってきたジャズは、アメリカそのものだった！　映画、文学作品等の中のジャズを通して、戦後日本社会を読み解く。

S306
村山富市回顧録
薬師寺克行編

戦後五五年体制の一翼を担っていた日本社会党は、その誕生から常に抗争を内部にはらんでいた。その最後に立ち会った元首相が見たものは。

2021.10

S307
大逆事件
―死と生の群像―
田中伸尚

天皇制国家が生み出した最大の思想弾圧「大逆事件」。巻き込まれた人々の死と生を描き出し、近代史の暗部を現代に照らし出す。〈解説〉田中優子

S308
「どんぐりの家」のデッサン 漫画で障害者を描く
山本おさむ

かつて障害者を漫画で描くことはタブーだった。漫画家としての著者の経験から考えてきた、障害者を取り巻く状況を、創作過程の試行錯誤を交え、率直に語る。

S309
鎖塚
―自由民権と囚人労働の記録―
小池喜孝

北海道開拓のため無残な死を強いられた囚人たちの墓、鎖塚。犠牲者は誰か。なぜその地で死んだのか。日本近代の暗部をあばく迫力のドキュメント。〈解説〉色川大吉

S310
聞き書 野中広務回顧録
御厨貴
牧原出 編

二〇一八年一月に亡くなった、平成の政治をリードした野中広務氏が残したメッセージ。五五年体制が崩れていくときに自民党の中で野中氏が見ていたものは。〈解説〉中島岳志

S311
不敗のドキュメンタリー
―水俣を撮りつづけて―
土本典昭

『水俣―患者さんとその世界―』『医学としての水俣病』『不知火海』などの名作映画の作り手の思想と仕事が、精選した文章群から甦る。〈解説〉栗原彬

2021.10

S312
増補 隔離 ―故郷を追われたハンセン病者たち―
徳永進

らい予防法が廃止され、国の法的責任が明らかになった後も、ハンセン病隔離政策が終わり解決したわけではなかった。回復者たちの現在の声をも伝える増補版。〈解説〉宮坂道夫

S313
沖縄の歩み
国場幸太郎
新川明
鹿野政直 編

米軍占領下の沖縄で抵抗運動に献身した著者が、復帰直後に若い世代に向けてやさしく説き明かした沖縄通史。幻の名著がいま蘇る。〈解説〉新川 明・鹿野政直

S314
ぼくたちはこうして学者になった ―脳・チンパンジー・人間―
松本元
松沢哲郎

「人間とは何か」を知ろうと、それぞれ新たな学問を切り拓いてきた二人は、どのような生い立ちや出会いを経て、何を学んだのか。

S315
ニクソンのアメリカ ―アメリカ第一主義の起源―
松尾文夫

白人中産層に徹底的に迎合する内政と、中国との和解を果たした外交。ニクソンのしたたかな論理に迫った名著を再編集した決定版。〈解説〉西山隆行

S316
負ける建築
隈研吾

コンクリートから木造へ。「勝つ建築」から「負ける建築」へ。新国立競技場の設計に携わった著者の、独自の建築哲学が窺える論集。

S317
全盲の弁護士　竹下義樹
小林照幸

視覚障害をものともせず、九度の挑戦を経て弁護士の夢をつかんだ男、竹下義樹。読む人の心を揺さぶる傑作ノンフィクション！

S318
一粒の柿の種
―科学と文化を語る―
渡辺政隆

身の回りを科学の目で見れば…。その何と楽しいことか！　文学や漫画を科学の目で楽しむコツを披露。科学教育や疑似科学にも一言。〈解説〉最相葉月

S319
聞き書　緒方貞子回顧録
野林健
納家政嗣編

「人の命を助けること」、これに尽きます――。国連難民高等弁務官をつとめ、「人間の安全保障」を提起した緒方貞子。人生とともに、世界と日本を語る。〈解説〉中満泉

S320
「無罪」を見抜く
―裁判官・木谷明の生き方―
木谷明
山田隆司
嘉多山宗聞き手・編

有罪率が高い日本の刑事裁判において、在職中いくつもの無罪判決を出し、その全てが確定した裁判官は、いかにして無罪を見抜いたのか。〈解説〉門野博

S321
聖路加病院　生と死の現場
早瀬圭一

医療と看護の原点を描いた『聖路加病院で働くということ』に、緩和ケア病棟での出会いと別れの新章を増補。〈解説〉山根基世

岩波現代文庫[社会]

S322
菌世界紀行
―誰も知らないきのこを追って―
星野保

大の男が這いつくばって、世界中の寒冷地にきのこを探す。雪の下でしたたかに生きる菌たちの生態とともに綴る、とっておきの〈菌道中〉。〈解説〉渡邊十絲子

S323-324
キッシンジャー回想録 中国(上・下)
ヘンリー・A・キッシンジャー
塚越敏彦ほか訳

世界中に衝撃を与えた米中和解の立役者であるキッシンジャー。国際政治の現実と中国の論理を誰よりも知り尽くした彼が綴った、決定的「中国論」。〈解説〉松尾文夫

S325
井上ひさしの憲法指南
井上ひさし

「日本国憲法は最高の傑作」と語る井上ひさし。憲法の基本を分かりやすく説いたエッセイ、講演録を収めました。〈解説〉小森陽一

S326
増補版 日本レスリングの物語
柳澤健

草創期から現在まで、無数のドラマを描ききる日本レスリングの「正史」にしてエンターテインメント。〈解説〉夢枕獏

S327
抵抗の新聞人 桐生悠々
井出孫六

日米開戦前夜まで、反戦と不正追及の姿勢を貫きジャーナリズム史上に屹立する桐生悠々。その烈々たる生涯。巻末には五男による〈親子関係〉の回想文を収録。〈解説〉青木理

2021. 10

S328

人は愛するに足り、真心は信ずるに足る
――アフガンとの約束――

中村 哲
澤地久枝（聞き手）

戦乱と劣悪な自然環境に苦しむアフガンで、人々の命を救うべく身命を賭して活動を続けた故・中村哲医師が熱い思いを語った貴重な記録。

S329

負け組のメディア史
――天下無敵 野依秀市伝――

佐藤卓己

明治末期から戦後にかけて「言論界の暴れん坊」の異名をとった男、野依秀市。忘れられた桁外れの鬼才に着目したメディア史を描く。〈解説〉平山 昇

2021. 10